U0200946

食品生产及保藏技术研究

SHIPIN SHENGCHAN JI BAOCANG JISHU YANJIU

肖付刚　王德国　陈佳晰　编著

中国水利水电出版社
www.waterpub.com.cn

内 容 提 要

本书较系统地阐述食品生产及保藏过程涉及的主要加工技术原理和技术进展。内容包括绪论，果蔬制品生产技术，饮料食品生产技术，焙烤及膨化食品生产技术，畜产品和水产品生产技术，发酵食品生产技术，食品的低温处理与保藏技术，食品的干燥保藏技术，食品的辐照保藏技术，食品的发酵、腌渍和烟熏保藏技术，食品的化学保藏技术。本书语言简练，图文并茂，技术阐述简明，工艺流程明确。可供相关专业学生阅读，也可供食品企业和行业的管理人员、技术人员参考。

图书在版编目（CIP）数据

食品生产及保藏技术研究 / 肖付刚，王德国，陈佳晰编著. -- 北京 : 中国水利水电出版社，2014.6（2022.10重印）
ISBN 978-7-5170-2259-6

Ⅰ. ①食… Ⅱ. ①肖… ②王… ③陈… Ⅲ. ①食品加工—研究②食品保鲜—研究③食品贮藏—研究 Ⅳ. ①TS205

中国版本图书馆CIP数据核字(2014)第156107号

策划编辑：杨庆川　责任编辑：杨元泓　封面设计：崔　蕾

书　　名	食品生产及保藏技术研究
作　　者	肖付刚　王德国　陈佳晰　编著
出版发行	中国水利水电出版社 (北京市海淀区玉渊潭南路1号D座 100038) 网址：www.waterpub.com.cn E-mail：mchannel@263.net（万水） sales@mwr.gov.cn 电话：(010)68545888(营销中心)、82562819（万水）
经　　售	北京科水图书销售有限公司 电话：(010)63202643、68545874 全国各地新华书店和相关出版物销售网点
排　　版	北京鑫海胜蓝数码科技有限公司
印　　刷	三河市人民印务有限公司
规　　格	184mm×260mm　16开本　16.75印张　407千字
版　　次	2015年4月第1版　2022年10月第2次印刷
印　　数	3001-4001册
定　　价	58.00元

凡购买我社图书，如有缺页、倒页、脱页的，本社发行部负责调换

版权所有·侵权必究

前 言

现代的食品生产过程，对食品品质的工艺控制已经扩大到整个食品产业链的重要环节。作为食品生产及保藏技术的基本理论与知识也应该尽量覆盖整个食品产业链，食品生产与保藏的主要目的都是为了保持或增加食品的食用品质，延长货架期，方便食用。它们都通过某种加工方法和保藏条件来达到目的。实际上在控制工艺条件时常难以将生产与保藏明确分开，因为所有的食品都有保藏要求，本书就是在这么一个背景下创作的。

本书的内容既包括食品生产技术，也包括食品保藏技术，其中也涉及食品的包装、安全卫生与法规等内容，这是本书撰写的主要特色。为了便于不同食品领域的读者自学，作者注重基本概念的表述，尽力将食品生产及保藏中涉及的主要技术理论知识及近年发展的新技术汇聚在本书中，并注意内容的系统性与实用性。力求使读者通过有关知识的学习，掌握较广泛的专业基础理论与知识，学会分析与解决食品生产及保藏中的主要问题。同时也希望对科研工作者在新技术、新产品开发等方面起到一定的帮助和指导作用。

本书较系统地阐述了食品生产及保藏过程涉及的主要加工技术原理和技术进展。内容包括绪论，果蔬制品生产技术，饮料食品生产技术，焙烤及膨化食品生产技术，畜产品和水产品生产技术，发酵食品生产技术，食品的低温处理与保藏技术，食品的干燥保藏技术，食品的辐照保藏技术，食品的发酵、腌渍和烟熏保藏技术，食品的化学保藏技术。

本书语言简练，图文并茂，技术阐述简明，工艺流程明确。可供相关专业学生阅读，也可供食品企业和行业的管理人员、技术人员参考。

本书参考了大量的文献资料，在此对有关作者表示衷心的感谢并在参考文献中列出，恕不一一列举。本书得到了学校领导的高度重视和大力支持，也得到了很多老师直接或间接的帮助和有益指导，在此一并表示衷心的感谢。此外，出版社的工作人员也为本书稿的整理做了许多工作，感谢你们为本书顺利问世所做的努力。

全书由肖付刚、王德国、陈佳晰撰写，具体分工如下：

第一章至第四章、第七章：肖付刚（许昌学院）；

第五章、第六章、第八章：王德国（许昌学院）；

第九章至第十一章：陈佳晰（吕梁学院）。

由于作者水平所限，加之时间仓促，本书的谬误与不足在所难免，作者真心希望得到同仁和读者的批评指正，以便进一步修改、补充和完善。

作　者

2014 年 5 月

前言

目　录

第一章　绪　论

第一节　食品加工技术概述

一、食物和食品的概念

1. 食物的概念

食物的具体定义应该是：食物是人体生长发育、更新细胞、修补组织、调节机能必不可少的营养物质，也是产生热量、保持体温、进行体力活动的能量来源。

2. 食物的来源和种类

人类的食物，除少数物质如盐类外，几乎全部来自动植物。为了满足人体营养的需要，食物应含有蛋白质、碳水化合物、脂肪、维生素、无机盐、水和膳食纤维等七大营养素。但任何一种天然食物都不能提供人体所需的全部营养素，因而要提倡人们广泛食用多种食物。食物应包括以下五大类。

①谷类及薯类：谷类包括米、面、杂粮；薯类包括马铃薯、甘薯、木薯等，主要提供碳水化合物、蛋白质、膳食纤维及B族维生素。

②豆类及其制品：包括大豆及其他干豆类，主要提供蛋白质、脂肪、膳食纤维、矿物质和B族维生素。

③动物性食物：包括肉、禽、鱼、奶、蛋等，主要提供蛋白质、脂肪、矿物质、维生素A和B族维生素。

④纯热能食物：包括动植物油、淀粉、食用糖和酒类，主要提供能量。植物油还可提供维生素E和必需脂肪酸。

⑤蔬菜水果类：包括鲜豆、根茎、叶菜、茄果等，主要提供膳食纤维、矿物质、维生素C和胡萝卜素。

3. 食品及现代食品

一般定义是：经过加工制作的食物就被称为食品。

《食品卫生法》第五十四条规定：食品是“指各种供人食用或者饮用的成品和原料以及按照传统是食品又是药品的物品，但是不包括以治疗为目的的物品”。这是对食品的法律定义。所谓现代食品，从食品卫生监督角度来看，可认为是应用现代加工技术生产供现代人食用或饮用的各类食品。

《食品工业基本术语》对食品的定义：可供人类食用或饮用的物质，包括加工食品、半成品和未加工食品，不包括烟草或只作药品用的物质。

广义的食品概念还涉及所生产食品的原料，食品原料种植、养殖过程接触的物质和环境，食品的添加物质，所有直接或间接接触食品的包装材料、设施以及影响食品原有品质的环境。在进出口食品检验检疫管理工作中，通常还把“其他与食品有关的物品”列入食品的管理范畴。

美国食品及药物管理局(FDA)对食品的定义及其分类中提到:食品通常是指消费者所消费的较大数量作为食用的物质。食品包括人类食品、从相关物质中迁移到食品中去的物质、宠物食品以及动物饲料。

现代食品的种类已远远超出"前人食谱",如"细菌食品""仿生食品""疫苗食品""藻类食品""调理食品""工程食品""绿色食品""快餐食品"等。这些食品也反映出了现代人的生活方式和特点。

现代食品工业不仅仅是农业或牧业的延伸和继续,它还具有制造工业的性质。人类可以利用现代科技生产或制造出适于人类需要的食品。如利用基因工程技术可以生产出"免疫乳";利用植物细菌培养技术可以生产虫草菌丝代替天然生长的虫草;生产"仿生食品";利用生命科学及其相关知识,可以生产出适用于不同人群的"保健食品"等。

二、食品的分类

(一)传统食品的分类

按食品保藏方法分
- 罐藏食品(罐头食品)
- 干藏食品(脱水干藏食品)
- 冷藏食品和冻制食品
- 冷干食品(冷冻脱水食品)
- 腌渍食品(糖腌、醋腌、酱腌、盐腌)
- 烟熏食品
- 辐射保藏食品

(二)随科学技术发展出现的新食品类型

按准入制度食品分类表分
- 食用油
- 油脂及其制品
- 粮食加工品
- 调味品
- 肉制品
- 乳制品
- 方便食品
- 饼干
- 罐头
- 冷冻饮品
- 速冻食品
- 薯类和膨化食品
- 糖果制品(含巧克力及制品)
- 茶叶及相关制品
- 水果制品
- 蔬菜制品
- 酒类
- 炒货食品及坚果制品

按准入制度食品分类表分

- 蛋制品
- 可可及焙烤咖啡产品
- 食糖
- 糕点
- 淀粉及淀粉制品
- 水产制品
- 豆制品
- 蜂产品
- 特殊膳食食品
- 其他食品

按食品原料种类分

- 粮食制品
- 果蔬制品
- 肉禽制品
- 水产制品
- 乳制品
- 蛋制品

按食品加工方法分

- 加工食品：焙烤制品、膨化食品、油炸食品、发酵食品、罐头制品
- 生鲜食品：农产品、畜产品、水产品

按食品食用人群不同分

- 婴幼儿食品
- 中小学生食品
- 适用于特殊人群需要的特殊营养食品，如运动员、宇航员食品
- 孕妇、哺乳期妇女以及恢复产后生理功能等食品
- 高温、高寒、辐射或矿井条件下工作人群的食品

按原料不同和加工方法的不同分

- 油料加工：人造奶油
- 大豆加工：豆浆、豆腐、豆腐乳、豆豉、大豆蛋白制品等
- 蔬菜加工：蔬菜罐藏、蔬菜干制、蔬菜腌制、蔬菜速冻等
- 水果加工：水果罐藏、水果干制、水果糖藏、水果速冻、坚果加工等
- 淀粉加工和制品
- 水产品加工：水产品冷冻、鱼品腌制、水产品干制、水产品发酵制品
- 水产品熏制、鱼糜制品、水产品罐藏等
- 肉和肉制品：火腿、香肠等
- 禽和禽制品：蛋和蛋制品
- 制糖：粗糖精炼、甘蔗制糖、甜菜制糖、糖果、巧克力等
- 乳和乳制品：炼乳、乳粉、干酪、奶油、冰淇淋等
- 葡萄酒、啤酒、混合饮料、鸡尾酒、酒类品尝方法等
- 酒和酒的酿造：白酒、白兰地、威士忌、伏特加、黄酒、清酒、老姆酒
- 饮料：软饮料、咖啡、可可、茶等
- 发酵制品：酱油、醋、酱、味精、柠檬酸、酵母、乳酸、赖氨酸
- 粮食加工：挤压食品、焙烤食品（面包、饼干、蛋糕、月饼等）
- 核苷酸类调味料等

1. 方便食品

方便食品是指以米、面、杂粮等粮食为主要原料加工制成，只需简单烹制即可作为主食的具有食用简便、携带方便，易于贮藏等特点的食品。方便食品的种类很多，大致可分成以下四种。

①罐头食品。罐头食品是指将符合要求的原料经处理、分选、修整、烹调（或不经烹调）、装罐（包括马口铁罐、玻璃罐、复合薄膜袋或其他包装材料容器）、密封、杀菌、冷却而制成的具有一定真空度的罐藏食品。这种食品较好地保持了食品的原有风味，体积小、质量轻、卫生方便，只是价格稍高。

②即食食品。这类食品通常买来后就可食用，如糕点、面包、馒头、汤圆、饺子、馄饨等。

③干的或粉状方便食品。这些食品通过加水泡或开水冲调也可立即食用，如方便面、方便米粉、方便米饭、方便饮料或调料、速溶奶粉等。

④速冻食品。这类食品稍经加热后就可食用。如速冻饺子、速冻汤圆、速冻粽子等。

方便食品是对各种各样使用简便的食品的统称。如方便面、奶粉、速溶咖啡、果汁粉、小吃食品、膨化食品、半干半潮食品、豆腐干、牛肉干、速食品、锅巴、虾圈、虾条、八宝粥、各类快餐食品。

2. 强化食品

为保持食品原有的营养成分，或者为了补充食品中所缺乏的营养素，向食品中添加一定量的食品营养强化剂，以提高其营养价值，这样的食品称为营养强化食品。

3. 昆虫食品

昆虫食品就是以昆虫作为食品。

4. 绿色食品

绿色食品是指在产、运、销过程中没有受到污染的食品。农业部制定的标准如下。

①原料作物的生长过程中给水、肥、土条件必须符合一定的无公害控制标准，并接受农业部农垦司环境保护检测中心的监督。

②产品的原料产地具有良好的生态环境。

③产品的生产、加工及包装、贮运过程应符合《中华人民共和国食品卫生法》的要求，最终产品根据《中华人民共和国食品卫生标准》检测合格后才准予出售。

5. 有机食品

有机食品是指来自于有机农业生产体系，根据国际有机农业生产要求和相应的标准生产加工的，并通过独立的有机食品认证机构认证的一切农副产品，包括粮食、蔬菜、水果、奶制品、畜禽产品、蜂蜜、水产品、调料等。

6. 保健食品

GB 16740—1997《保健（功能）食品通用标准》第 3.1 条将保健食品定义为："保健（功能）食品是食品的一个种类，具有一般食品的共性，能调节人体的机能，适用于特定人群食用，但不以治疗疾病为目的。"

保健食品按功能分为：人体机理调节型、延年益寿型、减肥型、辅助治疗型、其他营养型等。

7. 仿制或模拟制品

仿制食品也称仿真食品，在食品领域通常以人造食品相称，这是由食品厂商根据自然界中某些食物的形状、色泽用类似原料制成形态、风味、质地和其相似的食品。如人造肉、人造鸡、人造海蜇、人造蟹肉、人造草莓等。

8. 宇宙食品

供宇航员在失重情况下食用的食品。

9. 骨味系列食品

“骨味系列食品”是对一切可食骨头进行深加工而成，保持了骨头的原汁、原味。

10. 宠物食品

以加工食品下脚料为主要原料，利用现代科技和加工工艺制作供宠物食用的食品。

11. 新资源食品

新资源食品是指依据《新资源食品卫生管理办法》，称之为新资源食品的产品类别。食品新资源是指在我国新研制、新发现、新引进的无食用习惯或仅在个别地区有食用习惯的，符合食品基本要求的物品。以食品新资源生产的食品称新资源食品（包括新资源食品原料及成品）。

三、食品加工概述

食品加工是指改变食品原料或半成品的形状、大小、性质或纯度，使之符合食品标准的各种操作，亦指将食品原料或半成品加工成可供人类食用或饮用的物质的全部过程。

1. 食品作为商品应符合的条件

食品一经出售即为商品，作为商品应符合下列两点要求。

①预包装食品应按国家规定具有商标标签，食品营养成分必须标明在商标上，标签应符合《预包装食品标签通用标准》GB 7718—2004 的有关规定。

②食品应具有本身应有的色泽和形态、香气和味感、营养和易消化性、卫生和安全性、方便性、贮运和耐藏性等特点。

2. 食品加工的研究对象

食品加工是研究食品原材料特点，食品保藏原理，影响食品质量、包装的加工因素，良好的生产操作及卫生操作的一门科学。

食品加工的研究对象是食品从原材料到制成品生产过程中的品质规格要求和性质，加工中的变化和外界条件及食品生产中的物理、化学、生物学之间的变化关系，同时要注重把握技术上先进、经济上合理的原则。

3. 食品加工的研究内容

食品加工所研究的内容包括从原材料到制成品过程中每个加工环节或制造过程的具体方法。主要有以下 5 个方面。

①研究原材料特点，研究充分利用现有食品资源和开辟食品资源的途径。比如银杏等一大批具有功能性质、保健性质的食品在 20 世纪 80 年代中后期开始被开发；还有以前未被充分利用的资源，比如马铃薯除用于生产淀粉外，还是生产酒精、糖浆等的重要原料，加工成薯片大受消费者欢迎。

②研究食品保藏原理，探索食品生产、贮藏、运输和分配过程中腐败变质的原因和控制途径。食品腐败变质的特征和程度取决于两类因素：非微生物因素和微生物因素。非微生物因

素包括糖的损失、含氮物质的含量与组分的变化、维生素的氧化和损失、脂肪的氧化、水分的变化等。这些变化会导致口感、色泽、风味和产品一致性的不同,导致不能被消费者接受。微生物因素包括蛋白质的分解、糖的分解、脂肪的分解等,导致食品的色泽、气味、滋味、口感各方面的变化而不能食用。

③研究影响食品质量、包装的加工因素,研究良好的生产方法、工艺设备和生产组织。比如加工因素中热加工对水果制品质量的影响、相应的改进(工艺设备和保藏工艺两方面的改进)。

④研究食品的安全性、良好的生产操作和卫生操作。

⑤创造新型、方便和特需的食品。改变食品的营养成分以适应特定人群需要、添加营养素到特定食品、应用功能的改善,包括包装方便性、食用方便性、成本降低等。

四、食品加工的意义

1. 提高食品的卫生和安全性

食品的卫生和安全与消费者的健康密切相关,甚至可以说关系到人类、民族的生存和兴衰。现代食品加工严格按照卫生标准控制食品的卫生和安全性。食品加工中通过一定的处理可以减少由原辅料、环境等带来的安全危害,控制可能造成的安全危害,并为产品的安全提供保障。

2. 提高食品的保藏性

食品作为一类特殊商品也要进入商品流通领域,这要求食品必须有一定的贮藏期,食品加工可以赋予食品这一特性。食品在加工过程中通过不同的方法杀灭、破坏和抑制可能导致食品腐败变质的微生物、酶和化学因素等,从而使食品具有一定的贮藏期。

3. 促进农副产品增值

食品工业和农业有着密切的关系,农业是食品工业发展的基础,食品加工是农业的延伸和发展,通过农产品的精深加工,可以大大提高农副产品价值。我国农产品加工程度较低,食品工业产值与农业产值的比值远低于发达国家。开发食品加工产业是使农副产品增值的重要途径。

4. 提高食品的食用方便性,满足快节奏的要求

加工食品大多具有食用、携带、贮藏方便等特点,各类方便食品就是最典型的代表,这些大都是采用现代食品加工技术通过改变食品原辅料的性能、状态和包装。

5. 提供营养丰富、品种多样的食品

食品是人类赖以生存和发展的物质基础,人必须从食品中获得身体所需的营养成分和能量物质。食品加工可以最大限度地保留食品原辅料中含有的各种营养物质,并通过减少有害物质和无功能成分的含量相对提高食品中营养成分的含量,还可以根据特殊人群的需要,在食品中增补和强化某些营养成分。

五、食品加工技术的发展

科学技术的发展推动着食品加工技术的发展。现代食品工业是与人类营养科学、现代医

学、食品安全与食品科学，以及生物技术、信息技术、新材料技术、现代制造技术和智能化控制技术密切关联的现代食品制造业，一些关键技术和配套技术在食品工业中的应用推动了行业结构的提升，提高了食品加工制造业的整体水平。

①现代生物技术。现代生物技术是以重组 DNA、细胞固定化、细胞和组织培养技术为核心，对生物有机体进行遗传操作的技术。它包括 4 个方面：基因工程、细胞工程、酶工程和发酵工程。与传统的生物技术相比，现代生物技术主要特点是可在分子或细胞水平上对基因进行操作，从而定向地改变生物的某些性状，同时打破物种之间难以交配的天然屏障，使基因在不同物种之间，甚至在动物、植物和微生物之间相互转移。生物技术在食品领域广泛应用，将有可能使人类摆脱对传统农业的依附，而按人的意志去重新组装各种生物，使粮食、肉类等食品的生产实现工厂化，生产出营养更丰富和更加可口的食物。

②辐照技术。辐照技术是利用射线的穿透性，杀死被照物表面或内部的各种微生物或昆虫，或者抑制某些生理活动的进程，起到延长贮藏保鲜时间的作用。由于射线没有残留，又杀虫灭菌彻底，所以它卫生、安全、可靠。

③食品超高压技术。食品超高压技术就是先将食品的原料充填到塑料等柔软的容器中密封放入到装有净水的高压容器中，给容器内部施加 100～1000MPa 压力，在高压的作用下，杀死微生物，使蛋白质变性、淀粉糊化、酶失活等。它可以避免因加热引起的食品变色变味、营养损失以及因冷冻引起的组织破坏。目前该技术主要用于果酱、橘子汁及水果蔬菜的加工。

④超高温杀菌技术。此项技术只适用于流体食品如牛奶、饮料的生产，对含固体物料的食品不适用。它是利用 130℃～150℃的高温在瞬间加热流体食品物料，以杀死其中有害的微生物使之达到商业无菌的要求，常称为瞬时杀菌（UHT）。

⑤光电技术。光电技术包括高压脉冲电场杀菌、脉冲强光杀菌、微波杀菌、微波干燥、微波解冻和微波膨化等技术。高压脉冲电场杀菌是利用强电场脉冲的介电阻断对食品微生物产生抑制而达到杀菌的目的；脉冲强光杀菌是近年来开发的一种冷杀菌技术，是采用强烈白光闪照进行灭菌，此项技术一般用于食品的表面处理；经过微波处理的食品物料温度往往会升高，因此微波也可以认为是热处理技术的一种，而且经过处理的食品卫生安全，所以微波被广泛应用于食品的杀菌、干燥、解冻和膨化。

⑥挤压技术。挤压技术利用螺杆的旋转及推进作用，使原料在机械剪切力的作用下，完成输运、混合、搅拌、流变、蒸煮、成型的连续化过程后而生产出新型食品的技术。该技术具有通用性强、生产效率高、成本低、产品形式多样、产品质量高、能效高，可生产出许多新型质构的产品，具有无污染等特点。

⑦膜分离技术。膜分离技术是对溶液中不同溶质的分离技术，每一种溶质由不同的分子构成。因此，膜分离技术也是一种分子级分离技术。在膜分离过程中不产生相变，可在常温下进行一些共沸物或近沸物的分离。可见，膜分离技术是一种对一些热敏物质或挥发性物质分离不可缺少的方法。目前应用的膜大多是醋酸纤维素膜。

⑧无菌包装技术。无菌包装技术是指经过杀菌的食品在无菌环境中包装，食品往往不加防腐剂，不经冷藏可以得到较长的货架寿命。此项技术的关键是要将包装材料、包装容器和内容物先杀菌，再在无菌的环境下包装，最大的特点是最大限度地保留了食品原有的营养和风味。此项技术目前只用于流体食品的生产。

⑨微胶囊技术。微胶囊技术是将固体、液体或气体物质包埋、封存在一种微型胶囊内成为一种固体微粒产品的技术，其实质是一种包装技术。它可以使液态物料转变成固态，改变物料的重量或体积，使挥发性物质的挥发性降低，控制成分的释放速度，有效隔离活性成分或具备良好的分离状态。此项技术在食品加工中得到广泛应用，如制造固体饮料、速溶咖啡、果味奶粉、粉末香精等。

⑩超临界萃取技术。超临界萃取技术即以气体作溶剂，在超临界点范围进行提取的方法。在各种可作为超临界流体的气体中，二氧化碳最适合工业应用，它不但价格便宜，而且还有如下优点。

• 二氧化碳超临界温度接近常温(31.1℃)，对一些热敏性物质和需热性差的物质无降解变质作用。

• 二氧化碳超临界压力为73.9MPa，易于达到。

• 二氧化碳是一种非极性溶剂，对非极性化合物有较高的亲和力。

• 二氧化碳的化学稳定性好，无毒、无色、无味，不污染提取物和环境。

• 二氧化碳具有防止氧化、抑制细菌等作用。

⑪超微粉碎技术。超微粉碎是近20年迅速发展起来的一项高新技术，是用机械将原材料加工成微米甚至纳米级的微粉。在食品中最典型的应用是巧克力的加工。

⑫气调贮藏技术。在一定的适宜温度下，保持较多二氧化碳和较少氧的空气环境，从而抑制果蔬的呼吸作用，延缓其变软、变黄、品质变劣和其他衰老过程，达到延长果蔬寿命，获得较好品质的目的。气调贮藏的方法一般有塑料薄膜帐气调法、硅窗气调法、催化燃烧降氧气调法、充氮气降氧气调法。

⑬智能化控制技术。此项技术的应用使食品从原料购入、生产、贮藏一直到流通全过程的管理实现了数字化自动控制。智能化控制技术的应用使食品生产实现了自动化、标准化，为食品质量的稳定提供了保证，同时也为生产企业节约了经常性成本，如一条饮料生产线可以只需要4～6个人就能实现全程监控。

第二节 食品保藏技术概述

食品保藏，即针对可能引起食品变质的各种因素而对食品采取的一定处理手段，从而达到一定时间内保存食品、避免其变质的目的。

一、食品保藏技术的发展历史和现状

人类早期的历史是一部以开发食物资源为主要内容的历史。正是在这个过程中，形成了一定的社会结构，促进了社会向前发展，创造了悠久的史前文化。

据史料记载，公元前3000年至公元前1200年，犹太人、希腊人、中国人已经掌握了利用盐腌渍鱼的技术。早在6000年前的仰韶时期，已有“宿沙氏，煮海为盐”用海水煮盐从事盐业生产；谷物加工及酿酒加工等。《诗经》《黄帝内经》《齐民要术》等古代专著中都记载了食品的加工原料、器具、方法等。公元前1000年，古罗马人使用低温和烟熏技术保藏食品。2000年前，西方人、中国人就已经掌握了干藏技术。《北山酒经》记载的瓶装酒技术是罐藏技术雏形。

1809年，法国人Nicolas Appert发明罐藏食品被认为是现代食品保藏技术的开端，从此各种现代食品保藏技术不断出现：1883年，现代食品冷冻技术；1908年，化学品保藏技术；1918年，气调冷藏技术；1943年，食品辐照保藏技术。

我国运用低温保藏的速冻食品则在20世纪70年代开始，80年代末以来发展较迅速。以上海市为例，1989年冷冻食品的生产能力超过4kt，到1996年约达30kt。北京、山东、江苏、福建、浙江、辽宁、河南等地先后建立起相当规模的速冻食品加工企业，冷冻食品的出口及上市量迅速增加。近几年全国的产量每年以25%的速度递增，目前已超过8000kt。我国水产品的速冻技术和低温冷藏技术的发展亦很迅速，20%以上的水产品采用速冻技术加工贮藏。冷藏专用车辆的增加，为冷冻食品贮运创造了条件，也很大地提高了运输中食品保藏的质量。

二、食品保藏技术的发展趋势

发达国家食品加工业已经成为重要的制造业部门和出口创汇部门，是国民经济的重要增长点。当今食品消费已经由量的追求转向对质的追求，向着质量、营养、方便、安全的目标转变，食品消费结构变化加剧，对食品制成品的需求迅速上升。今后几年食品工业生产和消费趋势主要表现在以下几方面。

1. 食品安全是食品生产经营者的第一要务

食品不安全因素的存在，不仅直接损害消费者的身体健康，更严重影响企业的信誉和经济效益。因此，企业应当加强监测机构的能力建设，跟踪国际食品检验检测技术发展，积极引进国际上先进的检测技术与设备，建立监测信息管理网络，实现监督管理快速反应。加强食品企业的自我检验检测，充分发挥食品业主自主进行检测的积极性。要对食品供应链进行全程监控。企业要在食品原料生产、加工、运输、销售的全过程中推行危害分析和关键控制点(HACCP)体系和良好农业规范(GAP)、良好生产规范(GMP)、良好配送操作规范(GDP)等体系认证。

2. 方便食品的发展和产品的多样化是今后食品工业发展的重要特征

随着居民收入水平的提高，各种方便主食品，肉类、鱼类、蔬菜等制成品和半成品，快餐配餐，谷物早餐，方便甜食以及休闲食品等和针对不同消费人群需求的个性化食品，在相当长的一段时间内都将大有发展。方便食品的发展是食品制造业的一场革命，始终是食品工业发展的推动力。

3. 重视食品营养，提高居民健康水平是食品工业的重要任务

我国居民微量营养素缺乏的情况十分突出，目前已知最廉价、最长远的解决方案是在居民普遍消费的食品中添加普遍缺乏的维生素和矿物质。开发大豆等富营养食品改善居民健康状况。提倡居民消费豆浆、豆乳、豆乳粉、酸豆乳。大豆粉较大程度地保留了大豆的功能因子，而且更经济，可以把它当作“营养素”添加到各种食品中去。再者是适当发展分离蛋白、组织蛋白、浓缩蛋白，满足食品生产需要。重视功能(保健)食品的发展。未来10年全球功能食品产业将以年均10%的速度发展，功能食品是21世纪食品工业发展的重点行业之一。

4.“循环经济”是食品工业发展的必由之路

所谓循环经济，即在经济发展中，遵循生态学规律，将资源综合利用、生态设计和可持续消

费融为一体，使经济系统和自然生态系统的物质和谐循环，维护自然生态平衡。随着社会进步，经济发展与保护环境、节约资源的矛盾日益突出，循环经济就是经济发展与环境保护结合的新型模式。食品企业应投入更大的人力、物力和资金在生产过程中防治污染，提高资源利用率，大力开展资源的综合利用，在资源发展中大力提高资源综合开发和回收利用率，回收和循环利用各种废弃资源，实现农产品的深度加工，提高农产品的经济效益和生态效益。

5. 先进技术将在食品工业中得到广泛应用

食品企业的技术开发、新产品开发将成为企业增强产品应变能力和竞争能力的首要条件。电子技术、生物技术、冷冻干燥技术、超高温瞬时灭菌技术及无菌包装技术等高新技术，将在食品工业生产和产品开发中得到广泛应用，提高食品的科技含量，加快食品工业的发展进程。此外，食品工业科技创新基础平台建设取得一定进展。以企业为主体，以市场为导向，产学研相结合的创新型企业正在积极培育和建设当中。在食品工业企业科技创新活动中，企业技术中心发挥着越来越重要的作用。

近年来我国食品工业有了很大发展，新技术、新工艺、新材料在食品领域中的应用，其中高新技术的开发应用，已成为食品工业发展的一个重要方向。新技术的广泛应用，将给人们带来更有利于健康、更富有营养的食品，高新技术在食品加工中将有广阔的应用前景。它不仅可提高生产率，降低成本，而且可改善食品品质，开发新食品。随着许多食品加工新技术的产生，像生物技术、冷杀菌技术、现代分析测试技术等的出现，使人们定向改变世界变为现实。

①不同种类的辐射包括 X 射线、微波、紫外线、电离辐射等，可以在不同程度使微生物失活。如大蒜可以通过 γ 射线辐照后大大延长其保存期。

②酶和其他因素的控制食品自身存在的酶具有一定活性，可使食品发生一系列生化反应从而引起腐败变质。所以钝化酶活性，可以使食品避免因自身存在的酶引起的腐败变质。

实际上，前面所论述的高温、低温、干燥、化学品、辐射等处理方式可以抑制微生物的生长繁殖，但这些处理手段也同样可以造成食品自身存在的酶的变性甚至失活，但是低温或辐射时也可使某些酶依然存活。所以必须针对具体的食品品种所特有的腐败模式选择恰当的保藏方式。

而降低食品自然成分的生命力、减缓其生命步伐也可以在一定程度上控制其变质速度，从而实现较长时间保藏的目的。其他影响因素，如水分、空气、光等控制，可以采用食品包装保藏的技术进行。前面所述的多数保藏方法，也都必须结合食品包装的技术，达到较好保藏的效果。

三、我国食品保藏行业存在的问题和对策

(一)我国食品保藏行业存在的问题

尽管我国食品保藏行业近年来取得了很大发展，但是仍然存在如下问题。

①质量安全问题值得关注。食品原料生产阶段的化肥、农药、饲料添加剂残留，加工中的添加剂污染，保藏中防腐保鲜剂过量、食品贮藏库消毒剂的污染等。

②企业经营规模小，管理水平低，硬件设施和技术投入不足，很难满足各类食品保藏的技术需求。

③食品的市场信息系统和服务体系不健全，盲目生产、凭经验贮藏、自找市场的现象非常

普遍。

④农业产业化体系不健全,食品生产、贮藏、销售等环节严重脱节,生产者片面追求产量,导致产品的质量低、贮藏性差、货架期短、市场竞争力不强,这也一定程度造成浪费。

⑤低温贮藏运输设置严重不足,冷链系统尚未完全建立,致使许多鲜活易腐食品生产后仍然在常温下贮藏、运输和销售、腐烂变质快,损失严重。有数据显示,我国每年水果蔬菜损失率高达30%。

(二)我国食品保藏行业采取的对策

(1)针对我国食品保藏行业存在的问题,为了减少食品资源浪费,提高农业和保藏行业的经济效益,应该采取以下措施。

①按照农业系统工程和栅栏技术的理念来实施食品的保藏。如果农业生产环节与食品保藏环节相结合,将使食品保藏更能具有针对性。栅栏技术是德国肉类研究院 Leistner 教授提出来的,核心思想是只要将食品有关参数(如水分活性、pH 值以及食品的热处理方式、条件等)输入计算机,就可推断出食品的货架期。也可根据需要,适当改变各种参数,以使食品达到理想的货架期。人们将这些因子称为栅栏因子,这些因子及其协同效应决定了食品微生物的稳定性,这就是栅栏效应。

栅栏效应是食品保藏的根本所在,对于一种可贮而且卫生安全的食品,其中水分活度、pH、温度、压力等栅栏因子的复杂交互作用控制着微生物腐败、产毒或有益发酵,这些因子协同对食品的联合防腐保持作用,即为栅栏技术,或称为障碍技术。

②依靠科技创新振兴我国食品保藏行业。我国食品加工和食品保藏技术整体技术含量不高,制约了本行业的可持续发展。

③建立配套的食品物流体系和生产服务体系。从小农经济发展到全国乃至世界性的行业体系,必须有与之对应的物流和生产服务体系。只有这样,行业才能健康有序地发展。

(2)食品运送过程中浪费严重,物流支出占食品成本中很大比重。建立完整配套的食品物流体系可以从以下几个方面着手。

①强化食品的商品质量意识,重视食品的质量与安全,实施绿色品牌战略,增强其在国内外市场中的竞争力。

我国食品安全控制有着三大保障体系:农产品质量安全体系,保障食品源头安全;食品安全可追溯体系,保障食品加工过程的安全;依据《食品安全法》(草案)等法律法规,严格执法保障食品安全。民以食为天,食品行业中,食品的质量和安全既是一种责任,也是行业生存的基本保障,食品保藏也因此而显得尤为重要。

通过这种方式,食品企业可以降低物流成本,并使企业精力专注于核心竞争力的打造。目前,国内许多3PL公司都提供了物流一体化服务,从包装、运输到分拣配送,甚至与顾客进行FTF(Face To Face)交货,为食品企业提供全方位物流和产品增值服务。

②引进先进的物流硬件设备和物流管理软件在依赖物流外包的同时,企业必须提高自身的硬件设备和人员管理水平,推进集约化共同配送以降低企业物流成本,实施配送/流通/加工一体化,引入先进信息技术进行货架管理,用现代物流技术推进食品物流合理化。

③食品企业与政府和物流行业协会合作,共同完善食品物流的法规和制度。形象和信誉是企业的无形资产,是提高企业竞争力的重要组成部分。由政府提供相应的政策支持,行业提

供食品物流的交流平台，建立食品供应链全面质量管理体系，可以将食品腐败变质现象降到最低。

④食品企业与3PL合作。所谓3PL（Third Party Logistics，第三方物流）是指生产经营企业为集中精力搞好主业，把原来属于自己处理的物流活动以合同方式委托给专业的物流服务企业，同时通过信息系统与物流服务企业保持密切联系，以达到对物流全程的管理和控制的一种物流运作与管理方式，因此3PL又叫合同制物流。

第二章 果蔬制品生产技术

第一节 果蔬罐头制品加工技术

一、原料选择

生产水果罐头时要求原料新鲜，成熟适度，形状整齐，大小适当，果肉组织致密，可食部分大，糖酸比例恰当，单宁含量少。生产蔬菜罐头时要求原料色泽鲜明，成熟度一致，肉质丰富，质地柔嫩细致，纤维组织少，无不良气味，能耐高温处理。罐藏用果蔬原料越新鲜，产品的质量越好。因此，从采收到加工，间隔时间越短越好，一般不要超过24h。有些蔬菜如甜玉米、豌豆、蘑菇、石刁柏等应在2～6h内加工，均要求有特定的成熟度，即罐藏成熟度或工艺成熟度，不同的果蔬品种要求有不同的罐藏成熟度。如果选择不当，会给加工处理带来困难，使产品质量下降。如青刀豆、甜玉米、黄秋葵等要求原料幼稚、纤维少；番茄、马铃薯等则要求原料充分成熟。

二、原料前处理

（一）挑选

果蔬原料生产前首先要进行挑选，剔除霉烂及病虫害果实。挑选主要是通过人的感官检验，在固定的工作台或传送带上进行。

（二）分级

根据果蔬原料的大小、色泽和成熟度进行分级。大小分级是分级的主要内容，其方法有手工分级和机械分级两种。手工分级一般在生产规模不大或机械设备条件较差时使用，同时也可配以简单的辅助工具，如圆孔分级板、分级筛及分级尺等，以提高生产效率。机械分级法常用滚筒分级机、振动筛及分离输送机。此外，果蔬分级还有许多专用分级机。色泽分级和成熟度分级常用目视估测的方法。苹果、梨、桃、杏、豆类等常先按成熟度分级，大部分按低、中、高三级进行目视分级。色泽分级常按颜色深浅进行，除目测外，也可用灯光法和电子测定仪装置进行色泽分辨选择。除了在预处理前需要分级外，大部分罐藏果蔬在装罐前也要按色泽分级。

（三）清洗

清洗的主要目的是去除附着在果蔬原料表面的灰尘、泥沙、微生物以及残留的农药等，保证原料的清洁卫生，从而保证果蔬制品的质量。常用的清洗方法可分为手工清洗和机械清洗两大类。手工清洗简单易行，适用于任何种类的果蔬，但劳动强度大，效率低。对于一些易损伤的果品如杨梅、草莓等，此法较适宜。机械清洗的设备种类较多，有适合于质地比较硬和表面不怕机械损伤的李、黄桃、甘薯、胡萝卜等原料的滚筒式清洗机和桨叶式清洗机，有适合于连续生产线中使用的喷淋式清洗机以及用途广泛的压气式清洗机。清洗用水应符合饮用水标准。对于农药残留较多的，还需采用一些化学药剂进行清洗。水剂类的普通农药可采用 40℃左右的温水清洗；油剂农药一般采用 1.5%的肥皂和 0.5%～1.5%的磷酸三钠混合溶液加温到 37℃～40℃进行清洗；含砷和铅的农药可采用 0.5%～1%稀盐酸溶液，在常温下浸泡 5min 进行清洗等。

(四)去皮

果蔬的种类繁多，其表皮状况不同，有的表皮粗厚、坚硬，不能食用；有的具有不良风味或在加工中容易引起不良后果，这样的果蔬必须去除表皮。果蔬去皮时，只要求去掉不可食用或影响产品质量的部分，不可过度，否则会增加原料消耗和生产成本。果蔬去皮的方法有几下几种。

(1)手工去皮

手工去皮是应用特别的刀、刨等人工工具削皮，应用较广。其优点是去皮干净、损失较少，并可有修理的作用，去心、去核、切分等也可以同时进行。在果蔬原料较不一致的条件下能显出其优点。但手工去皮费工、费时、生产效率低、大量生产时困难较多，一般作为其他去皮方法的辅助方法。

(2)机械去皮

常用的机械去皮机主要有旋皮机、擦皮机和特种去皮机三类。旋皮机是在特定的机械刀架下将果蔬皮旋去，适合于苹果、梨、菠萝等大型果品。擦皮机是利用内表面有金刚砂、表面粗糙的转筒或滚轴，借摩擦力的作用擦去表皮，适用于马铃薯、胡萝卜、芋头等原料的去皮，效率较高，但去皮后表面不光滑。青豆、菠萝可以使用特种去皮机。

(3)碱液去皮

碱液去皮是将果蔬原料在一定浓度和温度的强碱溶液中处理一定的时间，果蔬表皮内的中胶层受碱液的腐蚀而溶解，使果皮分离。绝大部分果蔬如桃、李、苹果、胡萝卜等可以用碱液去皮。

常用的碱为氢氧化钠，也可用碳酸氢钠等碱性稍弱的碱。去皮时碱液的浓度、温度和处理的时间随果蔬种类、品种、成熟度和大小不同而异，必须合理掌握。适当增加任何一项，都能加速去皮作用。碱液浓度高、温度高，处理时间长会腐蚀果肉。一般要求只去掉果皮而不能伤及果肉，对每一批原料都应该作预备试验，确定处理的浓度、温度和时间。

碱液去皮的方法有淋碱法和浸碱法两种。淋碱法是将加热的碱液喷淋于输送带上的果蔬士淋过碱的果蔬进入转筒内，在冲水的情况下与转筒的边翻滚摩擦去皮。杏、桃等果经碱液处理后的果蔬必须立即在冷水中进行多次漂洗，至果块表面无滑腻感、口感无碱味为止。漂洗必须充分，否则会使罐头制品的 pH 值偏高，导致杀菌不足，口感不良。也可用 0.1%～0.2%盐酸或 0.25%～0.5%的柠檬酸水溶液浸泡中和多余的碱，同时还可防止褐变。浸碱法是将一定浓度的碱液装入特制的容器内加热到一定的温度后，再将果实浸入并振荡或搅拌一定的时间，使浸碱均匀，取出后搅动、摩擦去皮。

(4)酶法去皮

在果胶酶的作用下，柑橘囊衣的果胶水解，脱去囊衣。如将橘瓣放在 1.5%的果胶酶溶液中，在 35℃～40℃、pH 值 2.0～1.5 的条件下处理 3～8min，可达到去囊衣的目的。酶法去皮条件温和，产品质量好。其关键是要掌握酶的浓度及酶的最佳作用条件如温度、时间、pH值等。

(5)冷冻去皮

将果蔬与冷冻装置的冷冻表面接触片刻，其外皮冻结于冷冻装置上，当果蔬离开时，外皮即被剥离。冷冻装置温度在－23℃～－28℃，这种方法可用于桃、杏、番茄等的去皮。葡萄冷冻去皮是将葡萄迅速冻结后放入水中，待果皮解冻果肉未解冻时，迅速用毛刷辊或橡皮辊刷洗果皮。冷冻去皮损失为5%～8%，质量好，但费用高。

此外，还有真空去皮、表面活性剂去皮等。

(6)热力去皮

果蔬在高温下处理较短时间，使之表皮迅速升温而松软，果皮膨胀破裂，果皮与果肉间的原果胶发生水解失去胶黏性，果皮与果肉组织分离而脱落。适用于成熟度高的桃、杏、枇杷、番茄、甘薯等的去皮。热力去皮有蒸汽去皮和热水去皮。蒸汽去皮时一般采用近100℃蒸汽，可以在短时间内使外皮松软，以便分离。具体的热烫时间可根据原料种类和成熟度而定。如桃可在100℃的蒸汽中处理8～10s，淋水后用毛刷辊或橡皮辊刷洗。热水去皮时，少量的可用锅加热。大量生产时，采用带有传送装置的蒸汽加热沸水槽进行。果蔬经短时间的热处理后，用手工剥皮或高压冲洗。如番茄即可在95℃～98℃的热水中10～30s，取出冷水浸泡或喷淋，然后手工剥皮。

热力去皮原料损失少，色泽好，风味好，但只用于果皮容易剥落的原料。要求充分成熟，成熟度低的原料不适用。

(五)切分、修整

体积较大的果蔬原料需要进行适当的切分。切分可根据原料的性质、形状以及加工要求，采用不同的切分机具进行。为保持产品的良好外观形状，需要对切分后的原料块或不经切分的原料进行适当的修整，主要是修整形状不规则、不美观的地方以及除掉未去净的皮、病变组织和黑色斑点等。

(六)去核(心)

去核针对核果类原料，仁果类原料需要去心，可根据实际原料种类选择适当的去核、去心工具。

(七)烫漂

烫漂也称热烫、预煮，是将经过适当处理的新鲜原料在温度较高的热水或蒸汽中进行加热处理的过程。烫漂后的原料应立即冷却，防止热处理的余热对产品造成不良影响，并保持原料的脆嫩，一般采用冷水冷却或冷风冷却。

1. 烫漂方法的类型

烫漂方法有蒸汽烫漂和热水烫漂两种。

①蒸汽烫漂。将原料放入蒸锅或蒸汽箱中，用蒸汽喷射数分钟后立即关闭蒸汽并取出冷却。采用蒸汽热烫，可避免营养物质的大量损失，但必须有较好的设备，否则加热不均，热烫质量差。

②热水烫漂。热水烫漂可以在夹层锅内进行，也可以在专门的连续化机械和螺旋式连续预煮机内进行。在不低于90℃的温度下热烫25min，某些原料，如制作罐头的葡萄只能在70℃左右的温度下热烫几分钟。有些绿色蔬菜为了保绿，需要在烫漂液中加入小苏打、氢氧化钙等，有时也用亚硫酸盐。制作罐头的某些果蔬也可以采用2%的盐水或1%～2%的柠檬酸液进行烫漂，有护色作用。热水烫漂的优点是物料受热均匀，升温速度快，方法简便。缺点是部分维生素及可溶性固形物损失较多，一般损失10%～30%。如果烫漂水重复使用，可减少可溶性物质的损失。

2. 烫漂的具体方式

烫漂标准原料一般烫至半生不熟，组织较透明，失去新鲜硬度，但又不像煮熟后那样柔软，即达到热烫的目的。烫漂程度通常以原料中过氧化物酶全部失活为标准。过氧化物酶的活性可用0.1%愈创木酚酒精溶液或0.3%联苯胺溶液与0.3%双氧水检查。将热烫到一定程度的原料样品横切，滴上几滴愈创木酚或联苯胺溶液，再滴上几滴0.3%的双氧水几分钟内不变色，表明过氧化物酶已被破坏；若变色则表明过氧化物酶仍有活性，烫漂程度不够。用愈创木酚时变成褐色，用联苯胺时变成蓝色。

3. 烫漂的作用

烫漂的主要作用有以下几点。

①排除某些果蔬原料的不良气味。烫漂可以适当排除原料中的苦味、涩味、辣味及其他不良气味，还可以除去部分黏性物质，提高产品品质。

②排除果蔬组织内的空气，稳定和改进制品色泽。排除空气有利于防止制品褐变；有利于罐头保持合适的真空度，减少马口铁内壁的腐蚀及避免罐头杀菌时发生跳盖或爆裂现象；有利于提高于制品的外观品质；有利于糖制品的渗糖；可使含叶绿素的原料色泽更鲜绿，不含叶绿素的则呈半透明状态，色泽更鲜亮。

③软化组织，增加细胞膜透性。烫漂使果蔬细胞原生质变性，增加细胞膜透性，有利于水分蒸发。经过热烫的原料质地变得柔韧，有利于装罐等操作。对于糖制原料，糖分易渗入，不易干缩。

④破坏酶活性，防止酶促褐变和营养损失。果蔬受热后，氧化酶类被钝化，停止本身的生化活动，可以防止品质的进一步劣变。

⑤降低原料中的污染物和微生物数量。烫漂可以杀死原料表面附着的部分微生物及虫卵等，减少原料的污染，提高制品卫生质量。

(八)装罐

1. 空罐的准备

空罐在使用前首先要检查空罐的完好性。对铁皮罐要求罐型整齐，缝线标准，焊缝完整均匀；罐口和罐盖边缘无缺口或变形，铁壁无锈斑和脱锡现象。对玻璃罐要求罐口平整光滑，无缺口、裂缝，玻璃壁中无气泡等。其次要进行清洗和消毒。空罐在制造、运输和贮存过程中，其外壁和罐内往往易被污染，在罐内会带有焊锡药水、灰尘、微生物、油脂等污物。因此，为了保证罐头食品的质量，在装罐前就必须对空罐进行清洗和消毒，保证容器的清洁卫生，提高杀菌效果。

2. 罐液的配制

果蔬罐藏中，经常使用罐液填充罐内除产品以外所留下的空隙，其目的在于：调味；充填罐内的空间，减少空气的作用；有利于传热，提高杀菌效果。果品罐头的罐液一般是糖液，蔬菜罐头的罐液多为盐水。除了个别产品如杨梅、杏子外，我国目前生产的各类水果罐头，一般要求开罐时的糖液浓度为 12％～16％；生产的大多数罐装蔬菜装罐用的盐水浓度为 1％～3％。

3. 装罐方法

空罐及原料准备好后应尽快装罐。若不赶快装罐，易造成污染，细菌繁殖，造成杀菌困难。若杀菌不足，严重情况下，造成腐败变质，不能食用。装罐方法主要有如下两种。

(1)人工装罐

对于经不起摩擦、要合理搭配和排列整齐的块片状食品，采用手工装罐，经装罐、称量、压紧和加汤汁或调味料等工序完成操作，具有简单、适应性广并能合理选择原料装罐等优点，但装量偏差大，生产效率低，清洁卫生条件差，不易实现连续的生产过程。

(2)机械装罐

对于颗粒体、半固态、液态和较整齐的食品常采用机械装罐。具有准确、迅速、干净充填、汤汁的外流较少、控制充填量、保证卫生条件、生产效率高等优点，适合于大规模的工业化生产，但适应性小，大多数产品均不能满足要求。

排气是罐头在密封前或密封时将罐内顶隙间和原料组织中残留的空气排出罐外，使罐内形成一定真空状态的操作过程。

(九)排气

1. 排气作用

排气作用主要有以下四个方面。

①防止或减轻因加热杀菌时内容物的膨胀而使容器变形或破损，影响金属罐卷边和缝线的密封性，防止玻璃罐跳盖。

②避免或减轻罐内食品色、香、味的不良变化和维生素等营养物质的损失。

③防止罐内好氧性细菌和霉菌的生长繁殖。

④控制或减轻罐藏食品在保藏过程中出现的马口铁罐的内壁腐蚀。

2. 排气方法

目前常见的排气方法有以下三种。

(1)热力排气法

这种方法是利用食品和气体受热膨胀的基本原理，使罐内食品和气体膨胀，罐内部分水分汽化，水蒸气分压提高来驱赶罐内的气体。排气后立即密封，这样，罐头经杀菌冷却后，由于食品的收缩和水蒸气的冷凝而获得一定的真空度。

目前常用的热力排气方法有热装法和加热排气法两种。

①热装法。热装罐排气就是先将食品加热到一定温度，然后立即趁热装罐并密封的方法。这种方法适用于流体、半流体或其组织形态不会因加热时的搅拌而遭到破坏的食品，如番茄等。

②加热排气法。将装好原料和注液的罐头，放上罐盖或不加盖送入排气箱，进行加热排气。利用加热使罐头中内容物膨胀，而原料中存留或溶解的气体被排放出来，然后立即趁热密封、杀菌，冷却后罐头就可得到一定的真空度。加热时，使罐头中心温度达到工艺要求温度，一般在80℃左右，使罐内空气充分外逸。这种方法设备简单，费用低，操作方便，但设备占地面积大。

(2)蒸汽喷射排气

蒸汽喷射排气是向罐头顶隙喷射蒸汽，赶走空气后立即封罐，依靠顶隙内蒸汽的冷凝获得罐头的真空度。此法由蒸汽喷射装置喷射蒸汽，要求蒸汽有一定的温度和压力，以防止外界空气侵入罐内。此外，罐内顶隙必须大小适当，若顶隙小，密封冷却后几乎得不到真空度，顶隙较大时就可以得到较好的真空度，经验证明获得合理真空度的最小顶隙为8mm左右。但此法难以将食品内部的空气及罐内食品间隙中的空气排除掉，因此空气含量较多的食品不宜采用此法，这类食品需要在喷蒸汽前进行抽真空。此法适用于多数果蔬罐头食品。

(3)真空封罐排气

真空封罐排气是在封罐过程中利用真空泵将密封室内的空气抽出，形成一定的真空度，当罐头进入封罐机密封室时，罐内部分空气在真空条件下立即被抽出，随即封罐。这种方法可使罐内真空度达到33.3～40kPa，甚至更高些。主要依靠真空封罐机完成。封罐机密封室的真空度可根据各种罐头的工艺要求、罐内食品的温度等进行调整。此法可在短时间内使罐头达到较高的真空度，生产效率很高，有的可达500罐/min以上，尤其适用于不宜加热的食品。但此法不能很好地将食品组织内部和罐头中下部空隙处的空气排除，封罐时易产生暴溢现象而造成净重不足，有时还有瘪罐现象。

(十)密封

密封是使罐头与外界隔绝，不致受外界空气及微生物污染而引起败坏，密封是罐头生产工艺中极其重要的一道工序，密封质量的好坏，直接影响罐头产品的质量。排气后立即封罐，是罐头生产的关键性措施。

①金属罐的密封。金属罐的密封是指罐身的翻边和罐盖的圆边在封口机中进行卷封，使罐身和罐盖相互卷合，压紧而形成紧密重叠的卷边的过程。所形成的卷边称为二重卷边。

②玻璃瓶的密封。玻璃瓶与金属罐不同，它的罐身是玻璃的，而罐盖是金属的，一般为镀锡薄钢板，它的密封是靠镀锡薄钢板和密封圈压在玻璃瓶口而形成的。

目前常用的有如下几种：卷封式玻璃瓶，采用卷边密封法密封；旋转玻璃瓶，采用旋转式密封法密封；撳压式玻璃瓶，采用撳压式密封法密封。

(十一)杀菌

罐头密封后应立即进行杀菌。在罐头生产中常采用杀菌公式来表示杀菌工艺条件，杀菌公式为：

$$\frac{t_1-t_2-t_3}{T}$$

式中，T为杀菌温度(℃)；t_1为杀菌锅内升至杀菌温度所需时间(min)；t_2为罐头降温所需时间(min)；t_3为杀菌锅内保持杀菌温度所需时间(min)。

罐头食品杀菌的实际操作过程应按照杀菌公式的要求来完成，应恰好将罐内致病菌和腐败菌全部杀死，且使酶钝化，同时也保住食品原有的品质。

常用的杀菌方法有常压杀菌和高压杀菌。

(1)常压杀菌

常压杀菌适用于pH值在4.5以下的酸性和高酸性食品，常用的杀菌温度是100℃或以下。

常压杀菌可分为连续式常压杀菌和间歇式常压杀菌。连续式常压杀菌是将罐头由输送带送入连续作用的杀菌器内进行杀菌。杀菌时间通过调节输送带的速度来控制。间歇式常压杀菌使用敞开式杀菌锅，是用金属板制成的立式圆筒形锅，锅底安装蒸汽管和冷水管，锅内装入水，通入蒸汽将水加热至杀菌温度，杀菌时将罐头用铁笼装好，投入杀菌锅内，将水没过罐头，待水沸腾时计时。玻璃罐杀菌时，要注意罐头与水之间的温差，防止破裂。

(2)高压杀菌

高压杀菌是在完全密封的高压杀菌器中进行，靠加压升温来进行杀菌，杀菌的温度在100℃以上。此法适用于低酸性食品(pH值不低于4.5)。高压杀菌可分为高压蒸汽杀菌和高压水浴杀菌。

高压蒸汽杀菌锅主要用于金属罐杀菌。罐头进入杀菌锅后，加盖密闭，通入蒸汽排除锅内空气并加热杀菌，杀菌完毕，通入压缩空气和冷水冷却。

高压水浴杀菌器主用于玻璃罐杀菌。罐头进入杀菌锅后，通入热水，再通入压缩空气使杀菌锅达到一定压力，用蒸汽升温杀菌，杀菌完毕通入压缩空气和温水进行冷却。玻璃罐采用加压水浴杀菌能很好地平衡玻璃罐内外压力，防止罐身破碎或跳盖。

(十二)冷却

罐头杀菌完毕时应迅速冷却，以防止继续高温使产品的色泽、风味发生不良变化，质地软烂。常压杀菌的铁罐罐头在杀菌结束后可直接取出放入冷却水池中冷却。玻璃罐罐头由于导热能力较差，杀菌后不能直接置于冷水中，否则会发生爆裂，所以应进行分段冷却，而且每次的水温不应相差20℃以上。某些高压杀菌的罐头，由于杀菌时罐内食品因高温而膨胀，罐内压力显著增加，如果杀菌完毕时迅速降至常压，就会因为内压过大而造成罐头变形或破裂，玻璃瓶会发生跳盖现象。因此这类罐头要采用反压冷却，即向杀菌锅内注入高压冷水或高压空气，以水和空气的压力代替热蒸汽的压力，这样既可逐渐降低杀菌锅内的温度，又使罐头内部的压力保持均衡的下降。一般罐头冷却至38℃～40℃即可，不可冷却过度，否则附着的水分不易蒸发，特别是罐缝的水分难以逸出，会导致铁皮锈蚀，很大程度上影响外观并且会大大降低罐头保藏寿命。此外，使用的冷却水必须符合饮用水的卫生标准，否则会造成罐头的二次污染。

(十三)成品质重检验

果蔬罐头质量检验包括感官检验、理化检验和微生物检验。

(1)感官检验

感官检验包括罐头容器检验、罐头内容物的色泽和组织形态检验、滋味和气味的检验。

①罐头容器检验。检查瓶与盖结合是否紧密牢固，罐形是否正常，有无胀罐，罐体是否清洁及锈蚀，罐盖的凹凸变化情况等。

②罐头内容物的色泽和组织形态检验。在室温下将罐头打开，然后将内容物倒入白瓷盘中观察色泽、组织形态是否符合标准。

③滋味和气味检验。检验是否具有该产品应有的滋味与气味，并评定其滋味和气味是否符合标准。

(2)理化检验

理化检验包括以下几个方面。

①可溶性固形物的测定。常用折光仪测定可溶性固形物含量。

②净重和固形物比例的测定。按 QB 1007 规定的方法检验。

③真空度的测定。真空度的高低可采用打检法来判断或用罐头真空计检测。打检法是用特制的棒敲打罐盖或罐底，如发出的声音坚实清脆，则为好罐，声音混浊则为差罐。用罐头真空计测定罐头真空度一般要求达到 26.67kPa 以上。

④有害物质的检验。按 GB/T 5009.16(食品中锡的测定方法)、GB/T 5009.13(食品中铜的测定方法)、GB/T 5009.12(食品中铅的测定方法)、GB/T 5009.11(食品中砷的测定方法)规定的方法分别测定锡、铜、铅、砷等重金属的含量。

(3)微生物检验

将罐头在 20℃～25℃的温度下保温 5～7d，如果罐头杀菌不足，罐内微生物繁殖、产生气体会使内压增加，发生胀罐，这样就便于把不合格罐区别剔出。

除此之外，罐头食品还需要对溶血性链球菌、致病性葡萄球菌、肉毒梭状芽孢杆菌、沙门氏菌和志贺氏菌等致病菌进行检查，检验方法参照 GB 4789.26 规定，合格的罐头中致病菌不得检出。

(十四)贴标(商标)、包装

罐头食品的贴标目前多用手工操作，但也有采用半自动贴标机械和自动贴标机械的。罐头贴标后要进行包装，便于成品的贮存、流通和销售。罐头多采用纸箱包装。包装作业一般包括纸箱成型、装箱、封箱、捆扎 4 道工序。

三、果蔬罐头常见的质量问题与控制措施

果蔬罐头在生产过程中由于原料处理不当，或加工工艺不够合理，或操作不谨慎，或成品贮藏条件不适宜等，往往会发生一些质量问题，使罐头发生败坏。

(一)胀罐的原因及控制

胀罐是指罐头的一端或两端(底和盖)向外凸出的现象。根据凸出的程度，可将其分为弹胀、软胀和硬胀三种。弹胀是罐头一端稍外凸，用手揿压可使其恢复正常，但一松手又恢复原来凸出的状态；软胀是罐头两端凸出，如施加压力可以使其正常，但一除去压力立即恢复外凸状态；硬胀即使施加压力也不能使其正常。

1. 物理性胀罐

内容物填充太满，顶隙过小；加压杀菌后，降压过快，冷却过速；排气不足或贮藏温度过高。这种罐头的变形称为物理性胀罐。此种类型的胀罐，内容物并未坏，可以食用。

控制措施：①应严格控制装罐量，切勿过多；②注意装罐时，罐头的顶隙大小要适宜，要控制在3.2～8mm；③提高排气时罐内的中心温度，排气要充分，封罐后能形成较高的真空度，即达39990～50650Pa；④加压杀菌后的罐头消压速度不能太快，使罐内外的压力平衡，切勿差距过大；⑤控制罐头制品适宜的贮藏温度（0℃～10℃）。

2. 化学性胀罐（氢胀罐）

高酸性食品中的有机酸（果酸）与罐头内壁（露铁）起化学反应，放出氢气，内压增大，从而引起胀罐。这种胀罐虽然内容物有时尚可食用，但不符合产品标准，以不食为宜。

控制措施：①制罐时采用涂层完好的抗酸全涂料钢板，提高罐的抗腐蚀性；②防止空罐内壁受机械损伤，防止出现露铁现象。

3. 细菌性胀罐

细菌性胀罐是由于杀菌不彻底，或罐盖密封不严细菌重新侵入而分解内容物，产生气体，使罐内压力增大而造成胀罐。

控制措施：①对罐藏原料充分清洗或消毒，严格注意加工过程中的卫生管理，防止原料及半成品的污染；②对原料进行热处理，杀死有害微生物，注意不能损害罐制品质量；③在预煮水或糖液中加入适量的有机酸（如柠檬酸等），降低罐头内容物的pH，提高杀菌效果；④严格控制封罐质量，防止密封不严而泄漏，冷却水应符合食品卫生要求，冷却水要经氯化处理；⑤罐头生产过程中，及时抽样保温处理，发现带菌问题，要及时处理。

（二）罐壁腐蚀的原因及控制

1. 产生的原因

①酸。水果罐头，一般属酸性或高酸性食品，含酸量越多，腐蚀性越强。当然，腐蚀性还与酸的种类有关。

②氧气。氧对金属是强烈的氧化剂。在罐头中，氧在酸性介质中显示很强的氧化作用。因此，罐头内残留氧的含量，对罐头内壁腐蚀起决定性因素。氧含量愈多，腐蚀作用愈强。

③硫及含硫化合物。果实在生长季节喷施的各种农药中含有硫，如波尔多液等。硫有时在砂糖中作为微量杂质而存在。当硫或硫化物混入罐头中也易引起罐壁的腐蚀。此外，罐头中的硝酸盐对罐壁也有腐蚀作用。

④环境相对湿度。环境相对湿度过高，则易造成罐外壁生锈、腐蚀乃至罐壁穿孔。

2. 控制措施

①罐头制品贮藏环境相对湿度不应过大，以防罐外壁锈蚀，所以，罐头制品贮藏环境的相对湿度应保持在70%～75%。此外，要在罐外壁涂防锈油。

②对于含酸或含硫高的内容物，容器内壁一定要采用抗酸或抗硫涂料。

③注入罐内的糖水要煮沸，以除去糖中的SO_2。

④加热排气要充分，适当提高罐内真空度。

⑤对含空气较多的果实，应采取抽空处理，尽量减少原料组织中空气（氧）的含量，进而降低罐内氧的浓度。

⑥对喷洒过农药的果实，加强清洗及消毒，可用0.1%盐酸浸泡5～6min，再冲洗，以脱去农药。

（三）变色及变味的原因及控制

1. 产生的原因

①加工过程中的热处理过度常会使内容物产生煮熟味。

②金属罐壁的腐蚀会产生金属味（铁腥味）。

③原料品种的不合适会带来异味（如杨梅的松脂味、柑橘的苦味等）。

④微生物的生长繁殖可以引起内容物变味。

⑤由于内容物的化学成分之间或与罐内残留的氧气、包装的金属容器等的作用而造成的变色现象。

2. 控制措施

①配制的糖水应煮沸，随配随用。如需加酸，但加酸的时间不宜过早，避免蔗糖的过度转化，否则过多的转化糖遇氨基酸等易产生非酶褐变。

②加工中，防止果实（果块）与铁、铜等金属器具直接接触，所以要求用具要用不锈钢制品，并注意加工用水的重金属含量不宜过多。

③杀菌要充分，以杀灭平酸菌之类的微生物，防止制品酸败。

④橘子罐头，其橘瓣上的橘络及种子必须去净，选用无核橘为原料。

⑤控制仓库的贮藏温度，温度低褐变轻，高温加速褐变。

⑥选用含花青素及单宁低的原料制作罐头。如加工桃罐头时，核洼处的红色素应尽量去净。

⑦加工过程中，对某些易变色的品种如苹果、梨等，去皮、切块后，迅速浸泡在稀盐水（1％～2％）或稀酸中护色。此外，果块抽空时，防止果块露出液面。

⑧装罐前根据不同品种的制罐要求，采用适宜的温度和时间进行热烫处理，破坏酶的活性，排除原料组织中的空气。

⑨加注的糖水中加入适量的抗坏血酸，对苹果、梨、桃等有防止变色效果。但需注意抗坏血酸脱氢后，存在对空罐腐蚀及引起非酶褐变的缺点。

⑩苹果酸、柠檬酸等有机酸的水溶液，既能对半成品护色，又能降低罐头内容物的 pH，从而降低酶褐变的速率。因此，原料去皮、切分后应浸泡在 0.1％～0.2％柠檬酸溶液中，另外糖水中加入适量的柠檬酸都有防褐变作用。

（四）罐内汁液的混浊和沉淀产生的原因及控制

1. 产生的原因

①微生物作用。

②保管过程中受冻，化冻后内容物组织松散、破碎。

③加工用水的硬度过大。

④原料成熟度过高，热处理过度，罐头内容物软烂，制品在运销过程中震荡过剧，而使果肉碎屑散落。

2. 控制措施

①严格控制杀菌、密封等过程。

②避免贮藏温度过低。

③加工用水进行软化。

④保证适宜的成熟度。

第二节　果蔬干制品加工技术

一、果蔬干制品加工基本原理

果蔬产品的腐败多数是因为微生物繁殖的结果。果蔬中大量的水分和营养，是微生物繁殖的物质基础，在适宜的条件下，微生物不断生长，进而造成果蔬腐烂。

果蔬干制是指利用自然条件或人工控制的方法除去果蔬中一定数量的水分，来抑制果蔬中微生物的生长繁殖、酶的活性和理化成分的变化，增强果蔬贮藏性能的保藏方法。

(一)果蔬中的水分状态

新鲜果蔬中含有大量的水分，一般果品含水量为70%～90%，蔬菜含水量为75%～95%。它们都是以结合水和游离水这两种形态存在于果蔬组织中。

1. 结合水

结合水是水和果蔬组织中的原生质、淀粉等结合成为胶体状态的水分。由于胶体的水合和溶胀作用，水围绕胶粒形成一层水膜。结合水不表现溶剂的作用，在低温下不易结冰。结合水具有难以通过干燥排除，无法被微生物、酶和化学反应所利用等特点。

2. 游离水

游离水以游离状态存在于果蔬组织中的水分。果蔬中的水分，大多数都是以游离水的形态存在。主要包括细胞内可自由流动的水分、细胞组织结构中的毛细管水分和生物细胞器、膜所阻留的滞化水。游离水具有水的全部性质，流动性大，能借助毛细管和渗透作用向外或向内移动，所以干制时容易蒸发排除。

(二)果蔬干燥过程

水分从果蔬组织中排除出来，是一个复杂的过程，排除的快慢和程度受很多因素的影响。要使脱水继续进行，一方面要不断地提供蒸发所需的热量，另一方面又要将蒸发的水汽排送出去。

水分从新鲜原料的体表面蒸发，果蔬内部水分向表面移动，干燥介质空气与果蔬之间发生热能互换。干燥时果蔬水分的蒸发依靠水分外扩散作用(表面汽化)与水分内扩散作用。水分外扩散是水分在果蔬表面的蒸发，凡表面愈大、温度愈高、空气流动愈快以及空气相对湿度愈小，则水分从果蔬表面蒸发的速度愈快。当表面水分低于内部水分时，造成原料内部与表面水分之间的水蒸气分压差，水分由内部向表面转移进行内部移动，由含水量高的部位向含水量低的部位转移。湿度梯度差异愈大，水分内扩散速度就愈快。影响水分内扩散的还有温度梯度，水分借助温度梯度沿热流方向向外移动而蒸发。

干燥时注意外扩散与内扩散的配合与平衡。对一些含糖量低、切成薄片的果蔬产品来说，水分内扩散速度大于水分外扩散速度，这时水分在表面汽化的速度起控制作用，这种干燥情况称为表面汽化控制。对块形大、可溶性物质含量高的原料，内部水分扩散的速度较表面汽化速度小，这时内部水分的扩散速度起控制作用，这种情况称为内部扩散控制。

当原料的水分减少到一定程度时，由于其内部可以被蒸发的水分逐渐减少，蒸发速度减慢，当原料表面和内部水分达到平衡时，蒸发作用停止即完成了干燥。

（三）影响干燥速度的因素

1. 干燥介质的温度

用空气作为干燥介质时，提高空气温度，可提高干燥速度。由于温度提高，传热介质和果蔬间的温差增大，热量向果蔬传递的速率加快，水分外逸速率因而加速。对于一定湿度的空气，随着温度的升高，空气相对饱和湿度下降，这会使水分从果蔬表面蒸发的速度就更快。另外，温度升高使水分扩散速率加快，内部干燥也加速。但也不宜采取过高温度，因为果蔬含水量高，高温易使细胞液迅速膨胀，细胞壁破裂，可溶性物质流失。此外，原料中的糖因高温而焦化，有损外观和风味；高温、低湿还容易引起结壳现象。在干制过程中，一般干燥温度宜采用40℃～70℃，凡是富含糖分和挥发油的蔬菜，较宜采用低温干制。

2. 空气的流速

通过果蔬的空气流速愈快，带走的湿气愈多。同时由于与果蔬表面接触的空气量增加，可显著加速果蔬中水分的蒸发，从而干燥也愈快。因此，人工干燥设备中，可以用鼓风机增加风速，以便缩短干燥时间。

3. 干燥介质的湿度

干燥介质的相对湿度减少，则空气饱和差越大，原料干燥速度越快。

4. 原料的装载量

干燥设备的单元负载量大，原料装载量多、厚度大，不利于空气流通，影响水分蒸发。干燥过程中可以随着原料体积的变化，改变其厚度，干燥初期薄些，干燥后期可以厚些。

5. 原料的种类和状态

果蔬原料的种类不同，其化学组成和组织结构也不同，干燥速度也不一致，如原料肉质紧密，含糖量高，细胞液浓度大，渗透压高，干燥速度快。由于水分是从原料表面向外蒸发的，因此原料切分的大小和厚薄对干燥速度有直接的影响，原料切分得愈小，其比表面积愈大，水分蒸发愈快。

（四）果蔬干制过程中产生的变化

①体积缩小，重量减轻一般果品干制后体积为原料的20％～35％，蔬菜约为10％；果品干制后的重量为原来的20％～30％，蔬菜为5％～10％。

②透明度的变化透明度决定于果蔬组织细胞间隙存在的空气，空气越少制品越透明，此时干制品愈加美观，而且氧化变质的程度降低。

③干缩果蔬细胞均匀而缓慢地失水后，就会产生均匀收缩，使产品保持较好的外观。但失水过度时会产生永久变形，且易出现干裂和破碎等现象。

④色泽变化果蔬原料在干制过程中常发生色泽加深、变暗或变成褐色的现象，称为褐变。按褐变发生机制不同，可分为酶促褐变和非酶促褐变两种。

⑤风味变化包括味感和嗅感。新鲜果蔬加工成干制品后，在其复水后与新鲜的原料在口感上、组织结构上、滋味上会有不同程度的降低。在热风干燥过程中，水分蒸发的同时，一些低沸点的物质会随之挥发而损失。

⑥营养成分损失。果蔬的营养成分在加热干燥中易受损失的主要是碳水化合物和维生素，矿物质和蛋白质一般来说相对较为稳定。大多数蔬菜的含糖量较低，但有些果蔬类和根菜类中的含量却较高，其中的糖分主要是果糖和葡萄糖，均不稳定，易于分解而造成损失。

二、果蔬干制的一般工艺

果蔬干制的一般工艺流程为：原料选择→原料处理→升温干燥→回软、分级→包装→成品。其中，回软、分级→包装→成品属于干制后的处理工艺。

1. 原料选择

用于干制的原料应选择干物质含量高、风味色泽好的品种。一般要求成熟充分、皮薄、核小、肉厚、粗纤维少、褐变不严重的果蔬。

2. 原料处理

按大小、成熟度进行分级，剔除腐烂病变原料，保证品质一致。然后采用人工或机械清洗，保证产品清洁卫生。部分原料需除去皮、核、根等不可食用部分并适当切分。为提高干制品质量和干制效果，有时要对原料进行热烫、硫处理和浸碱脱蜡等。

(1)热烫

热烫可以破坏酶活性，减少氧化变色和营养物质损失；增强细胞透性，利于水分蒸发，缩短干制时间；排除原料组织中的空气，使制品呈半透明状，改善制品外观。

一般情况下，热烫水温为80℃～100℃，时间为2～8min，以烫透而不软烂为宜。要注意白洋葱、荸荠等原料热烫不完全，变红的程度比未热烫的还要严重。

(2)硫处理

用硫黄熏蒸或亚硫酸溶液浸泡果蔬，可有效破坏原料酶的氧化系统，防止酶褐变；减少维生素(尤其是维生素C)的损失；杀菌抑虫，利于产品保藏。

(3)浸碱脱蜡

对于葡萄、李等表皮含有蜡质的原料应进行浸碱处理。主要是将果皮上附着的蜡质除去，并使果皮出现细小裂缝，利于水分蒸发，促进干制。浸碱可用氢氧化钠、碳酸钠或碳酸氢钠。碱液处理时间因原料表皮蜡质厚度不同而异。

3. 升温干燥

果蔬干燥的方法因热量来源不同分为自然干燥和人工干燥两大类。

自然干燥主要依靠自然条件如太阳辐射热、热风等使果蔬中的水分蒸发，为传统干制方法。自然干燥可分为两种，果蔬在阳光下直接曝晒称为晒干，在通风良好的室内、棚下以热风吹干称为阴干或晾干。这种方法操作简单，生产成本低，使用面广，但干燥速度慢，劳动生产率低，受自然条件影响大，干制效果和干制品质量难以得到保障。

人工干燥是指在具有良好加热装置和通风装置的干制设备中，人工控制干燥条件，以快速排除原料中水分的干制方法。人工干燥不受自然条件限制，卫生条件良好，干燥速度快，产品质量高，但设备及安装费用较高，操作技术比较复杂，成本较高。人工干燥主要有以下几种方法。

(1)热风干燥

①隧道式干燥机。隧道式干燥机为长形通道干燥设备,原料铺在运输设备上沿隧道连续或间隔地通过而实现干燥。由干燥间和加热间两部分组成,干燥间一般长12~18m,宽1.8m,高1.8~2m,加热间设有加热器和吹风机,将热空气送到干燥间,经过原料使其水分蒸发而达到干燥目的。

②带式干燥机。它是将原料放置在帆布、橡胶或金属网制成的传送带上,用装在每层传送带间的暖管提供热源的一种干燥设备。一般采用若干层传送带,干燥中原料下落时可自动翻搅,原料干燥均匀,质量好。

根据原料和热空气的运行方向,可分为顺流式、逆流式和混合式三种。顺流式适用于含水量较高的蔬菜;逆流式适用于含糖量高、汁液黏稠的果品;混合式是顺流式与逆流式的结合,适用于大多数果蔬原料。

(2)冷冻干燥

冷冻干燥是将原料中的水分先冻结成冰,然后在较高真空度下,将冰直接转化为蒸汽而除去,从而使原料获得干燥的方法。相对于常规干燥法,冷冻干燥特别适合于热敏性及易氧化原料,可以保留新鲜原料的色、香、味、形及维生素C等营养物质,复水性好。但需要整套高真空设备和制冷设备,投资及操作费用较大,产品成本较高。

(3)红外线干燥

红外线干燥的原理是原料吸收红外线后产生共振现象,原料温度升高导致水分蒸发而得以干燥。红外线介于可见光与微波之间,波长范围为0.72~1000μm。通常将5.6μm以下的称为远红外线,5.6μm以下的称为近红外线。工业上多采用远红外线进行干燥。本方法干燥速度快,产品质量好,设备规模小,能耗少,操作灵活。

(4)微波干燥

微波干燥是利用微波照射和穿透原料时所产生的热量,使原料中水分蒸发而得以干燥。微波干燥速度快,加热均匀,热效率高,产品质量好,且控制方便。但该方法耗电多,成本高,生产上可采用热风干燥与微波干燥相结合的方法来降低成本。

综合考虑成本、经济效益等因素,热风干燥为目前使用最多的干燥方法。热风干燥时,应依据原料种类和品种,选择适宜的干燥温度,一般控制在40℃~70℃范围内。温度控制可采用低温一较高温一低温、高温一较高温一低温、恒定较低温三种方式。干燥过程中还应注意空气湿度、空气流速、装载量等因素的影响。

干制后的原料品质不一,未达到要求的原料在包装前必须进行处理,主要包括回软、分级、压块、防虫等。

三、干制后的处理工艺

1. 回软、分级

回软又称均湿、发汗,是将干制后的原料堆积起来或放在密闭容器中,使过干的原料从尚未干透的原料中吸收水分,各部分达到水分平衡,呈适宜的柔软状态,以便于处理和运输。一般菜干回软需1~3d,果干需2~5d。

参照国家标准,除去废品和未干制品,根据品质和大小将标准品分级。

2. 包装

包装容器有锡铁罐、纸箱、木箱和塑料袋包装等，所有的干制品都应及时包装，以防吸潮，别是喷雾干燥与冷冻干燥的制品。不同的干制品采用不同的包装容器。每一种包装容器有不同的大小和形状，能密封、防潮、防虫，有一定的重量和容量要求。干制品最好采用真空充氮包装，这样可有效防止营养成分在贮藏过程中的损失与外部形态的破坏。

3. 贮藏

合理包装的干制品受贮藏环境因素的影响较小，未经特殊包装的干制品在不良贮藏环境条件下，易发生品质方面的不良变化，乃至变质。良好的贮藏条件是保持干制品质量的重要因素。干制品的含水量是决定其耐贮性的内在因素，所以不论是自然干制品还是人工干制品，只有保证产品的低含水量，才能使制品具有良好的耐贮性。此外，贮藏环境的温度、湿度、氧气、光照等因素影响干制品的保值期。要求干制品在低温（0℃～5℃）、避光、低湿（≤65%）、缺氧的条件下贮藏，再加上科学的管理，就能很好地保持干制品原有的品质。

第三节　果蔬糖制品加工技术

果蔬糖制技术是利用高浓度糖液的渗透和扩散作用，使糖液渗入组织内部，从而降低水分活度，有效地抑制微生物的生长繁殖，防止腐败变质，达到长期保藏的目的。我国的果蔬糖制技术历史悠久，并在发展过程中逐步形成了风味、色泽独特的，以北京、苏州、广州、福州为代表的传统蜜饯四大流派。果蔬糖制品具有高糖、高酸的特点，这不仅提高了产品的贮藏性能，而且改善了果蔬的食用品质，赋予产品良好的风味和色泽。

一、糖制品加工基本原理

糖制品的加工原理是以食糖的保藏作用为基础的，食糖的种类、性质、浓度及原料中果胶含量和特性，对制品的质量、保藏性都有重大的影响。

（一）食糖的性质

糖的性质主要包括糖的甜度、糖的溶解度和晶析、糖的转化、糖的吸湿性和糖的沸点。糖的性质对糖制时的工艺技术参数、糖制品质量有很大影响。了解糖的性质是为了合理地使用糖和更好地控制糖制工艺条件，提高糖制品的产量和质量。

1. 食糖的甜度

食糖的甜度受食糖的种类、浓度、温度的影响而变化。糖的甜味还受其他味道的影响，如咸味、酸味等。适当的糖酸比是形成各种制品特有风味的重要基础之一。

各种糖都具有一定的甜度，甜度不同，糖制品的风味也不同。甜度是一个相对值，它是以蔗糖的甜度为标准，其他糖和蔗糖相比较而得出的数值。

蔗糖的甜味和风味纯正，所以在生产中经常使用，其次为麦芽糖、淀粉糖。糖制加工使用的麦芽糖不是纯麦芽糖，而是由淀粉糖化而成的，含有不少糊精等杂质，一般称为饴糖。葡萄糖甜中带酸涩，容易发生褐变，而且价格高，故生产上不采用。淀粉糖浆的甜度约等于蔗糖的30%，常用来代替部分蔗糖（45%～50%）生产低糖产品。凉果类制品加工通常使用甘草、甜蜜素等甜味剂。

2. 糖的溶解度和晶析

糖的溶解度是指在一定温度下，一定量的饱和糖液中各种糖溶解于水，其溶解度的大小因糖的种类及溶解温度的不同而不同，糖的溶解度对糖制品品质和保藏性影响较大。糖制品中液态部分达到饱和时即析出结晶，从而降低了含糖量，削弱了保藏作用，同时也有损果脯、果酱类制品的品质；相反，也可以利用这一性质，对部分干态蜜饯进行制作。

在实际生产操作中，为防止晶析的出现，常加入淀粉糖浆、蜂蜜、饴糖等，这些物质在蔗糖结晶过程中，有抑制晶核的形成、降低结晶速度和增加糖液饱和度的作用。

3. 蔗糖的转化

蔗糖在加工过程中，特别是在酸性和加热条件下容易转化为葡萄糖和果糖，称为转化糖。蔗糖的转化在果品糖制时有重要作用，可以提高蔗糖液的饱和度，抑制蔗糖的结晶，增大渗透压，加强制品的保藏性，以及增进制品的甜度，并赋予制品蜜糖味。但在制造返砂蜜饯时则需要限制蔗糖转化，否则不能形成再结晶的糖霜状态制品。

果蔬糖制时，糖液中转化糖达到30%～40%时，蔗糖就不会结晶。但蔗糖过度转化时，反而降低糖的溶解度，产生葡萄糖结晶，同时使产品吸湿性增大。

蔗糖在酸性(最适pH为2.5)和高温条件下容易转化，因此，在糖煮时若需要转化，可补加适量的柠檬酸或酸果汁；若糖煮时不需要转化，则可采取措施减少原料的含酸量，避免长时间加热。

4. 糖的吸湿性

食糖具有吸收周围环境中水分的能力，即吸湿性。糖制品吸湿后，降低了糖制品的糖浓度，因而削弱了糖的保藏作用。糖的吸湿性与糖的种类及相对湿度有关，相对湿度越大，越容易吸湿。果糖和麦芽糖的吸湿性最大，其次是葡萄糖，蔗糖最小。糖制品要注意防潮包装，贮藏于干燥处。

5. 糖的沸点

糖液的沸点随糖浓度的上升而升高，同时也受海拔高度的影响，海拔越低，沸点越高。糖制品糖煮时常利用糖液的沸点温度上升数来控制收锅终点，估计制成品的可溶性固形物含量。例如，果酱类收锅时温度达104℃～105℃，糖浓度可达60%，可溶性固形物为60%～65%。

(二)食糖的保藏作用

食糖的保藏作用在于高浓度溶液对微生物有不同程度的抑制作用。主要体现在以下几个方面。

1. 高渗透压作用

高浓度食糖能够产生强大的渗透压。据测定1%的蔗糖溶液可产生71kPa的渗透压，糖制品一般含60%～70%的糖(以可溶性固形物计)，可产生相当于4.1～4.9MPa的渗透压；而大多数微生物的耐压能力只有0.35～1.6MPa。糖制品中食糖所产生的渗透压远远高于微生物的耐压能力，在如此高浓度的糖液中，微生物细胞里的水分就会通过细胞膜向外流动，形成反渗透现象，微生物则会因失水而产生生理干燥现象，严重时会出现质壁分离，从而抑制微生物的生长。

2. 抗氧化作用

高浓度食糖具有较强的抗氧化作用，是糖制品能够长期保存的又一原因。由于氧在糖液中溶解量与糖液浓度成正比，浓度越高，氧气含量越低，如在60%的食糖溶液中，氧的溶解量相当于纯水中的1/6，所以在加工过程中氧化作用很小，酶的活性也减小，有利于糖制品的光泽、风味及维生素的保存。

糖制加工再结合干燥、包装、杀菌，添加酸、盐、防腐剂等措施，延长制品保存期。

3. 降低水分活性

高浓度的食糖可使糖制品中水分活性下降，从而也抑制了微生物的生长。新鲜果蔬水分活性(AW)一般在0.98～0.99，微生物很容易利用，而含糖48%时(温度为25℃以下)，水分活性为0.94；含糖为67.2%时，水分活性为0.85，这时的水分微生物很难再利用，从而也阻止了微生物的活动。

(三)果胶物质的胶凝作用

果酱类产品之所以有较好的外观形态，是利用果胶的胶凝作用。

果胶物质包括果胶、原果胶和果胶酸三种形态，性质各异。原果胶不溶于水，在原果胶酶或加热或酸、碱溶液中水解为果胶，果胶可进一步水解为不具胶凝性的果胶酸，只有果胶具胶凝性。所以在煮制果酱过程中要采取措施促进原果胶水解，但要控制果胶再水解，增加果胶含量。

果胶是由许多半乳糖醛酸分子脱水结合而成的长链高分子化合物，其中部分羧基为甲醇所酯化。通常按其酯化度分为高甲氧基果胶(含甲氧基7%以上)和低甲氧基果胶(含甲氧基7%以下)。两种果胶的胶凝作用不同。天然的果胶一般为高甲氧基果胶，普遍存在于果蔬中。

1. 高甲氧基果胶的胶凝作用

高甲氧基果胶本身带负电荷并高度水合，阻碍胶体分子之间的凝聚。当有脱水剂(如50%以上的糖)及适量的H^+(pH值为2.0～3.5)存在时，果胶分子脱水，并使其所带的负电荷消除从而呈电中性，这样果胶大分子便凝聚成凝胶。因此，果胶的胶凝作用需要果胶、糖、酸比例适当，一般要求果胶含量1%左右，pH为2.0～3.5或含酸量1%左右，糖浓度50%以上。果胶胶凝过程是复杂的，受多种因素影响。

①果胶含量。果胶含量高，甲氧基化程度越高，胶凝力越强，反之则弱。

②p值。酸起中和电荷的作用，pH值过高过低都不能使果胶胶凝。pH值过低会引起果胶水解，pH值大于3.5则不胶凝，pH值为3.1左右时，凝胶的硬度最大。

③糖浓度。糖浓度大于50%时才起脱水剂的作用。浓度大，则脱水作用也大，胶凝也较快，硬度也大。其他胶体如琼脂、低甲氧基果胶等，糖浓度对其胶凝无影响，因此适宜制造低糖果酱。

④温度。温度大于50℃不胶凝，低于50℃则胶凝，温度越低，胶凝越快，硬度也越大。

2. 低甲氧基果胶的胶凝作用

低甲氧基果胶的胶凝作用是低甲氧基果胶的羧基与钙离子或其他多价金属离子结合形成空间网络结构，与糖用量无关。由于低甲氧基果胶的羧基大部分未被甲氧基化，因此，对金属离子比较敏感，少量的钙离子也能使之胶凝。pH值(最适pH值为3.5～5.0)、温度(要求小于30℃)对其胶凝也有影响。

二、糖制品的分类与特点

(一)糖制品的分类

根据果蔬糖制品的不同特性,可将糖制品分类如下。

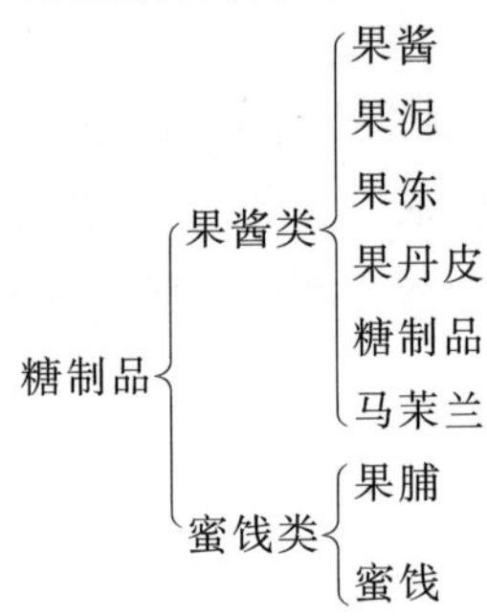

(二)各种糖制品的特点

果酱类是指不保持一定形状的糖制品,属于高糖而且高酸的糖制品。

①果酱是果肉加糖煮制成一定稠度的酱状产品,但产品中允许有不完整的肉质片、块存在。

②果泥是经筛滤后的果浆加糖制成稠度较大且质地细腻均匀的半固态制品,产品中不允许有果肉片、块存在。如制成具有一定稠度且质地均匀一致的酱体时,则通常称为沙司。

③果丹皮是由果泥进一步干燥脱水而制成呈柔软薄片的制品。

④果冻是果汁加糖浓缩,冷却后呈半透明的凝胶状制品。如果在制果冻的原料中再加入少量的橙皮条(或橘皮片)浓缩,冷却后这些条片较均匀地布散在果浆中的制品通常称为“马茉兰”。

⑤果糕是将果实煮烂后,除去粗硬部分,将果肉与糖、酸、蛋白质等混合,调成糊状,倒入容器中冷却成型或经烘干制成松软而多孔的制品。

蜜饯类是指保持一定形状的果蔬糖制品,属于高糖制品,分为果脯和蜜饯两种。

①果脯一般为干态的或半干态的,成品含水量在20%以下,包装形式为袋装。

②蜜饯一般为湿态的,含水量在20%以上,有的带糖汁,所以其包装一般采用硬包装,如瓶装,也有采用软包装的。蜜饯类按产地可分为京式蜜饯、苏式蜜饯、广式蜜饯、闽式蜜饯等。

三、糖制品的加工工艺

(一)工艺流程

原料选择→预处理→硬化(保脆)→护色→着色→糖制

→{包装→密封→杀菌→湿态蜜饯
哄晒→冷却→上糖衣→糖衣蜜饯
烘晒→整形、包装→果脯、干态蜜饯}

蜜饯类制品按以下操作进行加工。

1. 原料选择

用于制作蜜饯的原料,以含水量较少,固形物含量较高,肉质致密、坚实、耐煮制为佳,在采用级外果、落果、劣质果、野生果等时，必须在保证质量的前提下加以选择。对完好的正品原料，按照某一制品对原料的要求加以选择。大多数果品和蔬菜都可以作为制作蜜饯的原料。

2. 洗涤

原料表面的污物及残留的农药必须清洗干净。洗涤方式有机械洗涤和人工洗涤，常用的机械洗涤有喷淋冲洗式、毛刷刷洗式和滚筒式等。

3. 预处理

按照产品对原料的要求进行选择、分级处理。分级多为大小分级，目的是达到产品大小相同、质量一致和方便加工。分级标准可根据原料实际情况、产品特点而定。并进行洗涤、去皮、切分、去芯和划缝等一系列加工处理。

划缝可增加成品外观纹路，使产品美观。更重要的是加速糖制过程中的渗糖。划缝有手工划缝或划纹机划缝两种，划纹要纹路均匀，深浅一致。

4. 硬化(保脆)

在糖煮前进行硬化处理，可以提高原料的硬度，增强其耐煮性。通常将原料投入一定浓度的石灰、明矾、氯化钙或氯氧化钙等水溶液中，进行短时间浸渍，从而达到硬化的目的。硬化剂的选择、用量和处理时间必须恰当，但是用量过大会生成过多的果胶酸钙盐，或引起纤维素钙化，反而使产品粗糙，品质下降。一般明矾溶液为 0.4%～2%，亚硫酸氢钙溶液为 0.5%，石灰溶液 0.15%。可用 pH 试纸检查是否浸泡合格，并用清水彻底漂洗。

5. 硫处理

为防止加工前原料变色，增加产品的明亮色泽，提高防腐能力，应在糖制前对原料进行硫处理。硫处理的方法有两种，一是用硫黄熏蒸，二是用亚硫酸盐浸泡。

硫黄熏蒸是将原料放在密闭的容器中，用按原料 0.1%～0.2%的硫黄，在密闭容器内点燃熏蒸数小时；浸硫是将原料浸泡在 0.1%～0.15%的亚硫酸或亚硫酸盐溶液中数小时。处理后的原料应进行漂洗，除去残留在表面的亚硫酸溶液。采用马口铁罐包装的制品或采用马口铁盖封口的制品，脱硫更应充分，防止硫与铁反应，生成黑色沉淀，影响制品色泽。

6. 染色

对于某些制品要求具有鲜明的色泽，常需人工染色，如红绿丝、糖青梅、糖樱桃等。染色的色素有天然色素和合成色素，天然色素有姜黄素、叶绿素等，人工合成色素有苋菜红、靛蓝、柠檬黄等。

染色的方法有两种：一是将待染色的果蔬原料直接浸入色素溶液中；另一种是将色素溶于糖液中，在糖制时进行着色。为增进染色效果，常用明矾作助染剂。

7. 糖制

糖制就是糖分渗入原料组织的过程。糖分的渗入要求时间要短，渗入充分，糖分渗入越多，糖制品越饱满，制品外观越好，也就越耐藏。

8. 烘干

将糖制好的原料捞出沥干糖液，要比较均匀地摊在烘盘上，送入 50℃～60℃的烘房中烘干，在烘干过程中要注意倒换烘盘，尽量防止糖的焦化，待水分达 18%～20%时即可结束。

9. 上糖衣

要求上糖衣的蜜饯，从糖液中捞出后，沥去糖液，稍冷后上糖衣或糖粉，方法有如下三种。

①上糖粉。将白糖烘干磨成粉，糖制后稍冷却的蜜饯在糖粉上滚一层糖霜，可防止糖制品的吸潮和黏结。

②糖质薄膜。3 份蔗糖、1 份淀粉、2 份水充分混合加热至 113℃～114℃，冷却到 93℃，将上糖衣的果蔬浸入 1min，取出散放在筛面上，于 50℃温度下晾干即可。

③透明胶质膜。将干燥的果脯浸入 1.5%的低甲氧基果胶溶液中，取出散放在筛面上，50℃温度下晾干，2h 即形成透明膜。

四、果蔬糖制品的质量问题及预防措施

在果蔬糖制品加工中，由于原料处理不当或操作方法失误，往往会出现一些问题，造成产品质量低劣，影响经济效益。

1. 果脯的返砂和流糖

原因主要是转化糖占总糖的比例问题。在糖煮过程中，如果转化糖含量不足，就会造成产品表面出现结晶糖霜，即返砂，会使果脯质地变硬且粗糙，表面失去光泽，品质降低；但如果转化糖含量过高又容易出现流糖现象。转化糖占总糖的 50%时，产品不易返砂；转化糖占总糖的 70%以上时，产品易发生流糖。预防措施为掌握好蔗糖与转化糖的比例，即严格掌握糖煮时间及糖液 pH 应为 2.5～3.0。为促进蔗糖转化，可加柠檬酸或酸的果汁调节。

2. 变色

原因主要是原料发生酶褐变或非酶褐变，或原料本身是色素物质受到破坏褪色。糖煮时间越长、温度越高和转化糖越多，干燥条件及操作方法不当都会加速变色。预防措施为原料在去皮切分后要及时护色，减少与氧气接触；缩短糖煮时间和尽量避免重复使用糖煮液；干燥温度不能过高，一般控制在 55℃～65℃；抽真空或充氮气包装；避光、低温贮存等。

3. 糖结晶

原因主要是含糖量过高，酱体中的糖过饱和；果酱中转化糖含量过低。生产中应严格控制含糖量不超过 63%，转化糖不低于 30%。

4. 液汁分泌

原因主要是果块软化不充分，浓缩时间短，果胶含量低未形成良好凝胶。所以原料应该充分软化，使原果胶水解溶出果胶；果胶含量低可适当增加糖量；添加果胶或其他增稠剂。

5. 煮烂和干缩

煮烂原因主要是品种选择不当，果蔬的成熟度过高，糖煮温度过高或时间过长等。干缩原因主要是果蔬成熟度过低，糖渍或糖煮时的糖浓度差过大、时间过短，糖液浓度不够等。预防措施包括选择成熟度适中的原料，组织较柔软的原料应糖渍；为防止产品干缩，应分批加糖，使糖浓度逐步提高，并适当延长糖渍时间，吸糖饱满后再进行糖煮，且糖煮时间也要适当。

6. 发霉变质

发霉变质主要由于产品含糖量太低或含水量过大；保藏过程中通风不良、卫生条件差，微生物污染等造成。应该控制成品的含糖量和含水量；对于低糖制品一定要采取防腐措施如添加防腐剂、真空包装、加入一定抗氧化剂、保证较低保藏温度。对于罐装果酱一定要注意封口严密，以防止表层残氧过高为霉菌提供生长条件。此外，杀菌必须充分。

第四节　果蔬腌制品加工技术

蔬菜腌制是利用食盐及其他物质渗入蔬菜组织内部，以降低水分活度，提高渗透压，有选择地控制微生物的发酵作用，抑制腐败菌的生长繁殖，从而防止蔬菜的腐败变质。蔬菜腌制是一种传统的加工保藏方法，并不断改进和推广，产品质量不断提高。现代蔬菜腌制品的发展方向是低盐、微甜和增酸。腌制品具有增进食欲、帮助消化、调节肠胃功能等作用，被誉为健康食品。

一、腌制品的分类

蔬菜腌制品的种类繁多，根据腌制工艺和成品风味、食盐用量的不同等的差异，可分为发酵性腌制品和非发酵性腌制品两大类。

1. 发酵性腌制品

利用低浓度的盐分，在腌制过程中，经过乳酸发酵，并伴有轻微的酒精发酵，利用乳酸菌发酵所产生的乳酸与加入的食盐及调味料等一起达到防腐的目的，同时改善品质和增进风味。代表产品为泡菜和酸菜等。

发酵性腌制品根据原料、配料含水量不同，一般分为湿态发酵和半干态发酵两种。湿态发酵是原料在一定的卤水中腌制。半干态腌制是让蔬菜失去一部分水分，再用食盐及配料混合后腌渍，如榨菜。由于这类腌制品本身含水量较低，故保存期较长。

2. 非发酵性腌制品

在腌制过程中，不经发酵或微弱的发酵，主要利用高浓度的食盐、糖及其他调味品进行保藏并改善风味。非发酵性腌制品依据所含配料及风味不同，分为咸菜、酱菜和糖醋菜三大类。

①咸菜类。利用较高浓度的食盐溶液进行腌制保藏。并通过腌制改变风味，由于味咸，故称为咸菜。代表品种有咸萝卜、咸大头菜等。

②酱菜类。将蔬菜经盐渍成咸坯后，再经过脱盐、酱渍而成的制品。如什锦酱菜、扬州八宝菜等。制品不仅具有原产品的风味，同时吸收了酱的色泽、营养和风味，因此酱的质量和风味将对酱菜有极大的影响。

③糖醋菜类。将蔬菜制成咸坯并脱盐后，再经糖醋渍而成。糖醋汁不仅有保藏作用，同时使制品酸甜可口。代表产品有糖醋萝卜、糖醋蒜头等。

二、腌制原理

蔬菜腌制主要是利用食盐的保藏、微生物的发酵及蛋白质的分解等一系列的生物化学作用，达到抑制有害微生物的活动。

(一)食盐的保藏作用

1. 降低水分活度

食盐溶于水就会电离成 Na^+ 和 Cl^-，每个离子都迅速和周围的自由水分子结合成水合离子，随着溶液中食盐浓度的增加，自由水的含量会越来越少，水分活度会下降，大大降低微生物利用自由水的程度，使微生物生长繁殖受到抑制。

2. 抗氧化作用

与纯水相比,食盐溶液中的含氧量较低,对防止腌制品的氧化具有一定作用。可以减少腌制时原料周围氧气的含量,抑制好氧微生物的活动,同时通过高浓度食盐的渗透作用可排除组织中的氧气,从而抑制氧化作用。

食盐的防腐效果随浓度的提高而加强。但浓度过高会延缓有关的生物化学作用,当盐浓度达到12%时,会感到咸味过重且风味不佳。因此在生产上可采用压实、隔绝空气、促进有益微生物菌群快速发酵等措施来共同抑制有害微生物的败坏,控制食盐的用量,以生产出优质的蔬菜腌制品。

3. 高渗透压作用

食盐溶液具有较高的渗透压,1%的食盐可产生618kPa的渗透压,腌渍时食盐用量在4%~15%,能产生2472~9271kPa的渗透压。远远超过大多数微生物细胞的渗透压。由于食盐溶液渗透压大于微生物细胞渗透压,微生物细胞内的水分会外渗导致生理脱水,造成质壁分离,从而使微生物活动受到抑制,甚至会由于生理干燥而死亡。不同种类的微生物耐盐能力不同,一般对蔬菜腌制有害的微生物对食盐的抵抗力较弱。

霉菌和酵母对食盐的耐受力比细菌大得多,酵母菌的耐盐性最强,达到25%,而大肠杆菌和变形杆菌在6%~10%的食盐溶液中就可以受到抑制。这种耐受力均是溶液呈中性时测定的,若溶液呈酸性,则所列的微生物对食盐的耐受力就会降低。如酵母菌在中性溶液中,对食盐的最大耐受浓度为25%,但当溶液的pH降为2.5时,只需14%的食盐浓度就可抑制其活动。

(二)微生物的发酵作用

在各类腌制品中都在进行或强(如泡酸菜)或弱(如榨菜)的微生物发酵作用,但这些微生物发酵作用有的有益,有的有害。

1. 乳酸发酵

乳酸菌在泡酸菜的发酵中是主要的、优良的,而在榨菜或酱菜当中是次要的。如果在榨菜或酱菜中过分地产酸,会影响产品的品质。乳酸发酵是乳酸菌将原料中的糖分(主要是单糖或双糖,甚至五碳糖)分解生成乳酸及其他物质,它分正型乳酸发酵和异型乳酸发酵两种。正型乳酸发酵只产生乳酸,而且生酸量高,参与正型乳酸发酵的有植物乳杆菌及小片球菌,能积累乳酸量1.4%以上,在最适条件下可达2.0%以上。异型乳酸发酵产生乳酸外,还能生成乙醇、CO_2等物质,短乳杆菌、肠膜明串珠菌、大肠杆菌等,都能进行异型乳酸发酵。蔬菜在腌制过程中,前期以异型乳酸发酵占优势,中后期以正型乳酸发酵为主。凡能产生乳酸的微生物都称为乳酸菌。

2. 酒精发酵

在蔬菜腌制过程中同时也伴有微弱的酒精发酵作用,其量可达0.5%~0.7%。酒精发酵是酵母菌将蔬菜中的糖分分解成酒精和二氧化碳。酵母菌还能将几种氨基酸(如缬氨酸、亮氨酸及异亮氨酸)分解为异丁醇和戊醇等高级醇。另外,异型乳酸发酵、蔬菜被卤水淹没时的无氧呼吸也产生微量的酒精。在酒精发酵过程中和其他作用中生成的酒精及高级醇,乙醇与其他物质化合生成酯产生的芳香物质,使腌制品具有香味。这些因素对于腌制品在后熟中品质的改善及芳香物质的形成起到重要作用。

3. 醋酸发酵

在蔬菜腌制过程中也有微量的醋酸形成。醋酸的来源是由醋酸菌氧化乙醇而生成的,这一作用称为醋酸发酵。除醋酸菌外，某些细菌的活动，如大肠杆菌、戊糖醋酸杆菌等，也能将糖转化为醋酸和乳酸等。极少量的醋酸不但无损于腌制品的品质，反而有利，只有在含量过多时才会影响到成品的品质。醋酸菌仅在有空气存在的条件下，才可能使乙醇氧化成醋酸，因此腌制品要及时装坛封口，隔离空气，避免醋酸产生。除此之外，还有一些有害的发酵及腐败作用，如丁酸发酵、不良的乳酸发酵、有害酵母的作用、细菌的腐败作用等，若在蔬菜腌制品中出现，会降低制品品质，甚至不能食用。

（三）蛋白质的分解作用

蛋白质的分解及其氨基酸的变化是腌制过程和后熟期中重要的生化反应，它是蔬菜腌制品色、香、味的主要来源。蛋白质在蛋白酶作用下，逐步分解为氨基酸。而氨基酸本身具有一定的鲜味和甜味。如果氨基酸进一步与其他化合物作用可形成更复杂的产物。

1. 鲜味的形成

蛋白质分解所生成的各种氨基酸都具有一定的鲜味，但蔬菜腌制品的鲜味还主要在于谷氨酸与食盐作用生成的谷氨酸钠。反应式如下：

$$HOOCCH_2CH(NH_2)COOH+2NaCl \rightarrow NaOOCCH_2CH(NH_2)COONa+2HCl$$

除了谷氨酸钠有鲜味外，另一种鲜味物质天冬氨酸的含量也较高，其他的氨基酸如甘氨酸、丙氨酸、丝氨酸等也有助于鲜味的形成。

2. 色泽的形成

蛋白质水解生成的酪氨酸在酪氨酸酶或微生物的作用下，可氧化生成黑色素，这是腌制品在腌制和后熟过程中色泽变化的主要原因。同时氨基酸与还原糖作用发生非酶促褐变形成的黑色物质，不但色深而且有香气，其程度与温度和后熟时间有关。一般腌制和后熟时间越长、温度越高，制品颜色越深，香味越浓。还有在腌制过程中叶绿素也会发生变化而逐渐失去鲜绿色泽，特别是在酸性介质中叶绿素脱镁呈黄褐色或黑褐色，也使腌制品色泽改变。

另外，在蔬菜腌制中添加香辛料也可以赋予腌制品一定的香味和色泽。

3. 香气的形成

蔬菜腌制品香气的形成是多方面的，且形成的芳香成分较为复杂。氨基酸、乳酸等有机酸与发酵过程中产生的醇类相互作用，发生酯化反应形成具有芳香气味的酯，如氨基酸和乙醇作用生成氨基丙酸乙酯，乳酸和乙醇作用生成乳酸乙酯，氨基酸还能与戊糖的还原产物 4-羟基戊烯醛作用生成含有氨基的烯醛类香味物质，都为腌制品增添了香气。此外，乳酸发酵过程除生成乳酸外，还生成双乙酰。十字花科蔬菜中所含的黑芥子苷在酶的作用下分解产生的黑芥子油，也给腌制品带来芳香。

三、腌制的加工工艺

（一）泡菜的加工工艺

1. 工艺流程

卤水配制

↓

原料选择→预处理→泡制与管理→成品管理

2. 工艺要点

(1)原料选择

凡组织紧密、质地脆嫩、肉质肥厚、不易发软,富含一定糖分的幼嫩蔬菜均可作泡菜原料,如子姜、萝卜、胡萝卜、黄瓜、青菜头、辣椒、莴笋、甘蓝等。

(2)预处理

适宜原料进行整理,去掉不可食及病虫腐烂部分,洗涤晾晒,晾晒程度可分为两种:一般原料晾干明水即可;对含水较高的原料,要使其晾晒表面脱去部分水,表皮萎蔫后再入坛泡制。

(3)卤水配制

泡菜卤水根据质量及使用的时间可分为不同的种类。

按水量加入食盐 6%~8%,为了增进色、香、味,可加入 2.5%黄酒、0.5%白酒、1%米酒、3%白糖或红糖、3%~5%鲜红辣椒,直接与盐水混合均匀。香料如花椒、八角、甘草、胡椒、草果、陈皮,按盐水量的 0.05%~0.1%加入,或按喜好加入,香料可磨成粉状,用白布包裹或做成布袋放入,为了增加盐水的硬度还加入 0.5% $CaCl_2$。

应该注意泡菜盐水浓度的大小决定于原料是否出过坯,未出坯的用盐浓度高于已出坯的,以最后平衡浓度在 4%为准;为了加速乳酸发酵可加入 3%~5%陈泡菜水以接种;糖的使用是为了促进发酵,调味及调色的作用,一般成品的色泽为白色,如白菜、子姜就只能用白糖,为了调色可改用红糖;香料的使用也与产品色泽有关,因而使用中也应注意。

(4)泡制与管理

①入坛泡制将原料装入坛内的一半,要装得紧实,放入香料袋,再装入原料,离坛口 6~8cm,闸竹片将原料紧紧卡住,加入盐水淹浸没原料,切忌原料露出液面,否则会使原料因接触空气而氧化变质。盐水注入至离坛口 3~5cm。1~2d 后原料因水分的渗出而下沉,可再补加原料,让其发酵。如果是老盐水,可直接加入原料,补加食盐、调味料或香料。

②泡制中的管理首先注意水槽的清洁卫生,用清洁的饮用水或 10%的食盐水,放入坛沿槽 3~4cm 深,坛内的发酵后期,易造成坛内部分真空,使坛沿水倒灌入坛内。虽然槽内为清洁水,但因为经常暴露于空间,易感染杂菌甚至蚊蝇滋生,如果被带入坛内,一方面可增加杂菌,另一方面也会降低盐水浓度,以加入盐水为好。使用清洁的饮用水,同时也应注意经常更换,在发酵期中注意每天轻揭盖 1~2 次,以防坛沿水倒灌。

(5)成品管理

只有较耐贮的原料才能进行保存,在保存中一般一种原料装一个坛,不混装。要适量多加盐,在表面加酒,即宜咸不宜淡,坛沿槽要经常注满清水,便可短期保存,随时取食。

(二)酱菜的加工工艺流程

(1)原料选择与预处理

参照泡菜的原料选择与预处理。

(2)盐腌

食盐浓度控制在 15%~20%,要求腌透,一般需 20~30d。对于含水量大的蔬菜可采用干腌法,3~5d 要倒缸,腌好的菜坯表面柔熟透亮,富有韧性,内部质地脆嫩,切开后内外颜色一致。

(3)切制

蔬菜腌成半成品咸坯后,有些咸坯根据需要切制成各种形状,如片、条、丝等。

(4)脱盐

由于半成品成坯的盐分很高,不利于吸收酱液,同时还带有苦味,因此,首先要进行脱盐处理。脱盐时间依腌制品所含的盐分大小来决定。一般放在清水中浸泡1～3d,也有泡半天即可的,浸泡时需换水1～3次。只有在脱出一部分盐分后,才能吸收酱汁,并减除苦味和辣味,使酱菜的口味更加鲜美。但浸泡时仍要保持半成品相当的盐分,以防腐烂。

(5)控水

浸泡脱盐后,捞出,沥去水分,进行压榨控水,除去咸坯中的一部分水,以保证酱渍过程中有一定的酱汁浓度。一种方法是把菜坯放在袋或筐内用重石或杠杆进行压榨,另一种方法是把莱坯放在箱内用压榨机压榨控水。但无论采用哪种方法,成坯脱水都不要太多,咸坯的含水量一般为50%～60%即可,如果水分过小,酱渍时菜坯膨胀过程较长或根本膨胀不起来,将会导致酱渍菜外观难看。

(6)酱渍

把脱盐后的菜坯放在酱内进行酱渍。酱制时间依各种蔬菜的不同而有所不同,但酱制完成后,要求其程度一致,即菜的表皮和内部全部变成酱黄色,原本色重的菜酱色更深,而色浅的或白色的(萝卜、大头菜等)酱色较浅,并且菜的表里口味与酱一样鲜美可口。

在酱制期间,白天每隔2～4h搅拌一次,搅拌可以使缸内的菜均匀地吸收酱液。搅拌时用酱耙在酱缸内上下搅动,使缸内的菜(或袋)随着酱耙上下更替旋转,把缸底的翻到上面,把上面的翻到缸底,使缸上的一层酱体由深褐色变成浅褐色。经2～4h,缸面上一层又变成深褐色,即可进行第二次搅拌。依此类推,直到酱制完成。

(三)糖醋蒜加工工艺

1. 工艺流程

糖醋卤的配制
↓
原料选择→整理→浸洗→晾干→贮存→糖醋卤浸渍→成品

2. 工艺要点

(1)原料选择

选择鳞茎整齐、肥厚色白、鲜嫩干净的蒜头作原料。成熟度在八九成,直径在3.5cm以上,一般在小满前后一周内采收。如果蒜头成熟度低,则蒜瓣小,水分大;成熟度高,蒜皮呈紫红色,辛辣味太浓,质地较硬,都会影响产品质量。

(2)整理

先将蒜的外皮剥2～3层。与根须扭在一起,然后与蒜根一起用刀削去,要求削三刀,使鳞茎盘呈倒三棱锥状。蒜假茎过长部分也要去除,留1cm左右,要求不露蒜瓣,不散瓣。同时挑除带伤、过小等不合格的蒜头。

(3)浸洗

将整理好的蒜头放入瓦质大缸内,加入自来水浸泡,每缸200kg左右。一般的浸洗原则是“三水倒两遍”，也就是将整理好的蒜头放入缸内，加水浸没，第二天早上（用铁捞耙捞出）倒缸，放掉脏水，重换自来水，继续浸泡1d，第三天重复第二天的操作，第四天早上就可捞出，可基本达到浸泡效果。

（4）晾干

将蒜头捞出，摊放于大棚下等阳光不能直射到的竹帘上，然后再沥干水分，自然晾干阴干。晾干时要进行1～2次翻动，以便加快晾干速度，一般2～3d就可以达到效果。

（5）贮存

将干燥的大缸放于空气流通的阴凉处（阳光不能直射），地面上铺少许干燥细沙，将缸盛满晾好的蒜头（冒尖），在缸沿上涂抹上一层封口灰，用另一同样的缸口对口倒扣在上面，合口处外面用麻刀灰密封，以用来防止大缸受到日晒和雨淋。

（6）糖醋卤的配制

先将食醋的酸度控制在2.6%，放入容器内。若高于2.6%，则加入煮沸过的水；若低于2.6%，则可加热蒸发浓缩，调至要求酸度。然后将红糖加入，食盐、糖精等各以少许醋液溶解，再加入容器内，轻轻搅拌，使之加速溶解。

（7）糖醋卤浸渍

将配制好的糖醋卤注入盛蒜的大缸内进行浸渍，由于此时卤汁尚没有浸入蒜体组织内，蒜体密度较卤汁小，呈悬浮态，有部分蒜头浮在液面上。若上浮则不能浸到卤汁，易变黏，要每天压缸一次，直至都沉到液面以下为止，要15d左右，以后就可以2～3d压缸一次直到成熟。

四、果蔬腌制生产中的常见问题分析与控制

在腌制过程中，若出现有害的发酵和腐败作用，会降低制品品质，必须严格控制。

1. 丁酸发酵

由丁酸菌引起，这种菌为厌氧性细菌，寄居于空气不流通的污水沟及腐败原料中，可将糖和乳酸发酵成丁酸、二氧化碳和氢气，使制品有强烈的不愉快气味，且消耗糖和乳酸。

解决方法：保持原料和容器的清洁卫生，防止带入污物，原料压紧压实。

2. 细菌的腐败作用

腐败菌分解原料中的蛋白质及含氮物质，产生吲哚、硫化氢和胺等恶臭物质。此种菌只能在6%以下的食盐浓度中活动，菌源主要来自于土壤。

解决方法：保持原料的清洁卫生，减少病源。可加入6%以上食盐加以抑制。

3. 起旋生霉腐败

腌制品较长时间暴露在空气中，好氧微生物得以活动滋生，产品生旋，并长出各种颜色的霉，如绿、黑、白等色。由青霉、黑霉、曲霉、根霉等引起，这类微生物多为好气性，耐盐能力强，在腌制品表面或菜坛上部生长，能分解糖、乳酸，使产品品质下降。

解决方法：使原料淹没在卤水中，防止接触空气，使此类菌不能生长。

4. 有害酵母的作用

有害酵母的作用，一种为在腌制品的表面生长一层灰白色、有皱纹的膜，称为“生花”；另一种为酵母分解氨基酸生成高级醇，并放出臭气。

解决方法：这两种分解作用都是酵母活动的结果，采用隔绝空气和加入3%以上的食盐、大蒜等可抑制此种发酵。

第五节 果蔬速冻制品加工技术

速冻即快速冻结。速冻食品是指将食品原料经预处理后，采用快速冷冻的方法使之冻结，即以最快速度通过最大冰结晶生成区域，使果蔬中80%以上的水分变成微小的冰结晶，然后在适宜低温下（通常－18℃～－20℃）保藏的食品。速冻可以使食品的营养和质量得到最大限度的保持，尤其是果蔬类的速冻，其感官质量和营养价值甚至可以与新鲜果蔬相媲美。

一、速冻原理

速冻加工果蔬类制品的优点是对原料的细胞、组织危害轻，解冻后食用品质变化小。在果蔬类的各种加工方法中，速冻是对果蔬组织质地、结构、品质破坏最小，对感官质量影响最小的加工方法。另外，食品冷冻后，低温和低水分活度，可以有效地抑制微生物的活动和酶的活性，从而使食品得以长期保存。

（一）速冻过程

果蔬原料进行速冻时，只是其所含有的水分进行冻结形成冰晶体。水的冻结包括降温和结晶两个过程。水的冰点温度为0℃，但是，当外界温度降到0℃时，纯水并不开始结冰，而是首先被冷却为过冷状态，即温度虽已下降到冰点以下但尚未发生相变。水冻结成冰的过程，主要是由晶核的形成和冰晶体的增长两个过程组成。当水的温度降至冰点时，开始了冰晶体的生长，但生长点很小，称为晶核。晶核分为均质晶核和异质晶核两种，均质晶核系由水分子自身形成的晶核，而异质晶核则是以水中所含有的杂质颗粒为中心形成的晶核。水分子在开始时形成的晶核不稳定，随时都可能被其他水分子的热运动所分散，只有当温度下降到一定程度，即在过冷温度下，才能形成稳定的晶核并且不会被水分子的热运动所破坏。冰晶体的成长过程，是水分子不断有序地结合到晶核上面使冰晶体不断增大的过程。冰晶体形成的大小和数量的多少，主要与降温速度和水分子的运动特性两个因素有关。缓慢降温时，由于水降到冰点以下温度所需要的时间很长，同时水分子开始形成的晶核不稳定，容易被热运动所分散，结果形成的稳定晶核不多。还由于降温时间长，大量的水分子有足够的时间位移并集中结合到数量有限的晶核上，使其不断增大，形成较大的冰晶体；快速降温时，情况则不同，水温可被迅速降低到冰点以下的过冷温度，能形成大量的、稳定的晶核。由于降温速度过快，使得水分子没有足够的时间进行位移，再加上水中稳定的晶核数量多，水分子只能就近分散地结合到数目众多的晶核上去，结果形成的是数量多、个体小的冰晶体。也就是说，降温速度越慢，形成的冰晶体数目越少，个体越大；降温速度越快，形成的冰晶体数目越多，个体越小。

果蔬原料的冰点与纯水不同。果蔬原料是由有生命的细胞构成的，组织及细胞内的水分中溶解了多种有机和无机物质，还含有一定量的气体，构成了复杂的溶液体系。水溶液的冰点是随溶质种类和溶液浓度的变化而有所区别的。果蔬中的水可分为自由水和结合水两种状态，自由水可在液相区域内自由移动，其冰点温度在0℃以下；结合水被大分子物质（蛋白质、碳水化合物等）所吸附，所以，其冰点要比自由水低得多。即果蔬原料的冰点低于纯水的冰点，纯水的冰点为0℃，果蔬原料的冰点一般要低于1℃才开始冻结。食品原料中的水分含量越低，其中无机盐类、糖、酸及其他溶于水中的溶质浓度越高，则开始形成冰晶的温度就越低。各种果品蔬菜的成分各异，其冰点也各不相同。而果蔬的活组织与死组织的冰点也不相同，活组织的冰点低于死组织，这是因为在活组织中，细胞间晶核的形成和冰晶体扩大是靠细胞内水分的供应，由于原生质遇冷时收缩，阻碍水分的通过，因此结冰困难得多。另外，活组织进行呼吸时要释放热能，也导致冰点温度降低。死组织的状况正相反，既不产生呼吸热，水分在细胞间隙中又可自由通过，这样就更加容易受到外温变化的影响，所以冰点温度较高。

（二）冻结速度对产品质量影响

冻结速度直接影响产品的质量。当果蔬进行缓慢冻结时，由于细胞间隙的溶液浓度低于细胞内的，故首先产生冰晶，随着冻结的继续进行，细胞内水分不断外移结合到这些冰晶上，从而形成了主要存在于细胞间隙的体积大且数目少的冰晶体分布状态，这样就容易造成细胞的机械损伤和脱水损伤，使细胞破裂。解冻后，往往造成汁液流失、组织变软、风味劣变等现象。

当快速冻结时，由于细胞内外的水分几乎同时形成冰晶，其形成的冰晶体分布广、体积小、数目多，对组织结构几乎不造成损伤。解冻后，可最大限度恢复组织原来的状态，从而保证产品的质量。冻结速度往往与冷却介质导热快慢有关，产品初温、产品与冷却介质接触面、产品体积厚度等也会影响其冻结速度，在实际生产中应加以综合考虑。

二、速冻方法和设备

速冻的方法和设备发展很快，速冻方法按其所使用的制冷剂或载冷剂与物料接触的状态，可分为间接冻结和直接冻结两种。

（一）间接冻结法

1. 间接接触式

冻结利用被制冷剂冷却的金属平板与物料密切接触而使物料冻结方法称为间接接触式冻结。这是一种常用的速冻方法，此方法完全是利用热传导方式进行冻结，其冻结效率取决于它们的表面相互间密切接触的程度，可用于冻结未包装或用塑料袋、玻璃纸或是纸盒包装的食品。常见的设备是平板冷冻厢，是由钢或铝合金制成的金属板并排组装起来的。通常厢内设有多层金属平板，平板温度可达－30℃～－33℃。各板间放入食品，以液压装置平板与食品贴紧，以用来提高平板与食品之间的表面传热系数。由于食品的上下两面同时进行冻结，故冻结速度大大加快。厚度6～8cm的食品在2～4h内可被冻好。适用于形状规则、耐挤压的片状或条状食品，但厚度有一定限制。另外，在使用平板冻结装置时必须使食品与板贴紧，如果有空隙，则冻结速度明显下降。因而包装时食品装载量宜满，以便使之与金属板接触紧密。平板冷冻厢按其装卸物料时自动化水平的不同，有下面几种，间歇式、半自动式和自动式装置。

间接接触式冻结方法的优点是：不需通入冷风，并且占地空间小；单位面积生产率高；制冷剂蒸发温度可采用比空气冻结装置低的温度，因而能耗降低，大约为鼓风冻结装置耗能量的70%。

2. 鼓风式

冻结鼓风冻结法是一种空气冻结法，主要是利用低温和空气高速流动，促使食品快速散热，以达到速冻的目的。在实际生产中所用设备会有所差别，但都保证在食品周围有高速流动的冷空气循环，并使之能和食品密切接触。速冻设备内采用的空气温度为－46℃～－29℃，强制的空气流速为10～15m/s。增大风速能够使食品表面的传热系数提高，从而提高冻结速度。主要问题是如何使冻结室内各点的风速都保持一致，以便使冻结质量也均匀一致。

速冻设备一般都采用隧道式速冻设备，即在一个长形的、墙壁有隔热装置的通道中进行。产品放在车架上或放在输送带上逐层摆放的筛盘中，以一定的速度通过隧道。冷空气由鼓风机吹过冷凝管再送进隧道中穿流于产品之间，使之降温冻结。有的装置是在隧道中设置几次往复运行的网状履带，原料先落于最上层网带上，运行到末端就卸落到第二层网带上，如此反复运行到原料卸落在最下层的末端，完成冻结过程。

未包装的食品在进行鼓风冷冻时，食品内的水分会有损耗。鼓风时干燥冷空气从食品表面带走水分，造成冷冻干燥，因而可能会出现冻伤，会使冻结食品在色泽、风味、质地和营养价值方面发生变化。防止措施是首先将原料在－4℃的高湿空气中预冷，然后再完成冻结，可充分缩短冻结时间，从而减轻制品的水分损耗。另外，水分的蒸发会在冻结设备的蒸发管和平板表面出现结霜现象，所以，为了维持传热效果，就必须经常清霜。

3. 流化式

流化冻结法适合于冻结散体食品，为单体速冻法，这是当前冻结设备中被认为比较理想的方法，特别适宜于小型水果如草莓、樱桃等的速冻。它是使用高速冷风从下往上吹，在一定的风速下，会使较小的颗粒状食品轻微跳动，或将物料吹起浮动，形成流化现象。液化状态能使颗粒食品分散，并且还会使每一颗粒都能和冷空气密切接触，从而解决了食品冻结时常互相粘连的问题。冷风温度为－40℃以下，垂直向上风速为6～8m/s，5～10min内使食品冻结到－18℃。由于把物料吹成悬浮状态需要很高的气流速度，所以被冻结物的大小受到一定程度的限制。

流化式冻结法要求原料形体大小要均匀，铺放厚度要一致，冷冻效果才会迅速、均衡。同时，此种冻结法的缺点是原料失重较严重。

（二）直接冻结法

散态或包装食品在与低温介质或超低温制冷剂直接接触下进行冻结的方法称为直接冻结法。

1. 浸渍冻结法

浸渍冻结法是以温度很低的液体载冷剂浸渍物料使之冻结的方法。由于液体是热的良导体，且物料直接与液体冷媒接触，因此冻结速度快。

常用的载冷剂有丙二醇、丙三醇、氯化钙和氯化钠等。液体载冷剂低温的获得主要是根据溶液与纯冰的相互作用原理。如果把浓盐水溶液的温度降到0℃时，加入冰块则使其变成含有盐液和冰的半冻状态。因为盐液的冻结点低于0℃，因此必然出现冰块融解现象。冰融化是吸热过程，故可使盐液的温度降低，直到所有的冰块融化完或达到盐液的冻结点为止。浸渍冻结法通常只适用带包装的食品冻结，否则会影响冻品的风味。

2. 超低温喷淋式

冻结液氮是无色液体，与其他物质不起化学反应。其沸点为－195.8℃，用它喷淋需冻结的物料，可达到快速冻结。先将物料送入预冷区，使物料在高速氮气流作用下，表层迅速冻结，然后进入喷氮区，将液氮直接喷淋在物料上，液氮汽化蒸发吸收大量热量，使食品继续冻结，最后在冻结区内冻结到中心温度达－18℃。采用液氮冻结食品干耗小，几乎无氧化变色现象，品质好。实际生产中冻结温度限制在－30℃～－60℃，有时可达到－120℃，在这样的冻结温度下，1～3mm厚的物料，在1～5min内即可冻至－18℃以下。

液态二氧化碳可使冻结温度降到－78.9℃。其冻结方法及产品品质与液氮冻结相似，而且比液氮要经济一些。

三、速冻工艺

1. 工艺流程

原料选择→原料预处理→护色→沥水→布料→速冻→包装→冻藏

2. 工艺要点

(1)原料选择

果蔬原料的优劣直接影响速冻果蔬的质量。一般要求原料品种优良，抗冻性强，新鲜，成熟适度，规格整齐，无病虫害，无农药残留及微生物污染，无斑疤和机械损伤。并要求原料不浸水，不捆扎，不重叠挤压等。

(2)原料预处理

原料预处理包括挑选、分级、去掉不可食部分、清洗和切分等。挑选除去畸形、带伤、有病虫害、成熟过度或不成熟的果蔬，并按大小、长短分级。除去皮、核、心、蒂、筋及老根、黄叶、老叶等不可食部分。清洗干净，对一些易遭虫害的蔬菜，如花椰菜、菜豆等应用2%～3%的盐水浸泡20～30min进行驱虫处理；对一些速冻后脆性明显减弱的果蔬，可以将原料在0.5%～1%的氯化钙或碳酸钙溶液中浸泡10～20min，以增加其硬度和脆度。清洗后的果蔬按产品要求切分成各种规格形状。

(3)护色

为了防止制品在加工及贮藏中的变色，原料要进行护色处理。蔬菜一般采用热烫法，即用95℃以上的热水或蒸汽，热烫2～3min。热烫后立即用5℃的冷水冷却，使气温下降到10℃以下。水果则采用糖水浸渍以防止褐变。糖水浓度为30%～50%，糖水中加入0.1%～0.5%的柠檬酸和维生素C以提高护色效果。糖水温度最好也控制在5℃左右，这样有利于加快冻结速度。

(4)沥水

经热烫冷却后的果蔬须经过沥水的程序，以避免残留水带入包装内影响外观质量，沥水可采用振动式沥水机或离心机进行。振动沥水时间10～15min为宜，离心甩水为5～10s。

(5)布料

沥水后的果蔬由提升机输送到振动布料机中。布料机的布料质量对实现均匀冻结和提高果蔬的冻结质量具有很重要的作用。如果布料不均匀造成物料成堆或空床，就会影响冻结效果和冻品质量。

(6)速冻

采用－30℃～－35℃以下的低温进行冻结，至果蔬的中心温度降至－18℃。

(7)包装

包装是速冻果蔬制品贮藏的重要条件，主要作用在于有效控制贮藏过程中速冻果蔬的冰晶升华；防止产品因为接触空气而发生氧化，导致变色、变味、变质；阻止外界微生物的污染，保证产品的卫生质量。

速冻果蔬制品要经过冻结、冻藏、解冻等工序，因而用于速冻制品包装材料需具备耐低温、耐高温、耐油、耐酸碱、气密性好和能进行印刷等性能。常用的内包装容器为：PE 袋、PP 袋、PET 袋和复合袋；外包装容器常为纸箱。包装方法可采用普通包装或充气包装和真空包装等，另外还有包冰衣的形式，即果蔬制品在速冻结束后，快速在 0℃～2℃的洁净水中浸没数秒钟，利用其自身的低温，可以在制品表面形成一层薄薄的冰衣。冰衣可保持产品内部的水分，避免失水干缩，同时对外界污染和外来空气起到一定的阻碍作用。

(8)冻藏果蔬

速冻后就进入贮藏阶段，为了能保证其速冻品质，阻止食品中的各种变化，因而采用冻藏的方式。冻藏期间影响速冻果蔬质量的主要因素是冻藏的温度。这包括温度的高低和温度的波动。冻藏温度越低，温度波动越小，则品质保持最好。目前认为最经济、最有效的冻藏温度是－18℃以下。库温允许在短时间内有小的波动，在正常情况下，温度波动不得＞1℃，在大批冻结食品进出库过程中，一昼夜升温不得＞4℃。

冻藏过程中，致病或使食品败坏的微生物都难以活动，其间发生的主要变化就是再结晶作用。再结晶是指冻藏过程中，由于环境温度的波动，而造成冻结食品内部反复解冻和再结晶后出现的冰晶体体积增大的现象。再结晶的程度直接取决于单位时间内温度波动的次数和波动的幅度，波动幅度越大，波动的次数越多，重结晶的程度就越深，对速冻食品的危害就越大。因此要求贮藏温度要尽量低，并且减少波动。

四、果蔬速冻的质量控制点及预防腐败措施

虽然果蔬的速冻过程和冻藏过程都在很低的温度下进行，其组织结构和内部成分仍然会发生一些理化变化，而影响产品质量。一般情况下产品的品质变化较小。但由于冻结，或冻藏时温度波动较大等，冻结果蔬制品还是会发生以下主要的变化，使品质有所下降。

1. 龟裂

0℃时冰的体积比水的体积约增大 9％。虽然冰的温度每下降 1℃，其体积收缩 0.005％～0.01％，但相比起来，膨胀比收缩大得多。因此含水量多的果蔬冻结时体积会膨胀。由于冻结时表面水分首先结成冰，然后冰层逐渐向内部延伸，当内部的水分因冻结而膨胀时，会受到外部冻结层的阻碍，于是产生内压，内压过大使外层难以承受时，则会造成产品龟裂。可选择水分含量较低的原料，沥水要干净，冻结速冻要均匀。

2. 干耗

果蔬在速冻过程中，随着热量被带走的同时，部分水分也会被带走。通常鼓风式冻结比接触式冻结干耗大；在冻藏过程中也会发生干耗，这主要是速冻品表面的冰晶直接升华所致。贮藏时间越长，干耗越重。可采取加冰衣、包装来降低或避免干耗。

3. 变色

速冻果蔬制品的变色种类较多，分为酶促褐变和非酶促褐变。酶促褐变现象有：浅色果蔬

或切片的果蔬切面色泽变红或变黑；绿色蔬菜的颜色常由绿色变至灰绿色、橄榄色乃至褐色；果蔬制品失去原有的色泽或原有色泽加深，主要原因有叶绿素变成脱镁叶绿素，其他色素的氧化，果蔬组织中的多酚氧化酶等在有氧的条件下，使酚类物质氧化，而且在冷冻条件下，细胞发生了一系列的变化，使得酶与底物更加容易接触而起作用。非酶促褐变主要有在加工中遇有金属离子可催化速冻制品产生褐变，制冷剂的泄漏也会引发变色等。

在冻结前，应对原料进行护色处理，如热烫、硫处理、降低 pH、添加抗氧化剂等。

4. 解冻

解冻时流汁主要是由于冻结过程及冻藏中导致植物细胞膜的透性增加，造成细胞膨压消失，冷冻过程中冰晶体的形成和增长导致细胞和原生质体发生不可逆的损害；在速冻过程中，迅速但不均匀的温度下降，常常会引起组织的破裂，因此冷冻原料大小和质地应保持一致，以便在冷冻中均匀一致地冻结；重结晶对果蔬质地的影响与缓冻类似，所以应坚决避免；冻结速度缓慢使组织受机械损伤，解冻后冰融化的水不能被细胞所吸收，就会变成汁液流失，从而使口感、风味、营养价值发生劣变，并导致重量的损失。

提高冻结速度、避免冷藏温度波动可以减少流汁现象。

微生物、农药、重金属污染冷冻并不能完全杀死微生物，随冻藏时间延长数量减少，但温度回升后仍可繁殖。因此速冻制品的冻藏温度一般要求低于－12℃，通常都采用 18℃或更低温度。微生物超标可在速冻、冻藏及流通期间发生，速冻制品中微生物的存在引起关注的有两个方面：一是存在有害微生物产生有害物质，危及人体健康，即是速冻制品的安全性问题；二是造成产品的质量败坏或全部腐烂。

果蔬速冻制品中农药、重金属污染主要是由于产品在田间生长过程中造成的，在原料处理时不彻底造成农药、重金属残留超标。

加强原料验收检测、控制生产环境卫生可防止污染发生。

第三章　饮料食品生产技术

第一节　碳酸饮料加工技术

一、碳酸饮料概述

碳酸饮料就是在一定条件下充入CO_2气体的饮料，不包括由发酵法自身产生CO_2气体的饮料。碳酸饮料包括水、甜味剂、酸味剂、香精香料、色素、CO_2或果汁等原辅料。由于含有CO_2气体，饮料不仅风味突出，口感强烈，还能让人产生清凉爽口的感觉，是人们在炎热夏天消暑解渴的优良饮品。

根据所含成分的不同，可以将碳酸饮料分为果汁型、果味型、可乐型和其他型。果汁型碳酸饮料就是含有一定量果汁的碳酸饮料，如橘汁汽水、橙汁汽水、菠萝汁汽水或混合果汁汽水；果味型碳酸饮料是以果味香精为主要香气成分，含有少量果汁或不含果汁的碳酸饮料，如橘子味汽水、柠檬味汽水等；可乐型碳酸饮料是以可乐香精或类似可乐香型的香精为主要香气成分的碳酸饮料；其他型碳酸饮料是除果汁型、果味型、可乐型以外的碳酸饮料，如苏打水、盐汽水、姜汁汽水、沙士汽水等。

二、碳酸饮料的生产工艺

根据生产加工方法的不同，碳酸饮料的生产流程可分为“二次灌装法”和“一次灌装法”。两种方法对比可见表3-1。

表3-1　二次灌装法和一次灌装法对比

项目	二次灌装法	一次灌装法
区别	糖浆先灌装，再灌碳酸水，容器内混合	糖浆和碳酸水先混合、再灌装
优点	传统方法，设备简单，投资少；可用于含果肉碳酸饮料生产；清洗方便；生产中能较好地抑制微生物	糖浆和水比例准确，灌装容易控制；糖浆和碳酸水温差小，起泡少；产品质量稳定，含气足，生产速度快
缺点	糖浆和水分别灌装，产品质量不稳定；两者存在温差，灌装不同步，导致灌气量不足，液面高低不一	不适于带果肉碳酸饮料灌装；设备复杂；清洗、消毒不易
应用	适合于中、小型企业	适合于大、中型企业

（一）二次灌装法

二次灌装法也称现调法，其工艺流程如图3-1所示，是碳酸饮料最初的制造方法。二次灌装法是将配好的调味糖浆先灌入包装容器，再向包装容器中灌碳酸水密封的生产方法。二次灌装法适合产量小、高档的含果汁或果肉量较多、含气量较少的饮料生产。

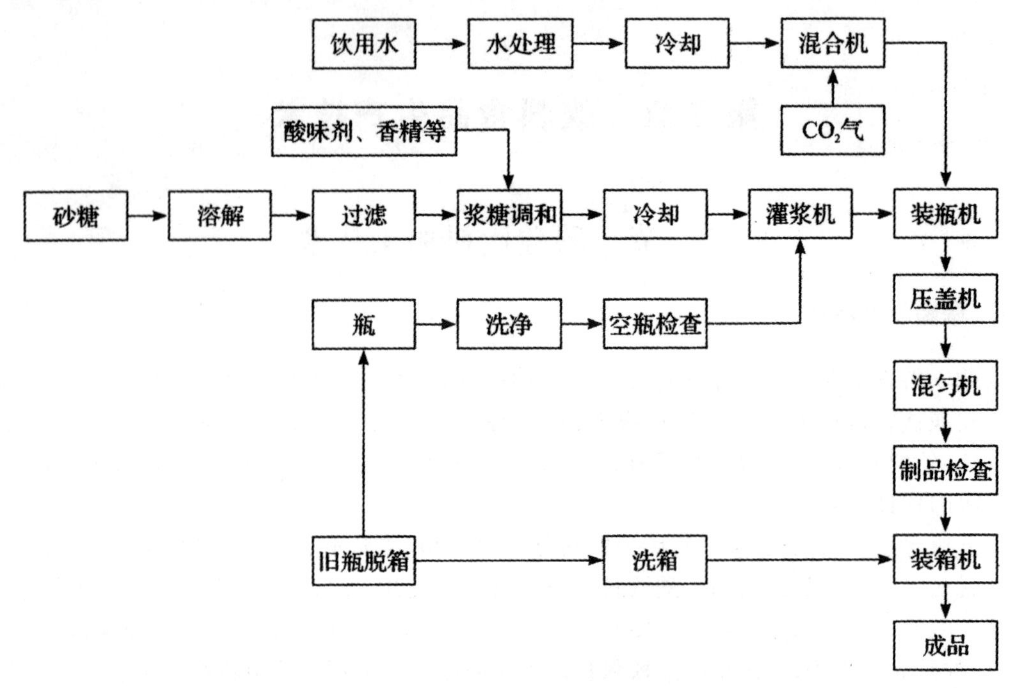

图 3-1　二次灌装法生产工艺流程

（二）一次灌装法

一次灌装法又称预调法，指将调味糖浆和碳酸水预先按一定比例配好后，一次灌入包装容器中密封的生产方法。工艺流程见图 3-2。一次灌装法适用于含气量大、产量高的饮料的生产。

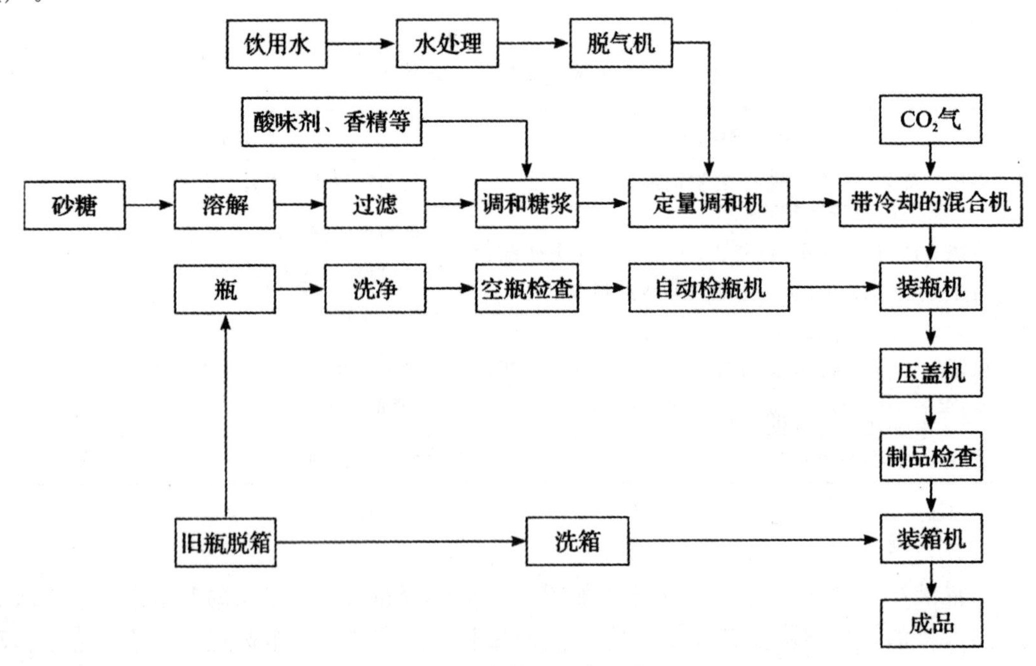

图 3-2　一次灌装法生产工艺流程

从图中可以看出，装瓶前有五条分支工艺线，即水处理、碳酸化、调味糖浆的制备、空瓶的清洗和空箱的清洗。除这两种方法以外，还有组合式，集中了这两者的优缺点。

三、工艺要点

（一）调味糖浆制备

1. 原糖浆制备

原糖浆：把定量的砂糖加入定量的水溶解，制得的具有一定浓度的糖液。

调味糖浆：以原糖浆添加柠檬酸、色素、香精等各种配料制成。

原浆：将原糖浆之外的配料预先配合制成。

2. 调味糖浆配合

调味糖浆配合加料次序：

①原糖浆测定浓度，计算需要量。

②苯甲酸钠液预先用适量温水溶化（一般按25%浓度）。

③糖精钠（或甜味剂）用适量温水溶化。

④酸溶液柠檬酸用适量温水溶化（一般为50%浓度）。

⑤香精。

⑥色素用适量温水溶化。

⑦水加到规定量。

以上配料过程需边搅拌边加入，使其能充分均匀。

一般原糖浆浓度为50～67°Bx，配成的调味糖浆一般与5份或4份碳酸水配比制成汽水，也就是说调味糖浆的量一般是汽水产品的1/6～1/5。

操作程序需固定和标准，尤其是定量需准确，这样产品质量方可稳定一致。

（二）调和

1. 现调式（二次灌装法）

先将水碳酸化，再与调味糖浆分别灌入容器中，调和成汽水。该方式小型生产线、试验室或生产含有果肉成分（预调易堵混合机）的汽水应用较多。

优点：结构简单，易清洗。

缺点：灌碳酸水时易激起大量泡沫，成品含气量不高，产品品质不稳定。

2. 预调式（一次灌装法）

先将水和调味糖浆按一定比例调好，再经冷却和碳酸化混合成汽水，一次性灌入容器中。

优点：连续化生产，糖和水比例定量准确度高，灌装时泡沫少，产品品质稳定。

缺点：水气混合机要求高，设备投资大，不适宜带果肉的汽水生产。

（三）CO_2及碳酸化

碳酸饮料的发泡和刺激的味道来自CO_2。CO_2可从碳酸盐、石灰石、有机燃料燃烧以及工业发酵过程中制得。软饮料制造商大多数是从遵从食品纯度法规生产CO_2的供应商处购买食用级高压钢瓶装的液态CO_2。

当所采购的CO_2纯度不够时，或一般饮料厂为了确保产品质量时，都要对原料CO_2进行净化处理。让原料CO_2顺次经过高锰酸钾塔、水塔、活性炭塔等装置，除去其中的有机物、异味。

碳酸化过程就是指在低温高压的条件下，把CO_2溶入水中的过程。饮料中的CO_2量是以单位体积的液体中所含CO_2体积数来计算的，气体的体积是指标准温度和压力下气体所占的体积。一般碳酸饮料生产中控制碳酸化温度和压力使得产品含气量达到1.5～4倍溶液体积碳酸化。

碳酸化系统用到的设备包括CO_2调压站、水冷却机(板式换热器)、碳酸化罐(混合机)等。

(四)容器及设备的清洗

1. 容器的清洗

碳酸饮料的包装容器主要是铝质两片易拉罐、塑料瓶等一次性容器和各种规格的多次性玻璃容器。一次性容器出厂后包装严密、无污染，不需要洗涤消毒，或只用无菌水洗涤喷淋即可用于灌装。玻璃瓶的清洗工序主要为浸泡、冲洗或刷洗、冲洗三个步骤。

毛刷刷洗法是先用1%～3%氢氧化钠或碳酸氢钠的浸泡液浸泡，温度为40℃～55℃，时间为15～25min。然后用水喷淋，洗去碱液，用毛刷刷去瓶外商标等杂物，刷洗内部，再用有效氯为50～100mg/L的溶液消毒，最后用压力为0.049～0.098MPa的无菌水喷射冲洗瓶内壁5～10s，瓶外部用自来水洗。

液体冲击法是利用高压液体对瓶子的喷射冲击取代毛刷的刷洗作用来洗瓶的方法。目前，许多工厂采用此法。一般碱液浓度≥3%，温度50℃，时间≥5s。

2. 设备的清洗

目前许多饮料工厂清洗设备的方式都是CIP清洗，即原地清洗或定置清洗。CIP清洗装备利用离心泵输送清洁液在物料管道和设备容器内进行强制循环，不仅可以在不拆卸设备的情况下清洗设备器与物料管路，而且可以降低劳动强度。其清洗效果可以通过电导率进行量化，计算机自动程序清洗以及电导率的反馈控制，可以使清洗效果与效率进行规范化管理。适用于食品类物料管道和设备的清洗。

(五)灌装系统

为了使得灌装时不发生泡沫喷涌的现象，一般在碳酸化罐和灌装机之间还要加一个过压力泵。过压力泵给从碳酸化罐里出来的饱和溶液加一个稍大的压力，使此时的饱和溶液成为不饱和溶液。当溶液从灌装喷嘴喷出来的一瞬间，其中的二氢化碳不能气化，从而避免料液进入瓶中的瞬间发生泡沫喷涌。

1. 灌装的要求

(1)糖浆和水比例正确：在一次灌装法中要保证配比器正确地运行，在二次灌装法中要保证灌糖浆量的准确和灌装液面高度的控制。

(2)二氧化碳的含气量达到标准。

(3)保持合理的灌装高度和适度的顶隙：顶隙过大会造成包装的漏气或破裂，过小会影响消费者心理。

(4)产品的均一性，产品质量的稳定。

2. 严密封口

(1)糖浆加料机。现调式灌装过程中，需要用到糖浆加料机。最常用的有量杯式、空气封闭式、液面静压式三种。

(2)灌装方式。常用的灌装方式有启闭式灌装、等压式灌装、负压式灌装和加压式灌装。

碳酸饮料生产中,还需用到检验机、贴标机和盖上打印机、包装机等。

第二节 果蔬饮料加工技术

果蔬饮料是以水果和(或)蔬菜(包括可食的根、茎、叶、花、果实)等为原料,经加工或发酵制成的饮料。果蔬汁是果蔬中最有营养的部分,易被人体吸收,有"液体果蔬"之称。以果蔬汁为基料,通过加糖、酸、香精、色素等调制的产品,称为果蔬汁饮料。

一、果蔬汁及果蔬汁饮料的分类

根据国标 GB 10789—2007《饮料通则》,果蔬汁类饮料可分为果汁及果汁饮料类和蔬菜汁及蔬菜汁饮料类。

(一)果汁(浆)及果汁饮料类

1. 果汁(浆)

采用物理方法,将水果加工制成可发酵但未经发酵的汁(浆)液,或在浓缩果汁(浆)中加入果汁(浆)浓缩时失去的等量的水,复原而成的制品。可以使用食糖、酸味剂或食盐,调整果汁的风味,但不得同时使用食糖和酸味剂,调整果汁的风味。

含有两种或两种以上果汁的制品称为复合果汁。

2. 浓缩果汁(浆)

采用物理方法从果汁(浆)中除去一定比例的天然水分,加水复原后具有果汁(浆)应有特征的制品。

3. 果汁饮料

在果汁(浆)或浓缩果汁(浆)中加入水、食糖和(或)甜味剂、酸味剂等调制而成的饮料,可加入柑橘类的囊胞(或其他水果经切细的果肉)等果粒。

含有两种或两种以上果汁的果汁饮料称为复合果汁饮料。

4. 果汁饮料浓浆

在果汁(浆)或浓缩果汁(浆)中加入水、食糖和(或)甜味剂、酸味剂等调制而成,稀释后方可饮用的饮料。

5. 果肉饮料

在果浆或浓缩果浆中加入水、食糖和(或)甜味剂、酸味剂等调制而成的饮料。

含有两种或两种以上果浆的果肉饮料称为复合果肉饮料。

6. 发酵型果汁饮料

水果、果汁(浆)经发酵后制成的汁液中加入水、食糖和(或)甜味剂、食盐等调制而成的饮料。

7. 水果饮料

在果汁或浓缩果汁中加入水、食糖和(或)甜味剂、酸味剂等调制而成,但果汁含量较低的饮料。

(二)蔬菜汁(浆)及蔬菜汁饮料类

1. 蔬菜汁

采用物理方法,将蔬菜加工制得的未经发酵汁液。或将浓缩的蔬菜汁(浆)中加入浓缩时失去的等量水复原而成的制品,可以加入食盐或白砂糖等调制风味。如胡萝卜汁、番茄汁等。含有两种或两种以上蔬菜汁的称为复合蔬菜汁。

2. 浓缩蔬菜汁

采用物理方法从蔬菜汁(浆)中除去一定比例的天然水分,加水复原后具有蔬菜汁(浆)应有特征的制品。

3. 蔬菜汁饮料

在蔬菜汁(浆)或浓缩蔬菜汁(浆)中加入水、食糖和(或)甜味剂、酸味剂等调制而成的饮料。含有两种或两种以上蔬菜的蔬菜汁饮料称为复合蔬菜汁饮料。

4. 复合果蔬汁及果蔬汁饮料

含有两种或两种以上果汁(浆)和蔬菜汁(浆)的制品为复合果蔬汁。含有两种或两种以上果汁(浆)和蔬菜汁(浆)并加入水、食糖和(或)甜味剂、酸味剂等调制而成的饮料为复合果蔬汁饮料。

5. 发酵蔬菜汁饮料

蔬菜、蔬菜(浆)经发酵后制成的汁液中加入水、食糖和(或)甜味剂、食盐等调制而成的饮料。

二、果蔬汁饮料加工技术

制作各种不同类型的果蔬汁,首要是进行原果汁的生产,一般原料要经过选择、预处理、压榨取汁、粗滤,这些为共同工艺,是果蔬饮料的必经途径,而原果汁或粗滤液的澄清、过滤、均质、脱气、浓缩、干燥等工序为后续工艺。

图 3-3 所示为各类果蔬汁的加工工艺流程图。生产优质的果蔬汁类饮料,必须要有优质的原料,合理的加工工艺以及先进的设备严格科学的质量管理。

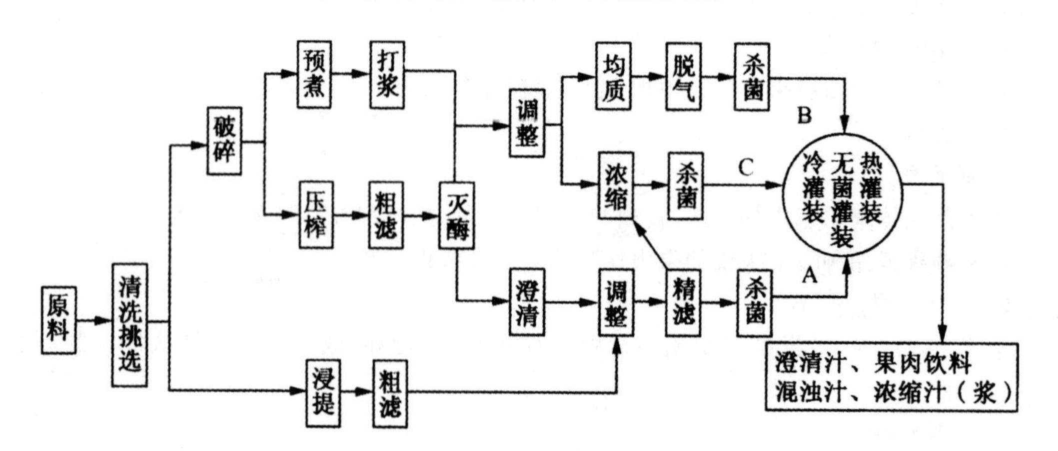

图 3-3 果蔬汁的加工工艺流程图

A—澄清汁工艺;B—混浊汁与果肉饮料工艺;C—浓缩汁(工艺)

典型果蔬汁生产工艺，可见图 3-4～图 3-6 例示。

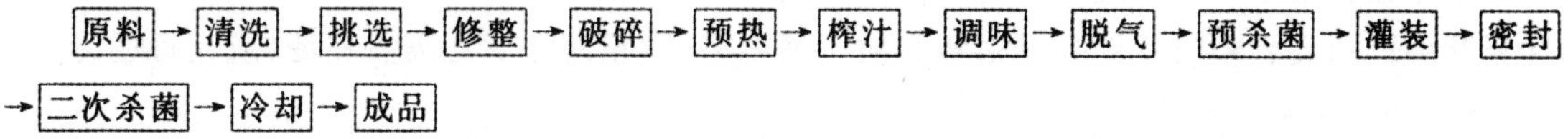

原料→清洗→挑选→修整→破碎→预热→榨汁→调味→脱气→预杀菌→灌装→密封→二次杀菌→冷却→成品

图 3-4 番茄汁加工工艺流程

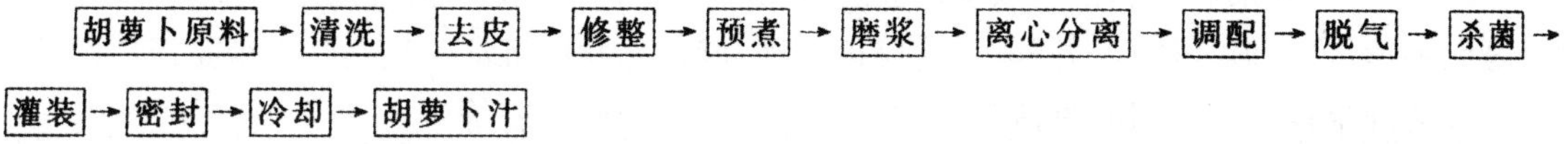

胡萝卜原料→清洗→去皮→修整→预煮→磨浆→离心分离→调配→脱气→杀菌→灌装→密封→冷却→胡萝卜汁

图 3-5 胡萝卜汁加工工艺流程

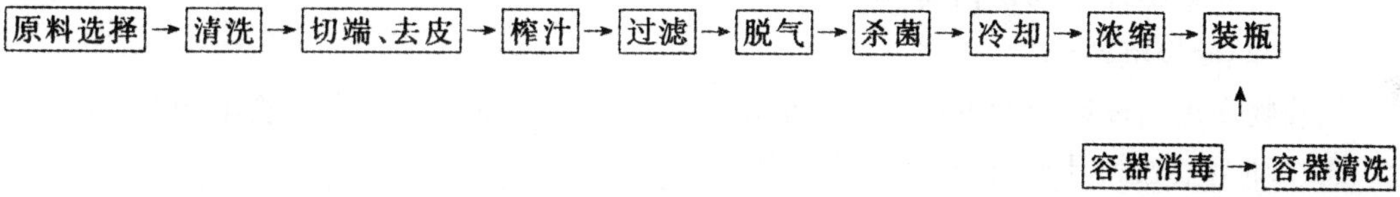

原料选择→清洗→切端、去皮→榨汁→过滤→脱气→杀菌→冷却→浓缩→装瓶

容器消毒→容器清洗→（装瓶）

图 3-6 菠萝卜汁加工工艺流程

(一)原料的选择和洗涤

(1)应有良好的风味和芳香，色泽稳定，酸度适中，并在加工和贮存过程中仍然保持这些优良品质，无明显的不良变化。

(2)汁液丰富，取汁容易，出汁率较高。

(3)原料新鲜，无烂果。采用干果原料时，干果应该无霉烂果或虫蛀果。

(二)榨汁和浸提

1. 破碎和打浆

破碎的目的是提高出汁率。

2. 榨汁前的预处理

(1)加热。适用于红葡萄、红西洋樱桃、李、山楂等水果。其目的为了改变细胞的半透性，使果肉软化，果胶水解，降低汁液的黏度。原理是加热使细胞原生质中的蛋白凝固，改变细胞的半透性，同时使果肉软化、果胶水解，降低汁液的黏度，从而提高出汁率。处理条件为 60℃～70℃/15～30min。

(2)加果胶酶。可以有效地分解果胶物质，降低果汁黏度，便于榨汁。

3. 榨汁

榨汁方法依果实的结构、果汁存在的部位、组织性质以及成品的品质要求而异。

(1)大部分水果果汁包含在整个果实中，应破碎压榨。

(2)有厚的外皮(柑橘类和石榴等)，应逐个榨汁或先去皮。

果实的出汁率取决于果实的质地、品种、成熟度和新鲜度、加工季节、榨汁方法和榨汁效能。

4. 粗滤

粗滤或称筛滤，对于浑浊果汁是在保存果粒在获得色泽、风味和香味的前提下，除去分散在果汁中的粗大颗粒或悬浮粒的过程。对于透明果汁，粗滤之后还需要精滤，或先行澄清后再过滤，务必除尽全部悬浮粒。

（三）澄清和过滤

1. 澄清

电荷中和、脱水和加热都足以引起胶粒的聚集沉淀；一种胶体能激化另一种胶体，并使之易被电解质沉淀；混合带有不同电荷的胶体溶液，能使之共同沉淀。这些特性就是澄清时使用澄清剂的理论根据。常用的澄清剂有明胶、皂土、单宁和硅溶胶等。

（1）膨润土澄清法

膨润土又称为皂土、胶黏土，呈白色或橄榄色，为铝硅酸盐矿物质，能通过吸附反应和离子交换反应去除果蔬汁中的蛋白质。

（2）加热凝聚澄清法

果胶物质因温度剧变而变性，凝固析出。其方法是在80～90s内加热至80℃～82℃，然后快速冷却至室温。具有简便、效果好的特点。

（3）加酶澄清法

利用果胶酶制剂水解果汁中的果胶物质，使果汁中其他胶体失去果胶的保护作用而共同沉淀。果胶酶的作用条件为最适温度50℃～55℃，用量2～4kg/T果汁，可直接加入榨出的新鲜果汁中或在果汁加热杀菌后加入。

（4）明胶单宁澄清法

果汁中带负电荷的胶状物质和带正电荷的明胶相互作用，凝结沉淀，使果汁澄清。

（5）冷冻澄清法

冷冻改变胶体的性质，而在解冻时形成沉淀（浓缩脱水）。尤适用于苹果汁。

2. 过滤

果蔬汁经过澄清后必须进行过滤，通过过滤把所有沉淀出来的浑浊物从果蔬汁中分离出来，使果汁澄清。常用的过滤介质有石棉、帆布、硅藻土、植物纤维和合成纤维等。

（1）压滤法

使用板框过滤机将果蔬汁一次性通过滤层过滤的方法。

（2）超滤法

利用特殊的超滤膜的膜孔选择性筛分作用，在压力驱动下，把溶液中的微粒、悬浮物、胶体和高分子等物质与溶剂和小分子溶质分开的方法。此法对保持维生素C以及一些热敏性物质有利。

（3）离心分离法

利用离心使得溶液分层从而使溶质滤出溶液的方法。离心设备有三足式、管式以及碟式分离机。

（4）真空过滤法

真空过滤法是使真空滚筒内抽成一定真空，利用压力差使果蔬汁渗透过助滤剂，得到澄清果蔬汁的方法。

(四)均质和脱气

1. 均质

均质是浑浊果汁生产中的特殊要求。多用于玻璃瓶包装的产品,马口铁罐产品很少采用。冷冻保藏果汁和浓缩果汁无须均质。

2. 脱气

果汁中存在大量的氧气,会使果汁中的维生素C遭破坏,氧与果汁中的各种成分反应而使香气和色泽恶化,会引起马口铁罐内壁腐蚀,在加热时更为明显。常采用真空脱气法、氮气交换法。

(五)糖酸调整与混合

绝大多数果汁成品的糖酸比为(13∶1)~(15∶1)。许多水果能单独制得品质良好的果汁,但与其他品种的水果适当配合则更好。在鲜果汁中加入适量的砂糖和食用酸(柠檬酸或苹果酸)。

(六)果汁的浓缩

1. 真空浓缩法

若采用真空薄膜离心蒸发器,在50℃条件下1~3s即蒸发完毕。真空度控制在0.090MPa以上,在真空条件下当果汁喷射成膜状后,果汁中水分蒸发,气体逸出,这样可以有效地抑制果汁褐变及防止色素和营养成分氧化,但这种蒸发器的能耗很高。

2. 冷冻浓缩法

冷冻浓缩法是利用冰与水溶液之间的固液相平衡原理,将水以固态方式从溶液中去除的一种浓缩方法。通过冷冻浓缩使可溶性物质≥50%。

3. 反渗透浓缩法

反渗透法(Reverse Osmosis,RO)指的是在膜的原水一侧施加比溶液渗透压高的外界压力,原水透过半透膜时,只允许水透过,其他物质不能透过而被截留在膜表面的过程。反渗透浓缩法主要选用醋酸纤维膜和其他纤维素膜来进行浓缩。

(七)果汁的杀菌和包装

1. 果汁的杀菌

(1)杀菌工艺的选择原则:既要杀死微生物,又要尽可能减少对产品品质的影响。

(2)最常用的方法:高温短时(93±2℃,15~30s)。

(3)杀菌后的灌装:高温灌装(热灌装)和低温灌装(冷灌装)。

2. 果汁的包装

(1)碳酸饮料一般采用低温灌装。

(2)果实饮料,除纸质容器外,几乎都采用热灌装(由于满量灌装,冷却后果汁容积缩小,容器内形成一定的真空度),罐头中心温度>70℃。

第三节 乳饮料加工技术

含乳饮料是指鲜乳或乳制品未经发酵或经发酵后,加水或其他辅料调制而成的液状制品。我国将含乳饮料分为配制型含乳饮料和发酵型含乳饮料两类。配制型含乳饮料是以鲜乳或乳制品为原料,加入水、糖液、酸味剂等调制而成的制品。成品中蛋白质含量不低于10g/L称乳饮料,蛋白质含量不低于7g/L称乳酸饮料。发酵型含乳饮料是以鲜乳或乳制品为原料,经乳酸菌类培养发酵制得的乳液中加入水、糖液等调制而成的制品。成品中蛋白质含量不低于10g/L的称乳酸菌乳饮料,蛋白质含量不低于7g/L的称乳酸菌饮料。

一、配制型含乳饮料

配制型含乳饮料主要品种有咖啡乳饮料、水果乳饮料、巧克力乳饮料、红茶乳饮料、鸡蛋乳饮料等。

(一)咖啡乳饮料

咖啡乳饮料是以乳或乳制品、咖啡提取液和糖为主要原料,添加香料和焦糖色素等加工制作的饮料,一般pH值为6.5,接近中性,也叫中性乳。咖啡是目前世界上三大著名饮料之一,具有健脑提神作用,但营养价值有限,乳的营养成分丰富全面,将二者混合调配制得的咖啡乳饮料既可提神又营养丰富、风味独特,因此深受消费者的喜欢。其生产工艺流程如图3-7所示。

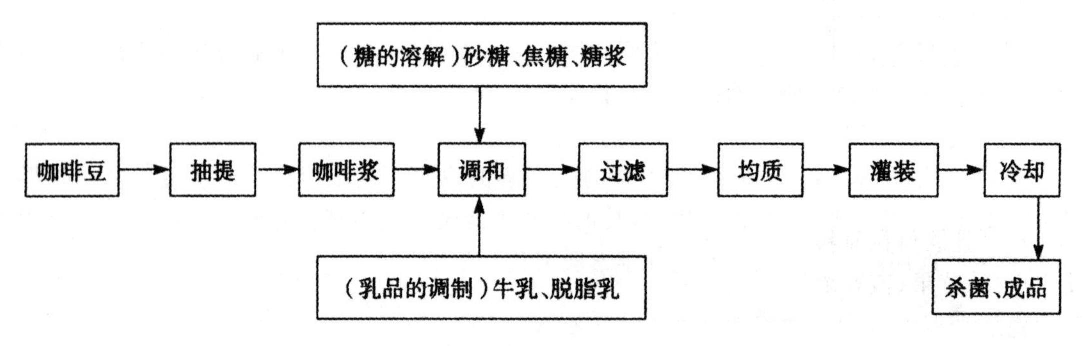

图3-7 咖啡乳饮料生产工艺流程

(1)咖啡抽提液的制备

制备咖啡抽提液选用的咖啡豆必须经过焙炒后才能形成咖啡风味,焙炒的程度比较重要和复杂(焙炒中的变化请参阅巧克力的生产)。一般牛乳咖啡豆炒得程度重些,且酸味强的咖啡要少用。

咖啡提取液的工艺方法有虹吸式、滴水式、喷射式及蒸煮式,而生产中使用的多为喷射式和蒸煮式。在抽提后要防止咖啡粒的混入,因为咖啡粒中含有单宁类物质,能使牛乳凝固。

(2)溶糖

咖啡饮料应选用优质白砂糖,因为糖类在加热后其溶液的pH都会有小幅度的下降,当溶液的pH低于6时,就可能造成饮料的分离,另外,还要避免砂糖中专性厌氧菌的污染。

(3)乳及乳制品的调制

鲜乳可直接使用,若用脱脂乳粉、全脂乳粉等需要经过溶解、均质处理成乳液。

(4)混合

若将咖啡抽提液和乳液在混合罐直接混合后,会产生蛋白质凝固现象。所以将糖液入罐后,应加碳酸氢钠或磷酸氢二钠等碱性物质,也可将二者混合使用,调制 pH 在 6.5 以上。再加入食盐水溶液,将蔗糖酯溶于水后加入乳中均质,并打入罐内,必要时加入消泡剂硅酮树脂,然后加入咖啡抽提液和焦糖,最后加入香精,充分搅拌混合。

(5)灌装

原料调配好后经过滤及均质处理,然后经板式热交换器加热到 85℃~95℃,进行灌装和密封。因本制品易于起泡,故不应装填过满。

(6)杀菌冷却

咖啡乳饮料所用的原料含有耐热的高温芽孢菌。为防止其引起败坏,一般要进行中心温度达 120℃,20min 的杀菌处理,然后冷却到 40℃以下。

(二)水果乳饮料

图 3-8 所示为水果乳饮料生产工艺流程。

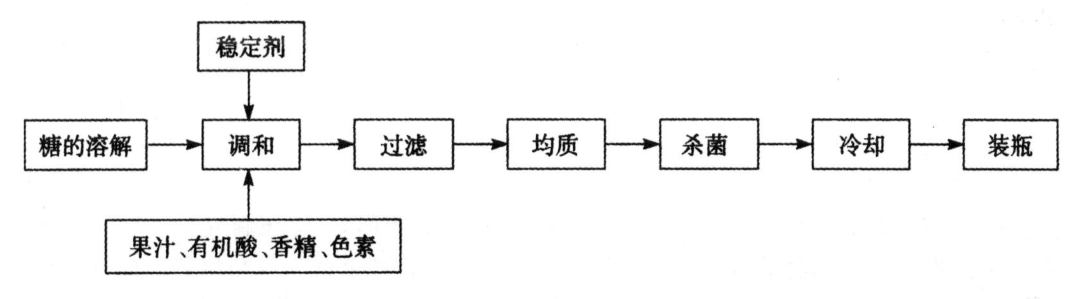

图 3-8 水果乳饮料生产工艺流程

水果乳饮料在原料选择上,乳主要是选用脱脂乳或脱脂乳粉。果汁加入量在 5%以上,多使用柑橘、苹果、菠萝浓缩汁。酸味剂一般使用柠檬酸,也可使用苹果酸,通常不大使用酒石酸。稳定剂常用耐酸性羧甲基纤维素、果胶、藻酸丙二醇酯等。另还添加少量糖、香精、色素等。

二、发酵型含乳饮料

根据 GB 10789—2007《饮料通则》规定,我国将不同蛋白质含量的发酵乳饮料分为发酵型含乳饮料和乳酸菌饮料,而每种发酵乳饮料又可根据其是否经过杀菌处理而分别区分为杀菌(非活菌)型和未杀菌(活菌)型。其中以乳或乳制品为原料,经乳酸菌等有益菌培养发酵制得的乳液中加入水,以及食糖和(或)甜味剂、酸味剂、果汁、茶、咖啡、植物提取液等的一种或几种调配而成的饮料称作发酵型含乳饮料,要求:杀菌型的乳蛋白质含量(质量分数)≥1.0,非杀菌型出厂检验乳酸菌活菌数量≥1×10^6 cfu/mL。而以乳或乳制品为原料,经乳酸菌发酵制得的乳液,再添加原辅料调配而成的饮料称作乳酸菌饮料,要求:杀菌型的乳蛋白质含量(质量分数)≥0.7,非杀菌型乳酸菌活菌数量≥1×10^6(cfu/mL)。

图 3-9 所示为乳酸菌饮料的生产工艺流程。

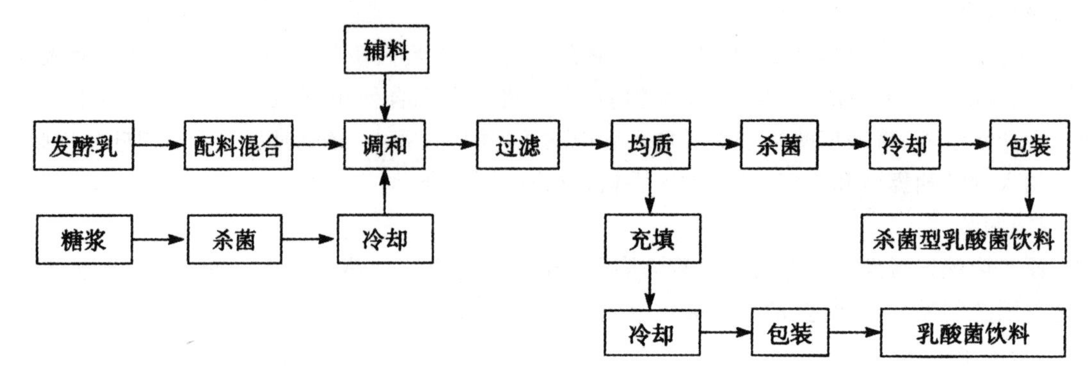

图 3-9 乳酸菌饮料的生产工艺流程

(1)发酵乳的制取

原料采用脱脂乳或还原脱脂乳添加脱脂乳粉调制而成。因发酵后要与果汁、香料、糖类等混合,所以无脂乳固形物含量要提高到 10%~15%。根据需要还可加入葡萄糖(供乳酸菌生长用)或乳酸菌生长因子。

生产中所选用的发酵剂与制作酸乳选用的菌种是不相同的。制作酸乳采用高温型乳酸菌,发酵温度高,成熟时间短;而发酵型含乳饮料采用中温乳酸菌,培养温度较低,接种培养时间较长。

(2)调和工艺

将果汁、糖液、色素、柠檬酸等定量混合溶解,需要加稳定剂时,应先制成 2%~3%浓度的溶液。再按照产品要求,将混合液用水稀释到适宜的倍数。经杀菌后再与培养好的乳酸菌混合,充填入容器制成活菌型乳酸菌饮料;或再经过杀菌工序制成杀菌型乳酸菌饮料。

乳饮料中的蛋白粒子不稳定,总是倾向于凝集沉淀,严重时乳蛋白会沉淀,上部成为透明溶液。为此,可以采取如下措施:①添加稳定剂,常用的稳定剂有藻酸丙二醇酯(PGA)、羧甲基纤维素钠(CMC)、低甲氧基果胶(LM)等;②多添加砂糖;③均质处理;④如果添加酸性果汁,应将其澄清处理。

第四节 包装饮用水生产技术

一、概述

包装饮用水主要包括矿泉水和纯水两大类。

1. 矿泉水

矿泉水是指从地下深处自然涌出的或经人工揭露的、未受污染的地下泉水。矿泉水含有一定量的矿物盐、微量元素或二氧化碳气体,在通常情况下,其化学成分、流量、水温等动态在天然波动范围内相对稳定。

矿泉水中的锂和溴能调节中枢神经,具有安定情绪和镇静作用。长期饮用矿泉水能补充膳食中钙、镁、锌、硒、碘等营养素的不足，对于增强机体免疫功能，延缓衰老，预防肿瘤，防治高血压，痛风与风湿性疾病有着良好的作用。目前，瓶装饮用矿泉水大致分为以下几种类型：

①天然矿泉水。自然涌出的地下泉水。

②混合矿泉水。两种或多种矿泉水的混合水。

③矿泉水饮料。以矿泉水为主要成分而配制成的各种矿泉水饮料。

④人工矿化水。仿制的矿泉水，也称人工合成矿泉水。

无论哪种矿泉水饮料，其加工工艺流程均如下所示：

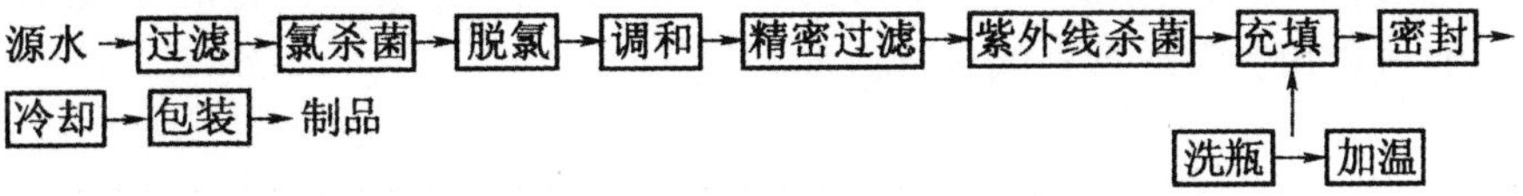

源水→过滤→氯杀菌→脱氯→调和→精密过滤→紫外线杀菌→充填→密封→冷却→包装→制品

洗瓶→加温→充填

2. 纯水

纯水是以符合生活饮用水卫生标准的水为原料，通过电渗析法、离子交换法、反渗透法、蒸馏法及其他适当的加工方法制得的，密封于容器中且不含任何添加物的一种无色、无味直接饮用的水。目前饮用纯水有多种生产工艺，常用的有微滤、电渗析、超滤、反渗透、离子交换、蒸馏等方法及其组合，此外还应进行原水的预处理和纯水的消毒杀菌。

二、矿泉水生产技术

(一)天然矿泉水生产

天然矿泉水又可根据是否含有 CO_2 气体分为含气和不含气两种，其主要工艺流程如下所示：

CO_2→净化→压缩→充气
↓
原水→引水→曝气→粗滤→精滤→杀菌→冷却→灌装→贴标→喷码→成品

1. 引水

引水是在自然允许的情况下，取水方便并得到最大可能流量，同时防止水和气体的损失，防止地表水和潜水的混入，完全排除有害物质和生物的污染，防止物理化学性质发生变化。矿泉水的引水一般分为地上引水和地下引水两部分。

2. 曝气

曝气是使矿泉水原水与经过净化的空气充分接触，脱去水中的 CO_2 和 H_2S 等气体，并将低价态的铁、锰离子氧化沉淀，过滤除去。通常曝气和氧化两个过程同时进行。曝气的方法主要有自然曝气法、喷雾法、梯栅法、焦炭盘法和强制通风法等。含气量较少，铁、锰离子含量又少的原水无需曝气。

3. 过滤

矿泉水生产中的过滤方法一般包括粗滤和精滤。粗滤是指采用多介质深层过滤，能截留水中粒度＞0.2gm 的悬浮颗粒物质，达到初步过滤的作用。

精滤可以采用砂滤棒过滤或微滤，也有使用超滤的。微滤是以静压差为推动力，利用膜的筛分作用进行分离的膜过程，可以截留细小悬浮物、微生物、微粒、细菌、酵母、红细胞等，操作压力为0.01～0.2MPa，被分离粒子直径的范围为0.08～10μm。超滤是以压力为推动力，利用超滤膜的不同孔径对液体进行分离的物理筛分过程，能有效滤除水中99.99%的胶体、细菌、悬浮物等有害物质。

4．杀菌

生产矿泉水的杀菌方法采用臭氧杀菌和紫外线杀菌，其中臭氧的瞬时杀菌效果优于紫外线杀菌，不仅可以消毒，还可以除去水臭、水色以及铁、锰等，现已广泛应用于饮用矿泉水的消毒中。瓶和瓶盖的消毒采用双氧水、次氯酸钠、过氧乙酸、高锰酸钾等进行消毒，消毒后用无菌矿泉水冲洗，也可以用臭氧或紫外线进行消毒。

5．充气

含 CO_2 气体矿泉水的生产需要充气工序，不含气矿泉水的生产不需要本工序。充气的目的是指向矿泉水中充入 CO_2 气体。

6．灌装

灌装是将杀菌后的矿泉水装入已灭菌的包装容器的过程。目前生产中均采用在无菌车间内进行自动灌装。从瓶坯到吹制，再到装水、压盖、贴标、喷码、瓶检、大包装、入库各工序，业已形成一条高度连续化、机械化、自动化的灌装生产线，有力地保证了产品的质量和卫生要求。

（二）人工矿泉水生产

由于天然矿泉水并非普遍存在，大多数泉水都属于淡水。且天然矿泉水存在于一些特定的地质构造中，其成分也不一定符合理想。因此，可以考虑以优质泉水或地下水为原料进行人工矿化，制备与天然矿泉水相接近的人工矿泉水。人工矿泉水具有不受地域、规模、类型限制的优点。

其一般工艺流程：

原水→氯消毒→脱氯→加盐调配→过滤→杀菌→灌装→贴标→喷码→成品

（1）原水处理

原水可使用天然泉水、井水或自来水。天然泉水、井水需要经过沉淀、粗滤、精滤和氯消毒等工序处理。处理好的天然泉水、井水或自来水经过活性炭脱氯后进入调配罐。

（2）调配

根据设定配方（配方一经确定，不得随意更改），将一些可溶性无机盐（食用级原料）如碳酸氢钠、氯化钙、氯化镁等加入调配罐溶解。

（3）过滤

将调配好的矿泉水通过微滤过滤器等进行精滤，滤液存入中间罐中备用。

（4）杀菌、灌装

采用加热、臭氧、紫外线等方法进行杀菌，其中冷杀菌比热杀菌经济得多。将杀菌后的矿泉水装入消过毒并清洗干净的瓶中，经压盖封口包装后入库。

（5）充气

人工矿泉水的做法是原水经配料调配过滤后，冷却至3℃～5℃，充入 CO_2，再杀菌灌装得到成品。

三、纯净水生产技术

纯净水是指水经净化、软化或蒸馏、消毒、灌装等工艺，除去水中有机和无机的杂质，供直接饮用的纯水。在纯净水生产过程中，原水以符合生活饮用水卫生标准的水为水源，净化、软化或蒸馏可采用机械过滤法、电渗析法、离子交换法、反渗透法、蒸馏法及其他适当的加工方法。纯净水包括蒸馏水、超纯水、太空水等。

纯净水生产前，首先要将原水水质进行化验，根据产品要求及原水品质确定设备、工艺流程，一般的工艺流程如下：

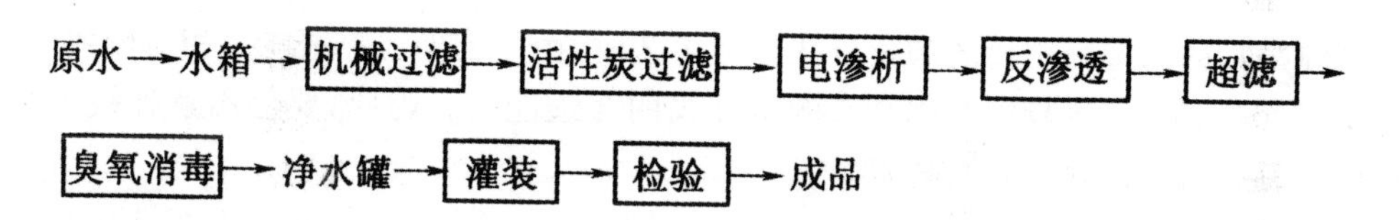

（一）前处理

前处理的目的是降低原水的色度和混浊度。一般采用机械过滤或砂滤棒过滤作为初滤，再用蜂房式或烧结管式微孔过滤。

1. 初滤

初滤包括机械过滤和砂滤棒过滤。机械过滤通常分为重力式和压力式，使水通过细小的粒状滤料层进行过滤，从而降低水的色度和混浊度；砂滤棒过滤器是一个装有多根特制砂滤棒的不锈钢密封容器，原水进入容器后，通过砂滤棒外壁进入棒内，滤出水由出口部流出，从而达到净化目的。纯净水处理水量较小，且原水水质较好，一般多采用砂滤棒过滤。

2. 微孔过滤

微孔过滤是利用过滤介质微孔的截留作用，除去水中的机械杂质，使水得到净化。

（二）除盐

生活饮用水作为原水，水中溶解总固形物含量不超过 1000mg/L，相当于电导率不超过 120～150S/cm，除盐的目的是除去水中的盐分，使电导率降低到 5S/cm 以下，达到饮用纯净水标准。由于除盐工艺的关系，水的 pH 值会降到 5～7，但仍符合饮用纯净水标准。

(1)电渗析法

电渗析法是利用离子交换膜对离子的选择透过性。

(2)离子交换法

该法除盐是让原水通过两种离子交换的复床、混合床达到除盐的目的。该法出水纯度高，比蒸馏法简便、经济。

(3)反渗透法

渗透与电渗析一样是一种膜分离技术，是利用压力差作为推动力。它以足够的压力使原水中的纯水通过反渗透膜分离出来，从而达到除盐的目的。

(4)蒸馏法

蒸馏就是将原水加热蒸发，使其变成水蒸气，然后将水蒸气冷却凝结而得蒸馏水。

(三)超滤

超滤技术是用于物质分离、浓缩、提纯的一种膜分离技术。目前用于饮用纯净水的超滤膜大部分为中空纤维聚砜膜,该膜是以高分子材料采用特殊工艺制成的不对称半透膜。它呈中空毛细管状,管壁密布微孔,在压力的作用下,原液在膜内或膜外流动,其中的溶剂或小分子可以透过膜,经收集而成为超滤液,而其中的高分子物质以及胶体粒子则被阻止在膜表面,被循环流动的原液带走而成为浓缩液,从而达到了物质的分离、浓缩和提纯的目的。

(四)消毒

(1)紫外线消毒

饮用纯净水的消毒采用传统的紫外线杀菌工艺时,由于紫外线穿透能力相对较弱,水中存在的杂质多、颜色深、浊度较大时都会影响紫外线的穿透能力。因此,要使用紫外线灭菌时需要超滤后至装瓶前杀菌效果相对较好。

(2)臭氧消毒

采用水激活化技术、高频高压沿面放电技术产生臭氧,臭氧能破坏分解细菌的细胞壁,迅速扩散透入细胞里,氧化破坏细胞内的蛋白酶致死菌原体。具有快速、高效、安全的特点,臭氧与纯净水混合即可迅速消除水中细菌、异味及其他有害物质。

第五节　其他饮料加工技术

一、茶饮料

(一)茶饮料概述

茶饮料是指以茶叶的水提取物或其浓缩液、茶粉为主要原料,加入水、糖、酸味剂、食用香精、果汁、乳制品、植(谷)物的提取物等,经加工制成的液体饮料。根据 GB/T 21733—2008,茶饮料可以分为茶汤、茶浓缩液、复(混)合茶饮料、果汁茶饮料和果味茶饮料、奶茶饮料和奶味茶饮料、碳酸茶饮料及其他调味茶饮料。

茶饮料含有一定量的天然茶多酚、咖啡碱等茶叶有效成分。茶饮料既具有茶叶的独特风味,又兼具营养、保健功效,是一类天然、安全、清凉解渴的多功能饮料。

(二)茶饮料的生产

茶汤饮料也称纯茶饮料,是指以茶叶的水提取物或其浓缩液、茶粉为主要原料,经加工制成的,保持原茶汁应有风味的液体饮料,可添加少量食糖和(或)甜味剂。如绿茶、红茶、乌龙茶等。

一般生产的工艺流程:

水源→水处理→净水(加茶叶)→浸提→冷却→过滤(去茶渣)→调配→加热→灌装→密封→杀菌→冷却→成品

装罐茶饮料的主体是茶叶浸出液(又称其为茶汤),因此凡影响茶浸出液的因素都会对成品产生影响,主要包括以下方面。

1. 茶叶

应选择外观颜色纯泽，香气浓郁纯正，外形均匀一致的当年新茶，确保饮料产品有理想的色泽、香气和滋味。

2. 水质

水中的金属离子对茶浸提液的颜色及滋味都会产生较大的影响，因此，浸提用水应进行去离子处理，同时应将水的 pH 控制在 6.5 左右，即微酸性至中性范围。

3. 浸提

茶叶中可溶性成分的浸提效果与浸提时间和温度有关。一般温度升高、浸提时间延长都有助于可溶性成分的浸出。但茶叶中的香气成分在高温条件下易出现挥发损失，且温度过高还会引起浸提液的氧化，故生产中宜用 75℃～85℃的温水，浸提 10～15min 即可。茶水比例控制为 1∶100 左右，或每 250mL 茶饮料用茶 2.5～3.0g。

4. 冷却

浸提结束后，应迅速将浸提液冷却下来，最大限度地保持茶饮料固有的香气成分及呈味物质。

5. 过滤

采用 250 目尼龙滤布滤去茶渣及其他肉眼可见物，保证成品的清澈透明。

6. 调配

有关专家的研究表明，茶叶中的儿茶素类物质在酸性条件下较为稳定。因此用 L-抗坏血酸将茶饮料的 pH 降低至 5～5.5，这样既保证了有效成分的稳定，又兼顾了茶饮料的适口性，同时 L-抗坏血酸还可抑制氧化作用的产生。

7. 灌装

应采用优质涂料铁罐或玻璃瓶进行灌装，避免铁及其他金属直接与茶饮料接触，造成饮料中的多元酚类物质与铁等金属元素间的反应，导致成品色泽变黑。

8. 密封

采用充氮气后密封或抽真空（真空度为 $5.3\times10^{4}\sim6.75\times10^{4}$ Pa）后密封，降低罐内氧气的含量。

9. 杀菌

在 121℃条件下杀菌 5～10min，保证产品卫生、安全。

10. 冷却

杀菌结束后，反压冷却至常温即得成品。若采用铝箔或 PET 瓶包装，茶饮料在调配后加热至 90℃～95℃，通入超高温瞬时杀菌器，在 130℃下杀菌 10～15s，冷却至 45℃左右，在无菌条件下灌装密封即成。

二、植物蛋白饮料

植物蛋白饮料是以各种蛋白质含量较高的植物的果实、种子（如花生、核桃、杏仁、大豆、椰子等）为主料，与水按一定比例磨碎、去渣后，加入配料制得的乳浊状液体制品。一般有原料预处理、浸泡、磨浆、过滤、均质、杀菌等工序。这类产品口味鲜香独特，不含胆固醇，富含丰富的蛋白质和脂肪，且药食兼备。长期饮用不仅不会造成血管壁上胆固醇沉积，而且还对血管壁上沉积的胆固醇具有溶解作用。

植物蛋白饮料是多种成分组成的一个复杂的分散体系，其分散质为蛋白质和脂肪，分散剂为水，外观呈乳状液态，属热力学不稳定体系。

1. 豆乳类饮料

豆乳类饮料是以大豆为主要原料，经磨碎、提浆、脱腥等工艺制得的浆液中加入水、糖液等调制而成的制品，如纯豆乳、调制豆乳、豆乳饮料等。

2. 椰子乳(汁)饮料

椰子汁饮料为以新鲜、成熟适度的椰子为原料，取其果肉加工制得的椰子浆中加入水、糖液等调制而得的制品。

3. 杏仁乳(露)饮料

杏仁乳饮料为以杏仁为原料，经浸泡，磨碎等工艺制得的浆液中加人水、糖液等调制而得的制品。

4. 其他植物蛋白饮料

其他植物蛋白饮料为以核桃仁、花生、南瓜子、葵花子等为原料，经磨碎等工艺制得的浆液中加入水、糖液等调制而成的制品。

植物蛋白饮料的制作主要有以下工艺：原料的预处理、浸泡、磨浆、浆渣分离、加热调制、真空脱臭、均质、灌装杀菌等。

三、固体饮料

固体饮料是指用食品原料、食品添加剂等加工制成粉末状、颗粒状或块状等固态料的供冲调饮用的制品。如果汁粉、豆粉、茶粉、咖啡粉、果味型固体饮料、固态汽水(泡腾片)、姜汁粉等。固态饮料是饮料中较为特殊的一个品种，水分含量不超过5.0%，成品携带方便，具有良好的保存性。

按照所用主要原料可将固体饮料分为果香型、蛋白型和其他型固体饮料。也可按照成品状态分为粉末状、颗粒状和块状固体饮料。

(一)果汁型固体饮料加工

果香型固体饮料可根据其果汁含量分为果汁型和果味型固体饮料。果汁型固体饮料中天然果汁含量在20%左右，果味型固体饮料中几乎不含果汁，两种固体饮料的质量要求、所需原料、设备和工艺操作等方面基本相似，具体工艺流程如下。

配料→合料→造粒→脱水→过筛→检验→包装→成品

(1)配料

果汁型固体饮料的主要原料有甜味剂、酸味剂、香精、天然果汁、食用色素、麦芽糊精、稳定剂等，按照配方称取各种原料，并将柠檬酸和色素分别用少量水溶解(水量控制在总料量的5%～12%)。

(2)合料

合料是果汁型固体饮料生产中重要的工序。将称取的原料(固体原料)先粉碎过筛，再混合到一起，搅拌均匀。果汁选用纯果汁或浓缩果汁。

(3)造粒

造粒也称颗粒化或速溶化，是将粉状、块状、溶液或熔融液体状等原料成型为具有大致均匀形状和大小的粒子造粒操作。将上述混合均匀、干湿适宜的坯料放入造粒机中，筛网孔眼大小一般 6～8 目进行造粒。造粒后的颗粒料由造粒机出料口装入料盘。

(4)脱水干燥

将盛装颗粒坯料的料盘，放进干燥箱。料盘厚度控制在 15mm 以下，烘烤温度应保持 80℃～85℃，使产品保持较好的色、香、味。干燥方法通常采用蒸汽真空干燥法、热风沸腾干燥法、远红外干燥法。也可采用冷冻干燥法，以减少营养成分的损失。

(5)过筛

将干燥后的产品过 6～8 目筛子进行筛选，除掉较大颗粒或少数结块，使产品颗粒大小基本一致。

(二)速溶咖啡加工

速溶咖啡是从咖啡豆中提取有效成分并干燥而成的一种嗜好性固体饮料。

1. 工艺流程

速溶咖啡固体饮料的加工工艺流程：

咖啡豆→混合→焙炒→粉碎→浸提→浓缩→喷雾干燥→造粒→成品
↓
冷冻干燥→成品

2. 操作要点

(1)配料

将不同品种和质量的咖啡豆按一定比例进行混合，以在焙炒时获得较佳香味，同时稳定产品质量。

(2)焙炒

焙炒主要是为了使咖啡散发香气，焙炒程度要适宜。一般焙炒温度在 200℃～250℃，焙炒时间为 15min，深炒可延时 1～2min。

(3)浸提

浸提是生产速溶咖啡的关键工序。将焙炒后的咖啡豆磨碎，加热水及时萃取，浸出其可溶性固形物。浸提时料水比一般为 1∶(3.5～5.0)，水温在 90℃以上，时间 60～90min。浸提液浓缩至 30%开始干燥。

(4)干燥

咖啡浸提液的干燥方法有热风干燥、喷雾干燥和真空冷冻干燥等。热风干燥温度 150℃～180℃，喷雾干燥喷嘴温度控制在 210℃～310℃。在此高温下，咖啡香气和色泽都会受到损失。为了减少咖啡香气的损失，现在也采用真空冷冻干燥。

四、特殊用途饮料(品)

特殊饮料是指通过调整饮料中天然营养素的成分和含量的比例，以适应某些特殊人群营养需要的制品。

一般可将特殊用涂饮料分为三类。

(1)运动饮料

养素的成分和含量能适应运动员或参加体育锻炼的人群的运动生理特点的特殊营养需要，并能提高运动能力的制品。市场上流行的“脉动”、“红牛”等都属此类饮料。

(2)营养素饮料

添加适量的食品营养强化剂以补充某些人群特殊营养需要的制品。

(3)其他特殊用途饮料

为适应特殊人群的需要而调制的制品，如低热量饮料等。

(一)运动饮料

1. 分类

我国的运动饮料大体可归纳为三类。

(1)营养型运动饮料

饮料中添加营养物质，如蛋白质、功能性低聚糖、氨基酸、维生素、铁、锌等。

(2)中草药型运动饮料

多用具有保健作用的中草药，如甘草、山楂、罗汉果、花粉等配制而成。

(3)碱生电解质运动饮料

此种饮料含有适量的钠、钾、氯、钙、镁、磷等无机盐，并分为天然的和人工合成的两种。纯天然的电解质运动饮料，可添加或不添加糖、氨基酸和维生素，如矿泉运动饮料。人工电解质运动饮料是通过人工添加了钠、钾、钙等无机离子，而且由于口感的需要，往往加入少量果汁或果味香精。

2. 成分

各种运动饮料一般包括以下成分。

(1)水分

运动员由于剧烈运动会失去比平常人多几倍的水分，当人体脱水过多时，就会影响运动成绩，因此补充水分是饮料的主要目的。

(2)糖类

饮料中添加糖类既能为运动员提供能量，又能增加饮料风味，添加的糖类一般为蔗糖、葡萄糖、功能性低聚糖和多糖等。

(3)无机盐

运动员大量排汗，体液中的无机盐钠、钾、钙、镁等随着汁液一起排掉，如果采用一般饮水来补充损失的汗液，则会引起人体失盐。因此必须补充无机盐以维持体液的平衡。

(4)维生素

维生素的主要功用是参与体内的代谢，提高运动成绩。一般运动员需要补充维生素 C 及 B 族维生素，每日的具体补充量根据运动种类、体重等确定。

(5)氨基酸

人体大量流汗引起氨基酸的损失，故需及时补充。我们经常添加天冬氨酸来为运动员对抗疲劳。

(6)其他物质

铁、锌等微量元素也是运动饮料中常常需要的。

(二)营养素饮料

人体需要的营养素种类很多,数量也各不相同,故在添加营养素时应注意适当的原则。

1. 人体需要

这一原则是最基本的原则,人体的需要包括正常生理的需要和特殊环境下过分消耗的需要。不同生理状态下的人员对营养素的需求是不相同的,因此,要针对不同对象所需要的不同营养素的种类和数量来添加。

2. 改善营养素的平衡关系

各种饮料都要考虑营养素的平衡与合理,才能保证人体的正常发育、修补组织、维持体内各种生理活动。尤其对特殊环境中的人群,合理的营养供应可提高机体的抵抗能力和免疫功能。

3. 保持饮料的特色

添加营养强化剂时,不应改变饮料原有的色香味,应使强化剂的色调、风味与饮料原有的色调、风味相协调。

(三)新型饮料及展望

1. 凉酒汽水

它是一种健康低醇饮料含酒类、汽水、果汁或果实香料、糖、酸、防腐剂等,酒精度是葡萄酒酒度的一半,售价与葡萄酒相近,盈利多,经济效益高。

生产凉酒汽水的工艺与一般汽水相同。如不用防腐剂,可用高温杀菌法。如需延长保存期,要加抗氧化剂,配料水需除去氧气。

2. 转基因饮料

这类饮料虽然目前尚有争论,但转基因技术是生物技术应用于饮料工业的一个主要方向,在研究上应该得到充分的肯定和支持。

3. 抗衰老功能饮料

抗衰老功能饮料主要是基于抗氧化理论,制造出抗衰老并能预防癌症、心血管疾病、老年痴呆症之类的各种功能饮料。

4. 新生物资源饮料

新生物资源包括一些未被开发的植物、动物及微生物等。对中国而言,传统中药材的开发、海洋生物尤其是海洋微藻的研发具有很大潜力。

第四章　焙烤及膨化食品生产技术

第一节　面包加工技术

面包是焙烤食品中历史最悠久、消费量最大、品种繁多的一大类食品。面包营养丰富、组织膨松、易于消化吸收、食用方便，越来越受到广大消费者的青睐，在人们的饮食生活中占据越来越重要的地位。面包是以面粉、酵母、食盐、水为主要原料，加入适量的辅料，经搅拌、发酵、整形、醒发、烘烤或油炸等工艺制成的松软多孔的食品。常见的几种面包样式如图 4-1 所示。

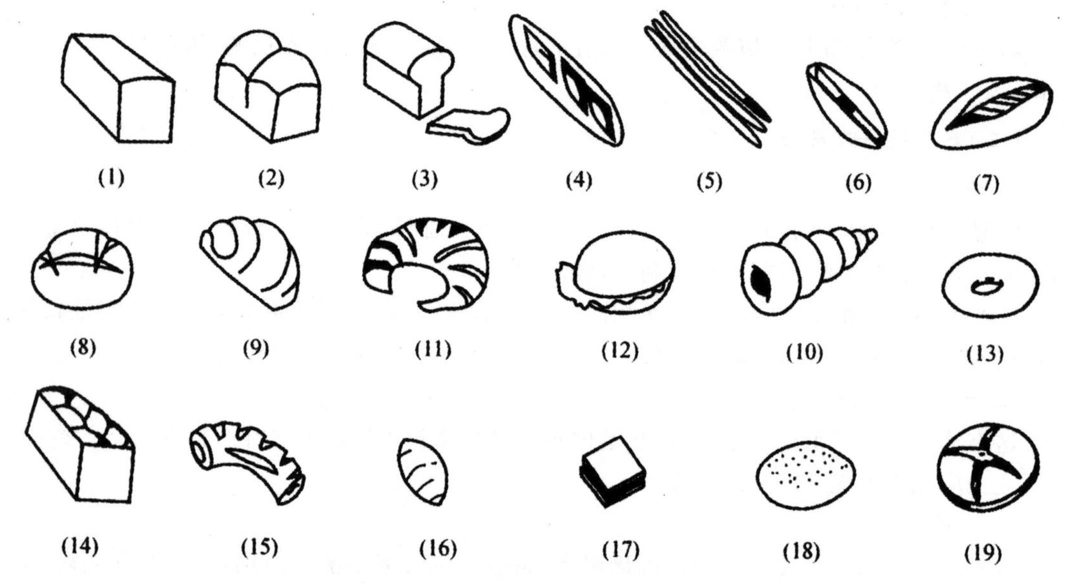

(1)方包；(2)山形面包；(3)圆顶面包；(4)法式长面包；(5)棍式面包；(6)香肠面包；(7)意大利面包；(8)百里香巴黎面包；(9)牛油面包；(10)牛角酥；(11)汉堡包；(12)奶油卷面包；(13)油炸面包圈；(14)美式起酥面包；(15)巧克力开花面包；(16)主食小面包；(17)三明治面包；(18)夹馅圆面包；(19)硬式面包

图 4-1　常见的几种面包样式

一、面包的分类

目前还没有统一的面包分类标准，分类方法较多，主要有以下几种分类方法。

（一）按照面包柔软度分类

1. 硬式面包

如法国长棍面包、英国面包、俄罗斯面包，以及我国哈尔滨生产的赛克、大列巴等。

2. 软式面包

如著名的汉堡包、热狗、三明治等。我国生产的大多数面包属于软式面包。

（二）按照质量档次和用途分类

1. 主食面包

又称配餐面包，配方中辅助原料较少，主要原料为面粉、酵母、盐和糖，含糖量不超过面粉的10%。

2. 点心面包

又称高档面包，配方中含有较多的糖、奶油、奶粉、鸡蛋等高级原料。

（三）按照成型方法分类

1. 普通面包

普通面包成型比较简单。

2. 花色面包

花色面包的成型比较复杂，形状多样化，如各种动物面包、夹馅面包、起酥面包等。

（四）按照用料不同分类

一般可分为奶油面包、水果面包、鸡蛋面包、椰蓉面包、巧克力面包、全麦面包、杂粮面包等。

（五）按发酵次数和方法分类

主要包括快速发酵法面包、一次发酵法面包、二次发酵法面包、三次发酵法面包、液体发酵法面包、过夜种子面团法面包、低温过夜液体法面包、低温过夜面团发酵法面包以及柯莱伍德机械快速发酵法面包。

（六）其他分类面包

主要品种有油炸面包类、速制面包、蒸面包、快餐面包等。这些面包面团很柔软，有的糊糊状，有的使用化学疏松剂，一般配料较丰富，成品体积大而轻，组织孔洞大而薄，如松饼之类。

二、面包的原料及辅料

1. 面粉

面粉是制作面包的最主要原料，由小麦磨制加工而成。制作面包的面粉要求面筋量多、质好。所以一般采用高筋粉、粉心粉，硬式面包可用粉心粉和中筋粉，一般不能用低筋粉。高级面包都要用特制粉。面粉的功能是形成持气的黏弹性面团，形成面包的骨架；同时，当配方中糖含量较少或不加糖时，提供酵母发酵所需的能量。

制作面包的面粉在使用前必须过筛，以混入空气及防止杂物和面粉中小的结块存在，并安装磁铁除杂装置，以除掉面粉中铁屑之类的金属杂质。

2. 酵母

酵母是制作面包必不可少的一种重要生物膨松剂。其主要作用是将可发酵的糖转化为CO_2和酒精，转化所产生的CO_2气体使面团酥松多孔，生产出柔软膨松的面包，此外，酵母在发酵时，能产生面包产品所特有的发酵味道。目前，我国生产面包使用的酵母有鲜酵母、干酵母、活性干酵母等三种。

3. 食盐

食盐是制作面包的基本辅料之一，用量不多，但不论何种面包，其配方中均有盐这一部分。食盐可使面筋质地变密，增强面筋的立体网状结构，易于扩展延伸。同时，盐对酵母菌的发酵有一定的抑制作用，因而可以通过增加或减少配方中盐的用量，来调节、控制好发酵速度。

4. 糖

面包配方中添加糖，一是为了增加制品的甜味，提高制品的色泽和香味；二是提供酵母生长与繁殖所需营养，调节发酵速度，调节面团中面筋的膨胀度。常用的糖有蔗糖、饴糖、葡萄糖浆、淀粉糖浆、蜂蜜等。

5. 油脂

油脂是面包生产中的一种必备辅料。油脂在焙烤食品中使用，起着润滑作用，使制品口感松软，表面光亮，同时提高面团的可塑性。但由于油脂能抑制面筋的形成和影响酵母生长，因此面包配料中油脂用量不宜过多，通常为面粉用量的5％～10％，油脂用量过多或加入时间过早，都会阻止面筋的大量形成，因此，油脂应在最后一次调制面团时加入。

面包中常用的油脂有人造奶油、奶油（黄油）、起酥油和植物油等。为保证油脂能够在面团中均匀地分散，应根据季节和温度的变化，选用不同熔点的油脂。冬季或气温较低，宜选用熔点较低的油脂；夏季或气温较高，则相反。还要注意，做面包时加入油脂的时间不能过早、过多，否则会抑制酵母菌的生长，不利于面团的发酵。

6. 面团改良剂

面团改良剂包括乳化剂、蛋白质原料、酶等。其中有很多类乳化剂在面包生产的整个过程中可以很好地消除由于加入较多的大豆粉产生的豆腥味、体积小等问题，而且有很好的抗老化和保鲜的作用。乳化剂的添加量通常为0.3％～0.5％，如果添加的目的主要是乳化，一般为油脂的2％～4％。

三、面包的加工

面包生产的基本工序主要是：和面、发酵和烘烤。常用的制作方法按发酵的方法可分为：一次发酵（直捏发）、二次发酵（中种法、分醪法、预发酵法）、三次发酵法。面包的基本工艺流程可见图4-2所示。

（一）面团调制

一次发酵法调制面团的投料顺序是将全部面粉投入和面缸内，再将砂糖、食盐的水溶液和其他辅料一起加入和面机内，拌匀后，加入已准备好的酵母，搅打至面筋形成后发酵即可。

二次发酵法调制面团分两次投料，第一次面团调制是将全部酵母和适量水投入和面机中搅拌均匀，再将配方中面粉量的30％～70％投入和面机，调成均匀的面团后发酵，待面团成熟后再加入适量的温水和面粉辅料拌匀后再发酵。

三次发酵法调制面团分三次投料，工艺较复杂，现在很少使用。

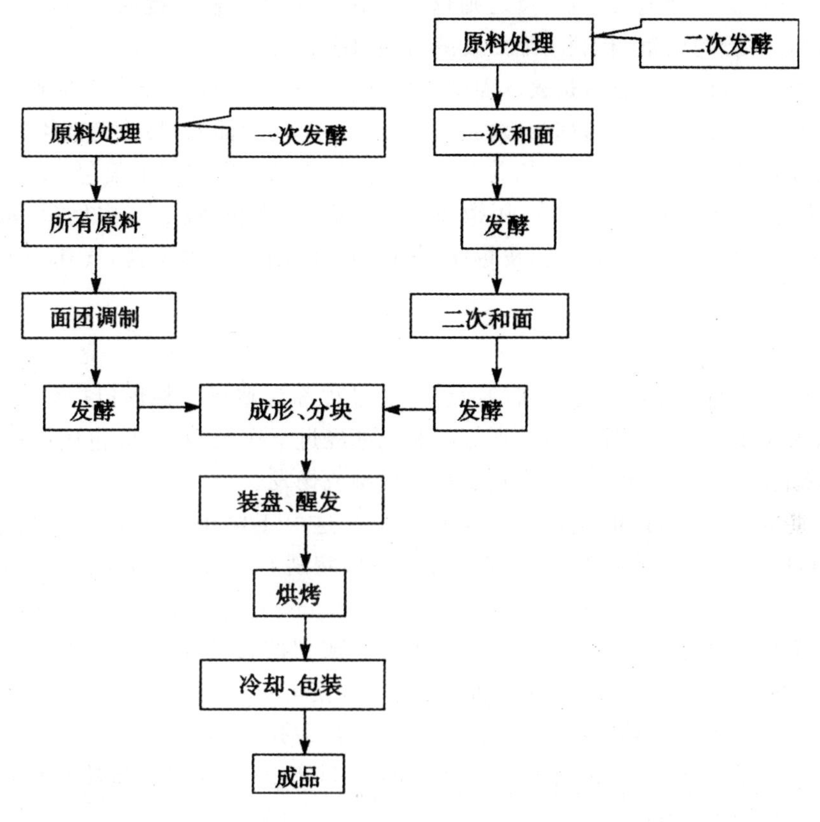

图 4-2　面包的基本工艺流程

（二）面团的发酵

面团发酵主要是利用酵母的生命活动产生的二氧化碳和其他物质，同时发生一系列复杂的变化，使面包膨松富有弹性，并赋予制品特有的色、香、味、形。

面包酵母是兼性厌氧细菌，它主要是以面团中的糖作原料进行发酵。面包发酵过程中，有氧呼吸和无氧呼吸其实是同时进行的，面包发酵初期，由于空气较多，以有氧呼吸为主，有氧呼吸产生的热量较多，可以提供酵母所需要的热能；后期由于二氧化碳增加，氧气减少，又以无氧呼吸为主，这时虽然产生的热量较少，但可以产生乙醇等风味物质。酵母的代谢途径如图 4-3 所示。

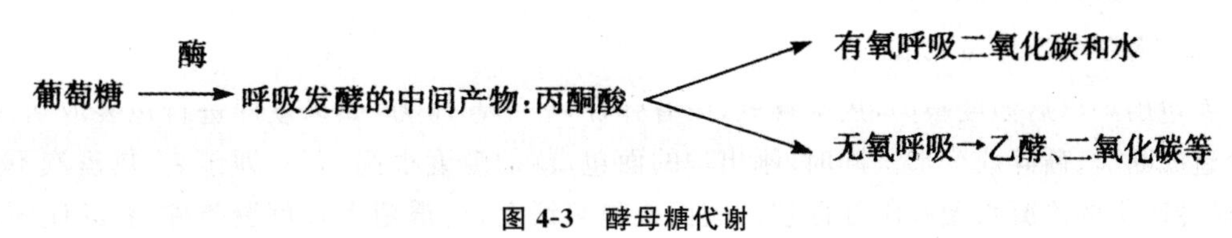

图 4-3　酵母糖代谢

在一般情况下用标准粉生产面包时，酵母的用量为面粉用量的 0.5％左右；用特制粉生产面包时，酵母的用量为面粉用量的 0.6％～1％。

酵母在面团发酵时的增长率随面团的软硬度不同而不同。在一定的范围内，面团中加入的水量越多，酵母的芽孢增长越快，反之则越慢。所以，在第一次调制面团时，面团的加水量应多一些，以加速酵母的繁殖，有利于缩短发酵时间，提高生产效率。

面包制作中所讲的"成熟"，是表示面团发酵到产气速率和保气能力都达到最大程度的时候。尚未达到这一时期的面团，称为嫩面团；超过这一时期的面团，称为老面团。

面团的成熟与面包的质量有密切关系。用成熟适度的面团制得的面包，皮薄有光泽，瓤内的蜂窝薄，半透明，具有酒香和酯香；用嫩面团制的面包，面包体积小，皮色深，瓤内蜂窝不均匀，香味淡薄；用老面团制作的面包，皮色淡，灰白色，无光泽，蜂窝壁薄，气孔不匀，有大气泡，有酸味和不正常的气味。

（三）整形和成型

将发酵成熟的面团作成一定形状的面包坯的过程称为整形。整形包括分块、称量、搓圆、静置、整形、入模或装盘等工序。将整形好的面包坯经过末次发酵，使面包坯体积增加1～1.5倍，也就是形成面包的基本形状，这个过程称为成型或饧发。

在整形期间，面团仍在继续进行发酵过程。在这一工序中面团温度不能过于降低，表皮不能干燥，因此操作室最好装有空调设备。整形室适宜温度为25℃～28℃，相对湿度为60％～70％。

整形完毕后的面包坯，要经过成型才能烘烤。成型的目的是消除在整形过程中产生的内部应力，使面筋进一步结合，增强面筋的延伸性，使酵母进行最后一次发酵，进一步积累产物，使面坯膨胀到所要求的体积，以达到制品松软多孔的目的。一般成型室采用的温度范围为36℃～38℃，最高不超过40℃；相对湿度80％～90％，以85％为最佳，不能低于80％；成型时间45～90min。

已成型的面包坯从成型室中取出略微停放使其定形后，应立即进行烘烤。在运送中要注意不可震动，防止面包坯漏气而塌架。入炉前一般在面包坯表面刷一层蛋液或糖浆等液状物质，以增加面包表皮的光泽，使其丰润，皮色美观。

（四）面包的烘烤

烘烤是保证面包质量的关键工序，俗语说"三分做，七分烤"，说明了烘烤的重要性。面包坯在烘烤过程中，受炉内高温作用由生变熟，并使组织膨松，富有弹性，表面呈金黄色，有可口的香甜气味。

面包烘烤需要掌握三个重要条件，即温度、时间和面包的规格种类。在烘烤时需要根据面包的种类、规格来确定烘烤的温度与时间。

（五）面包的冷却与包装

面包出炉以后温度很高，皮脆瓤软，没有弹性，经不起压力，如果立即进行包装或切片，必然会造成断裂、破碎或变形。同时，刚出炉的面包，瓤的温度很高，若立即包装，热蒸汽不易散发，遇冷产生的冷凝水便吸附在面包的表面或包装纸上，给霉菌生长创造条件，容易使面包发霉变质。因此，为了减少这种损失，面包必须冷却后才能包装。

冷却的方法有自然冷却法和吹风冷却法，自然冷却是在室温下冷却，这种方法时间长，如果卫生条件不好易使制品被污染。吹风冷却法是用风扇吹冷，冷却速度较快。因自然冷却所需时间太长，故现在大部分工厂采用吹风冷却法。不论哪种方法都要注意面包内部冷透，一般以冷却到室温为宜。

面包的包装有利于延缓面包的老化，材料首先必须符合食品卫生要求，不得直接或间接污染面包；其次，应不透水和尽可能不透气；再次，包装材料要有一定的机械性能，便于机械化操作。用作面包包装的材料有耐油纸、蜡纸、硝酸纤维素薄膜、聚乙烯、聚丙烯等。

第二节　饼干加工技术

饼干是除面包外生产规模最大的焙烤食品。它是以面粉、糖、油脂为主要原料，加入乳品、蛋品及其他辅料，经调制、成型、烘烤而成的松脆食品。饼干口感酥松，水分含量少，体积轻，块形完整，易于保藏，便于包装和携带的特点，是一种深受大众喜爱的休闲食品。

一、饼干的分类

（一）一般饼干

1. 按照制造原理分类

分为韧性饼干和酥性饼干。韧性饼干在面团调制中，油脂和砂糖用量较少，因而面团中容易形成面筋，一般需要较长时间调制面团，采用辊轧的方法对面团进行延展整形，切成薄片状烘烤。成品松脆，质量轻，常见的品种有动物、什锦、玩具、大圆饼干之类。

酥性饼干在调制面团时，砂糖和油脂的用量较多，而加水量较少。在调制面团操作时搅拌时间较短，尽量不形成过多的面筋，常用凸花无针孔印模成型。成品酥松，一般感觉较厚重，常见的品种有甜饼干、挤花饼干、小甜饼、酥饼等。

2. 按照成型方法进行分类

分为印模饼干、冲印软性饼干、挤出成型饼干、挤浆（花）成型饼干、辊印饼干等。

印模饼干是将韧性面团经过多次辊轧延展，折叠后经印模冲印成型的一类饼干。一般含糖和油脂较少，表面是有针孔的凹花斑，口感较硬。

冲印软性饼干使用酥性面团，一般不折叠，只是用辊轧机延展，然后经印模冲印成型，表面花纹为浮雕型，一般含糖比硬饼干多。

挤出成型饼干又分为线切饼干和挤条饼干。

挤浆（花）成型饼干的面团调成半流质糊状，用挤浆（花）机直接挤到铁板或键盘上，直接滴成圆形，送入炉中焙烤，成品如小蛋黄饼干等。

辊印饼干使用酥性面团，利用辊印成型工艺进行焙烤前的成型加工，外形均与冲印酥性饼干相同。

（二）发酵饼干

1. 苏打饼干

苏打饼干的制造特点是先在一部分小麦粉中加入酵母，然后调成面团，经较长时间发酵后加入其余小麦粉，再经短时间发酵后整形，整形方法与冲印硬饼干相同。我国常见的有宝石、小动物、字母、甜苏打等。

2. 粗饼干

也称发酵饼干，面团调制、发酵和成型工艺与苏打饼干相同，只是成型后的最后发酵在温度、湿度较高的环境下进行。经发酵膨松到一定程度后再焙烤。成品掰开后，其断面组织不像苏打饼干那样呈层状，而是与面包近似，呈海绵状，所以也称干面包。

3. 椒盐卷饼

粗结状椒盐脆饼，将发酵面团成型后，通过热的稀碱溶液使表面糊化后，再焙烤。成品表面光泽特别好，常被做成扭结状或棒状、粒状等。

4. 深切工花样饼干

给饼干夹馅或表面涂层等。

（三）派类

以小麦粉为主原料，将面团涂油脂层后，多次折叠、延展，然后成型焙烤。饼干一般分酥性饼干、韧性饼干、发酵（苏打）饼干、薄脆饼干、曲奇饼干、夹心饼干、威化饼干、蛋圆饼干、蛋卷和水泡饼干等。

二、饼干的原料及辅料

生产饼干用的原辅料与面包类似，主要有面粉、油脂、糖、水、蛋制品与乳制品等，但是饼干对原料的质量要求、用量等方面与面包有许多不同之处。

1. 面粉

面粉是饼干生产的主要原料，其质量决定了饼干的品质。除了发酵饼干选用面筋含量高或中等的面粉外，其余均要求用筋力弱的中低筋粉，其弹性、韧性和延伸性均较低，可塑性好，这样调制的面团具有较强的可塑性、较小的弹性，经模压后能保持其形状和大小不变，使饼干酥松、花纹清晰等。

2. 油脂

油脂是饼干生产中的重要原料，它能提高饼干营养价值，改善饼干的风味和口感，而且能调节面团的面筋胀润，改善组织结构，减少变形；并能够提高饼干成型时的花纹清晰度。用于饼干生产的油脂首先要具有优良的风味、起酥性、稳定性，其次要具备良好的可塑性。目前饼干生产中油脂通常以人造奶油或起酥油为主，适量添加猪油和奶油来调节风味，而植物油脂使用较少。

3. 糖

糖是甜饼干的主要原料之一，糖除了调节饼干风味，改进饼干表面色泽，为发酵饼干的酵母生长提供营养之外，在调制时可调节面团的胀润度，防止面团形成较多的面筋，从而可以避免饼干口感僵硬、无酥松感。另外，糖具有抗氧化作用，对饼干中油脂的稳定性起保护作用，延长保质期。在饼干生产中，蔗糖使用最多，饴糖次之，淀粉糖浆只在高档饼干中使用。

4. 水

对于发酵饼干、半发酵饼干，水的性质与发酵作用有密切关系，其用水应符合食品加工的卫生要求，水质透明、无色、无异味，而且中等硬度、微酸性（pH 值为 5～6）。

5. 乳制品与蛋制品

乳制品与蛋制品可以提高饼干的营养价值，改善饼干的色、香、味；同时乳制品能促进面团中油与水的乳化，调节面团的胀润度，使面团表面光滑易于操作。蛋制品具有良好的起酥效果，能增加饼干的酥松度。

6. 疏松剂

能够使食品体积膨大、组织疏松的一类物质称为疏松剂。生产中常用的疏松剂分为两类：化学疏松剂和生物疏松剂（酵母）。在饼干生产中，韧性饼干与酥性饼干只添加化学疏松剂，而酵母只能用于梳打饼干与半发酵饼干。化学疏松剂常用碳酸氢钠、碳酸氢铵、复合疏松剂。

7. 其他辅料

（1）淀粉

在饼干生产尤其是酥性和甜酥性饼干的生产中，添加淀粉可以稀释面筋浓度，降低面筋的胀润度，增强面团的可塑性，使饼干酥脆。但添加量不宜过多，否则会使饼干僵硬或易断碎。

（2）食盐

食盐能调节风味，提高面团抗胀能力，抑制杂菌繁殖。食盐的用量根据饼干品种的不同而不同。

（3）香精、香料

饼干是焙烤制品中使用香精、香料最广泛的品种。香精、香料不影响面团的特性，仅增加饼干的风味。

（4）蛋白质添加剂

不少饼干中为了改善饼干质构、增加营养等，常常需要加入蛋白质含量较高的原料如大豆蛋白、乳制品、蛋制品等。

（5）面团改良剂

亚硫酸氢钠、焦亚硫酸钠等还原性物质，可将—S—S—键断裂成—SH，从而使面团筋力、弹性减小，塑性增大，可缩短搅拌时间，使产品形态平整，表面光泽好。从安全性等角度考虑，焦亚硫酸钠优于亚硫酸氢钠（规定使用量以 SO_2 计不超过 0.03%）。其他的改良剂有蛋白酶、淀粉酶和乳化剂等。

三、饼干的加工

饼干的制作工艺区别较大，但其基本工艺可概括为如下。

原辅料预处理→面团调制→面团辊轧→饼坯成型→烘烤→冷却→包装→成品

（一）面团调制

面团调制就是将选好的各种原料按比例、次序等要求加入和面机中进行调制。

1. 韧性面团的调制

韧性面团俗称“热粉”，这种面团要求具有较强的延伸性，适度的弹性，柔软，光润。并要有一定程度的可塑性。

韧性面团的调制需要时间较长，调制可分为两个阶段：第一个阶段，面粉吸水充分胀润，形成面筋；第二个阶段，通过充分搅拌，利用机械的搅拌作用使面筋失去弹性，增加面团的可塑性。

2. 酥性面团的调制

酥性或甜酥性面团俗称“冷粉”，这种面团要求具有较大程度的可塑性和有限的黏弹性，成品为酥性饼干。面团在调制中主要是控制面筋的形成，减少水化作用，制成适应加工工艺需要的面团。

3. 苏打饼干面团的调制

苏打饼干是一种发酵饼干，它利用酵母的发酵作用和油酥的起酥效果，使成品质地特别酥松，其断面具有清晰的层次结构。

苏打饼干配料中不能像酥性和甜酥性饼干那样含有较多的油脂和糖分，因高糖、高油会明显影响酵母的发酵力。

面团的调制与发酵一般采用两次发酵法。

第一次调粉：使用的面粉量通常是总面粉量的40%～50%，加入已活化的鲜酵母液、适量水调制面团至成熟。调好的面团发酵6～10h。

第二次调粉：发好的面团与剩余的面粉、油脂等原辅料进行第二次面团调制，注意小苏打应在调粉接近终点时再加入。调好的面团置于发酵槽内发酵3～4h。

（二）面团辊轧

辊轧（压面）工序可以排除面团中部分气泡，改善制品内部组织；疏松的面团经辊轧后，形成具有一定黏结力的坚实面片，不易断裂，同时也可提高面品表面光洁度；重要的是可将面团辊压成形状规则、厚度符合成形要求的面片，便于成形操作。

由于饼干类型不同，辊轧的目的和要求也各不同，甜酥性和酥性面团无论采用哪种成型方法，都不必经过辊轧。因为面团弹性小，可塑性较大，辊压增加机械硬化强度，会降低面团的酥松度。

韧性面团可辊轧可不辊轧，但前者质量好；苏打饼干与粗饼干都必须经过辊轧。经多次辊轧会使面皮表面有光泽，形态完整，冲印后花纹保持能力增强，色泽均匀。面团在辊轧时受机械作用，受到剪力和压力的变形，面团产生纵向和横向的张力，因此辊轧时要不断地90°变换。面团面片经多次折叠，多次转90°辊轧，使制品松脆度和膨胀力增加。一般需经9～13次辊轧。

（三）饼干成型

摆动式冲印成型机、辊印机、挤条成型机、钢丝切割机、挤浆成型机（注射成型机）、标花成型机和辊切成型机。

冲印成型是一种目前较为广泛地被使用的成型方法。它能够适应多种大众产品的生产，如粗饼干、韧性饼干、酥性饼干、苏打饼干等。其动作最接近手工冲印的动作，所以对品种的适应性广。

辊印成型是生产高油脂品种的主要成型方法之一。面团要求较硬些，弹性小些。特点是花纹漂亮，成型过程不产生头子，操作简单，设备占地面积小。

辊切成型同时兼冲印和辊印的优点，具有广泛的适应性。先经多道压延辊轧形成面带，然后经花芯辊压出花纹，再经刀口辊切出饼坯。

其他还有一些成型方法，如钢丝切割成型机、挤条成型机、挤浆成型机等。

（四）饼干烘烤

烘烤是完成饼干制作的最后工序，是决定产品质量的重要一环，饼干的烘烤分为四个阶段：胀发、定型、脱水和上色。

当温度上升到35%时，饼干内的NH_4HCO_3开始分解成CO_2和NH_3；当温度上升到65℃时，饼干内的$NaHCO_3$分解成CO_2气体，随着温度继续升高，分解加快，饼坯体积膨胀增加，厚度骤增。且在饼干体积膨胀的同时，淀粉糊化成胶体，经冷却后形成结实的凝胶体；蛋白变性凝固，脱水后形成饼干的"骨架"。当饼干温度达80℃时，蛋白变性，酶活动停止，酵母死亡。

烘烤过程中水分的变化大体上分为三个过程：即进炉开始阶段的饼坯表面出现冷凝水到缓慢汽化、少量蒸发过程；中间阶段的快速脱水过程；后阶段的恒速蒸发过程。饼坯表面水分降低到一定程度，到140℃，表面呈浅谷色或浅金黄色，这主要是由焦糖化作用和表面的棕黄色反应形成的。

（五）饼干冷却包装

刚出炉的饼干，温度较高，含水量为8%～10%，质地非常柔软，此时立即进行包装势必影响饼干内热量的散失和水分的继续蒸发。缩短饼干保质期。因此，必须将其冷却到38℃左右时，才能进行包装。

在冷却过程中还要注意饼干的质量变化，尤其是饼干上裂缝的形成，所以冷却时不能降温过快，也不能使用鼓风机降温。饼干包装后也需要良好的贮藏环境，一般来说，饼干的最适贮存温度为18℃以下，相对湿度不超过75%，需避光保存。

第三节　糕点加工技术

糕点是以鸡蛋、面粉、油脂、白糖等为原料，经打蛋、调糊、注模、焙烤而成的组织松软、细腻，富有弹性，并有均匀的小蜂窝，较易消化的焙烤制品。

一、糕点的分类

糕点依国家、民族、地区的物产、气候、风俗习惯、嗜好等特点不同而有各种不同的制作方法和品种花色，主要有中式糕点和西式糕点两类。

中点所用原料以面粉为主，油、糖、蛋、果仁及其他材料为辅。而西点所用面粉量比中点少，乳、糖、蛋的用量较大，辅之以果酱、可可、水果等原料。中点以制皮、包馅、利用模具或切块成型，种类繁多。个别品种有点缀，但图案非常简朴。生坯成型后，多数经过烘烤或油炸，即为成品。而西点则以夹馅、挤花为多。生坯烘烤后，多数需要美化、装饰后方为成品。装饰的图案比中点复杂。中点由于品种、地区、用料不同，故口味亦有差异，各有突出的地方风味，但主要以香、甜、咸为主。西点则突出乳、糖、蛋、果酱的味道。

中式糕点种类很多，按产品特点分为酥皮类、油炸类、酥类、蛋糕类、浆皮类、混糖皮类、饼干类和其他类；按制作方法分为烘烤制品、油炸制品、蒸制品和其他制品；按地理位置分为广式、京式、苏式三大帮式。西式糕点主要按产品特点分为奶油清酥类、蛋白类、蛋糕类、奶油混酥类、茶酥类、水点心类、肥面类和其他类。

二、糕点的原料及辅料

1. 面粉

面粉是糕点制作的重要原料，中式糕点的配方中面粉一般占40%～60%，在西点中也是必不可少的。面粉中的品质优劣直接影响着糕点产品的品质。

2. 大米

大米中蛋白质不能像面粉中的麦胶蛋白和麦谷蛋白那样形成面筋，因此大米中起主要作用的是淀粉。大米作为糕点的原料，一般需加工成粉。大米粉通常用来制作各种糕团和糕片等。此外，在面粉中掺入米粉可降低面筋生成率，在糕点的馅心中加入米粉，既起黏结作用，又可避免走油、跑糖现象。

3. 糖

糖是糕点生产的主要原料，糕点中常用的糖有蔗糖、饴糖、淀粉糖浆以及蜂蜜等。糖可以增加糕点的甜味和提高营养价值；糕点烘烤时，糖因焦糖化作用使得糕点表面产生诱人的金黄色或棕黄色，并产生焦糖的香味；且还原性糖作为一种天然的抗氧化剂，在糕点中能延缓油脂的氧化，而延长糕点的保存期；此外，糖还具有强烈的吸水性，在糕点的面团调制中能调节面筋的胀润度，从而降低面团的弹性，增加可塑性；不仅使面团容易操作，还防止制品的收缩变形。

4. 油脂

油脂是糕点制作的主要原料之一，在糕点中使用量较大，能够使面粉的吸水性能降低，减少面筋形成量，从而提高面团的可塑性，使面团形成疏松结构，达到起酥的效果。另外，油脂还具有搅打发泡的能力，当油脂在搅拌机中高速搅打时，能够卷入大量空气，使之形成无数微小的气泡。这些微小气泡被包裹在油膜中不会逸出，在面糊或面团中不仅能增加体积，还起着气泡核心的作用。当面糊或面团烘烤受热时，其中的疏松剂分解产生的气体便进入这些气泡核心，使产品体积大大增加，并形成非常细致的海绵状结构。油脂有助于保持水分，使产品柔软。其自身还具有防腐能力，有助于提高货架寿命。

5. 蛋及蛋制品

蛋及蛋制品是糕点制作中的重要辅料之一，某些糕点中还是主要的原料。糕点中常用主要为鸡蛋及其制品。蛋品除了能提高糕点的营养价值和使糕点具有蛋香味之外，还能提高糕点的质量。

6. 乳及乳制品

乳品用于糕点制作可以提高营养价值，并使制品具有独特的奶香味。在面团中加入适量乳品，可促进面团中油与水的乳化，改善面团的胶体性能，调节面团的胀润度，防止面团收缩，保持制品外形完整、表面光滑、酥性良好，同时还可以改善制品的色泽。

乳品在西式糕点中用量较多，而在中式糕点中则较少使用。

7. 水

水是糕点制作中重要的辅料，绝大多数糕点制作离不开水，有的糕点用水量达50%以上。

8. 其他辅料

(1)果料

主要包括各种果仁、果干、果脯、果酱、果泥,有时也包括新鲜水果及灌装水果。果料是糕点制作中的重要辅料,果料的加入提高了糕点的营养价值及风味。新鲜水果在西式糕点中使用较多。

(2)豆类

在糕点加工中除用来制作豆糕、豆酥糖等外,主要用作馅料。

(3)肉及肉制品

糕点中使用的肉与肉制品主要是用作馅料,而且多数是咸的。

(4)疏松剂

糕点的体积增加,主要是靠机械搅拌充入空气泡和化学疏松剂的作用。生产中使用的疏松剂主要是复合疏松剂,如发酵粉,对制品的风味影响较小。

三、糕点的加工

糕点制作的工艺流程如下。

原料处理→面糊调制→入模→烘烤→冷却→包装→成品

(一)面团调制

面团的调制是糕点制作的重要工序,是糕点成型的前提条件。通过面团的调制,可以使粉料黏结在一起成为软硬适当,具有一定的韧性、可塑性、延伸性,符合制品成型要求的面团,为糕点制作创造条件。常见的面团有水调面团、发酵面团、油酥面团、糖浆面团和米粉面团。

(二)糖膏和油膏的调制

常见的如白马糖膏、蛋白膏和奶油膏。白马糖膏主要用于蛋糕裱花,面包、大干点装饰,也用于小干点夹心,既增加甜度,也可装饰。蛋白膏除用于蛋糕裱花外,还作面包饼干夹心用。奶油膏又名自脱淇淋。

(三)包馅与成型

糕点成型是用皮坯,按照成品的要求包以馅心(或不包馅心),运用各种方法,制成形状不同的制品的过程。因此,大多数情况下,包馅与成型是相辅相成、不可分割的两个方面,是决定制品外形组织结构和规格的中心环节。

成型通常分为印模成型、手工成型和机械成型。借助于印模使制品具有一定的外形或花纹,常用的有木模和铁皮模。手工成型包括搓、摘、擀、包、捏及挤注等方法。

(四)糕点熟制

糕点成熟是制品的熟化过程,在工艺和质量上是很重要的工序。其方法有烘烤、油炸、蒸制等多种。

烘烤是把生坯送进烤炉,经过加热,使产品烤熟定形,并具有一定的色泽。

油炸是以油脂为热传导的介质,不仅可使制品成熟,而且能使制品疏松或膨胀,增加特有的香味。

蒸是把生坯放在蒸笼里用蒸汽加热使之成熟的方法。此法的特点是温度高，制品水分不仅没有减少，甚至略有增加。

制品在水中成熟的方法称为“煮”。其作用是在生坯成熟过程中，继续吸收水分，达到产品应有的特点和要求。

（五）熬浆与挂浆

浆是用砂糖或白糖加水和一定量葡萄糖浆，经过加热浓缩到一定浓度的糖浆。糖浆熬制的好坏是影响挂浆类糕点质量的重要因素。所谓挂浆，是指在已炸或烤熟了的制品表面上涂一层糖衣。其挂浆方法分为浇浆、拌浆、捞浆。浇浆是在烤好了的制品表面浇上熬好的糖浆，适用于酥脆制品，如千层酥、千层散子。拌浆是将糖熬好后，即将制品倒入锅内，用铲子拌和，制品周围沾上一层糖浆，如江米条。捞浆是制品倒入熬好浆的锅内，同时继续加温，待制品吃入适量糖浆后再捞出，此法适用于蜜三刀、蜜果等。

（六）糕点装饰

有些糕点在成型以后还要在外表进行装饰。装饰的目的不仅使产品外形美观，还可以增加制品营养成分，改善风味。例如，裱花是装饰制品外表的技艺，主要方法是挤注，原料是油膏或糖膏，大多用于西式蛋糕。

（七）冷却与包装

糕点熟制后温度较高，水分含量还不稳定，糕点质地也较软，需要在冷却过程中挥发水分及降温方能获得应有的脆、酥、松、软等不同特征，才能保证正常的形态。

糕点包装是指糕点生产出来以后到消费食用的运输、保管、销售的整个流通过程中，为保持品质和食用价值而采用必要的材料和容器对产品外表进行的技术处理和装饰。

第四节　方便面加工技术

一、方便面分类

方便食品是指食用简便、不需烹调或比普通食品烹调手段简单的一类食品。具体地说，有些不经烹调就可食用，有些只做简单的烹调就能食用。前者如面包，后者如方便面（添加调料；水浸泡或稍加热后方能食用）。

方便食品的种类很多，其中最具代表性的是面食类产品中的方便面。表 4-1 所示为常见的方便面的种类及特点。

表 4-1　方便面种类及特点

<table>
<tr><th></th><th>种类</th><th>特点</th><th>备注</th></tr>
<tr><td rowspan="2">制作工艺</td><td>油炸方便面</td><td>干燥快，淀粉 α 化程度较高，复水性较好，成品含油量高，成本高，保存期较短</td><td>占方便面产量的 90% 以上，附有油料和两种汤料</td></tr>
<tr><td>热风干燥方便面</td><td>干燥慢，淀粉 α 化程度低，复水性差，成本较低，不易酸败变质，保存期长</td><td>附有油料和两种汤料</td></tr>
</table>

续表

	种类	特点	备注
包装	中华面	中国传统风味面	油酱油汤面、炒面、炸面、黄酱汤面等
	日风面	日本传统风味面	有酱味粗面、荞麦面、咖喱荞麦面、酱油粗面等
	欧风面	欧洲传统风味面	有西红柿酱面
	杯装面	不需要另加碗筷，冲沸水即可食用	附有油料和两种汤料
	碗装面	不需要另加碗筷，冲沸水即可食用	附有油料和两种汤料
	袋装面	需另加碗筷，冲沸水即可食用	附有油料和两种汤料

二、方便面的原料及辅料

1. 小麦粉

方便面生产品种的不同，对小麦粉的要求也不同，主要区别是小麦粉中湿面筋含量的高低。一般选用面粉灰分含量低，面筋含量高，品质好，口感弹性强的面粉，这样面粉制作的方便面嚼劲和复水性较好，同时面饼在油炸工艺过程中吸油量较少，减少了面饼的含油量。

2. 油脂

方便面生产用油脂主要是在油炸工序，在选用油脂时，首要原则是优质的稳定性。因为油炸时油脂一直处于连续高温状态，易酸败。在方便面保质期内，面块吸收的油脂大部分在产品表面，长时间与空气接触，易氧化。此外，还要考虑油脂的风味和色泽，生产中常用50%的猪板油与50%的棕榈油作煎炸油就是综合考虑了这些因素。

3. 食盐

食盐起到强化面筋的作用，使小麦粉吸水快而匀，面团容易成熟，增加面团弹性，防止面团发酵，抑制酶的活性。食盐添加时需先溶于水，但添加过量将降低面团的黏合力，容易使面条变脆。一般添加量为1.5%～2.0%。所用盐为精制盐，其中的氯化钾、氯化镁、硫酸镁的含量甚微，否则，既降低面筋弹性又增加水的硬度。

4. 碱水

碱水中的碱作用于蛋白质和淀粉，可使面筋具有独特的韧性、弹性和润滑性，面条煮熟后不糊汤，味觉良好。添加碱水后，应尽量使面团的pH保持在7.5左右，以防碱过量而产生不愉快的碱味。

5. 品质改良剂

使用品质改良剂可增加面团弹性，缩短和面时间，减少吸油量，改善方便面口感，提高方便面的复水性能。常用的品质改良剂有复合磷酸盐、羧甲基纤维素(CMC)、瓜尔豆胶、海藻酸钠和分子蒸馏单甘酯等。

6. 乳化剂和抗氧化剂

乳化剂的作用：①能降低面条表面的黏性，提高面条弹性；②提高面团的吸水性和持水性；

③可以防止面条老化，提高复水性能；④使面条表面光滑而均匀，改善成品的口感。

抗氧化剂主要用于煎炸油中，延缓油脂高温氧化劣变，延长方便面的保藏期。常用的抗氧化剂有维生素 E、BHT(2-丁基羟基甲苯)、BHA(丁基羟基茴香醚)等。

三、方便面加工

图 4-4 和图 4-5 所示分别为普通油炸方便面工艺流程和热风干燥方便面工艺流程。

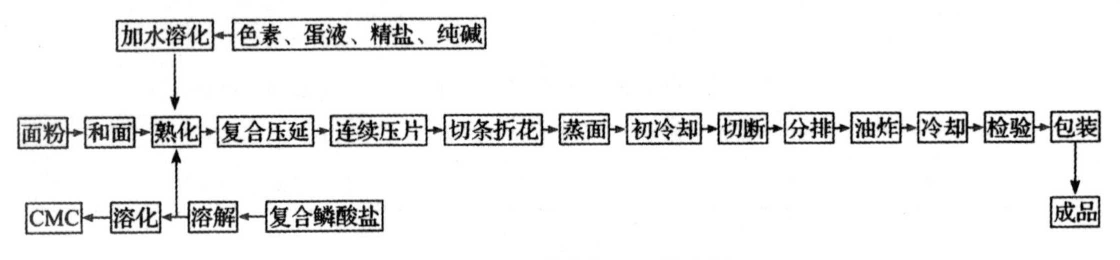

图 4-4 普通油炸方便面工艺流程

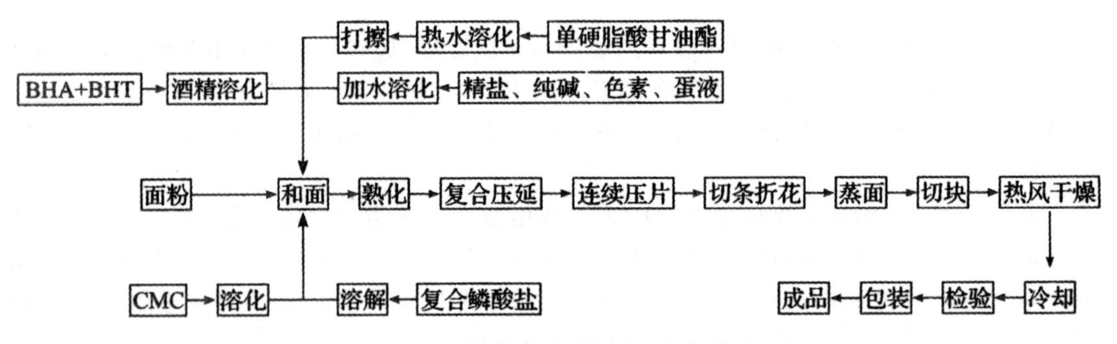

图 4-5 热风干燥方便面工艺流程

(一)和面

和面是原料、辅料、水、添加剂均匀混合一定时间，蛋白质和淀粉充分吸水胀润，形成具有一定弹性、韧性、延伸性、可塑性的湿面筋面团。

和面前，应将各种辅料预先溶化后一次性送入搅拌机中混合。和面过程可分为松散混合阶段、成团阶段、成熟阶段、塑性增强阶段四个阶段。一般掌握和面时间为 15～20min。和面时间的长短与诸多因素有关，如面粉性能、添加剂、加水量、和面水温、和面机型式及搅拌速度等。一般要求面团温度尽量保持在 25℃～30℃，冬天用温水和面，夏天用常温水和面。搅拌速度的快慢对和面效果也有影响，搅拌速度过慢，面团不易和匀打熟；搅拌速度过快，温度过高，容易破坏逐步形成的面筋组织。

(二)熟化

面团熟化就是将和好的颗粒状面团，静置一段时间，使处于紧张状态的面团网络结构松弛，这个过程称为熟化，俗称“醒面”。

这一过程的主要作用有：①使水分进一步渗入蛋白质和淀粉粒子的内部，充分吸水膨胀，进一步形成面筋网络；②在搅拌过程中，面团受到机械的拉伸和挤压，撕断部分已形成的面筋，使面团内部结构不稳定，有利于面团的均质化；③对复合压延起到均匀喂料的作用。

常温下熟化时间为30～45min。长时间的静置，面团会粘连结块，因此，面团熟化时通常采用2.5～5r/min的低速搅拌。另外，面团熟化要求低温，一般不超过25℃。

（三）复合压延

复合压延又称压片，将熟化后的面团通过两道平行的压辊压成两个面片，两个面片平行重叠，通过一道压辊，即被复合成一条厚度均匀坚实的面带，使面带具有一定的韧性和强度，保证产品的质量。一般复合压延的压延道数为6～8道。

复合压延主要作用有：①将松散的面团压成型，根据产品特点控制面带厚度，碗装面厚度约0.3mm，袋装煮食型油炸方便面厚度为1～1.2ram，软面及炒面厚度在1.2mm以上；②促进面筋网络组织在面片中均匀分布，增加面片的韧性和强度。

压延后的面片要求厚薄均匀，表面平整光滑，无破边、无孔洞，色泽均匀，并有一定的韧性和强度。

（四）切条折花

压片后的面带，如只进行切条，并排的直线形面条在蒸煮时会黏连在一起。所以，方便面生产时，面带切条后需要进行折花，使其具有波浪形花纹，彼此紧靠，形状美观，在蒸煮时不易粘连。同时，干燥时脱水也快，切断时碎面少且复水时间短。

切条折花工序是生产方便面的关键技术之一，其基本原理是在切条机（面刀）下方，装有一个精密设计的波浪形成形导箱。经过切条的面条进入导箱后，与导箱的前后壁发生碰撞而遇到抵抗阻力，又由于导箱下部的成形传送带的线速度慢于面条的线速度，从而形成了阻力，使面条在阻力下弯曲折叠成细小的波浪形花纹。

工艺要求切条后的面条光滑、无并条、无粗条，波纹整齐，行行之间不连接。

（五）蒸面

蒸面是在一定时间一定温度下，通过蒸汽将面条加热蒸熟。它实际上是淀粉糊化的过程。糊化是淀粉颗粒在适当温度下吸水溶涨裂开，形成糊状，淀粉分子由按一定规律排列变成混乱排列，从而使酶分子容易进入分子之间，易于消化吸收。

工艺要求为糊化后的淀粉会回生，即分子结构又变成口状。因此要尽量提高蒸煮时的糊化度。通常要求糊化度大于80％。

蒸煮后的面条比生坯要粗壮，大概为生面条的110％～130％，这是生坯内部气体在受热逸出时扩张的结果。蒸煮后的面条颜色由生坯的灰白色转变成微黄色，这是因为空气排除后，空气对光的反射也消除了。蒸熟的面条具有较强的延伸性和弹性，拉长后又能及时恢复原形，为入模时的人工整形提供了便利。

（六）切段成型

蒸熟的波纹面块含水量很高，用鼓风机在面条上表面和下表面强制冷却，使温度下降、表面硬结，有利于切块。面条切块要由定量切断装置按一定的长度切断，方便面的定量切断是将质量换成长度，以长度来计质量，因此每块面块的质量随花纹的疏密而变化，花纹密则质量大，花纹疏则质量小。所以成型折花时花纹的疏密应保持稳定。

定量切断的工艺要求：每块面块定量基本准确，并将两面块对折整齐，再经分路装置送入热风干燥机或自动油炸机。

（七）干燥

干燥就是使熟面块快速脱水，固定α化的形态和面块的几何形状，以防回生，并利于包装、运输和贮藏。干燥方法有油炸干燥、热风干燥及微波干燥三种。

油炸干燥属于高温短时干燥，产品膨松，多微孔，复水性好；热风干燥的干燥温度较低，干燥时间较长，干燥后的面条没有膨化现象，无微孔，复水性差，食用时需要较长的浸泡时间。干燥后的方便面要求水分含量在8%（油炸干燥）或12%（热风干燥）以下。

微波干燥是利用915MHz和2450MHz的高频电磁波作用于物料。在高频电磁场作用下，水分子极性取向随外电场变化而变化，造成分子高速振荡和分子间相互摩擦而产生热量，使物料温度升高，水分蒸发，物料内部形成微孔状。另外，微波还改变淀粉分子的结构排列，加速了淀粉的糊化。再者，微波加热快，热效率高，与常规加热相比，热效率提高2～4倍；无污染，操作方便，易于控制。

（八）冷却、检测和包装

冷却是为了便于包装和保藏，防止产品变质。通过油炸或热风干燥的产品有较高的温度，如果不冷却，在高温条件下容易使附加的汤料变质。主要有自然冷却和强制冷却两种方法。自然冷却成本低，但冷却速度慢。强制冷却是借助鼓风机加强空气流动，强制冷却，冷却速度快，适合连续化生产，目前使用比较普遍。

产品包装前，必须先经检测器对有无金属杂物和面块质量是否合格进行检测。有异常时，电子感应器会使压缩空气喷嘴或一个横向推杆将金属杂物或质量不合格的面块吹出传送带。

包装就是把冷却后经检测合格的面块配上合适的调味料包装成产品。目前，方便面的包装形式有袋装、碗装和杯装三种形式。油炸方便面包装材料要求有良好的透气性、隔湿性、耐油性、遮光性和一定的强度。

第五节　膨化食品加工技术

一、膨化食品概述

膨化食品，国外又称挤压食品、喷爆食品、轻便食品等，膨化食品是指以谷物粉、薯粉或淀粉为主料，利用挤压、油炸、砂炒、烘焙等膨化技术加工而成的一大类食品。它具有品种繁多、质地酥脆、味美可口、携带食用方便、营养物质易于消化吸收等特点。

由于生产这种膨化食品的设备结构简单，操作容易，设备投资少，收益快，所以发展得非常迅速，并表现出了极大的生命力。

膨化食品有以下三种类型：一是用挤压式膨化机，以玉米和薯类为原料生产小食品；二是用挤压式膨化机，以植物蛋白为原料生产组织状蛋白食品（植物肉）；三是以谷物、豆类或薯类为原料，经膨化后制成主食。除了试制出间接加热式膨化机外，还用精粮膨化粉试制成多种膨化食品。具体的膨化食品的种类可见表4-2所示。

表 4-2　膨化食品的种类

种类	产品名称
主食类	烧饼、面包、馒头、煎饼等
军用食品	压缩饼干
糕点类	桃酥、炉果、八件、酥类糕点月饼、印糕、蛋卷等
油茶类	膨化面茶
小食品类	米花糖、凉糕等
冷食类	冰糕、冰棍的填充料

当把粮食置于膨化器以后，随着加温、加压的进行，粮粒中的水分呈过热状态，粮粒本身变得柔软，当达到一定高压而启开膨化器盖时，高压迅速变成常压，这时粮粒内呈过热状态的水分在瞬间汽化而发生“闪蒸”，类似强烈爆炸，水分子可膨胀约 2000 倍，巨大的膨胀压力不仅破坏了粮粒的外部形态，而且也拉断了粮粒内的分子结构，将不溶性长链淀粉切成水溶性短链淀粉、糊精和糖，于是膨化食品中的不溶性物质减少了，水溶性物质增多了。

从膨化原理上看，现在膨化食品有两大类：一类是压力膨化食品，另一类是常压高温膨化食品。挤压食品属于前者，爆玉米花属于后者。

二、膨化食品加工技术

(一)挤压食品工艺流程

挤压膨化食品是指将原料经粉碎、混合、调湿，送入螺旋挤压机，物料在挤压机中经高温蒸煮后通过特殊设计的模孔而制得的膨化成型的食品。在实际生产中，一般还需将挤压膨化后的食品再经过烘焙或油炸，使其进一步脱水和膨松，这既可降低对挤压机的要求，又能降低食品中的水分，赋予食品较好的质构和香味，并起到杀菌的作用，还能降低生产成本。

图 4-6 所示为挤压膨化食品的工艺流程。

原料→混合→调湿→挤压膨化→切割→烘烤→调味→冷却→包装→成品

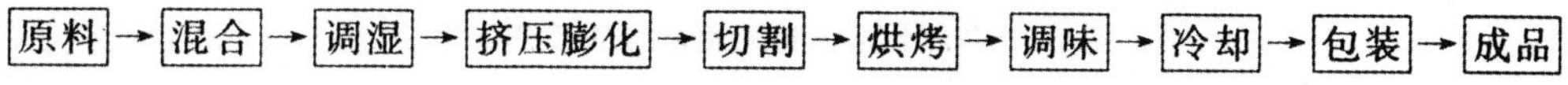

图 4-6　挤压膨化食品的工艺流程

1. 混合、调湿

将不同的原料及辅料按一定比例在加湿机中混合均匀，根据气候和环境温度、湿度的不同确定加水量的多少，混合后的原料水分控制在 13%～18%。

2. 挤压膨化

挤压膨化是整个流程的关键，直接影响到产品的质感和口感。影响挤压膨化的变量较多，物料的水分含量、挤压过程中的温度、压力、螺杆转速、原料的种类及其配比等。挤压机螺杆转速为 200～350r/min，温度为 120℃～160℃，机内最高工作压力为 0.8～1MPa，食品在挤压机内停留时间为 10～20s。

3. 整形、切割

膨化物料从模孔挤出后，由紧贴模孔的旋转刀具切割成形或经牵引至整形机，经辊压成型后，由切刀切成长度一致、粗细厚度均匀的卷、饼等膨化半成品。此时食品因水蒸气的外溢水分可下降8%～10%。

4. 烘烤

若挤压出来的半成品水分较高，需经带式输送机送入隧道式烤炉做进一步烘烤，使水分低于3%～5%，以延长保质期。同时，烘烤后产生一种特殊的香味，提高品质。

5. 调味

为获得不同风味的膨化食品，在旋转式调味机中进行调味。按一定比例混合的植物油和奶油加温至80qc左右，通过雾状喷头时均匀的喷洒在旋转而翻动的物料表面。喷油的目的一是为了改善口感；二是为了使物料容易粘裹上调味料。为了防止受潮、保证酥脆，调味后的产品应及时包装。

6. 包装

由于膨化食品本身含水量低，吸湿性强，对其包装要求是：能防止产品酸败和变味、水分入侵、香气外逸、异味窜入和受压破碎，故应考虑如下问题：排除空气，避光保存，防止与其他氧化膜接触。

常见的几种包装方法：①采用透湿性和透气性很低的包装材料；②采用化学上惰性的包装材料；③在真空或惰性气体下包装；④包装内加干燥剂；⑤包装内使用除氧剂。

对于挤压膨化食品，常用的包装材料为聚丙烯聚酯组成的复合膜或真空镀铝薄膜，为了防止产品在运输过程中挤坏，并防止产品氧化变质，常在包装袋中充入氮气。

（二）非膨化挤压技术

非膨化挤压食品是用挤压机生产的休闲化食品，消费者在食用时可采用油炸或焙炒的方式使其膨化，然后根据自己的口味加上不同的调料即可，诸如泡司、虾条等。这类食品的特点是保存期较长(2年以上)，因为未膨化而体积小，便于运输和贮存，食用也很方便。它的生产工艺流程如图4-7所示。

原料→混合→蒸煮、挤压、切割→真空脱气、冷却→挤压、成型→切割→预干燥→干燥→包装

图4-7 非膨化挤压休闲食品加工工艺流程

原料一般用面粉或大米粉，也可添加玉米淀粉、盐、糖和大豆粉等，各组分混匀后进入蒸煮挤压机。在挤压机物料入口处加足量水，以调节水分含量为30%左右。物料在蒸煮挤压机内完全糊化，然后通过模头并被快速旋转的切刀切成不规则的薄片，经真空室脱气、降温后进入成型挤压机。在成型挤压机中获得组织紧密和具有特定形状的非膨化食品。制品在干燥前先预干燥，以防粘连。这类产品的干燥温度不宜太高，否则表面会龟裂。一般干燥温度为80℃左右，干燥时间为2～3h。制品冷却后进行包装，食用时稍经烹调即可。

第五章　畜产品和水产品生产技术

第一节　肉制品加工技术

肉类是指来源于热血动物且适合人类食用的所有部分的总称。肉类包括畜肉和禽肉，畜肉是指猪、牛、马、羊、兔等牲畜的肌肉、内脏及其制品。禽肉是指鸡、鸭、鹅、鸽、鹌鹑等的肌肉、内脏及其制品。肉类制品是以畜禽肉为原料经加工后的产品。肉与肉制品是人们日常生活中摄取蛋白质、脂肪等营养物质的重要来源，在人类的饮食中占有极其重要的地位。

肉制品加工生产过程中，为了改善和提高肉制品的感官特性及品质，延长肉制品的保存期和便于加工生产，除使用畜禽肉做主要原料外，常需另外添加一些可食性物料，这些物料称为辅料。肉制品在加工生产过程中所形成的特有性能、风味与口感等，除与原料的种类、质量以及加工工艺有关外，还与食品辅料的使用有着极为重要的关系。因此，正确使用辅料，对提高肉制品的质量和产量，增加肉制品的花色品种，提高其营养价值和商品价值，保障消费者的身体健康有重要的意义。

一、冷鲜肉的加工

（一）冷鲜肉概念

冷鲜肉是指严格执行检疫制度屠宰后的畜禽胴体迅速进行冷却处理，使胴体温度（以后腿内部为测量点）在24h内降为0℃～4℃，并在后续的加工、流通和零售过程中始终保持在0℃～4℃范围内的鲜肉。

由于冷鲜肉始终处于冷却条件下，大多数微生物的生长繁殖被抑制，可以确保肉的安全卫生。同时冷鲜肉始终处于冷却条件，经历了较为充分的解僵成熟过程，同热鲜肉和冷冻肉相比，冷却肉质地柔软有弹性，滋味鲜美，汁液流失少、营养价值较高。

（二）冷鲜肉加工

冷鲜肉的生产、贮存、运输、销售环节是一个完整的冷藏链（简称冷链）。冷链是冷鲜肉生产的必备前提条件。

冷链由生产环节中的0℃～4℃预冷库、冷藏库、恒温分割包装车间，运输环节的冷藏车，锌售环节的冷藏库、冷藏柜等构成。

图5-1所示为一般的冷鲜肉加工流程。

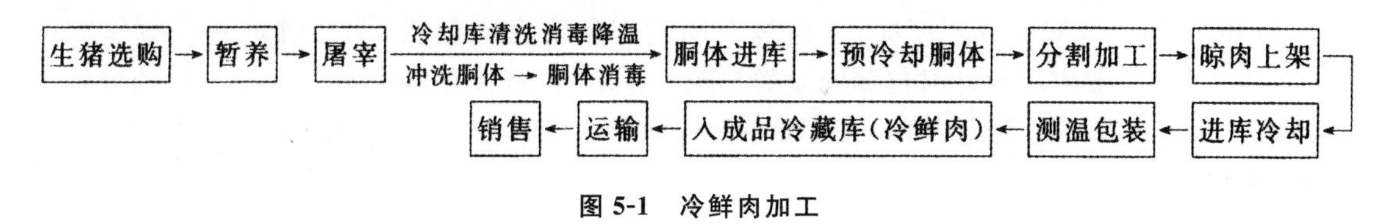

图5-1　冷鲜肉加工

1. 生猪选购与屠宰

以优质瘦肉型猪为好，其胴体瘦肉多，肥膘少，便于加工为冷鲜白条肉、红条肉，也减少分割中肥膘类加工的工作量，提高产品出品率与加工效率。

宰前应停食12～24h，并保证猪的饮水(屠宰前3h停止)，还须将生猪冲洗干净，减少加工过程中的菌体污染。

严格控制屠宰过程中对猪胴体的污染，从击晕开始至胴饰分解结束，整个屠宰过程应控制在45min内，从放血开始到内脏取出应在30min内完成，宰后胴体立即进入冷却间。

猪放血后应设洗猪机，对胴体表体清洗；下烫池前，应用海绵块塞住肛门，以减少粪便流出所产生的污染。屠宰烫池易对胴体产生污染(刺口、皮肤、脚圈叉档口及粪便)，且烫池水温对冷鲜肉质亦将产生一定影响，因此应注意烫池水的卫生与温度。

2. 冷却

(1)二段式冷却

宰后胴体→快速冷却间→恒温冷却间→冷却后胴体。

(2)一段式冷却

$$\xrightarrow{\text{宰后胴体}}\text{预冷库 1}\xrightarrow{\text{分割后产品}}\text{预冷库 2}\xrightarrow{\text{包装后产品}}\text{冷藏库}$$

一段式冷却便于分割，缩短生产时间，节省生产成本与投资，但产品质量不如二段式冷却。二段式冷却较之一段式冷却，更有利于抑制微生物的生长，产品质量高，胴体冷却损耗小；但同时存在一些弊端，如不便分割，生产时间长、生产效率低、冷却库投资大、生产成本高。

3. 分割与包装

(1)分割包装设备用具

①简易分割线。采用分割三段锯、不锈钢分割台分割产品，在工序之间靠人工传递。优点：投资省；缺点：污染严重，劳动强度大，电锯操作不安全，不利于冷鲜肉生产中的品质保证。

②自动分割线。根据生产量由3～5条自动传输线组成，每条自动线可分为单层、双层或三层，操作台在分割自动线两旁安置不锈钢操作台，台板采用食品用无毒尼龙板。优点：减少了分割肉生产中的污染，便于清洗消毒，提高生产效率，保证了分割肉的品质，降低了劳动强度；缺点是成本高。

③晾肉架车。分割后产品应平摊放在晾肉架车上，晾架时要求肉无叠压，进行预冷或进入包装(指冷分割产品)。

(2)分割包装时间控制

分割车间主要是对胴体进行按部位分割、去脂、剔骨，其产品在分割车间的加工与停留时间应控制在30min内，以终止酶的活性。

冷却至4℃～7℃的分割产品，在包装车间时应尽快完成包装，并及时进入冷藏库贮存(0℃～4℃)。一般方法设计时包装间紧邻分割后预冷间，将放在晾肉架车上冷却好的分割产品一车推入包装车间包装完毕后，再由预冷间中推出下一车包装，以免积压回温。

(3)包装

常见的包装形式有：真空包装、充气包装和托盘保鲜膜。

4. 冷藏

冷藏库温 0℃～4℃，并保持温度稳定。产品进库后，按生产日期与发货地摆放，不同产品应有标识和记录并定时测温。冷藏库应定期清洗消毒。

5. 运输

运输车辆采用机械冷藏车，冷鲜肉出冷藏库最好设有专用的密闭运输通道，直接采用门对门方式上车，装货前先做好货物装运顺序，原则是同类产品先生产的先发货，一车要送几地的，最先到达地的货物，最后上车，以便卸车。

红条肉、白条肉、带膘白条肉采用带挂钩的冷藏车。胴体挂在车厢内，挂钩与叉档均为不锈钢制作。如没有挂钩的冷藏车，可采用工字钢与钢管做框，不锈钢条做钩的活动架，放置于车厢内。胴体最好套有白布袋或薄膜袋，以减少污染与干耗。

6. 市场销售

一般情况下冷鲜肉从生产到消费，在 0℃～4℃下保质期为 7 天。因此，冷鲜肉产销是一个严密的组织过程，应以销定产，并做好各环节的计划安排。

大超市应设 0℃～4℃冷藏库，产品到后应及时入库。冷藏库应注意温度稳定，定期清洗消毒与维护。冷鲜肉必须在冷柜中销售，以保证产品品质。冷鲜肉运抵商店后，必须立即上柜，并将冷柜温度严格控制在 0℃～4℃，产品如果温度变化过大，极易渗出血水，且影响保质期。

二、中式肉制品加工

中式肉制品主要分为腌腊制品、酱卤制品、干制品、烧烤制品、灌肠制品、烟熏制品、发酵制品、油炸制品和罐头制品等 9 大类，其中腌腊制品、酱卤制品、干制品和烧烤制品是中式肉制品的典型代表。

（一）腌腊制品加工

腌腊技术是我国的传统肉制品加工技术，有 3000 多年的历史，腌制最早是一种保藏肉的方法。腌腊肉制品是肉经腌制、酱制、晾晒（或烘烤）等工艺加工而成的生肉类制品，产生独特的产品风味，食用前需经熟化加工。

1. 咸肉的加工

咸肉是以鲜猪肉或冻猪肉为原料，用猪肋条肉经食盐和其他调料腌制而成的生肉制品，食用时需经熟制。成品肥肉呈白色，瘦肉呈玫瑰红色或红色，具有独特的腌制风味，味稍咸，具体的加工工艺流程如下。

原料选择→修整→腌制→晾挂→成品

选料：选择卫检合格的肉，鲜猪肉或冻猪肉都可以作咸肉原料。

修整：去掉杀口肉，去掉不规则的碎肉、污血，割除血管、淋巴、碎油及横膈膜等。

腌制：在 3℃～4℃条件下腌制。温度高，腌制过程快，但易发生腐败。肉结冰时，则腌制过程停止。

晾挂：腌制 5～7d 后，用 60℃左右的热水漂洗 1min。在 5℃以下环境晾挂保藏。

2. 腊肉类的加工

腊肉是肉经较少的食盐、硝酸盐、亚硝酸盐、糖及调味香料等腌制后，再经干燥（烘烤或烟熏等）工艺加工而成的生肉类制品，食用前需熟化。成品呈金黄色或红棕色，产品整齐美观，不带碎骨，具有腊香，味美可口。腊肉类有中式火腿、腊猪肉、板鸭、鹅肥肝等。四川腊肉的加工如下。

原料选择→剔骨、切肉块→配料→腌制→烘烤→包装→成品

选料与修整：选择新鲜的猪肋条肉。生产腊肉应去骨，以防止在保藏过程中肉骨分离而开裂。

切肉块：肉块切成宽 4～5cm，长 20～30cm，0.5～1kg 的肉块，肉的一端穿一小孔，便于穿绳晾挂。

腌制：与咸肉相同。

烘烤和烟熏：晾干水汽后，烘烤温度为 55%，烘烤过程应上下、左右调换肉条的位置，以使烘烤均匀。整个烘烤时间需 36～48h，当皮色干爽，瘦肉内部呈鲜红，肥肉透明或呈乳白色时，即已烤好。烟熏用锯末和芸香科的植物。

包装：可以采用复合薄膜真空包装（城口老腊肉一般不包装）。

（二）酱卤制品

酱卤制品是原料肉加调味料和香辛料，以水为加热介质煮制而成的熟肉类制品。酱卤制品是我国一大类传统肉制品，主要特点是成品都是熟的，可以直接食用，产品酥润，有的带卤汁，不易包装和保藏，适于就地生产。

下图是苏州酱肉的加工工艺流程示意。

原料选择与整理→腌制→上铁叉→烤制→上麦芽糖→成品

选择皮薄、肉质鲜嫩、肥膘 2cm 以下的肋条肉，除去奶头，洗净、切成 4cm 的肉条，大小重 0.8kg 左右的肉块，在长轴方向切 10 条刀口，以利于腌制。加入各类配料进行腌制，腌制结束后在锅中加入老汤烧开后，再加入其他香料，放入腌制肉，大火烧开，加入酒和酱油后，用小火煮 2h，出锅前将白糖均匀撒在肉上，待糖溶化后，立即出锅。

质量标准成品色泽金黄，瘦肉略红，肥膘洁白晶莹；滋味鲜美醇香，肥而不腻，入口即化。

（三）干制品

干肉制品是指肉（主要是瘦肉）经晾晒、煮炒、烘焙、冷冻或喷雾干燥后所制成的干燥制品。干制肉制品具有营养丰富、美味可口、质量轻、体积小、食用方便、便于保存携带的特点。干制肉制品主要包括有肉干、肉松、肉脯三大类。

这里以肉干为例介绍其加工工艺流程如下。

原料选择与整理→预煮→切块→复煮→烘烤→包装→成品

剔除原料肉中的软骨、碎骨、筋、膜和淋巴等组织，然后分割成 0.5kg 左右的肉块。将肉放入凉水中，以浸出肉中残余的血液。将食盐及肉放入夹层锅中，加水进行煮制，至肉内部切

面呈粉红色即可出锅。取原汤一部分，除去杂质，重新倒入锅中，加辅料及肉块，继续煮制。煮制过程中不断翻动肉块，待肉汤快要熬干时，加酒、味精等，翻动数次，汤干出锅。将肉块均匀摊在烘筛上冷却。将肉块均匀摊在筛子上，放入烘房或烘炉的架子上进行烘烤，肉干变硬即可取出，放在通风处凉透即为成品。质量标准产品呈褐色，肉丁大小均匀，质地干爽而不柴，软硬适度，无膻味，香甜鲜美。

肉松是将肉煮烂，再经过炒制、揉搓而成的一种脱水肉制品。肉松营养丰富、易于消化、食用方便、易于保藏。根据原料肉不同，有猪肉松、牛肉松、鸡肉松及鱼肉松等。我国著名的传统产品是太仓肉松和福建肉松。太仓肉松的加工如下。

原料选择与整理→煮制→炒制→成品

肉脯是经过直接烘干的干肉制品，与肉干不同之处是不经过煮制，多为片状。肉脯的品种很多，但加工过程基本相同，只是配料不同，各有特色。靖江猪肉脯加工如下。

选料与整理→冷冻→切片、拌料→烘干→烘烤→成品

（四）烧烤制品

熏烤肉制品是指原料肉经腌制、煮制后，再以烟气、高温空气、明火或高温固体为介质加工而成的肉制品。其制品分为熏制品和烤制品两类。常见的产品主要有北京熏肉、广东叉烧肉、北京烤鸭等。

下图为广东叉烧肉的工艺流程示意。

原料选择与整理→腌制→上铁叉→烤制→上麦芽糖→成品

一般成品色泽酱红，香润发亮，肉质美味可口，咸甜适当。

三、西式肉制品加工

西式肉制品起源于欧洲，在北美、日本及其他西方国家广为流行，产品主要有香肠（灌肠）、火腿和培根3大类。西式制品的特点是工业化程度高、工艺和产品标准化，可大规模生产。

（一）香肠

灌肠是畜禽肉经腌制、绞碎、斩拌后成肉馅（肉丁，肉糜或其化合物）并添加调味料、香辛料或填充料，灌装到肠衣中，再经烘烤、蒸煮、烟熏等工艺加工而成。灌肠又分为很多种，按加工方法可分为生香肠、生熏肠、熟熏肠、干制或半干制香肠等。其工艺流程如下。

原料的选择→腌制→制馅→灌装→烘烤→煮制→熏制→冷却冷藏

（二）火腿

传统西式火腿加工类似于中式火腿，且一般以猪后腿肉为原料加工的称为火腿。根据原料肉的部位不同，分为带骨火腿、去骨火腿、通脊火腿、肩肉火腿、组合火腿、蒸煮火腿等。这些火腿加工工艺各不相同，但其腌制都是以食盐为主要原料，而加工中其他调味料用量很少，故

又称盐水火腿。西式火腿中除带骨火腿食用前需熟制外，其他种类的火腿均为熟制品。其产品色泽鲜艳、肉质细嫩、口味鲜美、出品率高，适于大规模机械化生产。其工艺流程如下。

原料修整→盐水注射腌制→嫩化→滚揉→装模→蒸煮→冷却→包装

（三）培根

培根外皮油润呈金黄色，皮质坚硬，瘦肉呈深棕色，质地干硬，切开后肉色鲜艳。风味除带有适口的咸味之外，还具有浓郁的烟熏香味。培根分大培根（也称丹麦式培根）、排培根和奶培根三种，制作工艺相近。其一般工艺流程如下。

选料→预整形→腌制→浸泡、清洗→剔骨、修刮、再整形→烟熏

第二节　乳制品加工技术

一、消毒乳加工

消毒乳又称杀菌乳，系指以新鲜牛乳、乳粉等为原料，经净化、杀菌、均质、冷却、包装后，直接供消费者饮用的商品乳。

消毒乳根据不同的标准有不同的分类，根据杀菌方法分类：

（1）低温长时间杀菌乳（LTLT），又称巴氏杀菌乳，牛乳经过62℃～65℃、保持30min杀菌的乳。

（2）高温短时杀菌乳（HTST），牛乳经72℃～75℃，保持15s杀菌，或采用80℃～85%，保持10～15s的加热杀菌的乳。

（3）超高温瞬时杀菌乳（UHT），牛乳经130℃～150℃，保持0.5～4.0s杀菌的乳。此法由于时间短，所以风味、性质和营养成分等与普通乳相比无差异。

（4）灭菌乳，可进一步分为灭菌后的无菌包装和杀菌后乳装入容器中。

消毒乳的加工工艺流程如下。

原料乳验收→过滤与净化→冷却→标准化→均质→杀菌或灭菌→冷却→灌装→封盖→装箱→冷藏→成品

1．原料乳的验收

消毒乳的质量取决于原料乳，要想生产高质量的产品，必须选用质量优良的原料乳。因此，必须对原料乳进行严格管理、认真检验。

2．过滤与净化

将原料乳验收后，为了除去其中的尘埃杂质、上皮细菌等，必须对原料乳进行过滤和净化处理。

3．标准化

标准化是为了符合国家标准要求的最低脂肪含量，在半脱脂乳和标准化乳生产中需要进行标准化，而脱脂乳是一种稀奶油分离产品，原则上无需标准化。

4. 均质

均质是指对脂肪球进行适当的机械处理，把它们分散成细小的微粒，均匀一致地分散在乳中。乳均质时的温度应控制在50℃～65℃，在此温度下乳脂肪处于熔融状态，脂肪球膜软化有利于提高均质效果。一般均质压力为16.7～20.6MPa。

5. 杀菌或灭菌

消毒乳的杀菌或灭菌可根据设备条件选择低温长时杀菌法、高温短时杀菌法或超高温杀菌法。

杀菌，就是将乳中的致病菌和造成成品缺陷的有害菌全部杀死，并非百分百地杀灭非致病菌，还会残留部分乳酸菌、酵母菌和霉菌等。

灭菌，就是杀灭乳中所有的细菌，使其呈无菌状态。但实际还会有极微量的细菌存在，在检测上接近于零。

6. 冷却、灌装和冷藏

杀菌后的乳应尽快冷却至4℃。以防止蛋白质变性、脂肪球膜破裂、维生素损失及褐变等不良反应的发生。

采用的包装材料应无毒害、无污染；避光、密封性好，有一定的抗压强度；便于运输、携带、开启。

灌装后的杀菌乳，如不能立即发送，应储存冷藏库内。冷藏库温度一般控制在4℃～6℃，时间为1～2d。无菌包装乳可在室温下保藏3～6个月。

二、发酵乳加工

发酵乳是指乳在特征菌的作用下发酵而成的酸性凝乳状产品，在保质期内，该类产品中的特征菌必须大量存在，并能继续存活和具有活性。

发酵乳根据成品的组织状态可分为：①凝固型酸乳：乳品在包装容器中进行发酵过程，从而使成品因发酵而保留其凝乳状态。②搅拌型酸乳：成品是先发酵后灌装而得的。发酵后的凝乳已在灌装前和灌装过程中搅碎而成黏稠状的半流动状态。

发酵剂是指生产发酵制品时所使用的特定的微生物培养物，根据制备过程发酵剂可分为：乳酸菌纯培养物、母发酵剂和生产发酵剂。

(一)凝固型酸乳的加工

凝固型酸乳的加工工艺流程如下。

乳酸菌纯培养物→母发酵剂→生产发酵剂
↓
原料乳→净化→标准化→配料→过滤→预热→均质→杀菌→冷却→加发酵剂→灌装→发酵→冷却→后熟→冷藏→成品

(1)原料乳。选用符合质量要求的鲜乳、脱脂乳或再制乳为原料。

(2)配料。原料乳的脂肪和乳固体含量应符合技术指标，否则需要进行标准化。为提高干物质含量，可添加脱脂乳粉。

(3)均质。原料配合后进行均质处理。均质温度为55℃～65℃。均质处理可使原料充分混匀，粒子变小，提高酸乳的稳定性和稠度，并保证乳脂肪均匀分布，从而使酸乳质地细腻，口感良好。

(4)杀菌及冷却。均质后的物料升温至90%～95%，保持5min进行杀菌，然后冷却至41℃～43℃。

(5)接种。接种是造成酸乳受微生物污染的主要环节之一，为防止霉菌、酵母、噬菌体和其他有害微生物的污染，必须采用无菌操作方式。

(6)灌装。接种后经充分搅拌的乳应立即连续灌装到容器中。凝固型酸乳的容器主要有玻璃瓶、塑料瓶和纸盒等。灌装前容器要进行蒸汽灭菌。

(7)发酵。发酵时间受接种量、发酵剂活性和培养温度的影响。

(8)冷却与后熟。达到发酵终点的酸乳需进行迅速冷却，以便有效的抑制乳酸菌的生长，降低酶活力，防止产酸过度；降低和稳定脂肪上浮和乳清析出的速度；使酸乳逐渐形成坚固的凝固状态。

冷藏温度一般为2℃～8℃，冷藏的24h内，风味成分继续产生，多种风味物质相互平衡形成了酸乳的特殊风味，这段时间称为后熟期。

(二)搅拌型酸乳的加工

搅拌型酸乳的加工工艺流程如下。

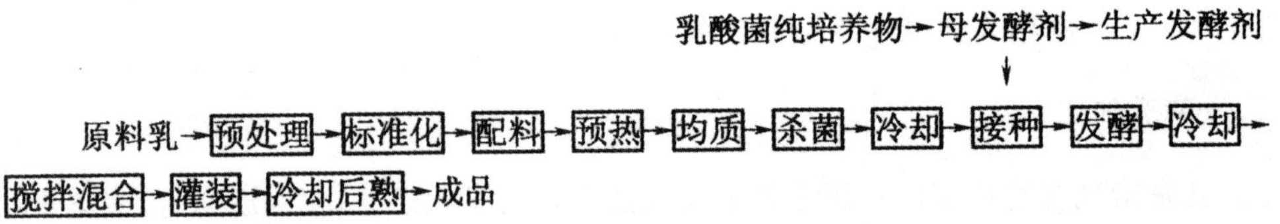

乳酸菌纯培养物→母发酵剂→生产发酵剂
↓
原料乳→预处理→标准化→配料→预热→均质→杀菌→冷却→接种→发酵→冷却→
搅拌混合→灌装→冷却后熟→成品

(1)原料乳、预处理、标准化、配料、预热、均质、杀菌、冷却、接种，同凝固型酸乳的要求一致。

(2)发酵。搅拌型酸乳的发酵是在专门的发酵罐中进行，发酵罐是利用罐周围夹层里的热来维持恒温。典型的搅拌型酸乳发酵温度为42℃～43℃，时间为2.5～3h。

(3)冷却。冷却的目的是快速抑制细菌的生长和酶的活性，以防止发酵过程产酸过度及搅拌时脱水。酸乳完全凝固(pH值4.6～4.7)时开始冷却，冷却过程应稳定进行，冷却过快将造成凝块收缩过快，导致乳清分离，冷却过慢则会造成产品过酸和添加果料脱色。一般温度控制在0℃～7℃为宜。

(4)搅拌破乳。破乳主要通过机械力破坏凝胶体，使凝胶体的粒子直径达到0.01～0.4mm，使酸乳的硬度和黏度及组织状态发生变化。

(5)混合。酸乳与果料的混合方式有两种：一种是间隙生产法，在罐中将酸乳与杀菌的果料混匀，此法用于生产规模较小的企业。另一种是连续混料法，用计量泵将杀菌的果料连续添加在内部流动线中与酸乳混合均匀。

(6)灌装。生产搅拌型酸乳时的灌装工艺条件受包装材料、产品特征和食用方法的限定。包装材料必须对人体无害，同酸乳成分之间不能发生任何反应，有良好的密封性，同时对产品有一定的保护性能。

(7)冷却、后熟。将灌好的酸乳置于0℃～7℃冷库中冷藏24h进行成熟，进一步促使芳香物质的产生和改善黏稠度。

三、乳粉加工

乳粉是以鲜乳为原料，添加一定数量的其他食物原料，经杀菌、浓缩、干燥等工艺过程制得的粉末状产品。乳粉中保存有鲜乳的全部营养成分，但由于乳粉含水量低，因而耐藏性提高，减少了运输量，并具有冲调容易，方便使用的特点。

乳粉按照加工方法及原料处理的不同，可分为以下几种：

(1)乳清粉用制造干酪或干酪素的副产品乳清加工成的乳粉。

(2)脱脂乳粉。用脱去脂肪的脱脂乳为原料加工成的粉末状制品。

(3)全脂乳粉。以鲜乳直接加工成的粉末状制品。

(4)调制乳粉将乳中的某些成分进行调整，并按要求添加某些营养成分加工成的粉末状制品。调制乳粉主要有婴幼儿配方乳粉、中小学生乳粉、孕妇乳粉、中老年乳粉等。

乳粉的加工工艺流程如下。

原料乳验收→预处理→标准化→加糖→预热→均质→杀菌→真空浓缩→喷雾干燥→出粉、冷却→过筛→包装→检验→成品

(1)原料乳验收。原料乳质量的好坏是生产优质乳粉的先决条件，检验结果必须符合国家标准规定的各项指标，验收后的原料乳应及时进行过滤、净化、冷却，其要求与消毒乳相同。

(2)标准化。为使成品中脂肪含量符合国家标准要求，必须对乳中的脂肪进行调整。

(3)加糖。生产加糖乳粉或某些配方乳粉时，需向乳中加糖。加糖方法有：①预热杀菌时加糖；②包装前加蔗糖细粉于干燥完的乳粉中；③预热杀菌时加一部分糖，包装前再加一部分糖。

(4)均质。生产全脂乳粉的原料一般不经均质。应进行均质，使混合原料乳形成一个均匀的分散体系。均质时的压力一般控制在 14～21MPa，温度控制在 60％为宜。

(5)杀菌。原料乳的杀菌方法需根据成品的特性进行适当选择。乳粉加工杀菌的主要目的是杀灭各种致病菌和破坏各种酶的活力。

(6)真空浓缩。牛乳属于热敏性原料，浓缩宜采用减压浓缩法，浓缩的程度直接影响乳粉的质量，特别是溶解度。生产全脂乳粉时，一般浓缩到原料乳的 1/4，这时浓缩乳的浓度为 12～16 波美度(50℃)，乳固体含量为 40％～50％。

(7)干燥。浓缩后的乳打入保温罐内，立即进行干燥。乳粉常用的干燥方法有压力喷雾干燥和离心喷雾干燥两种方式。

(8)出粉、冷却。干燥后的乳粉要立即送出干燥室，以免受热过度。全脂乳粉脂肪含量高，高温下会增加游离脂肪含量，在保藏中容易引起氧化变质，影响溶解度和色泽，严重降低产品质量。故干燥后的乳粉必须快速冷却。

(9)过筛。乳粉过筛的目的是将粗粉和细粉混合均匀，除去乳粉团块、粉渣，使乳粉均匀、松散，便于乳粉冷却。

(10)包装。包装规格、容器及材质根据乳粉的用途不同而有一定差异。

第三节 蛋制品加工技术

日常食用的蛋类主要有鸡蛋、鸭蛋、鹅蛋、鹌鹑蛋等。各种蛋的结构和营养价值基本相似，其中食用最普遍、销量最大的是鸡蛋，其营养价值高，适合各种人群。

禽蛋主要包括蛋壳、蛋壳膜、蛋白及蛋黄4部分，其中蛋壳及蛋壳膜重量占全蛋的10%～13%，蛋白占55%～66%，蛋黄占32%～35%，但其比例受家禽年龄、季节、饲养管理及产蛋率的影响。

禽蛋是一个完整的、具有生命的活卵细胞；禽蛋中包含着自胚发育、生长成幼雏的全部营养成分，同时还具有保护这些营养成分的物质。

(1)蛋壳。蛋壳是包裹在蛋内容物外面的一层硬壳，它使蛋具有固定形状并起着保护蛋白、蛋黄的作用，但质脆不耐碰或挤压。

蛋壳表面有许多肉眼看不见的、不规则呈弯曲形状的微小细孔，称为气孔。气孔在蛋壳表面的分布是不均匀的，蛋的大头最多，为300～370个/cm^2；小头最少，为150～180个/cm^2。气孔的作用是沟通蛋的内外环境。

(2)蛋壳的膜。壳外膜也称壳上膜，即蛋壳表面的一层可溶性胶体。保护蛋不受细菌和霉菌等微生物侵入，防止蛋内水分蒸发和CO_2逸出。壳外膜是一种无定形结构、无色、透明的可溶性黏蛋白质，易脱落，尤其在水洗情况下更易消失。

蛋壳内侧和蛋白外侧有一层白色薄膜叫蛋壳膜，又称壳下膜。

壳内膜分内外两层，外层紧贴蛋壳，称壳内膜；内层紧贴蛋白，称蛋白膜。

所有霉菌的孢子均不能透过这两层膜而进入蛋内，但其菌丝体可以自由透过，并能引起蛋内发霉。蛋壳膜不溶于水、酸、碱及盐类溶液。当蛋白酶破坏了蛋白膜后，微生物才能进入蛋白内，所以说蛋壳膜具有阻止微生物侵入蛋内的作用。

(3)蛋白。蛋白也称蛋清，位于蛋白膜的内层，是一种胶体物质，约占质量的60%，呈白色透明的半流动体，以不同浓度分层分布于蛋内。蛋白由外向内分为四层：第一层为外层，较稀薄，紧贴在蛋白膜上，占蛋白总体积的23.2%；第二层为浓厚层，占蛋白总体积的57%；第三层为内层，较稀薄，占蛋白总体积的16.8%；第四层为系带层，较浓厚，占蛋白总体积的2.7%。

(4)蛋黄。蛋黄由蛋黄膜、蛋黄内容物和胚胎三个部分构成。

蛋黄膜是包在蛋黄内容物外周的一层透明薄膜。蛋黄膜共分三层：内外两层由黏蛋白组成，中层由类胡萝卜素组成。新鲜蛋的蛋黄膜具有韧性和弹性，而陈蛋的蛋黄膜韧性和弹性较差。

蛋黄内容物是一种浓稠不透明的半流动黄色乳状液，由深浅两种不同黄色的蛋黄分数层交替排列。蛋黄色泽由三种色素组成，即叶黄素、β-胡萝卜素以及黄体素。

在蛋黄表面上有一颗乳白色的小点，未受精的呈圆形，叫胚珠，受精的呈多角形，为胚胎。

一、咸蛋的加工

咸蛋又名盐蛋、腌蛋、味蛋，是我国著名的传统食品，具有特殊的风味，食用方便。早在1600多年以前，我国就有用盐水贮藏家禽蛋的记载，并逐渐演变成为今天加工咸蛋的方法。江苏高邮的咸蛋最为著名，它具有“鲜、细、嫩、松、沙、油”6大特点，其切面黄白分明，蛋白粉嫩洁白，蛋黄橘红油润无硬心，食之鲜美可口。

咸蛋主要是将鸭蛋或鸡蛋用食盐腌制而成。腌制咸蛋的过程，就是食盐通过蛋壳气孔、蛋壳膜、蛋白膜向蛋内进行渗透和扩散的过程。而蛋中的水分通过渗透，也不断向外渗出，移入泥料或食盐水溶液中。当蛋液里所含盐分增高，渗透压大到与泥料或盐水中的渗透压基本接近时，渗透和扩散作用也将停止。

（一）咸蛋加工原辅料

1. 原料蛋

加工咸蛋的原料主要为鸭蛋，有的地方也用鸡蛋或鹅蛋来加工，但以鸭蛋最好，主要是鸭蛋中的脂肪含量较高，蛋黄中的色素含量也较多，加工出的咸蛋蛋黄油润鲜艳，成品风味好。加工的原料蛋必须经过检验和挑选，剔除不符合加工要求的次劣蛋。

2. 食盐

盐是咸蛋加工的主要辅料，加工用食盐应符合食用食盐的卫生标准，要求白色、咸味、无可见的外来杂物；无苦味、涩味、无臭味。

食盐具有防腐作用，盐分渗透到蛋内后产生很大的渗透压，使微生物细胞脱水和产生质壁分离，造成细菌不能进行生命活动，甚至死亡，从而防止咸蛋的腐败。同时可降低蛋内蛋白酶的活性，使微生物产生蛋白酶的能力降低，从而延缓了蛋的腐败变质速度。

3. 黄泥和草灰

这两种辅料主要用来和食盐调成泥料或灰料，使其中的食盐能够长期且均匀的向蛋内渗透，同时可有效阻止微生物向蛋内侵入。黄泥应选用干燥、无杂质、无异味的。草灰应选择干燥、无霉变、无杂质、无异味、质地均匀细腻的产品。

4. 水

加工咸蛋使用的水，应符合饮用标准的净水，采用开水、冷开水以保证产品质量。

（二）咸蛋加工方法

咸蛋的加工方法很多，主要有草灰法、黄泥法和盐水法等。这些加工方法的原理相同，加工工艺相近。

1. 盐水浸渍法

用食盐水直接浸泡腌制咸蛋，用料少，方法简单，成熟时间短。我国城乡居民普遍采用这种方法腌制咸蛋。

(1)配制盐水。冷开水 80kg，食盐 20kg，花椒、白酒适量，将食盐于冷开水中溶化，放入花椒、白酒即可。

(2)浸泡腌制。将鲜蛋放入干净的缸内并压实，慢慢灌入盐水使蛋完全浸没，加盖密封腌制 20d 左右即可成熟。浸泡腌制时间最多不能超过 30d，否则成品太咸且蛋壳上出现黑斑。此法加工的咸蛋不宜久贮，否则容易腐败变质。

2. 盐泥涂布法

(1)鸭蛋 1000 枚，食盐 6～7.5kg，干黄土 6.5kg，冷开水 4～4.5kg。

(2)将食盐放入容器内，加冷开水溶解。

(3)将经过晒干、粉碎后的黄土细粉加入，搅拌使其调成浆糊状的泥料。

(4)将挑选好的鸭蛋放入泥浆中，使蛋壳全部粘满盐泥。

(5)将粘满泥的鸭蛋取出滚上一层干草灰入缸成熟。成熟期，夏季为25～30d，春、秋季为35d左右，冬季为45d左右。

3. 草灰法

草灰法又分为提浆裹灰法和灰料包蛋法两种，这两种方法的区别在于后者用水较前者较少。提浆裹灰法的流程图如下。

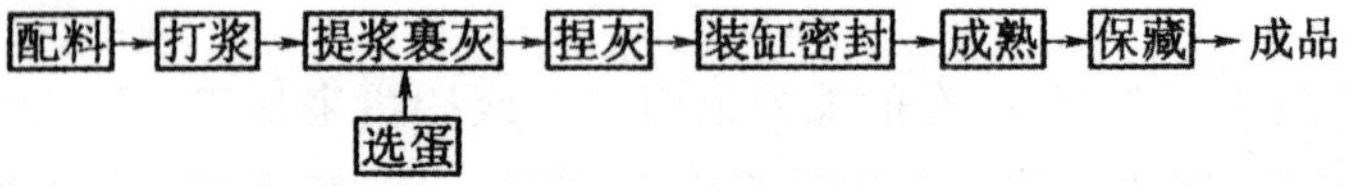

配料→打浆→提浆裹灰→捏灰→装缸密封→成熟→保藏→成品
（选蛋→提浆裹灰）

(1)配料。配料标准要根据内外销区别、加工季节和南北方口味不同而适当调整。

(2)打浆。打浆之前，先将食盐溶于水，再将草灰分批加入，用打浆机搅打成灰浆不流、不起水、不成块、不成团下坠，放入盆内不起泡的灰浆。制好灰浆后，次日即可使用。

(3)提浆、裹灰。将选好的蛋用手在灰浆中翻转一次，使蛋壳表面均匀粘上一层2mm厚的灰浆，然后将蛋置于干稻草灰中裹草灰，裹灰的厚度为2mm左右。裹灰后将灰料用手压实、捏紧，使表面平整、均匀一致。

(4)捏灰。裹灰后要捏灰，即用手将灰料压在蛋上。捏灰要松紧适宜，滚搓光滑，厚度要均匀一致。

(5)装缸密封。经裹灰、捏灰后的蛋应尽快装缸密封，在装缸时，必须轻拿轻放，防止操作不当使蛋外的灰料脱落或将蛋碰裂而影响产品的质量。

(6)成熟与储存。咸蛋腌制成熟的速度与食盐的渗透速度有关，而食盐的渗透速度主要受环境温度的影响。

二、皮蛋的加工

皮蛋是我国最著名的蛋制品，皮蛋又称松花蛋、变蛋、碱蛋、彩蛋和泥蛋等。成熟后的皮蛋去壳，蛋白透明光亮，呈褐色或茶色，有松花花纹，口感柔嫩，风味独特，营养丰富。皮蛋的种类很多，按蛋黄的凝固程度不同分溏心皮蛋和硬心皮蛋；按加工辅料不同分无铅皮蛋、五香皮蛋、糖皮蛋等。

皮蛋加工原理是蛋白质在碱性条件下变性凝固。加工中使用的纯碱和生石灰在水中可生成氢氧化钠，当蛋白与蛋黄遇到一定浓度的NaOH后，蛋白中的蛋白质发生变性形成具有弹性的凝胶体。蛋黄部分则因为蛋白质变性和脂肪皂化形成凝固体。皮蛋的凝固过程可分为化清、凝固、变色、成熟四个阶段。

加工中NaOH的生成量直接影响皮蛋的质量和成熟期。当蛋中NaOH的含量达到0.2%～0.3%时，蛋白就会凝固。蛋浸泡在4.5%～5.5%的NaOH溶液中7～10d，就形成凝胶体。

而蛋在加工过程中发生了多种生物化学变化，在碱性条件下，部分蛋白质水解生成氨基酸，具有风味活性。部分氨基酸再分解产生NH_3、酮酸、H_2S，微量的NH_3和H_2S可使皮蛋别具风味，少量的酮酸具有特殊的辛辣风味。除此之外，加工中食盐的咸味、茶叶的香味也构成皮蛋特有的风味。

成熟后的皮蛋在蛋白上会形成结晶花纹，即松花，它是由于蛋中的镁离子和OH^-结合时，形成氢氧化镁晶体。当蛋内镁离子含量达到0.009%以上时，蛋白中就可出现松花。

(一)皮蛋加工原辅料

1. 原料蛋

皮蛋加工原料主要是鲜鸭蛋，也可用鸡蛋和鹌鹑蛋。原料蛋在加工皮蛋之前应逐个进行感官鉴定、灯光照检、敲检和分级等加以挑选。

2. 食盐

食盐能够促进蛋白质凝固、抑制蛋内微生物的活动、加快蛋的化清，还可以调味。加工皮蛋要求使用NaCl含量在96%以上的食盐。

3. 纯碱(无水Na_2CO_3)

纯碱是皮蛋加工中主要的辅料，其作用是与加入的熟石灰反应生成氢氧化钠，使蛋白质在碱性条件下变性凝固。在选择纯碱时，要求色白、粉细、无结块、含Na_2CO_3在96%以上。

4. 灰

生石灰加水后产生反应生成氢氧化钙，氢氧化钙再与纯碱反应生成氢氧化钠。加工皮蛋的生石灰要求色白、块大、体轻、无杂质，氧化钙含量75%以上，加水后能产生强烈气泡，并能迅速由大变小，直至成白色粉末。

5. 氧化铅

氧化铅在加工中能调和配料，促进配料向蛋内渗透，加速蛋白质分解，加快蛋白凝固，促进成熟，除去碱味，抑制烂头。铅属于重金属，对身体有害。我国规定皮蛋铅含量不超过3mg/kg。可用硫酸锌、硫酸铜替代氧化铅。

6. 茶叶

茶叶中的单宁与蛋白质作用使其凝固，茶叶中的色素、芳香油、生物碱等其他成分能使皮蛋口味清新，还能增加色泽。由于红茶中含有的上述成分较多，所以加工皮蛋常选用质纯、干燥、无霉变的红茶末作辅料。

7. 草木灰

配料时加入草木灰能起调匀其他配料的作用，同时有辅助蛋白质凝固的作用。加工皮蛋的草木灰要求纯净、均匀、新鲜、干燥、无异味，不得含泥沙及其他杂质。

8. 黄泥

黄土和水调制的黄泥，包蛋后能防止微生物的侵入。表面再滚上一层稻壳以防止粘连。黄泥要求质匀、干燥、无异味，谷壳要求色佳、不霉，配料需要用干净的凉开水调匀。

(二)皮蛋加工

松花蛋的加工方法各地不同，但各种方法大同小异，所用材料基本相同，概括起来有包泥法(硬心皮蛋加工方法)、浸泡法(溏心皮蛋加工方法)，以及浸泡包泥法(又称兼用法)。下面对包泥法和浸泡包泥法进行阐述。

1. 包泥法

直接用料泥包裹鲜蛋，再经滚稻壳后装缸、密封，待成熟后储存的方法。硬心皮蛋的加工采用此法。

具体加工流程如下。

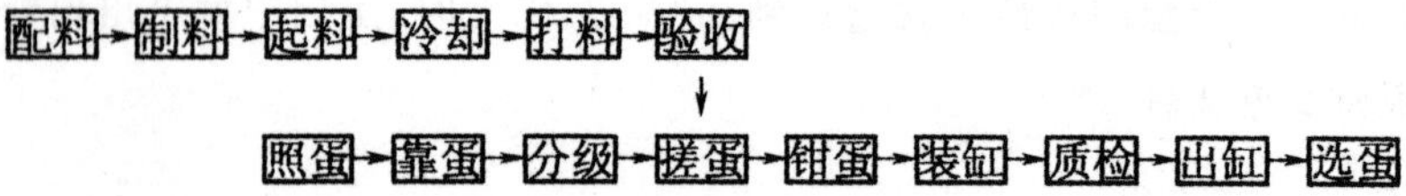

配料→制料→起料→冷却→打料→验收→照蛋→靠蛋→分级→搓蛋→钳蛋→装缸→质检→出缸→选蛋

(1)配料。包泥法多在春、秋两季生产,不同地区不同季节其配方有差异。

(2)验料。配制好的料泥必须经过检验,在生产中,验料有三种方法:简易测定法、杯样测定法和化学分析法。

(3)搓、钳蛋。每枚蛋用料泥 30~35g。用双手合拢搓,使蛋裹满料泥,要求薄厚均匀不露壳。搓好后将蛋裹上一层糠壳。

(4)装缸密封。包好泥后,将蛋整齐装入缸中,装至距缸口 7cm 左右时,停止装缸。缸装满后送入仓库,用塑料膜封口,贴上标签,在 17℃~25℃的温度下放置,使其成熟。

(5)抽样检查。第一次抽样时间,春秋季(室温 15℃~21℃)在第 5~6d,冬季(室温 5℃~10℃)在第 22 天,夏季(室温 26℃~35℃)在第 9d。当蛋接近成熟时,要经常抽样检查,春季 60~70d,秋季 70~80d 即可出缸。

(6)包装、保藏。经检验合格的皮蛋,装入缸内或箱内密封保藏。皮蛋装箱后储存的仓库应干燥、阴凉、无异味,室温以 15℃~20℃为宜。

2. *浸泡包泥法*

浸泡包泥法工艺流程如下。

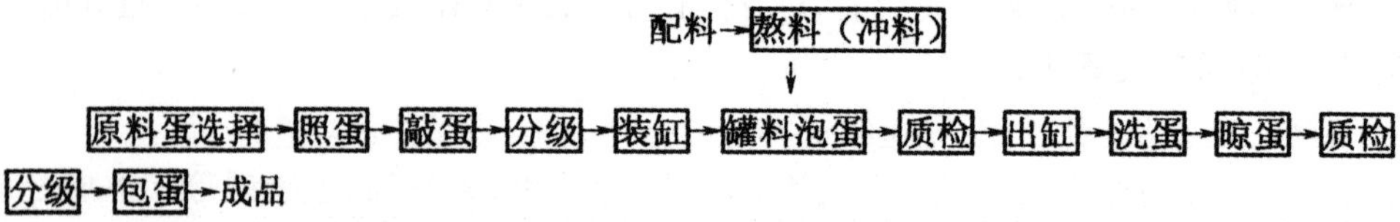

配料→熬料(冲料)→罐料泡蛋

原料蛋选择→照蛋→敲蛋→分级→装缸→罐料泡蛋→质检→出缸→洗蛋→晾蛋→质检→分级→包蛋→成品

(1)料液的配制。将纯碱、生石灰、黄丹粉、食盐、红茶末、水按一定的比例混合配成料液。目前,国内各地生产皮蛋时的配料都有一定差异,并且在同一地区也要随气候季节的变化而改变料液的配比。

(2)装缸与浸泡。装缸前应在缸底铺一层洁净的麦秸以防蛋被压破。装缸时应轻拿轻放,一层一层地横放摆实。最上层蛋应离缸口 15cm 左右,并加竹篾、木棍压住,防止加汤料后鸭蛋上浮。然后将配好并经冷却的料液徐徐灌入缸内,至料液完全淹没鸭蛋为止。在浸泡过程中若发现蛋壳外露,应及时补加料液。

(3)成熟期的管理。成熟期的管理工作对皮蛋的质量有重要的影响。首先应控制室温在 20℃~24℃之间,其次是勤观察、勤检查。检查一般要进行三次。

(4)出缸。成熟的皮蛋在手中抛掷时有轻微的弹颤感;灯光透视时蛋呈灰黑色,蛋小头端呈红色或棕黄色;剖开检查时,蛋白凝固良好、光洁、不粘壳,呈墨绿色,蛋黄呈绿褐色。在一般情况下,皮蛋浸泡的时间为 30~40d,夏季气温高,浸泡时间稍短,冬季浸泡时间可适当延长。

出缸后的皮蛋应先用冷开水洗净蛋表面的碱液和污物,然后晾干。

(5)品质检验。晾干后的皮蛋必须及时进行质量检验,检验方法主要以感官检验为主,主要采用“一看、二掂、三摇晃、四照”的方法。

(6)涂泥包糠(或涂膜)。经检验后的皮蛋要及时涂泥包糠。其作用是:防止蛋壳破损,延长皮蛋的保质期,促进皮蛋的后熟。

(7)装箱、储存。包好泥的蛋要及时装箱、密封,以保持包料湿润,防止干裂脱落,然后入库储存。春秋储存期不超过4个月,夏季不超过2个月。

第四节　水产品加工技术

一、水产品概述

水产品加工原料是指具有一定经济价值和可供利用的生活于海洋和内陆水域的生物种类。按其生物学特性,可分为动物性原料和植物性原料。动物性原料主要包括鱼类、软体动物、甲壳动物、棘皮动物、腔肠动物、爬行动物和哺乳动物;植物性原料主要是藻类,常见的经济价值较高的藻类主要是褐藻门(如海带、裙带菜、巨藻、马尾藻等)和红藻门(如紫菜、江蓠、石花菜、麒麟菜等)。

水产品加工原料范围非常广,我国主要海产经济动植物有700多种,由于原料种类多,其化学组成和理化性质受到栖息环境、大小、季节和产卵等因素的影响而发生变化,这就是原料成分的不稳定性,即多变性。水产品的多变性,主要指渔获量的多变性及种类构成的多变性。

并且水产动物的生长、栖息和活动都有一定的规律性,受到气候、食物和生理活动等因素的影响,因此一年中鱼类有一个味道最佳的时期。洄游鱼类在索饵洄游时,鱼体肥度增加,肌肉中脂肪含量增加,鱼肉味道鲜美。鱼体脂肪含量在产卵后迅速降低,风味亦随之变差。

贝类中牡蛎的蛋白质和糖原含量亦随季节变化,在冬季含量最多时,味最鲜美。

而水产原料一般含有较高的水分和较少的结缔组织,极易因外伤而导致细菌的侵入,另外,鱼类在渔获后若不立即清洗处理,常常带着容易腐败的内脏和鳃等运输。鱼类在渔获时容易死伤,而且鱼体组织比陆生动物的弱,外皮薄,鳞片易脱落,易感染;鱼体表面被覆的黏液是细菌的良好培养基;同时,由于鱼、贝类是生活在水环境中的变温动物,导致鱼、贝类的蛋白质与脂肪极不稳定,这些都是鱼类容易发生腐败的原因。

二、鱼贝类冷冻加工技术

水产冷冻制品加工,就是将新鲜的水产品在−25℃低温条件下完成冻结,再置于−18℃以下冷藏,以阻止、抑制微生物的生长繁殖和酶的活动,延长保藏期,以保持原有生鲜状态的加工保藏方法。

水产冷冻食品按对原料的前处理方式可分为生鲜水产冷冻食品和调理水产冷冻食品两大类。生鲜水产冷冻食品又可分为对原料进行形态处理的初级加工品和经过一定加工拌料(调味料、配料)的生调味品;调理水产冷冻食品是指烹调、预制的水产冷冻食品,调理水产冷冻食品不经烹调即可食用,或只需简单加热即成美味佳肴。

(一)鱼类冷冻加工

一般的鱼类冷冻加工流程如下。

原料 → 鲜度选择 → 前处理 → 冻结 → 后处理 → 制品 → 冻藏或发送

表 5-1 所示为生鲜冷冻鱼类食品的初加工处理方法。

表 5-1　鲜水产冷冻食品的处理方法

形态名称	处理方法
全鱼	原状不加处理,大型鱼去鳃
半处理	除去鳃及内脏,虾去头
全处理	除去头、内脏、鳍,虾去壳
纵切片	三片法(鱼体沿背骨纵向切出鱼肉,分上、中、下三片),除中骨后两片净肉
横切片	用刀将鱼肉与背骨成直角切成 1.5cm 肉片
细肉	将鱼肉切细
大肉块	各种鱼贝肉集合成型,呈板状后冻结

图 5-2 所示为水产冷冻食品加工的原料前处理。鲜鱼首先要用清洁的冷水洗干净,海水鱼可使用 1%食盐水来洗,以防止鱼体褪色和眼球自浊。大型鱼类一般可用手工、也可用机械将鱼肉根据冻结制品的要求,切成鱼段、鱼肉片、鱼排、鱼丸等。整个前处理的过程中,原料都应保持在低于常温的冷却状态下,以减少微生物的繁殖。

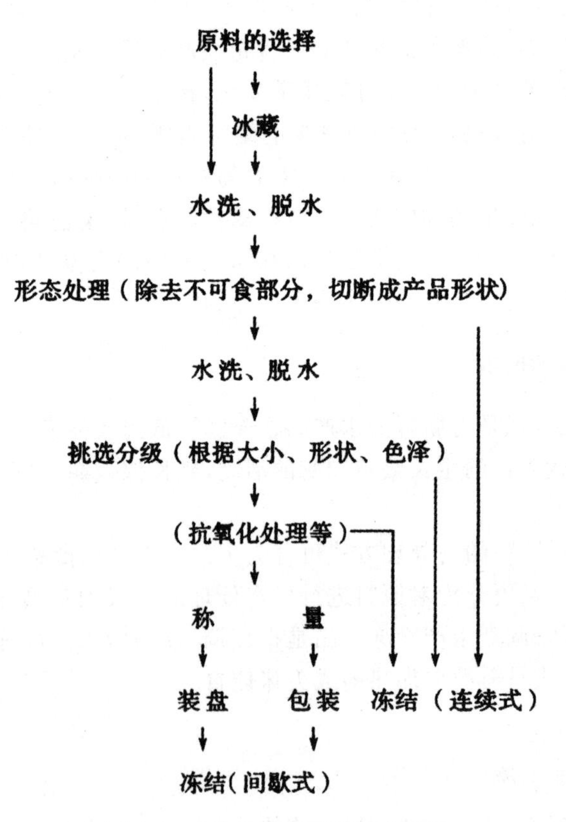

图 5-2　水产冷冻食品前处理工序

(二)扇贝柱冷冻加工

扇贝含有丰富的呈味氨基酸,具有独特风味,是我国传统的海珍品之一。其工艺流程如下。

原料验收→清洗→剥肉→去内脏、膜→杀菌→沥水→洗肉→分级→杀菌→冻结→脱盘→镀冰衣→称量→包装→冻藏

①原料验收、清洗。原料采用鲜活的扇贝,用清洁海水将原料中的泥沙冲洗干净,原料运到剥肉车间后再用清洁的海水或淡水冲洗一遍,以减少开壳时细菌污染的机会。

②剥肉及去内脏、膜。剥肉时刀从足丝孔伸人,紧贴右壳把闭壳肌切断翻转,摘掉右壳,用刀挑起外套膜和内脏,并用手捏住从闭壳肌上撕下,然后将附着在左壳上的闭壳肌切下。刀口要平滑,不允许闭壳肌切成两半而影响闭壳肌形态的完整性。

③杀菌。将剥出的扇贝肉回收后装入箱或笼子里进行杀菌处理,并不断搅拌使杀菌液与扇贝肉充分接触。

④洗肉。将杀菌沥水后的贝肉立即送至洗肉工序操作台。先用2%～3%的冰盐水初洗,边洗边用镊子摘除闭壳肌上残留的外套膜、内脏及黑线等,然后用清水冲洗干净,沥水后进入分级工序。

⑤分级。按要求将贝肉粒按大小分级,在分级时剔除不合格或变质的贝肉。将分级后的贝肉放入笼或箱中再次进行杀菌洗涤。

⑥冻结。杀菌洗涤后的贝肉放入清洗消毒过的盘上,要求贝肉不相连,呈单体状。速冻要求在－28℃条件下,贝肉中心温度达－25℃。

⑦脱盘、镀冰衣。冻结后的贝肉放入清洁冷水中浸渍镀冰衣。

⑧冻藏。将包装好的成品装箱后送入－18℃或－20℃的冷库中冷藏。

三、鱼糜制品加工技术

鱼糜,即鱼肉泥,将原料鱼洗净,去头、去内脏,采取鱼肉,加入2%～3%的食盐进行擂溃或斩拌所得的非常黏稠的肉糊。

鱼糜制品是指在鱼肉中加入食盐,擂溃后加调味辅料混合均匀,经加热使其凝固,形成富有弹性的具有一定形状、风味的水产加工品。

鱼糜制品的种类繁多,按其形状有鱼丸、鱼糕、鱼卷、鱼饼等;按产品加热方法可分为水煮类、蒸煮类、油炸类、焙烤类。

鱼糜制品种类虽多,但其加工工艺过程基本相同,原料鱼经过采肉、漂洗、脱水、精滤后,添加食盐及其他辅料,经过擂溃、成型、加热后即为制品。也可用冷冻鱼糜为原料,解冻后经擂溃、成型、加热制成鱼糜制品。

我国的鱼糜制品以鱼丸为代表,北方大多制成油炸鱼丸,南方的鱼丸品种较多,按加热方法,有水氽和油炸之分。鱼丸可用鲜鱼糜或冷冻鱼糜加工而成。

以下是典型的水发鱼丸生产工艺流程。

原料鲜鱼→预处理→洗净→采肉→漂洗→脱水→精滤→擂溃→调料→成型→水煮→冷却→包装

或

冷冻鱼糜→半解冻→切碎→擂溃→调料→成型→水煮→冷却→包装

(1)原料。为确保鱼丸的良好质量,应选用含脂量较低和白色鱼肉比例较高,富有弹性的鱼种。

(2)预处理、洗净。鲜鱼去鳞、内脏、头后,用清水洗净血污、杂质。

(3)采肉。用鱼肉采取机采肉,大鱼先剖片再采肉。

(4)漂洗。漂洗是去除部分影响鱼糜白度及对制品弹性形成有影响的物质,如血液、脂肪、水溶性蛋白酶、无机盐、腥臭物质等。

(5)脱水。鱼肉漂洗后含有大量的水分,经螺旋压榨脱水机进行脱水,使鱼肉脱水后的水分含量在78%～79%的标准。

(6)精滤。脱水的碎鱼肉中,还含有部分细刺、筋膜、碎皮等杂物,需再经精滤机精滤。

(7)擂溃。一般采用真空擂溃机,先进行空擂;再加入2%～3%的精盐盐擂;然后再按序加入5%～12%淀粉及其他调味料,期间按规定的20%～40%水量分次加入,以擂溃至所需的黏稠度。经过擂溃的鱼肉更加细致、均匀,使鱼糜制品更富有弹性,口感好。

(8)调料。根据配方比例调配原辅料。

(9)成型、水煮。经擂溃配料后的鱼糜盛于洁净的盘中,进行成型。成型方法主要有机器成型和手工成型两种,

(10)冷却、包装。煮熟捞起的鱼丸可采用冷水(10℃～15℃)快速冷却。冷却后按规定分装于塑料袋中封口,即为成品。

四、藻类食品加工技术

世界上许多国家的沿海居民都有食用海藻的习惯,我国很早就有食用海藻的记载。日常食用的海藻主要是褐藻(如海带、裙带菜)、红藻(紫菜、石花菜)、绿藻(小球藻、石莼)、蓝藻(螺旋藻、微囊藻)四类。这些海藻既可作为食品,也以作为保健食品或药品使用。

加工海藻食品的关键技术在于处理海藻的颜色、气味,每种大型食用海藻都萑其独特的风味。加工这些海藻食品既有传统方法,也有利用食品加工新技术开差的新型方法。

将这些藻类进行预处理:

(1)藻类脱色。一般采用过氧化氢法处理,并添加其他化学物质,增强过氧化氢的脱色作用。

(2)藻类软化。以甘氨酸作为软化剂,可用于海带、裙带菜、羊栖菜等食用藻类的软化处理。利用甘氨酸溶液浸渍藻类,可以改善藻类的质地,并且软化处理后不必除去,可防止藻类中的风味物质在水洗过程中的损失。

(一)海带类加工

以海带丝为例,来说明海带制品的生产工艺。

鲜海带→海水洗涤→热烫→冷却→干燥（半干）→切丝→干燥（烘干）→挑选→称量包装→检验→成品

(1)原料洗涤。用海水清洗海带，洗去海带表面黏附的泥沙、杂质。并用流水对其进行洗净。

(2)热烫。将洗净的海带放入沸水锅中(95℃～100℃)热烫1～2min，使海带呈绿色，要求海带全部浸入水中，热烫均匀。

(3)冷却。将热烫后的海带迅速放入冷水中冷却。

(4)半干燥。将冷却的海带放入烘道(40℃)烘至半干，以不粘手为宜。

(5)切丝。将半干燥的海带除去黄白边梢柄部后，用切菜机或手工切成3～5mm宽的海带丝。

(6)干燥。将海带丝放入烘道中烘干，要求干燥速度快，以防止氧化变色。

(7)挑选。产品色泽呈深绿色，挑选剔除褐变及黄白边梢的海带丝。

(8)称重包装及检验。按产品净重要求称重，采用复合食品袋包装，包装过程中注意防止吸潮，不受二次污染。按规定抽样检查，检验合格后放合格证即可出厂。

(二)紫菜类加工

紫菜含有丰富的营养成分，其中蛋白质、矿物质含量高，脂肪含量低，是一种质优价廉、营养丰富、味道鲜美的海洋绿色食品。以海苔为例，来说明紫菜类制品的生产工艺。

干紫菜饼→烘烤→调味→二次烘烤→切片封束→包装

(1)原料挑选。尽量选用厚薄均匀的紫菜，以免烘烤中造成次品。

(2)烘烤。烘烤的目的就是使紫菜色泽呈墨绿色，增加光泽，同时通过高温烘烤，增加紫菜香味。

(3)调味。根据产品不同需求，合理配制不同类型的调味。

(4)二次烘烤。烘烤干紫菜上的调味液，通过干燥，使调味液在高温烘烤下入味于紫菜。

(5)切片、封束。用切片封束机完成，加工时注意把破损，不合格的半成品剔除，并检查封束中封口是否完好，确保整洁度和每一束的质量。

(6)包装。根据不同产品的包装规格，严格放好干燥剂，包装好。

第六章　发酵食品生产技术

第一节　白酒加工技术

在食品行业中，发酵通常泛指食品原料在微生物的作用下转化为新类型食品的过程，并将这种类型的食品统称为发酵食品。发酵食品是一类食、色、香、味、形等方面独具特点的特殊食品，它是食品原料(包括自身酶)经微生物作用产生的一系列特定的生物化学反应及其代谢产物，如白酒、葡萄酒、啤酒、酱油、食醋、豆腐乳等。

发酵食品加工方法的主要优点是采用能够保持或提高食品营养或感官特性的适宜的 pH 值以及温度条件；能够生产通过其他方法不能够实现的富有特定风味和质地的食品；生产条件温和，能量消耗低，生产操作费用相对较低。

一、白酒分类

白酒俗称烧酒，是我国传统的蒸馏酒，与白兰地、威士忌酒、伏特加、朗姆酒、金酒并列为世界六大蒸馏酒之一。它是以曲类、酒母为糖化发酵剂，利用粮谷或代用原料，经蒸煮、糖化、发酵、蒸馏、贮存、勾兑而成的蒸馏酒。

(一)按所用曲种类分

1. 大曲酒

大曲白酒是用小麦、大麦或豌豆等原料经自然发酵制成的。一般先将原料糊碎，然后蒸熟制成曲块，再经自然发酵而成。大曲白酒有特殊的曲香，酒味醇和，但用曲量大，消耗的粮食多，出酒率低，生产周期长，因此只有酿造名酒、优质酒才使用大曲。发酵周期长(15～120d)，贮酒期 3 个月至 3 年，酒的质量好，但出酒率低，成本高。产量约占全国白酒产量的 20%，其中名优酒占 10%以下。

2. 小曲酒

以小曲为糖化发酵剂，采用固态发酵或半固态发酵的方法，用曲量少，发酵周期短，出酒率高(60%～80%)，质量较好。它香味清淡，用曲少，出酒率高，属于米香型，如三花酒。

3. 麸曲酒

麸曲白酒用麸皮酒糟制成的散装曲称为麸曲。麸曲中的菌种是纯种培养的曲霉菌。用麸曲酿酒，节约粮食，出酒率高，生产周期短，适于机械化生产。不过酒的风味不如大曲酒，但如选好培养的菌种，并在工艺上采取有效措施，用麸曲也可以生产优质的白酒，如河北的迎春酒、山西的二曲酒、黑龙江的高粱糠白酒等。

(二)按生产工艺分

1. 固态发酵法白酒

发酵、蒸馏均为固态，此法出酒率低，但质量好。目前国内名优白酒多采用该法生产。

2. 半固态发酵法白酒

发酵、蒸馏为半固态工艺，一般米酒的生产采用此法。

3. 液态发酵法白酒

发酵、蒸馏都在液态下进行，此法出酒率较高，但质量较差。

4. 调香白酒

用脱臭酒精为酒基，以食用香精及特制香味白酒等调配而成。

5. 香精串蒸法白酒

在香醅中加香精后串蒸而得的白酒。

（三）按酒的香型分

1. 酱香型白酒

酱香型酒口感风味酱香突出，其典型代表首推茅台酒，产于贵州省仁怀市茅台镇。除茅台酒之外，还有四川省的郎酒和湖南常德的武陵酒。酱香型白酒以“酒度低而不淡，香而不艳”著称。它的风味特点：酱香突出，幽雅细致，酒体醇厚，回味悠长。盛过酒的空杯仍留有香气，这是此类酒的一大特点。酱香型白酒略有焦香，但不能露头。酒中的主要香气成分很复杂，其中挥发性的酚类化合物是香气的重要成分，如愈创木酚、香草酸、丁香酸、香草醛、酮酸等以及它们的酯类，另外还含有多元醇和乙酸酯。

2. 浓香型白酒

浓香型酒口感风味窖香浓厚、绵甜甘洌、香味协调、尾净味长，可以概括为“香、甜、浓、净”四个字。浓香型。以泸州老窖为代表，亦称泸型，是国际名酒之一。香型白酒适合于国内大部分消费者的口味，在我国白酒中占的比例最大。酒中的香气成分主要是己酸乙酯和适量的丁酸乙酯。名酒中的五粮液、古井贡酒、洋河大曲和双沟大曲等都属于此类。

3. 米香型白酒

小曲酒多属于米香型，也是我国传统的酒品之一，是应用小曲糖化发酵大米而制成的蒸馏酒，在我国南方各省较为普遍。它的风味特点是：米香清雅纯正，入口绵柔，落口甘洌，回味怡畅，有时还有令人愉快的曲药香。酒中的香气成分主要是乳酸乙酯，乙酸乙酯含量较低，除了酯类外，异戊醇和异丁醇的含量高于其他香型白酒，可能与小曲酒采用的半液体发酵工艺有关。桂林的三花酒和全州的湘山酒都属于米香酒。

4. 其他香型

有的白酒兼有两种或两种以上香型的特点，称为兼香型，习惯上被列为其他香型。介于酱香和浓香之间的代表酒种为湖北松滋白云边酒；兼有清香和浓香特色的凤型酒的代表酒种为山西凤翔的西凤酒；兼有浓香、酱香、药香特色的董型酒的代表酒种为贵州遵义的董酒；兼有浓香、酱香、清香特色的特型酒，代表酒种为江西樟树的四特酒。它们均具有本香型产品的独特风格和特征性香气成分，主要香味成分之间具有一定的比例关系，还具有独特的生产工艺，即具备了保持其香型特点的条件。

二、白酒酿造的原辅料

（一）白酒酿造的主要原料

传统的白酒酿造多用谷类植物的子实作原料。固态法大曲白酒都以高梁为原料；普通低档白酒，有以薯类块根或块茎为原料的，也有以甘蔗糖蜜或甜菜糖蜜为原料的。

1. 谷类原料

(1)高粱。酿酒用的是高粱子实，按其品质可分为粳高粱和糯高粱。糯高粱中的淀粉几乎全是支链淀粉，具有吸水性强、容易糊化的特点，因此出酒率高。高粱子实部分的化学成分因品种、产地、气候、土壤的不同而有差别，主要反映在其单宁、粗蛋白质和粗脂肪的含量上。高粱子实的单宁含量比较高，在0.29％～0.6％，而单宁会凝固蛋白质，所以为了防止酶失活，高粱一般不用来作制曲的原料。

(2)玉米。酿酒用的是玉米子实，以颜色分为黄玉米和白玉米，前者的淀粉含量高于后者。玉米子实特别是其胚芽部分含脂肪较高，而过多的脂肪不利于白酒的发酵，所以必须预先分离掉玉米的胚芽。玉米子实还含有较多的植酸，在发酵过程中植酸被分解为环已六醇和磷酸，前者使酒呈醇甜味，后者能促进甘油的生成。玉米子实蒸煮后疏松适度、不黏糊，有利于发酵。

(3)豆类。白酒制曲如果不以小麦为原料，而改用大麦、荞麦时，一般都需要添加20％～40％的豆类。常用的是豌豆，以补充蛋白质数量不足并增加曲块的粘结性，并且有助于曲块保持水分，适宜于微生物生长繁殖。

(4)小麦。小麦的子实是固态法大曲酒用于制曲的主要原料。小麦子实除淀粉外，还含有少量的蔗糖、葡萄糖、果糖等。

(5)大米。按大米的淀粉性质可分为粳米和糯米。大米的营养成分组成特别适合根霉菌的生长，因此小曲都是以大米为主要原料制造的。以糯米为原料酿制的白酒的质量比粳米酿制的白酒好。

2. 薯类原料

(1)甘薯。酿酒用的是甘薯块根。与高粱、玉米或小麦相比较，甘薯的淀粉含量大，蛋白质和脂肪的含量较低。用它来酿酒，发酵过程中生酸较慢，生酸幅度小，糖化酶受到的损害较小，故甘薯淀粉的糖化度高。甘薯块根的结构疏松，容易蒸煮糊化，故糖化就容易达到完全。因此用甘薯酿酒的出酒率比其他原料高。但是甘薯块根中含有较多的果胶，在蒸煮糊化过程中会产生出较多量对人体健康有害的甲醇；甘薯块根中的甘薯树脂对发酵有抑制作用。此外，鲜甘薯不易保存，极易受病菌危害，产生出对发酵有极强抑制力的番薯酮，并且使白酒带有明显苦味。

(2)木薯。木薯的块根富含淀粉，木薯块根的结构疏松，容易蒸煮糊化，因此用作酿酒原料时的出酒率高。但是木薯的果胶含量甚至超过甘薯，而且还含有少量的极毒物质氰基苷。

3. 糖质原料

(1)甘蔗糖蜜是以甘蔗为制糖原料的废蜜。由于产区的土质、气候、原料品种、收获季节和制糖方法、工艺条件的不同，糖蜜的化学成分相差较大。

(2)甜菜糖蜜是以甜菜为制糖原料的废蜜。其组成成分在数量上与甘蔗糖蜜相差较大。

(二)白酒酿造的原料组成

原料所含有的化学成分不仅会直接影响白酒酿造率的高低，同时也会影响到工艺流程和工艺条件的确定，常见的原料组成如表6-1所示。

表 6-1　几种主要酒酿原料的组成

种类	水分	粗蛋白	粗脂肪	碳水化合物	粗纤维	灰分
高粱	12.0	8.0	2.2	78.0	0.3	0.4
玉米	5～15	8.5	5～7	65～73	1.3	1.7
大米	14.0	7.7	0.4	75.0	2.2	0.5
小麦	12.8	10.3	2.1	71.8	1.2	1.3
甘薯干	12.9	6.1	0.5	76.7	1.4	—
马铃薯	69～83	0.2	1.9	12～25	1.0	1.2
马铃薯干	12～13	0.5	7.4	65～68	2.3	3.4
木薯	70.25	1.12	0.41	26.58	1.11	0.54
木薯干	13.12	—	—	73.36	—	1.69
橡子	13～22	4.0～7.5	1.5～5.0	50～60	8～14	1.3～3.0
鲜蕨根	56	3.3	0.8	20	14.4	2.7
菊芋	82.7	2.5	0.1	12.5	0.6	1.5
金毛狗脊	11.8	1.5	—	42.0～47.5	23.5	0.8

1. 碳水化合物

碳水化合物一般是指淀粉、纤维素、半纤维素和一些低相对分子质量的单糖、双糖。淀粉经微生物酶水解生成葡萄糖、其他单糖以及双糖等低分子糖类。这些可发酵性糖类既是霉菌和酵母菌生长繁殖的营养物质及能源，同时又是酵母菌生产酒精的原料。半纤维素在发酵过程中有部分水解，生成六碳糖和五碳糖，其中六碳糖能被微生物利用，而五碳糖一般很难被微生物代谢。因为酿酒用微生物的纤维素酶活力微弱或缺乏，所以纤维素在发酵过程中不被分解。

2. 蛋白质

蛋白质原料中的蛋白质经微生物蛋白酶分解为氨基酸和小分子含氮物，其中有一部分氨基酸经微生物代谢，会生成高级醇、酯类以及其他一些香味物质，这对白酒的香型形成有很大关系。但并非原料中的蛋白质含量越高越好，蛋白质含量过高，发酵时容易污染杂菌。

3. 脂肪

脂肪原料中含有的少量脂肪类化合物，在发酵过程中几乎都能被微生物利用。如果原料中脂肪含量过高，就会生成较多的高级脂肪酸酯类，这种酯类能使酒体醇厚，但过量时反而使酒液带油腻味。此外，过量的脂肪还会导致发酵过程中生酸快、生酸幅度大，会影响发酵的正常进行。

4. 灰分

灰分原料中含有的磷、硫、镁、钾、钙等离子是微生物细胞和辅酶的重要成分，此外还有调节细胞渗透压的作用。

5. 单宁

单宁原料种类不同其所含单宁的结构和性质会有差异。单宁能凝固蛋白质，因此会影响酶的活力，这对糖化和发酵是不利的。但是，在固态法发酵白酒时，原料中如果含少量单宁，不仅可抑制有害微生物，而且因为生成了丁香酸、丁香醛，它们对改善白酒风味是有利的。高粱中含单宁较多。

6. 果胶

果胶薯类等原料中的果胶含量较高，而粮谷类原料中的果胶含量较低。果胶在原料蒸煮和发酵过程中会生成甲醇，甲醇对人体有害。

白酒的酿造原料一般要求产量丰富、便于收集，可发酵性物质含量高，且蛋白质和其他成分适量；易于保藏和加工；成本低；无有害成分。

(三)白酒酿造的辅助原料及填充物

辅助原料通常是指制造糖化剂和用来补充氮源所需的原料及填充料。主要有麸皮、米糠、稻壳、花生壳、酒糟、玉米芯等。主要作用是调节酒醅的入窖淀粉浓度和酸度，维持酒醅的疏松，保持一定量的浆水，吸收发酵过程中产生的酒精。

1. 辅助原料

(1)麸皮是小麦加工面粉过程中的副产品，其成分因加工设备、小麦品种及产地而异。在麸曲白酒和液态法白酒的生产中，使用麸皮为制曲原料，原因是麸皮可给酿酒用微生物提供充足的碳源、氮源、磷源等营养物质外；麸皮有相当数量的α-淀粉酶；麸皮比较疏松，有利于糖化剂曲霉菌、根霉菌的生长繁殖，因此可以制得质量优良的曲块。

(2)高粱糠是加工高粱米的副产物，高粱糠不仅用作辅料，而且还可以作为酿酒的原料，但需要在酿制工艺上作必要的调整。高粱糠的淀粉含量较低，而脂肪和蛋白质的含量高，所以发酵时生酸速度较快，生酸幅度大，微生物酶受到的损害大，发酵不容易顺利进行。

2. 填充料

在白酒酿制过程中，需要加入一定数量的填充料，如稻壳、花生壳、高粱壳、玉米芯、麦秆、酒糟等。使用填充料的目的有调节酒醅的入窖淀粉浓度和酸度；维持酒醅的疏松；保持一定量的浆水；吸收发酵过程中产生的酒精。

3. 白酒酿造用水

水按照在白酒生产过程中的作用不同可分为工艺用水、锅炉用水、冷却用水3种。

(1)工艺用水用于原料的浸泡、糊化、拌料、微生物培养、糖蜜的稀释、白酒的加浆等。要求：

①色度不超过15度，不呈现异色。

②浑浊度不超过5度。

③无邪味、腥味、臭味。

④以氧化钙计总硬度不超过250mg/L。

⑤铅不超过0.1mg/L，砷不超过0.04mg/L。

⑥1mL水中细菌个数不超过100个，其中大肠杆菌在1L水中不得多于3个。

⑦pH值6.5～8.5。

(2)锅炉用水无任何固形悬浮物，总硬度低。

(3)冷却用水硬度适当，温度较低，应尽可能循环使用。

三、白酒制曲

(一)大曲酿造

大曲是大曲酒的糖化发酵剂。大曲以小麦、大麦、豌豆为主要原料，经粉碎加水压成砖块状的曲胚，依靠自然界带入的各种野生菌，在一定的温、湿度条件下进行富集和扩大培养，并保藏了酿酒用的各种有益的微生物，再经风干、贮藏成为多菌种混合曲。

1. 大曲的特点

大曲具有以下特点：

①制曲原料：有丰富的碳水化合物、蛋白质以及适量的无机盐等，能够供给酿酒有益微生物生长所需的营养物质。

②生料制曲：大曲是生料制曲，这样有利于保存原料中所含有的丰富的水解酶类，如小麦麸皮中β-淀粉酶含量与麦芽的差不多，有利于大曲酒酿制过程中淀粉的糖化作用。

③自然接种：大曲巧妙地将野生菌进行自然接种，选择有益菌种的生长与作用，最后在曲内积蓄酶及发酵前体物质，并为发酵提供营养物质。

2. 大曲的类型

大曲的分类，一般根据制曲过程中对控制曲胚的最高温度不同，大致可分为中温曲和高温曲两种类型。

①中温曲：品温最高为50℃，主要用于酿制清香型和浓香型酒，如汾酒大曲。

②高温曲：品温最高为60℃，主要用于酿制酱香型酒，如茅台大曲。

3. 高温曲生产

高温曲生产的工艺流程如下。

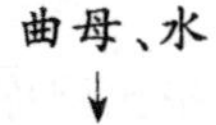

选料(小麦100%)→润料→磨碎→粗麦粉→拌料→踩曲→曲坯→堆积培养→成品曲→出房→储存

操作过程如下。

①选料、润料：要求麦粒干燥、无霉变、无农药污染。麦粒除杂后，加入5%～10%的水，拌匀，润料3～4h。

②磨碎：用钢磨将麦粒粉碎，要求麦皮呈薄片，麦心呈粗粉细粒状，两者比例1∶1。

③拌料：将水、曲母和麦粉按一定比例混合，配成曲料。加水量一定要适当，水量大，曲砖被压制过紧，微生物不易由表及里生长，且曲砖升温快，容易引起腐败菌繁殖；水量小，曲砖不易黏合，而且失水也快，不利于微生物生长繁殖。加水量一般为麦粉质量的37%～40%。

④踩曲：用踩曲机将用水和好的曲料压制成砖块，一般以春末夏初到中秋节前后这段时间适宜。

⑤堆积：将刚压的曲砖放置1～2h，使表面干燥，曲砖略变硬，然后移入曲室培养，曲块移入曲室前，应先在靠墙的地面上铺一层稻草，厚约15cm，以起保温作用，然后将曲砖三横三竖相间排列，曲砖间用干稻草填充，曲砖间距2cm，当排满一层后，在曲砖上铺一层7cm厚的稻

草，在上面排第 2 层曲砖，横竖排列与下层错开，如此反复，排列 4～5 层为止，排完一行后，再排第 2 行，行间距为 2cm。

⑥盖草洒水：曲砖堆好后，用稻草盖上，进行保温保湿，不时在草层上洒水，洒水量以不流入草下的曲砖为度。

⑦翻曲：将曲室门窗关闭，任微生物在曲砖上生长繁殖，品温逐渐上升，夏季经 5～6d，冬季经 7～9d，曲砖堆内温度可达 63℃左右。此时，在曲砖表面可看到霉菌斑点，口尝曲砖有甜香味，立即进行第 1 次翻曲，过 1 周后，第 2 次翻曲。翻曲时，将湿草取出，更换干草，可加大曲砖间距。翻曲一定要把握时机，生产上要求黄色曲多。翻曲过早则白色曲多，翻曲过迟则黑色曲多。

⑧拆曲：第 2 次翻曲 15d 后，稍开门窗进行换气。夏季再过 25d，冬季再过 35d，曲砖大部分已干燥，品温接近室温，此时可将曲砖搬出曲室，如曲堆下有含水量高的曲砖，放置在通风良好的地方继续干燥。成品曲砖呈黄、白、黑 3 种颜色，以红心金黄色为上乘。

⑨贮存：成品曲应贮存 3～4 个月后才可使用。在贮存期间，曲砖中的产酸菌因环境干燥而停止繁殖甚至死亡。使用陈曲酿酒，酒醅的 pH 值不会太低。陈曲的酶活力较低，酵母数也较少，酿酒时间虽长，但酒的质量好。

4. 中温曲生产

中温曲生产工艺流程如下。

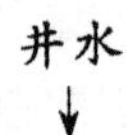

大麦 60%，豌豆 40%混合→粉碎→加水搅拌→踩曲→曲砖→入室排列→长霉→晾霉→起潮火→大火→后火→养曲→出室→储存→成品曲

操作如下。

①原料粉碎：将大麦和豌豆按比例称量混合，粉碎。要求通过 20 目孔筛细粉与通不过孔筛的粗粉之比，夏季为 30：70，冬季 20：80。

②踩曲：将粗细粉料与一定量水拌和，用踩曲机将曲料压制成砖形，要求曲砖含水量为 36%～38%，每块曲砖质量为 3.3～3.5kg。

③入室排列：先调节好曲室温度，冬季 15℃～20℃，夏季不超过 20℃。曲室地面铺上稻壳，侧放曲砖，排列成行，曲砖间距为 2～3cm，行距 3～4cm。堆放 3 层，每层之间用苇秆隔开。

④长霉：曲砖稍干后，用草席或麻袋遮盖。夏季可在遮盖物上洒一些水，防止水分蒸发。关闭曲室门窗，大约经过 1d 时间，曲砖表面出现白色霉菌丝斑点，整过霉菌生长时间，夏季大约为 36h，冬季为 72h，品温可达 38℃～39℃。

⑤晾霉：当品温达到 38℃～39℃，即打开曲室门窗，排湿降温，不要让空气对流，防止曲砖因水分蒸发过快而发生干裂。揭去上层遮盖物，将侧立的砖块放倒，拉大曲砖间距。通过一系列的措施降低曲砖的水分和温度，保证曲砖表面菌丝不致过厚，晾霉期一般 2～3d，每天翻曲 1 次。第 1 次翻曲后曲砖由 3 层增加到 4 层，第 2 次翻曲后增加到 5 层。

⑥起潮火：曲砖表面干燥不粘手时，关闭曲室门窗，待品温上升到 36℃～38℃时进行翻曲，翻曲时抽去苇秆，曲砖层由 5 层增加到 6 层，曲砖排列由品字形成人字形。每 1～2d 翻曲

1次，每日放潮2次，昼夜窗户两开两启，品温两起两落，曲胚品温由38℃渐升到45℃～46℃，经4～5d结束。

⑦大火：通过开闭门窗来调节曲胚品温，保持44℃～46℃品温7～8d，每天翻曲1次。

⑧后火：品温下降至32℃左右，维持3～5d。

⑨养曲：用微温蒸发曲砖内剩余的水分，维持32℃的品温，把曲心残余水分蒸发掉。

⑩出室：将曲砖搬出曲室，叠放成堆，曲砖间距1cm贮存。

(二)小曲白酒酿造

小曲白酒是以大米、高粱、玉米等为原料，小曲为糖化发酵剂，采用固态或半固态发醋再经蒸馏并勾兑而成，是我国主要的蒸馏酒品种之一，尤其在我国南部、西部地区较为普遍桂林三花酒、广西湘山酒、广东长乐烧、广东豉味玉冰烧酒等都是著名的小曲酒。

1. 小曲

小曲也称酒药、白药、酒饼等，是用米粉或米糠为原料，添加或不添加中草药，自然培养或接种曲母，或接种纯粹根霉和酵母，然后培养而成。

小曲的种类和名称很多。按主要原料分为粮曲(全部为米粉)和糠曲(全部或多量为糠)；按是否添加中草药可分为药小曲和无药白曲；按用途可分为甜酒曲与白酒曲；按形状：为酒曲丸、酒曲饼及散曲等；按产地分为汕头糠曲、桂林酒曲丸、厦门白曲、绍兴酒药等。外还有用纯种根霉和酵母制造的纯种无药小曲、纯种根霉麸皮散曲、浓缩甜酒药等。

纯种培养制成的小曲中主要微生物是根霉和酵母。自然培养制成的小曲微生物种类较复杂，主要有包括根霉在内的霉菌、酵母菌和细菌三大类群。根霉中含有丰富的淀粉(包括液化型和糖化型淀粉酶)及酒化酶等酶系，能边糖化边发酵。

2. 生产工艺

小曲白酒发酵方法有固态发酵法和半固态发酵法，后者又可分为先培菌糖化后发酵和边糖化边发酵两种典型的传统工艺。下面简单介绍这两种传统工艺。

(1)先培菌糖化后发酵工艺

此工艺特点是采用药小曲为糖化发酵剂，前期固态培菌糖化，后期半固态发酵，再经;馏、陈酿和勾兑而成。广西桂林三花酒是这种生产工艺的典型代表。工艺流程如下。

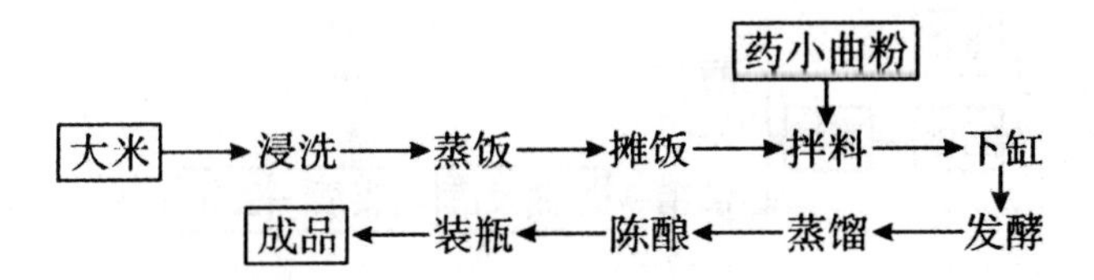

①蒸饭、摊凉、拌料。大米浸泡后，蒸熟成饭，此时含水量62%～63%，摊冷至36℃～37℃，加入原料量0.8%～1%的药小曲粉。

②下缸。拌料均匀后入缸发酵，每缸15～20kg(以原料计)，饭厚10～13cm，中央挖一空洞，使其有足够的空气进行培菌和糖化。待品温降至30℃～32℃时加盖，使其进行培菌糖化，经20～22h，品温达37℃～39℃为宜。糖化时间24h左右，糖化率达70%～80%即可加水使之进入发酵。

③发酵。加水进行发酵,加水量为原料量的120%～125%,此时醅料含糖量应为9%～10%,总酸含量0.7以下,酒精含量2%～3%(V/V)。在36℃左右发酵6～7d,残糖接近零,酒精含量为11%～12%(V/V),总酸在1.5以下,则发酵结束,之后进行蒸馏。

④蒸馏、陈酿。蒸馏所得的酒应进行品尝和检验,色、香、味及理化指标合格者,入库陈酿。陈酿期1年以上,最后勾兑装瓶即为成品。

(2)边糖化边发酵工艺

边糖化边发酵的半固态发酵法,是我国南方各省酿制米酒和豉味玉冰烧酒的传统工艺。工艺流程如下。

①蒸饭、摊凉。将大米洗清,蒸熟,摊凉至35℃(夏季),冬季为40℃。

②拌料。按原料量加18%～22%酒曲饼粉,拌匀后入埕(酒瓮)发酵。

③入埕发酵。装埕时先给每只埕加清水6.5～7.0kg、饭5kg,封口后入发酵房。室温控制在26℃～30℃,品温控制30℃以下。发酵期夏季为15d,冬季为20d。

④蒸馏。发酵结束后进行蒸馏,截去酒头酒尾。

⑤陈酿。蒸馏酒装入坛内,每坛20kg,并加肥猪肉2kg,陈酿3个月,使脂肪缓慢溶解,吸附杂质,并起酯化作用,提高老熟度,使酒香醇可口,同时具有独特的豉味。

⑥压滤、包装。将酒倒入大池沉淀20d以上,坛内肥肉供下次陈酿。经沉淀后进行勾兑,除去油质和沉淀物,将酒液压滤、包装,即为成品。

四、大曲酒加工技术

(一)续渣法大曲酒的加工技术

1. 工艺流程

大曲酒续渣法加工工艺流程如下。

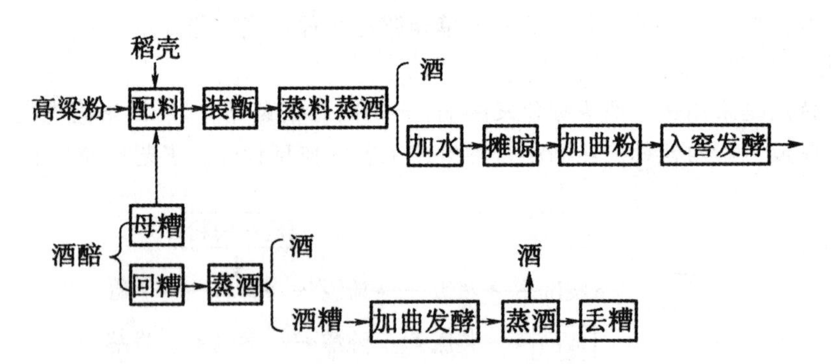

2. 工艺要点

(1)原辅料的质量要求使用糯高粱酿酒时,要求颗粒饱满、成熟、淀粉含量高。使用高温曲时,要求曲块质硬、内部干燥、有浓郁曲香味,曲断面整齐、边皮薄、内呈灰白色,有较强的液化力、糖化力和发酵力。使用新鲜干燥不带霉味的金黄色稻壳。酿酒用水应无色透明,呈微酸性,金属离子及有机物含量均较低。

(2)原料粉碎高粱磨碎后,要求其不能通过20目筛孔的粗粒占28%,细粒占72%。大曲用钢磨磨成曲粉。稻壳不经过任何预处理。

(3)出窖配料发酵完就出窖,对粮糟和回糟分别处理。粮糟在加入高粱粉和辅料装甑后,经蒸酒蒸料加曲粉再继续发酵。而回糟却不加新料,在蒸酒后再经一次发酵就丢糟。由回糟得到的丢糟酒因质差需单独装坛。

配料蒸酒的配料比为:每甑母糟 500kg,加入高粱粉 120～130kg,稻壳用量为 25～38kg。母糟用量大,一方面是为了让酒醅中残余淀粉继续被利用,另一方面是为了调节入窖淀粉的浓度和粮糟的酸度,但更主要的是增加母糟发酵轮次,使母糟与窖泥接触机会增加,产生更多的香味物质。配料时加入稻壳可使酒醅疏松,保持一定的空隙,为发酵和蒸馏创造较好的环境。另外,稻壳的加入还起到稀释淀粉浓度、吸收酒精、保持住浆水的作用。

装甑操作是先在甑桶底部的竹篱上预先撒上 1kg 稻壳,然后将高粱粉、曲糟和经清蒸处理过的稻壳拌匀,装甑。

(4)蒸料蒸酒发酵完后的酒醅除了含酒精外,还有一些挥发性和非挥发性的物质,需采用蒸馏的方法将酒精和其他挥发性成分蒸出。与此同时,新添加的新料也被蒸熟。

酒醅和新料混合后装甑桶时,粮糟必须疏松,桶中间堆料低四周高,加热蒸汽要缓慢。流酒的温度为 35℃左右,流酒速度一般在 3～4kg/min,流酒 15～20min。收集流酒前,先接取酒头 0.5kg,酒头中除沸点比酒精低的乙酸乙酯、乙醛、甲醇外,还有大量的高级醇。高级醇含量高时酒的口味就差,但经长期储存后高级醇变成了香味物质,这种酒头主要用以勾兑酒。酒尾中含有多量的高级脂肪酸酯类而使酒味变涩,但香味强烈,所以可用它来勾兑液态法制造的白酒以提高白酒的香味。在蒸酒时,蒸汽压不能忽大忽小,否则会破坏甑桶内各层气液相平衡,使蒸馏效果变差。

(5)出甑加水撒曲往粮糟中加入 80℃以上的热水,水量按 100kg 高粱粉加水 70～80kg 计算。水加完后,将粮糟放在窖上摊冷,当料温夏天降到比气温低 2℃～3℃,冬天降到 13℃左右时,即加大曲粉。粮糟的大曲粉用量为高粱粉用量的 19%～21%,回糟的大曲粉用量为高粱粉用量的 9%～11%。用曲量要准确,用量过大时发酵过程中升温过快,会造成酒味带苦。用曲量过小时会使发酵不彻底。

(6)入窖发酵加水、加曲结束后就将发酵材料入窖,每装完 2 甑材料就踩窖,目的是压紧发酵材料、减少空气、抑制好气性细菌繁殖,以形成缓慢的细菌发酵。材料入窖完,即用踩柔的黄泥将窖顶封没,开始进行发酵。发酵过程中应定时检查窖温,冬季还需采取保温措施。

通过严格控制发酵材料的淀粉浓度、温度、水分和酸度来保证发酵正常进行。发酵材料的淀粉浓度高低是控制发酵的重要手段,一般夏季为 14%～16%,冬季为 16%～17%;浓度过高,发酵升温过猛,酸的生成量多,会造成酸败;浓度过低,发酵不良会使白酒缺乏香味。发酵材料的水分夏季为 57%～58%,冬季在 53%～54%;水分过高,会引起糖化和发酵速度过快,升温迅速,造成白酒质量和产量下降;水分过少,会造成发酵不充分,出酒率低。发酵材料的酸度,夏季 pH 在 2 以下,冬季为 pH1.4～1.8;酸度过高时会造成酵母细胞死亡;酸度过低对糖化和发酵都不利。发酵材料的温度冬季 18℃～20℃,夏季在 16℃～18℃;温度过高会造成发酵升温太快;温度过低会造成发酵速度慢,出酒率低。

(7)勾兑贮存新蒸馏出来的白酒有刺激味和辛辣味、口感不醇和、口燥,所以新酒必须经过半年以上时间储存为成品酒后才能饮用。白酒在储存中发生氧化和酯化反应而使香味物质不断生成,又由于酒精分子与水分子的缔合使白酒的刺激味和辛辣味大为减少。储存过程即老熟。

(二)清渣法大曲酒的加工技术

1. 工艺流程

大曲酒清渣法加工工艺流程如下。

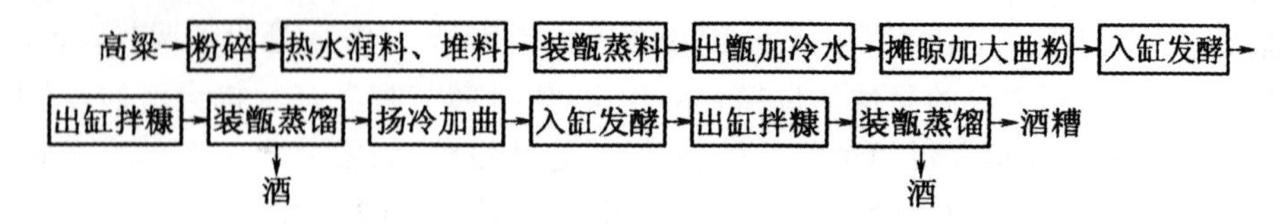

2. 工艺要点

(1)原料的质量要求水必须选用优质水。所用大曲是将清茬、红心和后火这 3 种中温曲按 30%∶30%∶40%混合后使用。大曲的外观质量、糖化力、蛋白质分解力和发酵力等生化指标必须符合要求。

(2)原料处理高粱要求粉碎后一粒成 4～8 瓣,细粉不得超过 20%。第一次发酵用的大曲,要求其大小在绿豆和豌豆之间,能通过 1.2mm 筛孔的细粉不超过 55%。第二次发酵用的大曲,要求其大小在小米和绿豆之间,能通过 1.2mm 筛孔的细粉在 70%～75%。夏季可采用大颗粒曲,以防止发酵过快;冬季选用小颗粒曲,可以加快发酵。

(3)润料在蒸料前要用 80℃左右的热水对高粱粉润料,用水量为高粱粉质量的 60%左右。热水和高粱粉拌匀后堆料 18～20h,期间料温不断上升可达 50%左右,这是原料中好气性菌产生的呼吸热和发酵热引起的。为防止料面干燥,料堆上应加盖覆盖物,堆料期间有时还需补加水。堆料过程翻料 2～3 次,保证所有物料的淀粉颗粒内部被水浸润,这有利于蒸料彻底。

(4)蒸料采用清蒸法可使酒味更加清香纯正。当底锅水沸腾时,即将 500kg 堆料后的高粱均匀散入甑桶,待蒸汽均匀滋润到高粱粉后,再泼入 15kg 的 60℃热水,接着在高粱粉上部铺盖发酵用的辅料,加盖芦苇席后加大蒸汽量,蒸料 80min。

(5)加水扬冷蒸料结束后立即出甑。辅料另外处理。将蒸煮过的高粱粉堆成长方形后,泼入 18℃～20℃的井水,水量为原料质量的 28%～30%。加水后立即翻拌,使温度冬季时降到 16℃左右,夏季降到室温。

(6)加曲扬冷后加入大曲粉,用量为投料高粱粉质量的 9%～11%。曲粉和高粱粉充分拌匀后就装缸发酵。

(7)入缸发酵将发酵材料装入陶瓷缸,用石板制的缸盖盖严,再用清蒸过的小米壳掩埋住缸口,然后将缸埋入土中,缸口与地面齐平。汾酒的这种发酵方法与一般大曲酒入窖发酵不同。入缸材料的温度不低于 14℃,夏季时不超过室温。入缸材料含水 52%左右。汾酒生产的发酵特点是中温长周期发酵。整个发酵过程前期(7～8d)温度缓慢地上升到 30℃左右,中期(10d 左右)维持温度在 30%左右,后期(11d)温度缓慢下降,总发酵周期为 28d。发酵 1～12d 内,隔天检查一次品温。

(8)出缸蒸馏发酵结束后就出缸。在成熟酒醅中加入清蒸过的辅料,翻拌均匀后装甑蒸馏。使用的辅料是稻壳和小米壳的混合物,两者比例为 3∶1。

(9)入缸再发酵蒸酒后的母糟还含有大量未被利用的淀粉,因此有必要进行第 2 次发酵。蒸酒结束时往甑桶中加入 25～30kg、30℃的温水,然后出甑,将物料迅速扬冷到 35%左右,加入物料量10%的大曲，翻拌均匀，即装缸发酵。入缸材料的温度夏季控制在20℃左右，其他季节控制在25℃左右，入缸材料含水量在60%左右。第2次发酵的材料装缸时，有必要将材料适当压紧，以减少缸中空气，防止好气性细菌生长繁殖过快。

(10)储存勾兑将蒸馏收集到的白酒分别储存，存放期为3年。出厂时，按优质酒和合格酒进行勾兑，最后品评合格。

第二节　葡萄酒加工技术

果酒是世界上最早的饮料酒之一，在世界各类酒中占据着十分显赫的位置。尤其是葡萄酒，其产量在世界饮料酒中仅次于啤酒，列第二位，是最健康、最卫生的饮料。广义上凡含有一定糖分和水分的果实经过破碎、压榨取汁、发酵或者浸泡等工艺精心调配酿制而成的各种低度饮料酒都可称为果酒。果酒中以葡萄酒最为典型。

我国习惯上按原料品种对果酒进行分类，如葡萄酒、苹果酒、猕猴桃酒等。而在国外，只有葡萄榨汁经酒精发酵后的制品才称为果酒(Wine)，其他果实发酵酒则名称各异。

按酿造方法和产品特点不同，果酒分为四类。

1. 发酵果酒

用果汁或果浆经酒精发酵酿造而成的，如葡萄酒、苹果酒。根据发酵程度不同，又分为全发酵果酒与半发酵果酒。

2. 蒸馏果酒

果品经酒精发酵后，再通过蒸馏所得到的酒，如白兰地。

3. 配制果酒

配制酒指以发酵酒、蒸馏酒或食用酒精为酒基，加入可食用的辅料或食品添加剂，进行调配、混合或再加工制成，已改变了其原有酒基风格的酒。如味美思就是典型的配制酒之一，它以葡萄发酵酒为酒基，加入多种药材浸泡，或加入多种药材萃取液混合调配，或在葡萄酒发酵过程中加入多种药材一同发酵等法制成。

4. 起泡果酒

酒中含有CO_2的果酒。如香槟就属于此类。

一、葡萄酒分类

(一)按酒的颜色分类

(1)红葡萄酒

选用皮红肉白或皮肉皆红的葡萄为原料，将葡萄皮与破碎的葡萄浆混合发酵而成的产品，酒色深红(因原料种类或发酵工艺不同有所差异，如宝石红、紫红、石榴红)。干红葡萄酒具有浓郁醇和的风味和优雅的葡萄酒香味，没有涩口或刺激性味道，糖度一般小于0.3g/mL。

(2)白葡萄酒

白葡萄酒是用白葡萄或红葡萄果汁酿成的，色泽为淡黄色或金黄色，酒精含量为9%～13%。外观澄清透明，果香芬芳、幽雅细腻、滋味微酸爽口。

(3)桃红葡萄酒

桃红葡萄酒选用皮红肉白或皮肉皆红的葡萄为原料,将破碎的红葡萄浆液先带皮发酵,而后皮渣分离发酵而成,皮渣在葡萄醪中的浸出时间较短。酒色呈桃红或浅玫瑰红色。酒色介于红、白葡萄酒之间,主要是淡玫瑰红、桃红、浅红色。具有明显的果香及和谐酒香、新鲜爽口、酒质柔顺。

(二)按含糖量分类

(1)干葡萄酒

含糖量≤4.0g/L,品评感觉不出甜味。具有洁净爽怡、和谐怡悦的果香和酒香。按酒色不同又分为干红葡萄酒、干白葡萄酒和干桃红葡萄酒。

(2)半干葡萄酒

由于酒色不同,又分为半干红葡萄酒、半干白葡萄酒和半干桃红葡萄酒。含糖量4.1～12g/L,微具甜感,酒的口味洁净、舒顺,味觉圆润,并具和谐怡悦的果香和酒香的葡萄酒为半干葡萄酒。

(3)半甜葡萄酒

由于酒色不同,又分为半甜红葡萄酒、半甜白葡萄酒和半甜桃红葡萄酒。含糖量12.1～50g/L,具有甘甜、爽顺、舒润的果香和酒香的葡萄酒为半甜葡萄酒。

(4)甜葡萄酒

由于酒色不同,又分为甜红葡萄酒、甜白葡萄酒和甜桃红葡萄酒。含糖量≥50.1g/L,具有浓甜、醇厚、舒适的口味及和谐的果香和酒香的葡萄酒为甜葡萄酒。

天然的半干、半甜葡萄酒采用含糖量较高的葡萄为原料,在主发酵尚未结束时即停止发酵,使糖分保留下来。我国生产的半甜或甜葡萄酒常采用调配时补加转化糖以提高含糖量的办法。亦有采用添加浓缩葡萄汁以提高含糖量的方法。

(三)按酿造方法分类

(1)天然葡萄酒

葡萄原料在发酵过程中不添加糖或酒精,即完全用葡萄汁发酵酿成的葡萄酒称天然葡萄酒。

(2)加强葡萄酒

人工添加白兰地或脱臭酒精,以提高酒精含量的葡萄酒称加强干葡萄酒。除了提高酒精含量外,同时提高含糖量的葡萄酒称加强甜葡萄酒,在我国称浓甜葡萄酒。

(3)加香葡萄酒

按含糖量不同可将加香葡萄酒分为干酒和甜酒。甜酒含糖量和葡萄酒含糖标准相同。开胃型葡萄酒采用葡萄原酒浸泡芳香植物,再经调配制成,如味美思、丁香葡萄酒等,或采用葡萄原酒浸泡药材,制成滋补型葡萄酒,如人参葡萄酒等。

(四)按 CO_2 压力分类

(1)静态葡萄酒

不含 CO_2 的葡萄酒称静酒,即静态葡萄酒。

(2)起泡葡萄酒

酒中所含 CO_2 是由葡萄原酒密闭二次发酵产生或由人工压入，酒中 CO_2 在20℃时保持压力0.35MPa以上。

(3)葡萄汽酒

酒中所含 CO_2 是由葡萄原酒密闭二次发酵产生或由人工压入，其压力20℃时在0.051～0.25MPa之间的酒称葡萄汽酒。

二、葡萄及葡萄酒酵母

(一)葡萄的构造及成分

一穗葡萄包括果梗和果粒两个部分，其中果梗占4%～6%，果粒占94%～96%。

1. 果梗

果梗富含木质素、单宁、苦味树脂及鞣酸等物质，常使酒产生过重的涩味，一般在葡萄破碎时除去。

2. 果粒

葡萄果粒包括果皮、果核、果肉3个部分。其中果皮占6%～12%，果核占2%～5%，果肉占83%～92%。

(1)果皮

果皮中含单宁、色素及芳香物质，对酿制葡萄酒有一定的影响。

①单宁：葡萄单宁与醛类化合物生成不溶性的缩合产物，随着葡萄酒的老熟而被氧化。

②色素：绝大多数的葡萄色素只存在于果皮中，因此，可以用红葡萄脱皮来酿造白葡萄酒或浅红色葡萄酒。葡萄色素的化学成分非常复杂，往往因品种而不同。白葡萄有白青、黄、白黄、金黄、淡黄等颜色；红葡萄有淡红、鲜红、深红、红黄、褐色、浓褐、赤褐等颜色；黑葡萄有淡紫、紫、紫红、紫黑、黑等颜色。

③芳香成分：果皮的芳香成分能赋予葡萄酒特有的果实香味。

(2)果核

果核中含有损坏葡萄酒风味的物质，如脂肪、单宁、挥发酸等，这些成分如在发酵时带入醪液，会严重影响成品酒质量，所以葡萄破碎时应尽量避免将核压破。

(3)果肉和果汁

果肉果汁为葡萄果粒的主要部分，占果粒的83%～92%。酿酒用葡萄要求柔软多汁，种核外不包肉质。果肉和果汁的主要化学成分见表6-2所示。

表6-2　葡萄果肉和果汁的主要化学成分

成分	水分	还原糖	有机酸	无机酸	含氮物	果胶物质	其他成分
含量	68%～80%	15%～30%	5%～6%	5%～6%	5%～6%	5%～6%	5%～6%

(来源：孙俊良《发酵工艺》)

①糖分。由葡萄糖和果糖组成，成熟时两者比例基本相等。糖分发酵生成酒精、CO_2 和多种副产物。

②酸度。葡萄的酸度主要来自酒石酸和苹果酸，成熟葡萄中有少量的柠檬酸。葡萄中的酸一部分游离存在，一部分以盐的形式存在。酸的大小对发酵影响较大，一般 pH 值为 3.3～3.5 适宜发酵。

③含氮物。葡萄浆中含氮物，一部分以氨态氮形式存在，易被酵母同化；一部分以有机氮的形式存在，在单宁酒精的影响下产生沉淀。

④果胶质。果胶质是一种多糖类的复杂化合物，含量因品种而异味，与成熟度有关。少量果胶存在能增加酒的柔和性，含量多时对葡萄酒的稳定性有影响。

⑤无机盐。主要有钾、钠、钙、铁、镁等，含量从发育到成熟逐渐增加，常与酒石酸及苹果酸形成各种盐类。

（二）葡萄酒酵母来源及培养

在葡萄果皮、果柄及果梗上，生长有大量天然酵母，当葡萄被破碎、压榨后，酵母进入葡萄汁中，进行发酵。这些能将葡萄汁中的糖进行发酵降解的酵母称葡萄酒酵母。葡萄酒酵母常为椭圆形或卵圆形，细胞丰满。葡萄酒酵母可发酵葡萄糖、果糖、蔗糖、麦芽糖、半乳糖等，不发酵乳糖、蜜二糖等，而棉籽糖只发酵 1/3。

1. 葡萄酒酵母的来源

葡萄酒酵母的来源有以下 3 种。

（1）利用天然酵母：成熟的葡萄果实上生存有大量酵母，随果实破碎进入果汁繁殖、发酵。

（2）选育优良的葡萄酒酵母：为保证发酵的顺利进行，获得优良的葡萄酒，利用微生物方法从天然酵母中选育优良的纯种酵母。

（3）酵母菌株的改良：利用人工诱变、原生质体融合、基因转化等现代生物技术制备优良的酵母菌株。

2. 葡萄酒酵母的培养

酿酒葡萄和设备上的酵母菌自然群体数量常常不能保证正常的酒精发酵，在生产中，酵母需要扩大培养。

（1）天然酵母的扩大培养：利用自然发酵方式酿造葡萄酒时，每年酿酒季节的第 1 罐醪液需较长时间才开始发酵，这第 1 罐醪液起天然酵母的扩大培养作用，可以在以后的发酵中作为种子液添加。

（2）纯种酵母的扩大培养：斜面试管菌种接种到葡萄汁斜面试管培养、活化后，扩大 10 倍进入液体试管培养，再扩大 12 倍进入三角瓶培养，然后在三角瓶培养的基础上再扩大 12 倍进入卡氏罐培养，最后扩大 24 倍进入种子罐培养制成酒母。

（3）活性干酵母的应用：现代生物技术的进步，促进了酵母工业的发展。根据酵母的不同种类和品种，酵母生产企业进行规模化生产，然后在保护剂共存下低温真空脱水干燥，在惰性气体保护下包装成商品出售。这种具有潜在活性的酵母叫活性干酵母。使用时根据商品说明确定加入量，将干酵母复水活化后直接使用，也可复水活化后扩大培养制成酒母。

三、葡萄酒原汁的制取

葡萄进厂之前需要准备辅料、设备和仪表，对设备继续拧全面检查，并对厂区环境、厂房、设备、用具等进行全面杀菌、消毒和清洗。

（一）分选

分选就是将不同品种、不同质量的葡萄分别存放。目的是提高葡萄的平均含糖量，减轻或消除成酒的异味，增加酒的香味，减少杂菌，保证发酵与贮酒的正常进行，以达到酒味纯正、少生病害的要求。最好在采收时就分品种、分质量存放。

（二）破碎除梗

破碎的目的是将果粒破裂、保证籽粒完整、使葡萄汁流出、便于压榨或发酵。要求每粒葡萄都要破裂、籽实不能压破、梗不能碾碎、皮不能压扁，以免籽和梗中的不利成分进入汁中。葡萄及其浆、汁不得接触铁、铜等金属。果梗在葡萄汁中停留时间过长时会带来青梗味，使酒液过涩或发苦，因此葡萄破碎后应尽快除去果梗。

（三）压榨

在破碎中自流出来的葡萄汁称为自流汁，加压之后流出来的葡萄汁叫压榨汁。为了增加出汁率，一般采用2～3次压榨，当压榨汁的口味明显变劣时为压榨终点。用自流汁酿制的白葡萄酒，酒体柔和，口味圆润爽口；一次压榨汁酿制的酒，酒体已欠厚实；二次压榨汁酿制的酒，酒体粗糙，不适于酿造白葡萄酒，可用于生产白兰地。为了提高白葡萄酒的质量，通常对葡萄汁进行前净化处理，方法有添加二氧化硫静置澄清、皂土澄清、机械离心及果胶酶法。

（四）葡萄汁成分的调整

当由于气候条件、葡萄成熟度、生产工艺等原因使葡萄汁达不到工艺要求时，需要对其进行糖度和酸度的调整。

1. 糖分的调整

（1）添加白砂糖常用纯度为98.0%～99.5%的结晶白砂糖。调整糖分要以发酵后的酒精含量作为主要依据。理论上，17g/L的糖可发酵生成酒精体积分数1%，但实际加糖量应略大于此值，但也不能过高，以免残糖太高导致发酵失败。操作时注意准确计量葡萄汁体积；用葡萄汁将糖溶解制成糖浆；加糖后要充分搅拌使其完全溶解并记录溶解后的体积；最好在酒精发酵刚开始时一次加入所需的糖。世界上许多葡萄酒生产国家不允许加糖发酵，或限制加糖量。葡萄含糖低时，只添加浓缩葡萄汁。

（2）添加浓缩葡萄汁。首先对浓缩汁的含糖量进行分析，然后用交叉法求出浓缩汁的添加量。葡萄汁含糖太高时容易造成发酵困难，所以一般不在前发酵前期加入，而采用在主发酵后期添加。添加时要注意浓缩汁的酸度，若酸度太高需在浓缩汁中加入适量碳酸钙中和，降酸后再使用。

2. 酸度的调整

为了抑制细菌的繁殖，保证酵母菌数量的绝对优势和发酵的正常进行，要求葡萄汁有适宜的酸度。一般在发酵前将葡萄汁的酸度调整到6g/L，pH为3.3～3.5。

(1)酸度提高的方法可添加未成熟的葡萄压榨汁、酒石酸和柠檬酸,以滔石酸为好。加酸时先用葡萄汁与酸混合,缓慢均匀地加人葡萄汁中,并搅拌均匀。操作中不可使用铁质容器。

(2)酸度降低的方法可添加碳酸钙等降酸剂,1L 汁中加 1g 碳酸钙,则降酸量为 1g/L。

3. SO_2 添加

在葡萄酒酿制过程中,经常使用 SO_2。在发酵基质或在葡萄酒中加入 SO_2,能使发酵顺利进行或有利于葡萄酒的储存。

(1)SO_2 的作用

①杀菌抑菌作用。SO_2 是一种杀菌剂,能抑制各种微生物的活动。细菌对 SO_2 最为敏感,其次是尖端酵母,而葡萄酒酵母抗 SO_2 能力很强。

②澄清作用。SO_2 抑菌使发酵时间延长,有利于葡萄汁中的杂质沉降,得到澄清。

③溶解作用。SO_2 与水生成亚硫酸,有利于果皮色素、酒石、无机盐等成分溶解,可增加浸出物的含量和酒的色度。

④抗氧化作用。SO_2 能破坏葡萄中的氧化酶,减少单宁、色素氧化,阻止混浊、褐变。

⑤增酸作用。生成的亚硫酸被氧化成硫酸与有机酸盐作用,使酸游离,增加了酸的含量。

(2)添加量

各国法律法规都规定了葡萄酒中 SO_2 的添加量,我国规定,成品酒总 SO_2 含量为 250mg/L,游离 SO_2 含量为 50mg/L。

(3)添加方式

SO_2 以气体、液体、固体的方式添加。

①气体。燃烧硫磺绳、硫磺纸、硫磺块产生 SO_2 气体,通入发酵桶。

②液体。用市售浓度 5%～6%的亚硫酸试剂。

③固体。用偏重硫酸钾,加入酒中与酒石酸反应产生 SO_2。

四、葡萄酒发酵工艺

葡萄酒的发酵包括由酵母菌引起的酒精发酵和由乳酸菌引起的苹果酸一乳酸发酵两个过程。发酵工艺可分为红葡萄酒的发酵工艺和白葡萄酒的发酵工艺。

(一)红葡萄酒发酵工艺

红葡萄酒一般采用红皮白肉或皮肉皆红的葡萄品种,可带皮进行前发酵或纯汁发酵。整个发酵期分为前发酵和后发酵两个阶段,发酵期分别为 5～7d 和 30d。发酵工艺可分为传统发酵工艺和现代发酵工艺,现代发酵工艺是在传统工艺下发展起来的,这里只介绍传统的发酵工艺。

1. 工艺流程

图 6-1 所示为红葡萄酒发酵工艺流程。

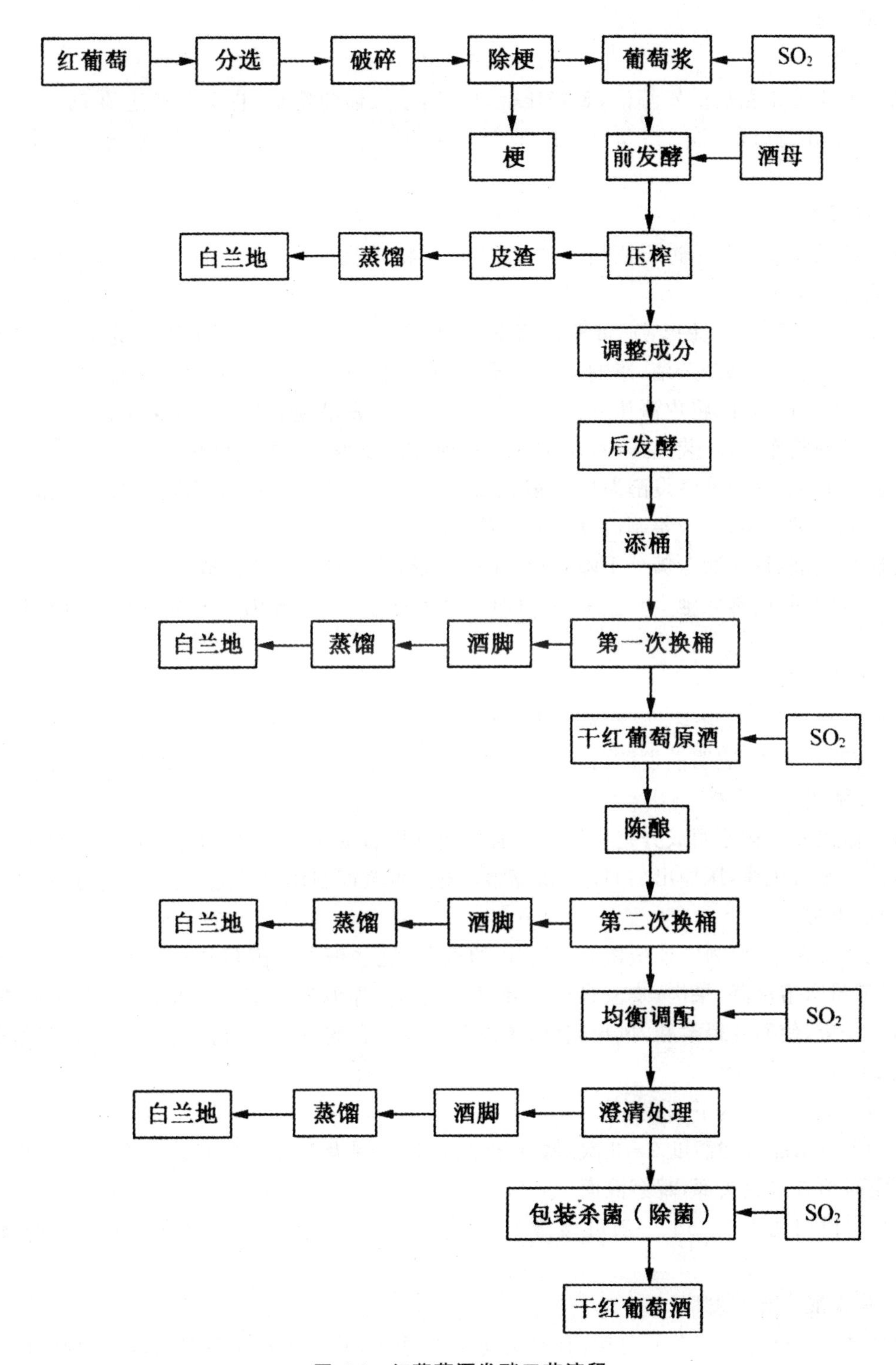

图 6-1　红葡萄酒发酵工艺流程

2. 具体操作

(1)入池

清洗并消毒杀菌后的发酵池，装好压板、压杆，泵入葡萄葡浆，装至发酵池的75%～80%，添加SO_2，加盖封口，入池4～8h后，醪液循环流动，加人酒母，酒母的添加量为1%～10%之间。

(2)前发酵

前发酵的主要目的是进行酒精发酵，浸出色素物质及芳香物质。前发酵进行的好坏是决定葡萄酒质量的关键。

①压盖：发酵时产生的CO_2带动葡萄皮、渣上浮，在葡萄汁表面形成很厚的盖子，称酒盖。酒盖与空气接触，易感染杂菌，影响葡萄酒质量，需将酒盖压入酒醪中，这一过程称压盖。可以人工压盖，用木棍搅拌，将皮渣压入汁液中，用泵将汁从发酵池底抽出，喷淋到酒盖上；还可以在发酵池四周制作卡口，装上压板，压板的位置恰好使酒盖浸于葡萄汁中。

②温度管理：红葡萄酒发酵温度一般在25℃～30℃，温度过高过低都会影响发酵。入池后每天早晚测量品温，记录绘制温度变化曲线。

③成分管理：每天测定糖分下降状况，做好记录，绘出糖度变化曲线。

④其他管理：通常入池8h左右，液面即有气泡产生，若24h仍无迹象，应分析原因，采取措施。

(3)出池与压榨

当残糖降至5g/L以下，发酵液面只有少量CO_2气泡，皮盖下沉，液面平静，发酵液温度接近室温，有明显酒香，表明前发酵已结束，可出池。出池时，先将自流原酒由排汁口放出，放净后，清理皮渣进行了压榨。

自流原酒和压榨原酒成分差异较大。若酿制高档名贵葡萄酒，自流原酒应单独存放，皮渣使用压榨机进行压榨，压榨出的酒进入后发酵，皮渣可蒸馏制作白兰地，也可另行处理。

(4)后发酵

前发酵结束后，原酒中还残留3～5g/L的糖分，这些糖分在酵母作用下继续转化为酒精和CO_2，酵母自溶沉降，果肉、皮渣自行沉降，形成酒脚；原酒发生氧化还原作用、酯化反应、醇与水缔合反应，使酒变得柔和，风味完整；诱发苹果酸一乳酸发酵，起到降酸作用。后发酵的管理措施如下：

①尽可能在24h内下酒完毕。

②每天测量品温和酒度2～3次，做好记录，品温控制为18℃～20℃。

③定时检查水封头部，观察液面。

④后发酵时间为3～5d，一般可维持1个月左右，对这期间发生的异常现象应分析原因，采取措施。

(5)苹果酸一乳酸发酵

葡萄酒在发酵后期至贮酒前期，有时出现CO_2逸出，并伴随着新酒混浊，红葡萄酒色度降低，有时还有不良风味，显微镜检查发现有杆状和球状细菌，这种现象称苹果酸一乳酸发酵。其实质是乳酸菌将苹果酸分解成乳酸与CO_2的过程。苹果酸一乳酸发酵可降低酒的酸度，改善产品风味，提高酒的细菌稳定性。根据葡萄酒的种类、葡萄含酸量、葡萄品种、发酵工艺，采取相应的措施诱发、促进或抑制苹果酸一乳酸发酵。

（二）白葡萄酒发酵工艺

1. 主要工艺条件及操作

白葡萄酒前发酵的温度以16℃～22℃为宜，发酵期为15d左右；后发酵温度应控制在15℃以下，发酵期为1个月左右。发酵期间的操作，各项管理内容、酒液成分指标及异常发酵现象的处理措施等，均同红葡萄酒的发酵工艺。

2. 白葡萄酒防氧化措施

白葡萄酒中含有多种化合物，如色素、单宁、芳香物质等，这些物质具有较强的嗜氧性，与空气接触时很容易被氧化，生成棕色聚合物，使白葡萄酒的颜色变深，酒的新鲜感减少，从而引起白葡萄酒外观风味的不良变化，可采取以下措施避免。

①前发酵阶段：严格控制品温。

②后发酵阶段：控制较低的温度，尽量避免酒液接触空气，补加SO_2至100mg/L，注意水封，每周添罐一次。

③澄清处理：用0.02%～0.03%皂土澄清酒液，减少氧化物质，降低酶活性。

④发酵前后：罐内充入N_2或CO_2惰性气体。

⑤设备防腐：金属工具设备涂以防腐涂料。

新鲜葡萄酒（浆）经发酵而制得的葡萄酒称原酒。原酒不具备商品酒的质量水平，还需要经过一定时间的贮存（陈酿）和适当工艺处理，使酒体逐渐完善，最后达到商品葡萄酒应有的品质。

第三节　啤酒加工技术

啤酒是以优质大麦芽为主要原料，啤酒花为香料，经过制麦芽、糖化、发酵等工序制成的富含营养物质和二氧化碳的酿造酒。啤酒的酒精含量仅为3%～6%（体积分数），有酒花香和爽口的苦味，深受消费者欢迎，因此消费面广、消费量大，是世界上产量最大的酒种。啤酒营养丰富，酒精含量较低，素有“液体面包”之称，在1972年第九届国际营养食品会议上被列为营养食品之一。

啤酒中含有的营养成分主要有酒精、糖类、糊精、蛋白质及其分解产物、维生素、无机盐、CO_2等。

啤酒被列为营养食品主要是由于：①含多种氨基酸和维生素。已检测出啤酒含17种氨基酸，其中包括8种必需氨基酸。此外，啤酒中还含有丰富的B族维生素。②啤酒能产生高热量。③啤酒酿造过程中原料中的淀粉和蛋白质等物质分解为小分子的糖类、肽和氨基酸等，有利于营养成分的消化吸收。此外，啤酒中的苦味物质、有机酸和微量元素等对人体也有不同的益处。

一、啤酒的分类

（一）按照酵母的性质分类

1. 上面发酵啤酒

上面发酵啤酒是采用浸出糖化法制备麦汁，以上面酵母进行发酵的啤酒。此类酵母在啤酒酿造过程中易漂浮在泡沫层中，在液面发酵和收集，所以称为上面发酵酵母。

2. 下面发酵啤酒

下面发酵啤酒是采用煮出糖化法制备麦汁，以下面酵母进行发酵的啤酒。此类酵母在发酵结束时沉于器底，所以称为下面发酵酵母。

(二)按原麦汁浓度不同划分

按原麦汁浓度不同划分为低浓度啤酒、中浓度啤酒和高浓度啤酒。

1. 低浓度啤酒

原麦汁浓度2.5～8°P，乙醇含量为0.8%～2.2%的啤酒。

2. 中浓度啤酒

原麦汁浓度为9～12°P，乙醇含量为2.5%～3.5%的啤酒。我国啤酒多为此类型。

3. 高浓度啤酒

原麦汁浓度13～22°P，乙醇含量为3.6%～5.5%的啤酒，多为浓色啤酒。

(三)根据啤酒色泽划分

根据啤酒色泽划分为淡色啤酒、浓色啤酒和黑色啤酒。

1. 淡色啤酒

色度一般在5～14EBC单位，色泽较浅，呈淡黄色、金黄色或棕黄色，故常称黄啤酒。其口味淡爽醇和，是啤酒中产量最大的一种。

2. 浓色啤酒

色度在15～40EBC单位之间，呈红棕色或红褐色。其麦芽香味突出，口味醇厚，苦味较轻。浓色爱尔啤酒是典型的浓色啤酒。

3. 黑色啤酒

色度一般在50～130EBC单位之间，多呈红褐色或黑褐色。特点是原麦汁浓度较高，麦芽香味突出，口味醇厚，泡沫细腻，苦味有轻有重，差别较大。典型产品是慕尼黑啤酒。

(四)根据啤酒的灭菌方法划分

根据啤酒的不同灭菌方法划分为鲜啤酒、熟啤酒和纯生啤酒。

1. 鲜啤酒

不经过巴氏灭菌处理的啤酒，也称生啤酒，其保质期短。

2. 纯生啤酒

不经巴氏杀菌，而采用无菌过滤和灌装的啤酒。

3. 熟啤酒

经过巴氏灭菌处理的啤酒，也称杀菌啤酒。

(五)啤酒新品种

通常在原辅料或生产工艺等方面进行某些改变，使其成为具有独特风味的啤酒。常见的有干啤酒、低醇(无醇)啤酒、小麦啤酒、浊啤酒、冰啤酒、稀释啤酒。

1. 干啤酒

真正发酵度在72%以上的淡色啤酒，含糖量较低，苦味小，口味爽净，符合现代人的追求，喝后相对不易发胖，又有较好的口感。

2. 低醇（或无醇）啤酒

无醇啤酒是酒精含量在 0.5%（V/V）以下的啤酒，而低醇啤酒是酒精含量在 0.5%～2.5%（V/V）之间的啤酒。

3. 冰啤酒

一般采用低浓度麦汁发酵，后期经低温冰结晶处理，在－2.2℃下贮存数天后使之产生冷浑浊，然后精过滤除去浑浊物。其酒液外观更清亮，稳定性好，口感更柔和、醇厚。

另外，特殊类型的啤酒还有低糖啤酒、白啤酒、甜啤酒、果味啤酒、乳酸啤酒等.

二、啤酒加工工艺

图 6-2 所示为啤酒加工的工艺流程图，啤酒生产概括起来包括麦芽制造、麦芽汁的制备、发酵、过滤与灌装等工艺过程。

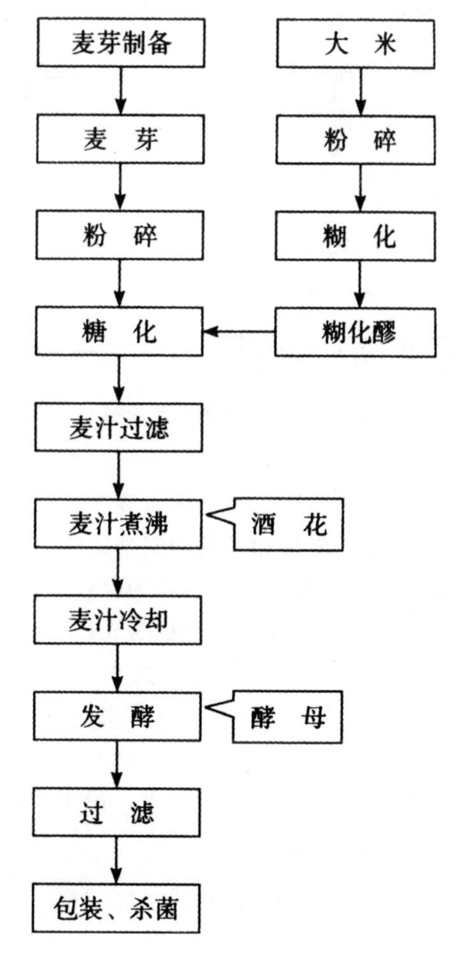

图 6-2　啤酒加工的工艺流程图

（一）麦芽制造

由原料大麦制成麦芽，习惯上称为制麦。麦芽的制备也称制麦，即将原料大麦制成麦芽的过程。啤酒麦芽制造的主要目的：

（1）大麦发芽使其中的酶活化，从而提供麦芽汁制造时所需的各种酶。

（2）由于酶的作用，使大麦胚乳中的成分适当分解，为麦汁制造提供大部分有效的浸出物。

（3）通过焙燥过程，赋予麦芽特有的色、香、味，从而满足啤酒对色泽、味道、泡沫等的特殊要求。

（4）制成的麦芽要求水分低，除根干净，使麦芽的成分稳定，可长期保存。

麦芽制造大体可分为大麦的清选、分级、浸麦、发芽、干燥、除根等过程，其工艺流程如图 6-3 所示。

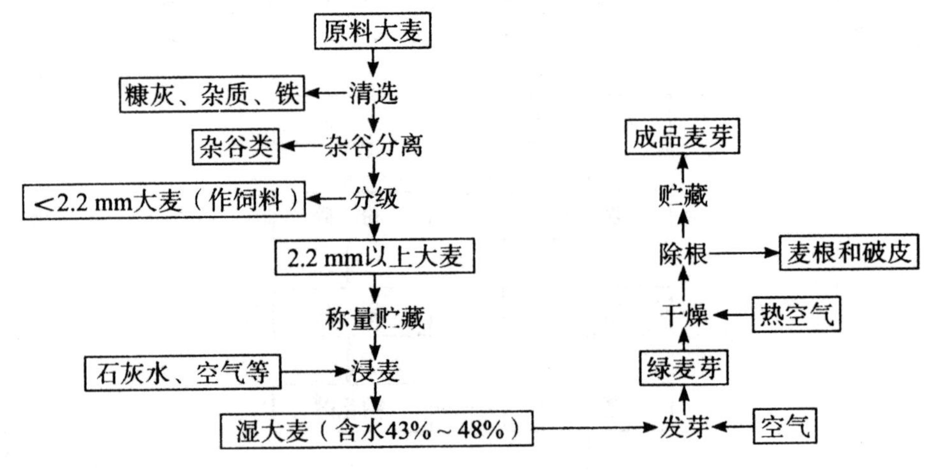

图 6-3 麦芽制造工艺流程

1. 大麦清选、分级

清选操作是根据形态、密度等机械性能的差异将大麦中的夹杂物包括土石、秸秆、其他植物种子以及破损粒等除去，保证麦芽的质量和设备的安全运转。

清选后大麦还必须进行分级处理。麦粒大小不均匀会使麦粒浸麦度及发芽长短不匀，麦芽溶解度也不一致。麦粒大小也一定程度反映了麦粒的成熟度，其化学组成有一定差异，从而影响到麦芽质量的均匀性。所以，必须将麦粒按腹径大小分成 2.2mm、2.5mm、2.8mm 以上三个等级，分别投入浸麦生产，一般腹径＜2.2mm 的大麦作为饲料用。

2. 浸麦

大麦经清选分级后，即可分别投入浸麦槽进行浸麦。浸麦的目的是供给大麦发芽所需的水分以及氧气，一般使大麦含水量（浸麦度）达到 43％～48％。同时还可洗涤麦粒，除去麦皮中对啤酒有害的物质。

3. 发芽

浸渍大麦在理想控制的条件下发芽，生成适合啤酒酿造所需要的新鲜麦芽（绿麦芽）的过程称为发芽。然后进行干燥制成啤酒麦芽。

发芽的目的是使麦粒中形成大量的各种酶，使一部分非活化酶得到活化和增长。同时使麦粒的部分淀粉、蛋白质和半纤维素等高分子物质得到分解，达到一定的溶解度，从而满足糖化时的需要。

4. 绿麦芽干燥

绿麦芽要用热空气强制通风的方法进行干燥和焙焦，终止绿麦芽的生长和酶的分解作用，除去多余的水分，便于储存和粉碎。同时除去麦芽的生青味，赋予麦芽特有的色、香、味。绿麦芽干燥过程可大体分为凋萎期、焙燥期、焙焦期三个阶段。

5. 除根

经干燥的麦芽应用除根机除掉麦根，同时具有一定的磨光作用。因为麦根吸湿快，且具有苦味，会影响啤酒的口味、色泽及稳定性。在商业性麦芽厂中，麦芽在出售前还要使用磨光机进行磨光，以除去麦芽表面的水锈或灰尘，保证麦粒外表美观，口味纯正，收得率高。

新干燥的麦芽还必须经过至少 1 个月时间的储藏，使其恢复酶活力，才能用于酿造。

(二)麦芽汁制备

图 6-4 所示为麦芽汁制备包括原辅料粉碎、糖化、麦汁过滤、麦汁煮沸和添加酒花、麦汁冷却等几个过程。

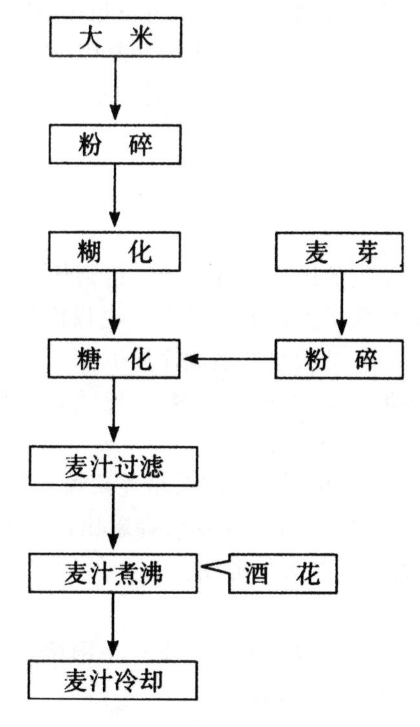

图 6-4　麦芽汁制备工艺

1. 原料粉碎

麦芽及其辅原料在糖化前必须先粉碎，原料粉碎的程度对糖化、过滤、啤酒的风味及原料利用率的高低有着重要的影响。麦芽粉碎时应彻底，粉粒均匀，并尽可能保留表皮。

2. 糖化

糖化是利用麦芽中所含的各种酶，在适宜的条件下将麦芽和辅料中的大分子物质如淀粉、蛋白质、半纤维素及其中间分解产物等逐步分解为可溶性的低分子物质的过程。过滤除麦糟所得的清汁称为麦汁。

3. 麦汁过滤

糖化工序结束后，应在最短的时间内使麦汁与麦糟分离。麦汁过滤的好坏，对麦汁的产量和质量有重要影响。麦汁过滤分两步进行，首先用过滤方法提取糖化醪中的麦汁，此称为头号麦汁或过滤麦汁；然后利用热水洗出头号麦汁过滤后残留于麦糟中的浸出物，此称为第二次麦汁或洗涤麦汁。

麦汁过滤的方法有过滤槽法、压滤机法和渗出过滤槽法，其中过滤槽法是最古老也是至今最普遍的方法。

4. 麦汁煮沸和加酒花

麦汁过滤结束，应升温将麦汁煮沸，以钝化酶活力，杀灭微生物，使蛋白质变性和沉淀絮凝，起到稳定麦汁成分的作用，并蒸发掉多余水分达到浓缩的目的。此外，加入酒花后，煮沸可促进酒花有效成分（树脂、酒花油等）融入麦汁中，赋予麦汁独特的酒花香气和爽口的苦味，提高麦汁的稳定性。

5. 麦汁冷却

麦汁经煮沸并达到要求的浓度后，要及时分离酒花和热凝固物，同时应在较短的时间内把它冷却到接种温度（6℃～10℃），并设法除去析出的冷凝固物。这一过程通常应用回旋沉淀槽和薄板冷却器等设备。麦汁冷却后，应给麦汁通入无菌空气，以供给酵母繁殖所需要的氧气。通气后的麦汁溶解氧浓度应达 6～10mg/L。

（三）啤酒发酵

1. 啤酒酵母的扩大培养

啤酒酵母是最能决定啤酒品质的因素。啤酒工厂得到优良菌株后，经若干次扩大培养，达到一定数量后供生产使用。酵母的扩大培养关键在于选择优良的单细胞出发菌株，扩大培养中要保证酵母纯种，强壮，无污染。扩大培养的顺序如下：

斜面试管（原菌种）→富氏瓶培养（或试管培养）→巴氏瓶培养（或三角瓶培养）→卡氏罐培养→汉森罐培养→酵母繁殖罐培养→发酵罐。

以上从斜面试管到卡式罐培养为实验室扩大培养阶段，之后为生产现场扩大培养阶段。生产中把汉森罐作为保存生产菌种的手段，即从汉森罐压出大部分母液后，仍保留 15%左右的酵母于罐内，再加入麦汁准备下次扩大培养用。

2. 啤酒发酵

啤酒发酵是麦汁某些成分在啤酒酵母的作用下产生酒精及一系列副产物，构成有独特风味饮料酒的过程。啤酒发酵的方法可分为：

- 分批式发酵
  - 传统发酵
  - 大罐式发酵
    - 单罐式发酵
    - 多罐式发酵
- 连续式发酵
- 固定菌体式发酵
  - 分批式
  - 连续式

世界啤酒工业主要的发酵方式依旧是分批式发酵，在 20 世纪 60 年代推出连续式发酵，后为分批式大罐发酵所取代。而固定菌体发酵还处于研究阶段，尚未投入工业化生产。

(四)后期处理

1. 啤酒过滤与离心分离

啤酒发酵结束，需要经过机械过滤或离心分离，去除啤酒中的少量酵母和蛋白质凝固物等微粒，使啤酒澄清，口味纯正，改善啤酒的稳定性，延长保存期。

啤酒的过滤方法可分为过滤法和离心分离法。过滤法包括棉饼过滤法、硅藻土过滤法、板式过滤法和膜过滤法。其中最常用的是硅藻土过滤法。离心分离采用高速离心机进行分离，经离心分离的啤酒澄清度较差，易产生冷浑浊，可进一步利用板式过滤机精滤，改善过滤效果。

2. 啤酒灌装和灭菌

啤酒灌装包括容器洗涤和灌装两个过程。罐装过程中应尽量避免啤酒与空气接触，防止啤酒因氧化而造成老化味和氧化浑浊，还需防止啤酒中 CO_2 的逸出。

啤酒灭菌的方法与啤酒品种有关。熟啤酒灭菌均采用巴氏灭菌，基本过程分预热、灭菌和冷却三个过程。一般以 30℃～35℃为起温，缓慢地升到灭菌温度 60℃～62℃，维持 30min，缓慢地冷却到 30℃～35℃。然后经检验、贴标签，最后装箱入库。纯生啤酒不经过加热杀菌，而是通过严格的除菌过滤和无菌包装来达到无菌的要求。

第四节　发酵调味食品加工技术

一、酱油加工

(一)概述

酱油的酿造技术源于我国，迄今已有 3000 多年的悠久历史。酱油酿造是通过微生物的作用对植物蛋白及碳水化合物发酵的结果。该类产品不仅有丰富的营养价值，还由于酶解作用产生许多呈味物质。酱油品种多样，风味各异，但大体上可分为如下三种类型：以大豆、小麦或其加工副产品为主要原料酿造的酱油；蛋白质水解型酱油；鱼露酱油。目前，我国的酱油以第一种为主，但近几年，蛋白质水解酱油和发酵酱油及蛋白质水解液相复合勾兑的酱油的产量也在逐年增加。

酱油以色泽不同可分为浓色、淡(白)色等；以形态不同，可分为液态酱油、固态酱油及半固态酱油等。各种酱油有其不同的用途，如白酱油适用于汤菜及作馄饨的汤料或制凉菜；红酱油用于烧肉溜菜上色；辣酱油通常用于西餐或煎鱼、烧排骨等；忌盐酱油专供肾脏病及某些忌盐病患者食用。

酱油营养成分丰富，中国生产的酿造酱油每 100mL 中含有可溶性蛋白质、多肽、氨基酸达 7.5～10g，含糖分 2g 以上。此外，还含有较丰富的维生素、磷脂、有机酸以及钙、磷、铁等无机盐。可谓是咸、酸、鲜，甜、苦五味调和，色、香俱备的调味佳品。

(二)酱油酿造

图 6-5 所示为酱油酿造工艺流程。

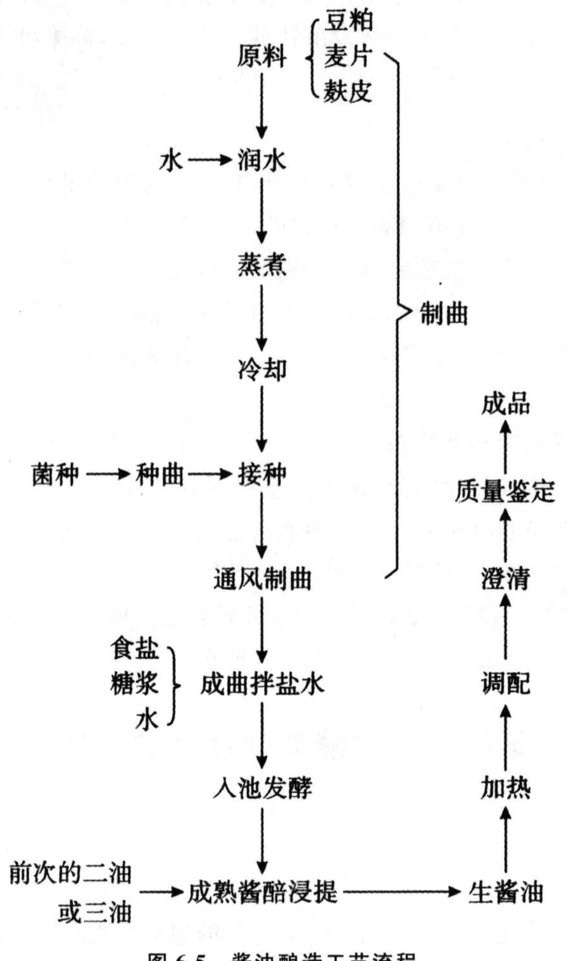

图 6-5 酱油酿造工艺流程

1. 原料

酿造酱油的原料一般包括:蛋白质原料,一般以大豆为主,生产上常使用提油后的饼粕为主要原料;淀粉原料,如麸皮、小麦、碎米等;食盐;水。

2. 制曲

制曲是酱油加工中的关键环节,制曲工艺直接影响着酱油质量。"曲"包括种曲和成曲。

种曲是米曲霉接种在适合的培养基上,30℃下培养而来的,待全部长满黄绿色孢子后即可使用。原料蒸熟出锅后,打碎并冷却至 40℃左右,按 0.3%量接人种曲。曲料接种后移人曲池培养,装池时使料层疏松、厚薄均匀,品温控制在 35℃,品温过高则立即通风降温。22～26h 后曲已着生淡黄绿色孢子,即可出曲。

3. 发酵

酱油发酵方法有多种,固态低盐发酵法是较为常用的一种。

4. 浸出

浸出是酱醅成熟后利用浸泡和过滤方法将有效成分从酱醅中分离出来的过程。

5. 加热及配制

从酱醅中淋出的头油称生酱油，还需经过加热及配制等工序才能成为酱油成品。生酱油加热至65℃～70℃，持续30min或采用80℃连续灭菌，可杀灭产膜酵母、大肠杆菌等有害菌，使悬浮物和杂质与少量凝固性蛋白质凝结发生沉淀，从而澄清酱油，并具有调和香气、增加色泽的作用。

酱油配制要求符合部颁标准，可以添加防腐剂、甜味料、酱色、助鲜剂、酱香等添加剂。常用的防腐剂有苯甲酸钠、山梨酸、维生素K等。常用的甜味料有砂糖、饴糖、甘草汁等。常用的助鲜剂有味精、5′-鸟苷酸钠、5′-肌苷酸钠等。

二、食醋加工

（一）概述

食醋是起源于我国的一种营养丰富的酸性调味品，不仅具有酸味，而且含有香气和鲜味。我国人民自古以来就有酿醋和食用的传统。食醋除了作为调味品以外，在食物疗效方面有很大作用。全国各地生产食醋的品种很多，著名的有山西陈醋、镇江香醋、四川麸醋、浙江玫瑰米醋、福建红曲醋和东北白醋等。

不同食醋的生产原料和工艺不同，风味各异。按生产原料可分为米醋、麸醋、酒醋；按制醋糖化曲可分为大曲醋、小曲醋和麸曲醋；按醋酸发酵工艺的不同可分为固态发酵醋、固稀发酵醋和液态发酵醋；按风味分为陈醋（酯香醋）、甜醋、添加香料的风味醋。

食醋酿造是一个极其复杂的生物化学过程。从发酵类型上看，它涉及厌氧发酵和好氧发酵两大类型；从微生物方面看，它是由霉菌、酵母和细菌三大类微生物共同作用的结果；从酶的角度，食醋酿造中有相当多的酶进行一系列的生化反应。食醋除主要成分醋酸外，还有其他有机酸、酯类、糖等多种成分，形成了食醋特有的色、香、味。

（二）食醋的酿造

根据发酵过程中醪液的形态将食醋的酿造方法划分为固态发酵法、固稀发酵法和液态发酵法。

1. 固态发酵法

图6-6所示为固态法酿制食醋的工艺流程，固态发酵法是以谷物淀粉质为主料，以麸皮、谷糠、稻壳为填充料，以大曲、小曲为发酵剂，经过糖化、酒精发酵、醋酸发酵而得成品。我国食醋的传统制法大多是采用固态发酵，产品风味好，有其独特的风格，但存在着需要辅料多、发酵周期长、原料利用率低及劳动强度高的缺点。

2. 固稀发酵法

图6-7所示为固稀发酵法制醋的工艺流程，固稀发酵法制醋是在食醋酿造过程中，原料糖化、酒精发酵阶段在稀态下进行，醋酸发酵采用固态发酵的一种制醋工艺。该法酿制的醋具有固态法酿制醋的特色，而且出品率高。

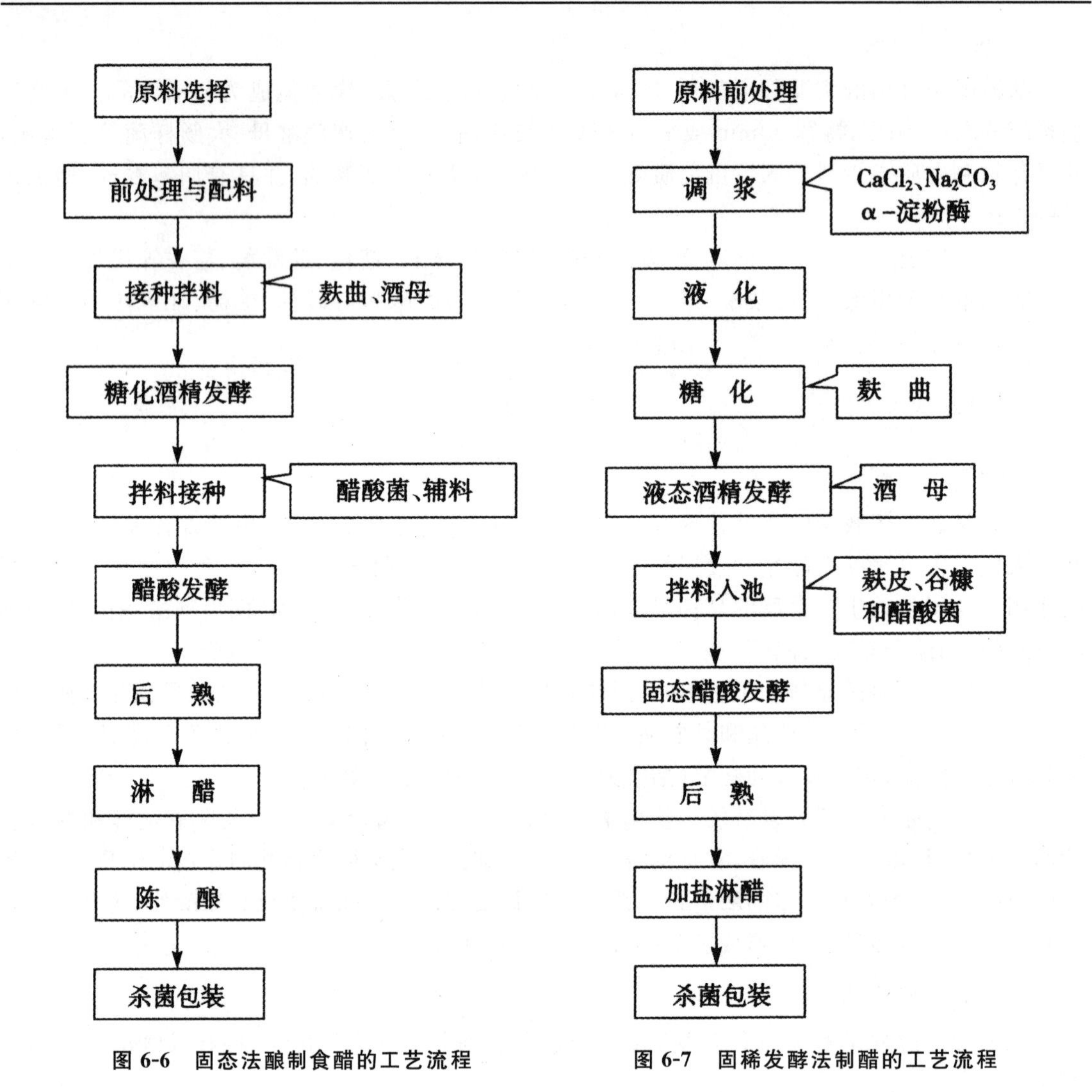

图 6-6 固态法酿制食醋的工艺流程

图 6-7 固稀发酵法制醋的工艺流程

固稀法酿制食醋时，利用自然通风和醋汁回流代替倒醅，保证发酵正常进行，降低了劳动强度。同时结合酶法的应用，将原料液化处理，以提高原料利用率。生料制醋或酶法液化通风回流制醋均属于固稀法酿醋。

3. 液态发酵法

液体发酵法制醋在我国也有悠久的历史。液态发酵法酿制食醋的方法有静置表面发酵法、回流发酵法和深层发酵法等，最常用的是回流发酵法。

图 6-8 所示为液体回流发酵法工艺流程，液体回流发酵法是以稀酒液为原料，或淀粉质原料采用液态法糖化与酒精发酵后的稀酒液为原料，使其在速酿塔内流经附大量醋酸菌的填充料（塔中的填充料一般用桦木刨花、木炭、芦苇梗或玉米芯等），酒精被快速氧化成为醋酸。此法取消了固态法的拌糠工序，填充料可以连续使用，同时在醋酸发酵完毕后不用出渣，提高了劳动生产率和减轻了劳动强度。原料出醋率比回流法制醋有所提高，且发酵速度快，原料利用率高，但这种食醋的风味较为单调。

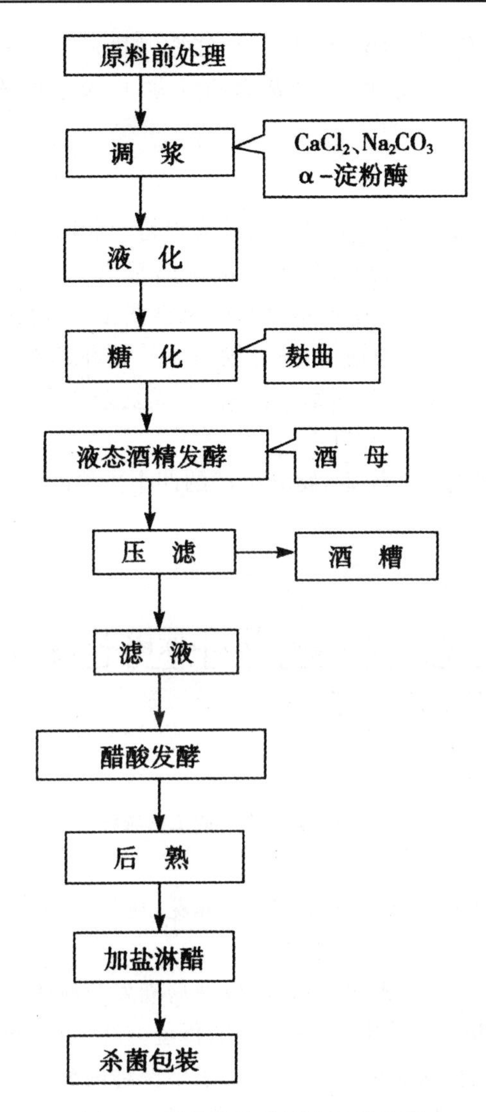

图 6-8　液体回流发酵法工艺流程

三、腐乳加工

(一)概述

腐乳,又称豆腐乳、霉豆腐等,是一类以霉菌为主要菌种的大豆发酵食品,是我国著名的具民族特色的发酵调味品。腐乳质地细腻,醇香可口、味道鲜美,富含人体所需的多种微量元素,是不可多得的佐餐佳品。腐乳通常除了作为美味可口的佐餐小菜外,在烹饪中还可以作为调味料,做出多种美味可口的佳肴。

腐乳通常分为白方、青方、红方 3 大类。

(1)白方在生产时不加红曲色素,使其保持本色的白色腐乳,如"甜辣""桂花""五香"等属"白方"。

(2)青方是在腌制过程中加入了苦浆水、盐水,呈豆青色,青色腐乳是指臭腐乳,又称青方。

(3)红方腐乳坯加红曲色素即为红腐乳，又称红方，如“大块”“红辣”“玫瑰”等酱腐乳。

腐乳品种中还有添加糟米的糟方，添加黄酒的醉方，以及添加芝麻、玫瑰、虾籽、香油等的花色腐乳。

(二)腐乳的生产

腐乳的酿造是利用在豆腐上培养出来的毛霉或根霉、培养及腌制期间有外界侵入并繁殖的微生物、配料中红曲含有的红曲霉、面糕曲中的米曲霉以及酒类中的酵母菌等所分泌的酶系。在发酵期间，尤其是后期发酵中引起极复杂的化学变化，促使蛋白质水解成可溶性的低分子含氮化合物——氨基酸，并使淀粉糖化、糖分发酵成乙醇和其他醇类及形成有机酸，同时辅料中的酒类及添加的各种辛香料也共同参与作用，合成复杂的酯类，最后形成腐乳特有的色、香、味、体等。腐乳成品细腻、柔软、可口。

图6-9所示为腐乳生产的工艺流程，腐乳生产的四个主要阶段：制作豆腐坯、前发酵、腌坯和后发酵。

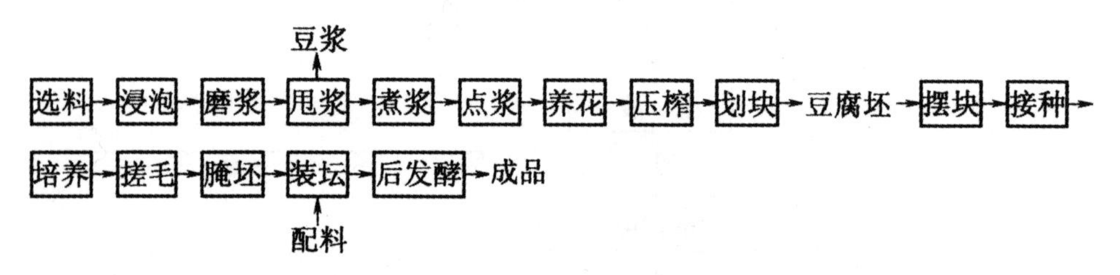

图6-9　腐乳生产的工艺流程

1. 制作豆腐坯

主要包括选料、浸泡、磨浆、甩浆、煮浆、点浆、养花、压榨和划块几个步骤。

2. 前期发酵

前期发酵是让菌体生长旺盛，积累蛋白酶，以便后期发酵时蛋白质缓慢水解。自然发酵是利用自然界中存在的毛霉进行腐乳生产，是我国的传统方法，目前地方小作坊和家庭仍采用此法。接种发酵包括毛霉型发酵和根霉型发酵。由于多菌种的酶催化，加快了蛋白质、淀粉和纤维素的分解以及风味的合成，所以应用多菌种发酵能缩短腐乳生产周期。

3. 腌坯

在进行后期发酵之前，需将毛坯上的菌丝搓倒，以便腌坯操作，所以发酵好的毛坯要立即进行搓毛。搓毛后毛坯要用盐腌，使毛坯变成腌坯。

4. 后期发酵

即发霉毛坯在微生物的作用下以及辅料的配合下进行后熟，形成色、香、味、体的过程。包括装坛和灌汤两步。

5. 保藏

豆腐坯上生长的微生物与加入配料中的微生物在保藏期内发生复杂的生化反应，促使腐乳成熟。腐乳装入坛内，擦净坛口，加盖后用水泥或猪血封口。可分别采用天然发酵法和室内保温发酵法进行发酵。天然发酵法是利用户外较高的气温使腐乳发酵；室内保温发酵法多在气温较低、不能进行天然发酵的季节采用，并需要采用加温设备。

第七章　食品的低温处理与保藏技术

第一节　食品低温保藏的基本原理

微生物(细菌、酵母和霉菌)生长繁殖和食品内固有酶的活动常是导致食品腐败变质的主要原因,自溶就是酶活动下出现的组织或细胞解体的一种现象。食品低温保藏就是利用低温以控制微生物生长繁殖和酶活动的一种方法。另外,低温还会对食品本身的酶以及食品物料产生很大的影响。因此,总体上说,食品低温保藏的原理可从低温对微生物、低温对酶和对食品物料三个方面的影响考虑。

一、低温对微生物的影响

通常所说的低温处理是指温度低于室温的降温过程。从微生物生长的角度看,不同的微生物有一定的温度习性(见7-1)。

表7-1　微生物的最适生长温度与致死温度

单位:℃

微生物	最低生长温度	最适生长温度	最高生长温度	微生物	最低生长温度	最适生长温度	最高生长温度
嗜热菌	35～45	50～70	70～90	低温菌	－5～5	25～30	30～55
嗜温菌	5～15	30～45	45～55	嗜冷菌	－10～－5	12～15	15～25

一般情况下,温度降低时,微生物的生长速率降低,当温度降低到－10℃时,大多数微生物会停止繁殖,部分出现死亡,只有少数微生物可缓慢生长。

低温抑制微生物生长繁殖的原因主要是:低温导致微生物体内代谢酶的活力下降,各种生化反应速率下降;低温还导致微生物细胞内的原生质体浓度增加,黏度增加,影响新陈代谢;低温导致微生物细胞内外的水分冻结形成冰结晶,冰结晶会对微生物细胞产生机械刺伤,而且由于部分水分的结晶也会导致生物细胞内的原生质体浓度增加,使其中的部分蛋白质变性,而引起细胞丧失活性,这种现象对于含水量大的营养细胞在缓慢冻结条件下容易发生。但冻结引起微生物死亡仍有不同说法。

(一)低温环境下的微生物

任何微生物都有一定的正常生长和繁殖的温度范围。温度越低,它们的活动能力也变得越来越弱。故降低温度就能减缓微生物生长和繁殖的速度。大多数嗜冷菌和嗜温菌的最低生长温度低于0℃,有时可达－8℃。温度降低到最低生长点时,它们就停止生长并出现死亡。温度越接近最低生长温度,微生物生长延缓的程度就显得越明显。

长期处在低温中的微生物能产生新的适应性,这是这种微生物对低温的适应性,可以从微生物生长时出现的滞后期缩短的情况加以判断。滞后期一般说是微生物接种培养后观察到有生长现象出现时所需的时间。降到最低生长温度后，再进一步降温时，就会导致微生物死亡，不过在低温下，微生物的死亡速度却比在高温下要缓慢得多。

冻结或冰冻介质最易促使微生物死亡，对0℃下尚能生长的微生物也是这样。在－5℃过冷介质中荧光杆菌的细胞数的变化几乎不甚显著，可是在温度相同的冰冻介质中细菌就趋向死亡。

在－12℃～8℃温度下，因介质内有大量水分转变成冰晶体，对微生物的破坏作用非常厉害。以神灵杆菌(bacterium prodigiosum shorter)为例，在－8℃的冰冻介质中它的死亡速度比过冷介质中明显快得多。但是在温度更低的冻结或冰冻介质中(－20℃～－18℃)微生物的死亡速度却显著地缓慢。

(二)低温对微生物的作用

温度下降，酶的活性将随之下降，使得物质代谢过程中各种生化反应减缓，因而微生物的生长繁殖就逐渐减慢。微生物的生长繁殖是酶活动下物质代谢的结果。

在正常情况下，微生物细胞内各种生化反应总是相互协调一致。但各种生化反应的温度系数Q_{10}各不相同，因而降温时这些反应将按照各自的温度系数(即倍数)减慢，破坏了各种反应原来的协调一致性，影响了微生物的生活机能。温度降得越低，失调程度也越大，进而破坏了微生物细胞内的新陈代谢，以致它们的生活机能受到了抑制甚至达到完全终止的程度。

温度下降时微生物细胞内原生质黏度增加，胶体吸水性下降，蛋白质分散度改变，并且最后还导致了不可逆性蛋白质凝固，从而破坏了生物性物质代谢的正常运行，对细胞造成了严重损害。

冷却时介质中冰晶体的形成导致的结果是细胞内原生质或胶体脱水。胶体内溶质浓度的增加常会促使蛋白质变性。微生物细胞失去了水分就失去了活动要素，于是它的代谢机能就受到抑制，当然，冰晶体的形成还会导致细胞遭受到机械性破坏。

(三)影响微生物低温致死的因素

低温冷却和贮存的微生物并不一定完全死亡，它决定于以下几方面的因素。

1. 温度的高低

在冰点左右，特别在冰点以上，微生物仍然具有一定的生长繁殖能力，虽只有部分能适应低温的微生物和嗜冷菌逐渐增长，但最后也会导致食品变质，对低温不适应的微生物则逐渐死亡，这就是高温冷藏食品时仍会出现不耐久藏的原因。

稍低于生长温度或冻结温度时对微生物的威胁性最大，一般为－12℃～－8℃，尤以－5℃～－2℃为最甚，此时微生物的活动就会受到抑制或几乎全部死亡。

温度冷却到－25℃～－20℃时，微生物细胞内所有酶的反应基本已经停止了，实际上几乎全部停止，并且还延缓了细胞内胶质体的变性，因而此时微生物的死亡比在8℃～10℃时就缓慢得多。温度急剧地下降到低于－30℃～－20℃时，所有生化变化和胶质体变性几乎完全处于停止状态，以致细胞仍能在较长时间内保持其生命力和活力。

2. 降温速度

食品冻结前，降温越快，微生物的死亡率也越大，这是因为迅速降温过程中，微生物细胞内新陈代谢时原来协调一致的各种生化反应未能及时迅速重新调整，并和温度变化情况相适应所致。

食品冻结时情况恰好相反，缓冻将导致大量微生物死亡，而速冻则相反。这是因为缓冻时一般食品温度长时间处于－12℃～－8℃（特别在5℃～－2℃），并形成量少粒大的冰晶体，对细胞产生机械性破坏作用，还促进蛋白质变性，以致微生物死亡率相应增加。实际上，速冻时食品在对细胞威胁性最大的温度范围内停留的时间非常短，同时温度迅速下降到－18℃以下，能及时终止细胞内酶的反应和延缓胶质体的变性，故微生物的死亡率也相应降低。一般情况下，食品速冻过程中微生物的死亡数是比较少的，仅仅只为原菌数的50%左右。

3. 结合水分和过冷状态

急速冷却时，如果水分能迅速转化成过冷状态，避免结晶并成为固态玻璃质体，这就有可能避免因介质内水分结冰所遭受到的破坏作用。类似这样的现象在微生物细胞内原生质冻结时就有出现的可能，当它含有大量结合水分时，介质极易进入过冷状态，不再形成冰晶体，这将有利于保持细胞内胶质体的稳定性。若和生长细胞相比，细菌和霉菌芽孢中的水分含量就比较低，而其中结合水分的含量就比较高，所以它们在低温下的稳定性也就相应地较高。

4. 贮存期

一般情况下，低温贮藏时微生物数总是随着贮存期的增加而有所减少；但是贮藏温度越低，减少的量越少，有时甚至于没减少。贮藏初期（也即最初数周内），微生物减少的量最大，其后它的死亡率下降。一般，贮藏一年后微生物死亡数将达到原菌数的60%～90%以上。在酸性水果和酸性食品中微生物数的下降比在低酸性食品中更多。

5. 介质

高水分和低pH的介质会加速微生物的死亡，但是一些东西，如糖、盐、蛋白质、胶体、脂肪等对微生物则有保护作用。

二、温度对酶活性的影响

酶是有机生物体内的一种特殊蛋白质，是活细胞产生的生物催化剂，而且大多数的酶又是蛋白质，所以温度对酶的活性影响很大。大多数酶的适宜活动温度范围在30℃～50℃之间，超出此范围，酶活性均会下降，当温度达到80℃～90℃时，几乎所有的酶活性均遭到破坏。

高温可导致酶的活性丧失，低温处理虽然会使酶的活性下降，但不会完全丧失。一般来说，温度降低到－18℃才能比较有效地抑制酶的活性，但是，一旦温度回升，酶的活性会重新恢复，甚至较降温处理前的活性还要高得多，从而加速果蔬的变质。故对于低温处理的果蔬往往需要在低温处理前进行灭酶处理，以防止果蔬质量降低。

食品中酶的活性的温度系数Q_{10}，大约为2～3，就是温度每降低10℃，酶的活性会降低至原来的1/3～1/2。不同来源的酶的温度特性也是不同的，来自动物（尤其是温血动物）性食品中的酶，酶活性的最适温度较高，温度降低对酶的活性影响较大，而来自植物（特别是在低温环境下生长的植物）性食品的酶，酶活性的最适温度较低，低温对酶的影响较小。

食品中微生物的生长繁殖也是在酶的催化作用下物质代谢的结果，当温度降低，酶活力将下降，使得物质代谢过程中各种生化反应速度都变慢，因此微生物的生长繁殖就逐渐减慢，其活力减弱。

在正常情况下，微生物细胞内各种生化反应总是相互协调一致，但各种生化反应的温度系数 Q_{10} 却又各不相同，因此降温时，这些反应将按照各自的温度系数（即倍数）减慢，大大破坏了各种反应，以及原来的协调一致性，影响了微生物的生活机能，温度降得越低，失调程度越大，从而破坏了微生物细胞内的新陈代谢，以致它们的生活机能受到抑制甚至达到完全终止的程度。

三、低温对食品物料的影响

低温对食品物料的影响因食品物料种类不同而不尽相同。根据低温下不同食品物料的特性，我们可以将食品物料分为三大类：一是动物性食品物料，主要是指新鲜捕获的水产品、屠宰后的家禽和牲畜以及新鲜乳、蛋等；二是植物性食品物料，主要是指新鲜水果蔬菜等；三是指其他类食品物料，包括一些原材料、半加工品和加工品、粮油制品等。

对于采收后仍保持个体完整的新鲜水果、蔬菜等植物性食品物料而言，采收后的果蔬仍具有和生长时期相似的生命状态，仍然能维持一定的新陈代谢，只是不能再得到正常的养分供给。只要果蔬的个体保持完整并且未受损伤，这个个体就可以利用体内贮存的养分来维持它们自己正常的新陈代谢。但是，就整体而言，此时的代谢活动主要向分解的方向进行，植物个体仍具有一定的天然的"免疫功能"，对外界微生物的侵害有一定的抗御能力，因此具有一定的耐贮存性。对于这些植物性食品原料，我们也称之为"活态"食品。

植物个体采收后到过熟期的时间长短与其呼吸作用和乙烯催熟作用有关。植物个体的呼吸强度不仅与种类、品种、成熟度、部位以及伤害程度有关，还与温度、空气中氧和二氧化碳含量有关。一般情况下，温度降低会使植物个体的呼吸强度降低，新陈代谢的速率放慢，植物个体内贮存物质的消耗速率也会减慢，植物个体的贮存期限也会延长，因此低温具有保存植物性食品原料新鲜状态的作用。但是，对于植物性食品原料的冷藏，温度降低的程度应在不破坏植物个体正常的呼吸代谢作用的范围之内，温度如果降低到植物个体不能承受的程度，植物个体就会由于生理失调而产生冷害（chill injury），又称"机能障害"，它使植物个体正常的生命活动难以维持，"活态"植物性食品原料的"免疫功能"会受到破坏或削弱，食品原料也就难以继续贮存下去。

因此，在低温下贮存植物性食品原料的基本原则应是，既维持其基本的生命活动，又降低植物个体的呼吸作用等生命代谢活动，使植物性食品原料处在一种低水平的生命代谢活动状态之中。

对于动物性食品物料，在屠宰后对动物个体进行低温处理时，其呼吸作用已经停止，不再具有正常的生命活动。虽然其在肌体内还进行着生化反应，但肌体对外界微生物的侵害失去抗御能力。动物在死亡后体内的生化反应主要是一系列的降解反应，肌体也会出现死后僵直、软化成熟、自溶和酸败等现象，其中的蛋白质等发生一定程度的降解。达到成熟的肉继续放置就会进入自溶阶段，此时肌体内的蛋白质等发生进一步的分解，侵入的腐败微生物也开始进行大量繁殖。因此，降低温度可以减弱生物体内酶的活性，延缓自身的生化降解反应过程，并抑制微生物的繁殖。

低温抑制微生物的活动，对其他生物（如虫类）也有类似的作用；低温降低食品中酶的作用及其他化学反应的作用也相当重要。不同食品物料都有其合适的低温处理要求。

四、活性食品的低温冷藏

活性食品主要指新鲜的水果、蔬菜以及动物性食品中的各种禽蛋。活性食品发生腐败变质的原因主要是呼吸作用。因为水果、蔬菜在采摘后贮藏时，虽然不会继续生长，但它们仍然是有生命的有机体，具有呼吸作用，而呼吸作用能抵抗细菌的入侵。如呼吸过程中的氧化作用，能够把微生物分泌的水解酶氧化而变成无害物质，使果蔬细胞不受毒害，从而阻止微生物的侵入。同时氧化作用还能使受到机械损伤和已被微生物侵入的组织形成木栓层，从而保护内层的健康组织。因此，它们能控制机体内酶的作用，并对引起变质、发酵的外界微生物的侵入有一定的抵抗能力。但是，它们与采摘前不同的是不能再从母株上得到水分及其他营养物质，只能消耗其自身的物质而逐渐衰老死亡。由于它们是活体，要进行呼吸，因此，必须解决上述的主要矛盾，即控制呼吸作用。所以，要长期贮藏活性食品，就必须尽力维持它们的活体状态，同时又要控制减弱它们的呼吸作用。而低温是能够减弱果蔬类食品的呼吸作用，延长贮藏期限的。但温度又不能过低，过低会引起植物性食品一生理病害，甚至冻死。例如，香蕉贮藏温度要求在12℃～13℃，如降到12℃以下时，香蕉就会变黑。因此，贮藏温度应该选择在接近冰点但又不致使活性食品发生冻死现象的温度。活性食品贮藏不仅与温度有关，还与贮藏间的空气成分有关。不同种类的活性食品，有各自适宜的气体成分。因此，在降低温度的同时，如能控制空气中的成分（氧、二氧化碳、水汽），就能取得最佳的效果。以上就是活性食品的低温贮藏原理。

五、非活性食品的低温冷藏

非活性食品腐败变质的主要原因是微生物和酶的共同作用。变质过程中的主要矛盾是微生物侵入和食品抗病性的矛盾。因为非活性食品没有生命力，它们的生物体与细胞都死亡了，故不能控制引起食品变质的酶的作用，也不能抵抗引起食品变质的微生物的作用，因此对微生物的抵抗力不大，一旦被微生物污染，微生物就会很快繁殖起来，最后使食品变质。但是，微生物要繁殖，酶要发生作用，都需要有适当的温湿度和水分等条件，环境不适宜微生物就会停止繁殖，甚至死亡，酶也会丧失催化能力，甚至被破坏。另外，物质氧化等反应的速度，也与温度有关，温度降低，化学反应就会显著减慢。因此，要解决这个主要矛盾，必须控制微生物的活动和酶的作用。把动物性食品放在低温条件下，微生物和酶对食品的作用就更微小了。当食品在较低温度下被冻结时，其水分生成的冰结晶使微生物丧失活力而不能再进行繁殖，酶的反应受到严重抑制，体内起的化学变化就会变慢，食品就可以作较长时间贮藏，并维持其新鲜状态而不会变质。这就是动物性食品的低温贮藏原理。

综上所述，食品变质的原因是多样的，但如果把食品进行冷加工，则食品中的生化反应速度大大减缓，使食品可以在较长时间内贮藏而不变质。这就是低温保藏食品的基本原理。

第二节　食品的冷却与冷藏

食品的冷却保藏是将食品贮存在高于冰点的某个低温环境中，使其品质能在合理的时间内得以保持的一种低温保藏技术。冷却保藏适合于所有食品的保藏，尤其适合水果、蔬菜的保藏。它包括原料的处理、冷却及冷藏等环节。

一、原料及其处理

1. 动物性原料及其处理

动物性原料主要包括畜肉类、水产类、禽蛋类等。不同的动物性原料，具有不同的化学成分、饲养方法、生活习性及屠宰方法，这些都会影响到产品的贮藏性能和最终产品的品质。例如，牛羊肉易发生寒冷收缩，使肌肉嫩度下降，多脂的水产品易发生酸败，使其品质严重劣变等。

动物性食品在冷却前的处理因种类而异。禽类及畜肉类主要是静养、空腹及屠宰等处理；水产类包括清洗、分级、剖腹去内脏、放血等步骤；蛋类则主要是进行外观检查，以剔除各种变质蛋，以及分级和装箱等过程。

动物性原料的处理必须在卫生、低温下进行，以免污染微生物，导致制品在冷藏过程中变质腐败。为此，原料处理车间及其环境、操作人员等应定期消毒，操作人员还应定期作健康检查并严格按规定配带卫生保障物品。

2. 植物性原料及其处理

用于冷藏的植物性原料主要是水果、蔬菜，应是外观良好、成熟度一致、无损伤、无微生物污染、对病虫害的抵抗力强、收获量大且价格经济的品种。

植物性原料在冷却前的处理主要有：剔除有机械损伤、虫伤、霜冻及腐烂、发黄等质量问题的原料；然后将挑出的优质原料按大小分级、整理并进行适当包装。包装材料和容器在使用前应用硫磺熏蒸、喷洒波尔多液或福尔马林（甲醛水溶液）进行消毒。整个预处理过程均应在清洁、低温条件下快速进行。

二、食品的冷却方法

目前食品冷却的常用方法有空气冷却法、冷水冷却法、冰冷却法及真空冷却法四种。

1. 空气冷却法

空气冷却法是将食品放在冷却空气中，通过冷却空气的不断循环带走食品的热量，而使食品获得冷却。冷却空气温度的选择取决于食品的种类，一般对于动物性食品为0℃左右，对植物性食品则在0℃～15℃之间。冷却空气通常由冷风机提供。

这种方法的冷却效果主要取决于空气温度、循环速度及相对湿度等因素。一般地，空气温度越低，循环速度越快，冷却速度也越快。相对湿度高些，食品的水分蒸发就少些。此外，冷却效果还要受到包装、堆垛、气流布置等操作因素的影响。

空气冷却法是一种适用范围广，简便易行的冷却方法。它的缺点是冷却速度比较慢，冷却食品干耗比较大以及因冷风分配不均匀而导致的冷却速度不一致等。

2. 冷水冷却

冷水冷却是通过低温水把被冷却的食品冷却到指定的温度的方法。冷水冷却可用于水果、蔬菜、家禽、水产品等食品的冷却，特别是对一些易变质的食品更适合。冷水冷却通常用预冷水箱来进行，水在顶冷水箱中被布置于其中的制冷系统的蒸发器冷却，然后与食品接触，把食品冷却下来。如不设预冷水箱，可把蒸发器直接设置于冷却槽内，在此种情况下，冷却池必须设搅拌器，由搅拌器促使水流动，使冷却池内温度均匀。现代冰蓄冷技术的研究，为冷水冷却提供了更广阔的应用前景。具体做法是在冷却开始前先让冰凝结于蒸发器上，冷却开始后，它就会释放出冷量。

冷水冷却有 3 种形式：

(1)洒水式。在被冷却食品的上方，由喷嘴把冷却了的有压力的水呈散水状喷向食品，达到冷却的目的。

(2)浸渍式。被冷却食品直接浸在冷水中冷却，冷水被搅拌器不停地搅拌，以致温度均匀。

(3)降水式。被冷却的水果在传送带上移动，上部的水盘均匀地像降雨一样地降水，这种形式适用于大量处理。

冷水冷却比冷风冷却速度快，而且没有干耗。缺点是被冷却食品之间易交叉感染。

3. 冰冷却法

冰冷却法是采用冰来冷却食品，利用冰融化时的吸热作用来降低食品物料的温度。冷却用的冰，可以是机械制冰或天然冰，可以是净水形成的冰，也可以是海水形成的冰。净水冰的融化潜热为 334.72kJ/kg，熔点为 0℃，海水冰的融化潜热为 321.70kJ/kg，熔点为－2℃。冰冷却法常用于冷却鱼类食品。为了使传热均匀，并控制食品物料不发生冻结，冷却用的冰一般采用碎冰(≤2cm)。冰经破碎后撒在鱼层上，形成一层鱼一层冰，或将碎冰与鱼混拌在一起。前者被称为层冰层鱼法，适合于大鱼的冷却。后者为拌冰法，适合于中、小鱼的冷却。由于冰融化时吸热大，冷却用冰量不多，采用拌冰法，鱼和冰的比例约为 1∶0.75，层冰层鱼法用冰量稍大，鱼和冰的比例一般为 1∶1。为了防止冰水对食品物料的污染，通常对制冰用水的卫生标准有严格的要求。

4. 真空冷却法

真空冷却法是使被冷却的食品物料处于真空状态，并保持冷却环境的压力低于食品物料的水蒸气压，造成食品物料中的水分蒸发。由于水分蒸发带走大量的蒸发潜热使食品物料的温度降低，当食品物料的温度达到冷却要求的温度后，应破坏真空以减少水分的进一步蒸发。很明显这种方法会造成食品物料中部分水分的蒸发损失。此法适用于蒸发表面大，通过水分蒸发能迅速降温的食物物料，如蔬菜中的叶菜类。对于这类食品物料，由于蒸发的速度快，所需的降温时间短(10～15s)，造成的水分损失并不很大(2%～3%)。

三、食品的冷藏

食品的冷藏有两种普遍使用的方法，即空气冷藏法和气调冷藏法。前者是适用于所有食品的冷藏方法，后者则适用于水果、蔬菜等鲜活食品的冷藏。

1. 空气冷藏法

这种方法是将冷却(也有不经冷却)后的食品放在冷藏库内进行保藏，其效果主要取决于下列各种因素。

(1)相对湿度

食品在冷藏时，除了少数是密封包装，大多是放在敞开式包装中。这样冷却食品中的水分就会自由蒸发，引起减重、皱缩或萎蔫等现象。如果提高冷藏间内空气的相对湿度，就可抑制水分的蒸发，在一定程度上防止上述现象的发生。但是，相对湿度太高，可能会有益于微生物的生长繁殖。

高相对湿度并不一定就会引起微生物的生长繁殖，这要取决于冷藏温度的变化。温度的波动很容易导致高相对湿度的空气在食品表面凝结水珠，从而引起微生物的生长。因此，如果能维持低而稳定的温度，那么高相对湿度是有利的。尤其是对于孢子甘蓝、菠菜、芹菜等特别易萎蔫的蔬菜，相对湿度应高于90%，否则就应采取防护性包装或其他措施，以防止水分的大量蒸发。

(2)冷藏温度

大多数食品的冷藏温度是在－1.5℃～10℃之间，通常动物性食品的冷藏温度低些，而水果、蔬菜的冷藏温度则因种类不同而有较大的差异。

合适的冷藏温度是保证冷藏食品质量的关键，但在贮藏期内保持冷藏温度的稳定也同样重要。有些产品贮藏温度波动±1℃就可能对其贮藏期产生严重的影响。例如，苹果、桃和杏子在0.5℃下的贮藏期要比1.5℃下延长约25%。因此，要作长期冷藏的食品，温度波动应控制在±1℃以内，而对于蛋、鱼以及某些果蔬等，温度波动应在±0.5℃以下，否则，就会引起这些食品的霉变或冷害，进而，严重损害冷藏食品的质量，缩短它们的贮藏期。

(3)通风换气

在贮存某些可能产生气味的冷却食品如各种水果、蔬菜、干酪等时，必须通风换气。但在大多数情形下，由于通风换气可通过渗透、气压变化、开门等途径自发地进行，因此，不必专门进行通风换气。

通风换气的方法有自由通风换气和机械通风换气两种。前者即将冷库门打开后，自然地进行通风换气，后者则是借助于换气设备进行通风换气。不论采用何种换气方法，都必须考虑引入新鲜空气的温度和卫生状况。只有与库温相近的、清洁的、无污染的空气才允许引入库内。

(4)空气循环

空气循环的作用一方面是带走热量，这些热量可能是外界传入的，也可能是由于水果、蔬菜的呼吸而产生的；另一方面是使冷藏室内的空气温度均匀。

空气循环可以通过自由对流或强制对流的方法产生，目前在大多数情形下采用强制对流的方法。

空气循环的速度取决于产品的性质、包装等因素。循环速度太小，可能达不到带走热量、平衡温度的目的；循环速度太快，会使水分蒸发太多而严重减重，并且会消耗过多的能源。一般最大的循环速度不超过0.3～0.7m/s。

何时通风及通风换气的时间没有统一规定，依产品的种类、贮藏方法及条件等各种因素而定。

(5)产品的相容性

食品在冷藏时，必须考虑其相容性，即存放在同一冷藏室中的食品，相互之间不允许产生不利的影响。例如，某些能释放出强烈而难以消除的气味的食品如柠檬、洋葱、鱼等，与某些容易吸收气味的食品如肉类、蛋及黄油等存放在一起时，就会发生气味交换，影响冷藏食品的质量。所以，上述食品如无特殊的防护措施，不可在一起贮存。

(6)包装及堆码包装

包装及堆码包装对于食品冷藏是有利的，这是因为包装能方便食品的堆垛，减少水分蒸发并能提供保护作用。常用的包装有塑料袋、木板箱、硬纸板箱及纤维箱等。包装方法可采用普通包装法，也可用充气包装及真空包装法。

不论是否包装，产品在堆码时必须做到：①稳固；②能使气流流过每一个包装；③方便货物的进出。因此，在堆码时，产品一般不直接堆在地上，也不能与墙壁、天棚等相接触，包装之间要有适当的间隙，垛与垛之间要留下适当大小的通道。

2. 气调冷藏法

气调冷藏法也叫CA(Controlled Atmosphere)冷藏法，是指在冷藏的基础上，利用调整环境气体来延长食品货架期的方法。气调冷藏技术早期主要在果蔬保鲜方面的应用比较成功，但这项技术如今已经发展到肉、禽、鱼、焙烤产品及其他方便食品的保鲜，而且正在推向更广的领域。

(1)气调冷藏法的原理

气调技术的基本原理是：在一定的封闭体系内，通过各种调节方式得到不同于正常大气组成(或浓度)的人工气体，以此来抑制食品本身引起品质劣变的生理生化过程或抑制作用于食品的微生物活动。

通过对食品贮藏规律的大量研究我们发现，引起食品品质下降的食品自身生理生化过程和微生物作用过程多数与O_2和CO_2有关。新鲜果蔬的呼吸作用、脂肪氧化、酶促褐变、需氧微生物生长活动都依赖于O_2的存在。另一方面，许多食品的变质过程要释放CO_2，CO_2对许多引起食品变质的微生物都有直接抑制作用。因此，各种气调手段主要以这两种气体作为调节对象。所以气调冷藏技术的核心是改变食品环境中的气体组成，使其组分中的CO_2浓度比空气中的CO_2浓度高，而O_2的浓度则低于空气中O_2的浓度，配合适当的低温条件，来延长食品的寿命。

应指出的是，有些水果、蔬菜对CO_2浓度和O_2浓度两者中的某一种的变化更为敏感。但是，两者同时变化往往能产生更大的抑制作用。在实际的CA冷藏时，都是既降低环境中O_2的浓度，同时又提高CO_2的浓度，但适宜的O_2浓度和CO_2浓度因果蔬种类不同而有所不同，不同果蔬品种CA贮保证CA贮藏室内的氧浓度不低于临界需氧量，同时，也要注意防止二氧化碳浓度过高而造成对果蔬的伤害。

(2)气调冷藏的特点

与一般空气冷藏条件相比，气调冷藏优点多，能更好地延长商品的贮藏寿命。CA贮藏能抑制果蔬的呼吸作用，阻滞乙烯的生成，推迟果蔬的后熟，延缓其衰老过程，从而显著地延长果蔬的保鲜期；能减少果蔬的冷害，从而减少损耗。在相同的贮藏条件下，气调贮藏的损失不足4%，而一般空气冷藏的为15%～20%；能抑制果蔬色素的分解，保持其原有色泽；能阻止果蔬的软化，保持其原有的形态；能很大程度上抑制果蔬有机酸的减少，保持其原有的风味；能有效阻止昆虫、鼠类等有害生物的生存，使果蔬免遭损害。另外，气调贮藏由于长期受低O_2和高CO_2的影响，解除气调后，仍然会有一段时间的滞后效应。在保持相同品质的条件下，气调贮藏的货架期是空气冷藏的2～3倍。气调贮藏中所用的措施都是物理因素，不会造成任何形式的污染，完全符合绿色食品标准，有利于推行食品绿色保藏。

CA贮藏法的主要缺点是一次投资较大、成本较高而应用范围又非常有限，目前仅在苹果、梨等水果中有较大规模的应用。

(3)CA贮藏的方法

CA贮藏有很多方法，根据达到CA气体组成的方式不同，分成以下四类。

①自然降氧法。自然降氧法即利用果蔬在贮藏过程中自身的呼吸作用使气调库内空气中O_2浓度逐渐降低，CO_2浓度逐渐升高，并根据库内O_2浓度、CO_2浓度的变化，及时除去多余的CO_2和引入新鲜空气，补充O_2，从而维持所需的O_2/CO_2比例。除去多余CO_2的方法有活性炭洗涤法、消石灰洗涤法、氢氧化钠溶液洗涤法及膜交换法等。

但是，使用自然降氧法获得适当的O_2/CO_2浓度比例的时间过长，且难以控制O_2/CO_2之比例，保藏效果不好。

②机械降氧法。机械降氧法就是利用人工调节的方式，在短时间内将大气中的O_2和CO_2调节到适宜浓度，并根据气体组成的变化情况经常调整使其保持不变，误差控制在1%以内。快速降氧的方式通常有两种，一种是利用催化燃烧装置降低贮藏环境中空气含氧量，用二氧化碳脱除装置降低燃烧后空气中二氧化碳的含量。另一种是利用制氮机(或氮气源)直接向贮藏室充入氮气，把含氧高的空气排除，以造成低氧环境。这种方法能迅速达到CA气体组成，且易精确控制CA气体组成，因此保藏效果比较好。缺点是所需设备较多，成本较高。现在，已有成套的专用气调设备，可以按照要求预先将适宜比例的人工气体制备好，再引入气调库。

③气体半透膜法。气体半透膜法即利用硅胶或高压聚乙烯膜作为气体交换扩散膜，使贮藏室内的CO_2与室外的O_2交换来达到CA贮藏的方法。通过选择不同厚度的半透膜，即可控制气体交换速率，维持一定的O_2/CO_2比例。虽然该法简便易行，但效果较差。

④减压降氧法。减压降氧法是利用真空泵，将贮藏室进行抽气，形成部分真空，室内空气各组分的分压都相应下降。一个减压系统包含的内容可概括为减压、增湿、通风、低温。这里除低温外，其余都是普通气调贮藏所不具备的。减压贮藏具有特殊的贮藏条件，是在精确严密的控制之下。一般情况下，总压力可控制在266.4Pa的水平，氧含量的水平可以调节至±0.05%的精度，因而，可以获得最佳贮藏所需要的低氧水平，为贮藏易腐产品提供最好的环境，取得良好的保藏效果。

第三节　食品的冻结与冻藏

一、食品的冻结

(一)冻结食品物料的前处理

由于冻藏食品物料中的水分冻结产生冰结晶，冰的体积较水大，而且冰结晶较为锋利，对食品物料(尤其是细胞组织比较脆弱的果蔬)的组织结构产生损伤，使解冻时食品物料产生汁液流失；冻藏过程中的水分冻结和水分损失使食品物料中的溶液增浓，各种反应加剧。因此食品物料在冻藏前，除了采用类似食品冷藏的一般预处理，冻藏食品物料往往需采取一些特殊的前处理形式，以减少冻结、冻藏和解冻过程中对食品物料质量的影响。现在详细介绍加糖处理，热烫处理，浓缩处理，加盐处理还有冰衣处理，包装处理，加抗氧化剂处理就不赘述。

1. 加糖(Syruping,Sugaring)处理

主要是针对水果。将水果进行必要的切分后渗糖,糖分使水果中游离水分的含量降低,减少冻结时冰结晶的形成;糖液还可减少食品物料和氧的接触,降低氧化作用。渗糖后可以沥干糖液,也可以和糖液一起进行冻结,糖液中加入一定的抗氧化剂可以增加抗氧化的作用效果。

2. 热烫(Blanching)处理

主要是针对蔬菜,又称为杀青、预煮。通过热处理使蔬菜等食品物料内的酶失活变性。常用热水或蒸汽对蔬菜进行热烫,热烫后应注意沥净蔬菜上附着的水分,使蔬菜以较为干爽状态进入冻结。

3. 浓缩处理

主要用于液态食品,如乳、果汁等。液态食品不经浓缩而进行冻结时会产生大量的冰结晶,使液体的含量增加,导致蛋白质等物质的变性、失稳等不良结果。浓缩后液态食品的冻结点大为降低,冻结时结晶的水分量减少,对胶体物质的影响小、解冻后易复原。

4. 加盐(Salting)处理

主要针对水产品和肉类,类似于盐腌。加入盐分也可减少食品物料和氧的接触,降低氧化作用。食盐对这类食品物料的风味影响较小。

(二)冻结方法

食品冻结的方法与介质、介质和食品物料的接触方式以及冻结设备的类型有关,一般按冷冻所用的介质及其和食品物料的接触方式分为空气冻结法、间接接触冻结法和直接接触冻结法三类。每一种方法又包括了多种冻结方法(表 7-2)。

表 7-2　冻结方法分类

空气冻结法	间接接触冻结法	直接接触冻结法
静止空气冻结法	平板式	制冷剂接触式
搁架式	卧式、立式	液氮、液态 CO_2、R-12
鼓风空气冻结法	回转式	载冷剂接触式
隧道式	钢带式	
小推车式、输送带式、吊蓝式		
螺旋式		
流化床式		
斜槽式、一段带式、两段带式、往复振动式		

1. 空气冻结法(Air Freezing)

空气冻结法所用的冷冻介质是低温空气,冻结过程中空气可以是流动的,也可以是静止的。静止空气冻结法在绝热的低温冻结室进行,冻结室的温度一般在－40℃～－18℃。在整个冻结过程中的低温空气基本上处于静止状态,但是仍然存在自然的对流。有时为了改善空气的循环,在室内加装风扇或空气扩散器,以便使空气可以缓慢的流动。冻结所需的时间大约

为 3h～3d，视食品物料及其包装的大小、堆放情况以及冻结的工艺条件而有所区别。这是目前唯一的一种缓慢冻结方法。

用此法冻结的食品物料包括牛肉、猪肉(半胴体)、盘装整条鱼、箱装的家禽、箱装的水果、5kg 以上包装的蛋品等。

鼓风冻结法(Air-blast Freezing)也是空气冻结法其中之一。冷冻所用的介质也是低温空气，但采用鼓风，使空气强制流动并和食品物料充分接触，增强制冷的效果，从而达到快速冻结目的。冻结室内的空气温度一般为－46℃～－29℃，空气的流速在 10～15m/s。冻结室有供分批冻结用的房间，也有用输送带或小推车作为运输工具进行连续隧道冻结。隧道式冻结适用于大量包装或散装食品物料的快速冻结。鼓风冻结法中空气的流动方向可以和食品物料总体的运动方向相同(顺流)，也可以相反(逆流)。

小推车隧道冻结，可以将需冷冻的食品物料先装在冷冻盘上，然后置于小推车上进入隧道，小推车在隧道中的行进速率可根据冻结时间和隧道的长度设定，使小推车从隧道的末端出来时食品物料已完全冻结。空气流速在 2～3m/s，温度一般在－45℃～－35℃，冻结时间为：包装食品 1～4h，较厚食品 6～12h。在采用输送带隧道冻结时，食品物料被置于输送带上进入冻结隧道，输送带可以做成螺旋式以减小设备的体积，输送带上还可以带有通气的小孔，以便冷空气从输送带下由小孔吹向食品物料，这样在冻结颗粒状的散装食品物料时，颗粒状的食品物料可以被冷风吹起而悬浮于输送带上空，使空气和食品物料能更好地接触，这种方法又被称为流化床式冻结(Fluid Bed Freezing)。散装的颗粒型食品物料可以通过这种方法实现快速冻结，冻结时间一般只需要几分钟，这种冻结被称为单体快速冻结(IQF)。

2. 间接接触冻结法

间接冻结法是指把食品放在由制冷剂(或载冷剂)冷却的板、盘、带或其他冷壁上，与冷壁直接接触，但与制冷剂(或载冷剂)间接接触。对于固态食品，可将食品加工为具有平坦表面的形状，使冷壁与食品的一个或两个平面接触；对于液态食品，则用泵送方法使食品通过冷壁热交换器，冻成半融状态。

最常见的间接接触冻结法是板式冻结法。它采用制冷剂或低温介质冷却金属板以及和金属板密切接触的食品物料。这是一种制冷介质和食品物料间接接触的冻结方式，其传热的方式为热传导，冻结效率跟金属板与食品物料之间的接触状态有关。该法可用于冻结包装和未包装的食品物料，外形规整的食品物料由于和金属板接触较为紧密，冻结效果较好。小型立方体型包装的食品物料特别适用于多板式速冻设备进行冻结，食品物料被紧紧夹在金属板之间，使它们相互密切接触而完成冻结。冻结时间取决于包装的大小、制冷剂的温度、相互密切接触的程度和食品物料的种类等。厚度为 3.8～5.0cm 的包装食品的冻结时间一般在 1～2h。该法也可用于生产机制冰块。

板式冻结装置可以是间歇的，也可以是连续的。与食品物料接触的金属板可以是立式的，也可以是卧式的。立式的适合冻结无包装的块状食品物料，如整鱼、内脏和剔骨肉等，也可用于包装产品。立式装置不用贮存和处理货盘，大大节省了占用的空间，但立式的不如卧式的灵活。回转式或钢带式分别是用金属回转筒和钢输送带作为和食品物料接触的部分，具有可连续操作等特点。卧式的主要用于冻结分割肉、肉制品、鱼片、虾及其小包装食品物料的快速冻结。

3. 直接接触冻结法

直接接触冻结法又称为液体冻结法(Liquid Freezing),它是用制冷剂或载冷剂直接喷淋或浸泡需冻结的食品物料。可以用于包装和未包装的食品物料。

由于直接接触冻结法中载冷剂或制冷剂等不冻液直接与食品物料接触,这些不冻液应该纯净、无毒、无异味和异样气体、漂白作用和无外来色泽、不易燃、不易爆等,和食品物料接触后也不能改变食品物料原有的成分和性质。常用的载冷剂有糖液、盐水和多元醇-水混合物等。所用的盐通常是 NaCl 或 $CaCl_2$,应控制盐水的含量使其冻结点在-18℃以下。当温度低于盐水的低共熔点时,盐和水的混合物会从溶液中析出,所以实际上盐水有一个最低冻结温度,如 NaCl 盐水的最低冻结温度为-21.13℃。盐水可能对未包装食品物料的风味有影响,目前主要用于海鱼类。盐水具有比热容大、黏度小和价格便宜等特点,但其腐蚀性大,使用时应加入一定量的防腐蚀剂。

蔗糖溶液是常用的糖液。可用于冻结水果,但要达到较低的冻结温度所需的糖液含量较高,如要达到21℃所需的蔗糖含量为62%(质量分数),而这样的糖液在低温下黏度很高,传热效果差。

丙三醇-水混合物曾被用来冻结水果,丙二醇和丙三醇都可能影响食品物料的风味,一般不适用于冻结未包装的食品物料。67%的丙三醇-水混合物(体积分数)的冻结点为-47℃。60%的丙二醇-水混合物(体积分数)的冻结点为-515℃。

用于直接接触冻结的制冷剂一般有:液态氮、液念氟里昂和液态二氧化碳等。采用制冷剂直接接触冻结时,由于制冷剂的温度都很低(如液氮和液态 CO_2 的沸点分别为-196℃和-78℃),冻结可以在很低的温度下进行,故此时又被称为低温冻结(Cryogenic Freezing)。此法的传热效率很高。冻结速率极快、冻结食品构料的质量高、干耗小,而且初期投资也很低,但运转费用较高。采用液态氟里昂还要注意对环境的影响。

二、食品冻结与冻藏技术

(一)冻结速率的选择

一般认为,速冻食品的质量高于缓冻食品,这是由于速冻形成的冰结晶细小而且均匀;冻结时间短,允许食品物料内盐分等溶质扩散和分离出水分以形成纯冰的时间也短;还可以将食品物料的温度迅速降低到微生物的生长活动温度以下,减少微生物的活动给食品物料带来的许多不良影响;另外,食品物料迅速从未冻结状态转化成冻结状态,浓缩的溶质和食品组织、胶体以及各种成分相互接触的时间也明显减少。浓缩带来的危害也随之下降到最低的程度。

至于多大的冻结速率才是速冻,目前还没有统一的概念,实际应用中多以食品类型或设备性能划分。冻结的速率与冻结的方法、食品物料的种类、大小、包装情况等许多因素有关。一般认为冻结时食品物料从常温冻至中心温度低于-18℃,果蔬类不超过30min,肉食类不超过6h为速冻。

(二)冻藏的温度与冻藏的时间

冻藏温度的选择主要考虑食品物料的品质和经济成本等因素。从保证冻藏食品物料品质的角度看,温度一般应降低到-10℃以下,才能有效地抑制微生物的生长繁殖;而要有效控制酶反应,温度必须降低到-18℃以下,因此一般认为-12℃是食品冻藏的安全温度,-18℃下则能较好地抑制酶的活力、降低化学反应,更好地保持食品的品质。目前国内外基于经济与冻藏食品的质量,大多数的食品冻藏温度都为-18℃,有的特殊产品也会低于-18℃。但冻藏温度愈低,冻藏所需的费用就会愈高。

冻藏过程中由于制冷设备的非连续运转,以及冷库的进出料等影响,使冷库的温度并非恒定地保持在某一固定值,而是会产生一定的波动,过大的温度波动会加剧重结晶现象,使冰结晶增大,影响冻藏食品的质量。因此应该采取一些必要措施,尽量减少冻藏过程中冷库的温度波动。

除了冷库的温度控制系统应准确、灵敏外,进出口都应有缓冲间,而且每次食品物料的进出量不能太大。

冻藏食品物料的贮藏期与食品物料的种类、冻藏的温度有关,不同的冻藏温度、不同的食品物料,其贮藏期有所不同。冻藏的食品物料是食品加工的原辅材料,冻藏过程往往是在同一条件下完成,而作为商品销售的冻藏食品,其冻藏过程是在生产、运输、贮藏库、销售等冷链(Cold Chain)环节中完成的。在不同环节的冻藏条件可能有所不同,其贮藏期要综合考虑各个环节的情况来确定。为此出现了冷链中的 TTT 概念。冷链是指从食品的生产到运输、销售等各个环节组成的一个完整的物流体系,TTT 是指时间-温度-品质耐性(Time-Temperature-Tolerance),用以衡量在冷链中食品的品质变化(允许的贮藏期),并可根据不同条件及环节下冻藏食品品质的下降情况,确定食品在整个冷链中的贮藏期限。

TTT 的计算依如下步骤进行:首先了解冻藏食品物料在不同温度下的品质保持时间(贮藏期)D_1;然后计算在不同温度下食品物料在单位贮藏时间(如 1d)所造成的品质下降程度 $d=1/D_1$:根据冻藏食品物料在冷冻链中不同环节停留的时间 t_1 确定冻藏食品物料在冷链各个环节中的品质变化(t_1/d_1);最后确定冻藏食品物料在整个冷链中的品质变化,$\sum(t_1/d_1)=1$ 是允许的贮藏期限。当 $\sum(t_1/d_1)<1$ 表示已超出允许的贮藏期限;当 $\sum(t_1/d_1)>1$ 表示仍在允许的贮藏期限之内。

图 7-1 是在不同温度下冻藏食品 1d 的品质降低值和在冷链不同环节的停留(贮藏)时间得到的 TTT 曲线图。表 7-3 是相应的计算数值。可以看出,按表中冷链各环节的条件,最终食品物料的品质已超出允许限度(1d 内的品质降低量×各环节时间≤1)。

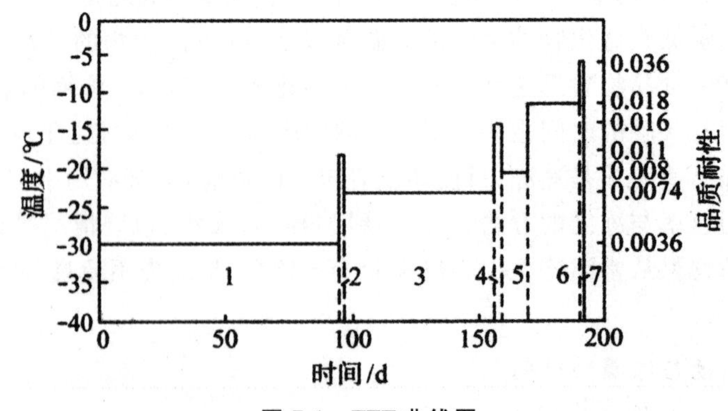

图 7-1 TTT 曲线图

表 7-3　根据 TTT 线图达到的相应计算值

冷链环节	温度/℃	时间/d	1 天内食品品质的降低量	该环节食品品质的降低量
生产者的冻结保藏	−30	95	0.0036	0.344
生产者到批发商的冻结输送	−18	2	0.011	0.022
批发商的冻结保藏	−22	60	0.0074	0.444
批发商到零售商的冻结输送	−14	3	0.016	0.048
零售商的冻结保藏	−20	10	0.008	0.080
零售商的冻结销售	−12	21	0.018	0.378
零售商到消费者的冻结输送	−6	1	0.036	0.036
合计		192		1.352>1

(三)一些食品物料冻结与冻藏工艺及控制

1. 果蔬冻结与冻藏工艺及控制

果蔬的冻结、冻藏工艺与果蔬的冷藏、冷却工艺有较大的差别。果蔬采收后还有生命活动，但冻结与冻藏将使其失去生命的正常代谢活动，也不再具有后熟作用，果蔬由有生命体变为无生命体，这一点与果蔬冷却、冷藏截然不同。因此，要冻结、冻藏的果蔬应在适合食用的成熟度采收。果蔬的组织比较脆弱，细胞质膜均由弹性较差的细胞壁包裹，冻结所形成的大冰晶对细胞产生机械损伤，为使冻结形成的冰结晶小而均匀，一般采用速冻工艺。如采用流化床冻结小颗粒状的果蔬，也可采用金属平板接触式冻结，或低温液体的喷淋和浸渍冻结。冻结温度视果蔬种类等而定。

果蔬因品种、种类、组成分和成熟度的不同，对低温冻结的承受力有较大的差别。质地柔软、糖类、含有机酸和果胶质较多的果蔬(如番茄)，冻结点较低，需要较低的冻结与冻藏温度，而且解冻后此类果蔬的品质与新鲜物料相比有较大的差距；也有一些果蔬的质地较硬(如豆类)，冻结与冻藏过程对其品质影响较小，解冻后的品质与新鲜、未经冻结的相差不大，这类果蔬比较适宜冻藏。果蔬冻结前处理(如热烫、渗糖等)对减小冻结、冻藏过程对果蔬品质的影响非常重要。

果蔬冻藏过程的温度越低，对果蔬品质的保持效果越好。经过热烫处理的果蔬，多数可在温度−18℃下实现跨季度冻藏，也有少数果蔬(如蘑菇)必须在−25℃以下才能实现跨季度冻藏。为减少冻藏成本，−18℃仍是广泛采用的冻藏温度。

2. 畜、禽肉类的冻结与冻藏工艺及控制

作为食品加工原料用的畜肉类的冻结多是将畜肉胴体或半胴体进行冻结，常采用空气冻结法经一次冻结工艺或者是两次冻结工艺完成。一次冻结工艺是指将屠宰后的畜肉胴体在一个冻结间内完成全部冻结过程。两次冻结工艺是将畜肉的冷却过程和冻结过程进行分开，先将屠宰后的畜肉胴体先在冷却间内用冷空气冷却(或称预冻)，温度一般从 37℃～40℃降至 0℃～4℃，然后将冷却后的畜肉移送到冻结间进行冻结，使畜肉的温度继续降低至冻藏的温度。两次冻结工艺比一次冻结工艺冻结的肉的质量好，尤其是对于易产生寒冷收缩的羊肉、牛肉更明显。但两次冻结工艺的生产效率较低、干耗大。而一次冻结工艺的效率高、干耗小、时间短。一般采用一次冻结工艺比两次冻结工艺缩短时间 45%～50%；节省劳力 50%；节省建筑面积 30%，减少干耗 40%～50%。为了改善肉的品质，也可以采用介于上两种工艺之间的冻结工艺，即先将屠宰后的鲜肉冷却至 10℃～15℃，然后再在冻结间冷却、冻结至冻藏温度。

畜肉冻藏中一般将冻结后的胴体堆叠成方形料垛，下面用方木垫起，整个方垛距离冷库的围护结构约 40～50cm，距离冷排管 30cm，冷库内的空气的温度 20℃～－18℃，相对湿度 95%～100%，空气流速 0.2～0.3m/s。如果是长期贮藏，冻藏的温度应更低些。目前许多国家的冻藏温度向更低的温度(30℃～－28℃)发展，冻藏的温度愈低，贮藏期愈长。

禽肉的冻结可用液体冻结或冷空气冻结法完成，采用鼓风冻结法较多。禽肉的冻结视有无包装、整只禽体还是分割禽体，其冻结工艺会有一些不同。无包装的禽体多采用空气冻结，冻结后在禽体上包冰衣或用包装材料包装。有包装的禽体可用冷空气冻结，也可用液体喷淋或浸渍冻结。禽肉冻结时，冻结肉的温度一般为 25℃或更低一些，相对湿度在 85%～90%之间，空气流速 2～3m/s。冻结时间与禽类品种和冻结方式有关，一般是鸡肉比鸭肉、鹅肉等要快一些，装在铁盘内比在木箱或纸箱中要快一些。如鸡肉，在上述冻结条件下，装在铁盘内冻结时间为 11h，而装在箱内则需要 24h。

禽肉的冻藏条件与畜肉的相似，冷库的温度一般在－20℃～－18℃，相对湿度 95%～100%。冻藏库内的空气以自然循环为宜，昼夜温度波动应小于±1℃。在正常情况下小包装的火鸡肉、鹅肉、鸭肉在－18℃可冻藏 12～15 个月，在－30℃～－25℃可贮藏 24 个月，用复重合材料包装的分割鸡肉可冻藏 12 个月。对无包装的禽肉，应每隔 10～15 天向禽肉垛喷冷水一次，使暴露在空气中的禽体表面冰衣完整，减少干耗等。

3. 鱼类的冻结与冻藏工艺及控制

鱼类的冻结可采用金属平板、空气或低温液体冻结法完成。与空气冻结相比，平板冻结的干耗和能耗均比较少。空气冻结往往在隧道内完成，鱼在低温高速冷空气的直接冷却下快速冻结。冷空气的温度一般在 25℃以下，空气的流速在 3～5m/s。为了减少干耗，相对湿度应大于 90%。金属平板冻结是将鱼放在鱼盘内压在两块平板之间，施加的压力约在 40～100kPa，冻结后鱼的外形比较规整，便于包装和运输。低温液体冻结可用低温盐水或液态制冷剂进行，一般用于海鱼类的快速冻结，其干耗也比较小。

冻结后鱼体的中心温度约在－18℃～－15℃，特殊的鱼类可能要冻结到－40℃左右。鱼在冻藏之也应该行包冰衣或加适当的包装，冰衣的厚度一般在 1～3mm。包冰衣时对于体积较小的鱼或低脂鱼可在约 2℃的清水中浸没 2～3 次，每次 3～6s。大鱼或多脂鱼浸没 1 次，浸没时间 10～20s。冻藏过程中还应定时向鱼体表面喷水。在冷库进出口、冷排管附近的鱼体的冰衣升华蒸发量较大，冰衣可以适当加厚一些。

鱼的冻藏期与鱼的脂肪含量有很大关系，对于多脂鱼(如鲭鱼、鳟鱼、大马哈鱼、鲱鱼、等)，在 18℃下仅能贮藏 2～3 个月；而对于少脂鱼(如鳕鱼、黑线鳕、鲈鱼、比目鱼、绿鳕等)，在－18℃下能贮藏 4 个月。多脂鱼一般的冻藏温度在－29℃以下，少脂鱼在－23℃～－18℃，而部分肌肉呈红色的鱼的冻藏温度应低于－30℃。易于包装和运输。与空气冻结相比，平板冻结的干耗和能耗均比较少。低温液体冻结可用液态制冷剂或低温盐水进行，一般用于海鱼类的快速冻结，其干耗也小。

冻结后鱼体的中心温度约在−18℃～−15℃，特殊的鱼类可能要冻结到−40℃左右。鱼在冻藏前也应进行包冰衣或加适当的包装。冰衣的厚度一般在1～3mm。大鱼或多脂鱼浸没1次，浸没时间10～20s。冻藏过程中还应定时向鱼体表面喷水。在冷库进出口、冷排管附近的鱼体的冰衣升华蒸发量较大，冰衣可以加厚一些。

三、食品在冻结、冻藏过程中的变化

（一）食品在冻结过程中的变化

1. 体积的变化

0℃的纯水冻结后体积约增加8.7%，食品物料在冻结后也会发生体积膨胀，但膨胀的程度较纯水小。但也有一些例外情况，如高浓度的蔗糖溶液冻结后体积会出现很小的收缩。影响这一变化的因素包括：①成分，主要是物料的水分质量分数和空气体积分数。食品物料中溶质和悬浮物的存在有一"替代"效应，也就是这些物质的存在相对减少了物料中的水分含量，而水是导致物料体积发生变化的原因，水分的减少使冻结时物料体积的膨胀减小；物料内的空气主要存在于细胞之间（特别是对于植物组织），空气可为冰结晶的形成与长大提供空间，因此空气所占的体积增大，会减小体积的膨胀。②冻结时未冻结水分的比例。食品物料中可以冻结的自由水分的减少意味着冻结时冰结晶的减少，溶质的种类和数量会影响到物料中结合水的量和形成过冷状态的趋势。

冻结前后物料的体积在不同温度段的变化规律不同，这些温度段可以分为：冷却阶段（收缩）、冰结晶形成阶段（膨胀）、冰结晶的降温阶段（收缩）、溶质的结晶阶段（收缩或膨胀，视溶质的种类而定）、冰盐结晶的降温阶段（收缩）、非溶质如脂质的结晶和冷却（收缩）。多数情况下，冰结晶形成所造成的体积膨胀起主要作用。

2. 水分的重新分布

冰结晶的形成还可能造成冻结食品物料内水分的重新分布，这种现象在缓慢冻结时较为明显。因为缓冻时食品物料内部各处不是同时冻结，细胞外的水分往往先冻结，冻结后造成细胞外的溶液浓度升高，细胞内外由于浓度差而产生渗透压差，使细胞内的水分向细胞外转移。

3. 机械损伤

机械损伤也称冻结损伤。食品物料冻结时冰结晶的形成、体积的变化和物料内部存在的温度梯度等，会导致产生机械应力并产生机械损伤。机械损伤对脆弱的食品组织，如果蔬等植物组织的损伤较大。一般认为，冻结时的体积变化和机械应力是食品物料产生冻结损伤的主要原因。机械应力与食品物料的大小、冻结速率和最终的温度有关。小的食品物料冻结时内部产生的机械应力小些。对于一些含水较高、厚度大的物料，表面温度下降极快时可能导致物料出现严重的裂缝，这往往是由于物料组织的非均一收缩所致（物料外壳首先冻结固化，而当内部冻结膨胀时导致外壳破裂）。

4. 非水相组分被浓缩

由于冻结时物料内水分是以纯水的形式形成冰结晶，原来水中溶解的组分会转到未冻结的水分中而使剩余溶液的浓度增加。浓缩的程度主要与冻结速率和冻结的终温有关，在冰盐

结晶点之上时温度越低，浓缩程度越高。液态食品物料冻结时加以搅拌可以减少溶质在固—液界面的聚集，因此有助于纯冰结晶的形成，溶质的浓缩也将达到最大程度。缓慢冻结会导致连续、平滑的固—液界面，冰结晶的纯度较高，溶质的浓缩程度也较大；反之，快速冻结导致不连续、不规则的固—液界面，冰结晶中会夹带部分溶质，溶质的浓缩程度也就较小。冻结浓缩现象可以用于液态食品物料的浓缩。

冻结—浓缩现象会导致未冻结溶液的相关性质，如酸度、离子强度、黏度、冻结点以及表面和界面张力、氧化还原电势等的变化。此外，冰盐共晶混合物可能形成，溶液中的氧气、二氧化碳等可能被驱除。水的结构和水—溶质的相互作用也可能发生变化。冻结浓缩对食品物料产生一定的损害，如生化和化学反应加剧，大分子物质由于浓缩使分子间的距离缩小而可能发生相互作用，使大分子胶体溶液的稳定性受到破坏等。由冻结浓缩造成的对食品物料的损害因食品物料的种类而有差异。一般来说，动物性物料组织所受的影响较植物性的大。冻结浓缩所造成的损害可以发生在冻结、冻藏和解冻过程中，损害的程度与食品物料的种类和工艺条件有关。人们研究过食品物料冻结后 pH 的变化，结果发现高蛋白质的食品物料，如鸡、鱼冻结后 pH 会增加（特别是当初始 pH 低于 6 时），而低蛋白质的食品物料如牛乳、绿豆冻结后 pH 会降低。

（二）食品在冻藏过程中的物理和化学变化

1. 重结晶

重结晶是指冻藏过程中食品物料中冰结晶的大小、形状、位置等都发生了变化，冰结晶的数量减少、体积增大的现象。人们发现，将速冻的水果与缓冻的水果同样贮藏在−18℃下，速冻水果中的冰结晶不断增大，几个月后速冻水果中冰结晶的大小变得和缓冻的差不多。这种情况在其他食品原料中也会发生。

导致重结晶的原因可能有几种。一般认为，任何冰结晶表面（形状）和内部结构上的变化有降低其本身能量水平的趋势，表面积，体积比大、不规则的小结晶变成表面积/体积比小、结构紧密的大结晶会降低结晶的表面能。这就是同分异质重结晶。

众多结晶系统中，当小结晶存在时，大结晶有“长大”的趋势，这可能是融化—扩散—重新冻结过程中冰结晶变大的原因，属于迁移性重结晶。在恒定温度和压力下，小结晶由于其很小的曲率半径，它对其表面分子的结合能力没有大结晶那么大，因此小结晶表现出相对熔点较高。在温度恒定的情况下，当物料中含有大量的直径小于 2μm 的结晶时，迁移性重结晶可以相当大的速率进行。在速冻果蔬等食品物料（甚至包括冰淇淋）中的冰结晶的大小一般远大于 2μm，而在一些速冻的小的生物材料中可能有直径小于 2μm 冰结晶。因此冻藏食品贮藏在恒定温度和压力下可以减少迁移性重结晶现象。冻藏中温度的波动以及与之相关的蒸汽压梯度会促进迁移性重结晶，食品物料中低温（低蒸汽压）处的冰结晶会在牺牲高温（高蒸汽压）处的冰结晶的情况下长大。在高温（高蒸汽压）外的最小的冰结晶会消失，较大的冰结晶会减小，当温度梯度相反时，较大冰结晶会长大，而由于结晶能的限制最小的冰结晶不会重新生成。

冰结晶相互接触也会发生重结晶，结晶数量的减少可导致整个结晶相表面能的降低，有人将此称为连生性重结晶。这也是造成冰结晶数量不断减少，体积不断增大的原因之一。

2. 冻干害

冻干害又称为冻烧、干缩，这是由于食品物料表面脱水（升华）形成多孔干化层，物料表面的水分可以下降到10%～15%以下，使食品物料表面出现氧化、变色、变味等品质明显降低的现象。冻干害是一种表面缺陷，多见于动物性的组织。减少干缩的措施包括减少冻藏间的外来热源及温度波动，降低空气流速，改变食品物料的大小、形状、堆放形式和数量，采取适当的包装等。

第四节　食品的解冻

冷冻食品在食用前要解冻复原。解冻是冻藏食品原料回温、冰结晶融化的过程。由于食品原料在冻结过程的状态和解冻过程的状态不同，解冻并不是冻结的简单逆过程。解冻过程要比冻结过程慢。冻结时食品原料表面首先冻结，形成固化层；解冻时食品原料表面首先融化。冰的导热率和热扩散率较水的大，冻结时的传热较解冻时快。解冻中的食品原料在冻结点附近的温度停留相当长的时间，这时化学反应、重结晶都可能发生。冻藏没有杀死微生物，有的只起抑制作用，解冻后食品的组织结构已有损伤，内容物渗出，加上温度升高，微生物生长繁殖就会发生。有些解冻过程可能在不正确的程序下完成，因此可能成为影响冻藏食品品质的重要阶段。

一、食品的解冻原理

将某个冻结食品放在温度高于其自身温度的解冻介质中，解冻过程即开始进行。食品解冻时将冻结时食品中所形成的冰结晶融化成水，必须从外界供给热能，其大部分用来融化冻品中的冰。热量传递在解冻过程中与冻结过程一样，都是从产品表面开始，冻品表层的冰首先融化成水，随着解冻的进行，融解部分逐渐向内部延伸。由于水的导热系 0.58W/(m·K)，冰的导热系数为 2.32W/(m·K)，融解层的导热系数为冻结层的 1/4，具有导热性能差的特征。因此，随着解冻的进行，产品内部的热阻逐渐增加，解冻速率就逐渐下降，和冻结过程恰好相反，产品的中心温度上升最慢。被解冻品的厚度越大，表层和内部的温差就越大，形成解冻的滞后。一般而言，解冻所需时间比相应的冻结所需时间要长。通常 0℃～－5℃温度带由于结冰，易发生蛋白质变性，停留时间过长使食品变色，产生异味、臭味。因此，在解冻过程中要求能快速通过此温度带，一般趋向于采用快速解冻。

二、食品的解冻方法

从能量的提供方式和传热的情况来看，解冻方法可以分为两大类：一类是采用具有较高温度的介质加热食品物料，传热过程是从食品物料的表面开始，逐渐向食品物料的内部(中心)进行；另一类是采用介电或微波场加热食品物料，此时食品物料的受热是内外同时进行。

1. 空气解冻法

空气解冻法是采用湿热的空气作为加热的介质，将要解冻的食品物料置于热空气中进行加热升温解冻。空气的温度不同，物料的解冻速率也不同，0℃～4℃的空气为缓慢解冻，20℃～25℃则可以达到较快速的解冻。由于空气的比热容和导热率都不大。在空气中解冻的速率不高。在空气中混入水蒸气可以提高空气的相对湿度，改善其传热性能，提高解冻的速率，还可以减少食品物料表面的水分蒸发。解冻时的空气可以是静止的，也可以采用鼓风。采用高湿空气解冻时，空气的湿度一般不低于98%，空气的温度可以在－3℃～20℃的范围，空气的流速一般为3m/s。但使用高温空气时，应注意防止空气中的水分在食品物料表面冷凝析出。

2. 水或盐水解冻法

水和盐水解冻都属于液体解冻法。由于水的传热特性比空气好，食品物料在水或盐水中的解冻速率要比在空气中快很多。类似液体冻结时的情况，液体解冻也可以采用浸渍或喷淋的形式进行。水或盐水可以直接和食品物料接触，但应以不影响食品物料的品质为宗旨，否则食品物料应有包装等形式的保护。水或盐水的温度一般在4℃～20℃，盐水一般为食盐水，盐的浓度一般为4%～5%，盐水解冻主要用于海产品。盐水还可能对物料有一定的脱水作用，如用盐水解冻海胆时，海胆的适度脱水可以防止其出现组织崩溃。

3. 冰块解冻法

冰块解冻法一般是采用碎冰包围待解冻的食品物料，利用接近水的冻结点的冰使食品物料升温解冻，这种方法可以使食品物料在解冻过程中一直保持在较低的温度，减少了物料表面的质量下降，但该法解冻时间较长。

4. 板式加热解冻

法板式加热解冻法与板式冻结法相似，是将食品物料夹于金属板之间进行解冻。此法适合于外形较为规整的食品物料，如冷冻鱼糜、金枪鱼肉等，其解冻速度快，解冻时间短．

5. 微波解冻法

微波解冻法是将欲解冻的食品置于微波场中，使食品物料吸收微波能并将其转化成热能，从而达到解冻的作用。由于高频电磁波的强穿透性，解冻时食品物料内外可以同时受热，解冻所需的时间很短。

6. 高压静电解冻法

高压静电解冻法是用10～30kV的电场作用于冰冻的食品物料，将电能转变成热能，从而将食品物料加热。这种方法解冻时间短，物料的汁液流失少。

除了上述的解冻方法外，近年来人们一直在寻找新的解冻方法，如超声波解冻、高压解冻等。

三、食品在解冻过程中的品质变化

解冻过程中，随着温度上升，细胞内冻结点较低的冰晶体首先融化，其后细胞间隙内冻结点较高的晶体才开始融化。由于细胞外溶液浓度较细胞内低，因此随着晶体的融化，水分逐渐向细胞内扩散和渗透，并且按照细胞亲水胶体的可逆性程度重新吸收。食品在解冻过程中常出现的质量问题：一是汁液流失，二是微生物的繁殖和酶促或非酶促等不良反应。汁液流失的多少成为衡量冻藏食品质量的重要指标。食品在解冻时，由于温度升高和冰晶融化，微生物和酶的活动逐渐加强，加上空气中氧的作用，将使食品质量发生不同程度的恶化。不经烫漂的淀粉含量少的蔬菜，解冻时汁液流失较多，且损失大量的B族维生素、维生素C和矿物质等营养素。动物性食品解冻后质地及色泽都会变差，汁液流失增加，而且肉类还可能出现解冻僵硬的变质现象。

汁液流失量与食品的切分程度、冻结方法、冻藏条件及解冻方法、解冻温度等因素有关。

由于流出的液滴中含有水溶性蛋白质、维生素、酸类和盐类的浸出物，因此汁液流失不仅使冻品的重量损失，同时使食品的风味、营养价值变差，品质下降。一般认为缓慢解冻可减少汁液流失，其原因是细胞间隙的水分向细胞内转移和蛋白质胶体对水分的吸附是一个缓慢的过程，需要在一定的时间内才能完成。缓慢解冻可使冰晶体融化速度与水分转移及被吸附的速度相协调，从而减少汁液的损失；如果快速解冻，那么大量冰晶体同时融化，来不及转移和被吸收，必然造成大量汁液外流。缓慢解冻虽然具有汁液流失较少的优点，但缓慢解冻会使食品物料在解冻过程中长时间地处于较高的温度环境中，给微生物的繁殖、酶和非酶反应创造了较好的条件，对食品的品质有一定不良的影响。一般来说，凡是采用快速冻结且较薄的冻结食品，宜采用快速解冻，而冻结畜肉和体积较大的冻结鱼类则采用低温缓慢解冻为宜。

第八章　食品的干燥保藏技术

第一节　食品干燥保藏原理

一、湿物料与水分的状态

(一)湿物料的形态

大多数的食品物料都是含有一定量水分的湿物料。按湿物料的外观形态不同可分为:块状物料,如马铃薯、切块胡萝卜等;条状物料,如刀豆、马铃薯条、香肠等;片状物料,如叶菜、肉片、葱蒜头片、饼干等;晶体物料,如葡萄糖、味精、柠檬酸、砂糖等;散粒状物料,如谷物、油料种子等;粉末状物料,如淀粉、面粉、乳粉、豆乳粉等;膏糊状物料,如麦乳精浆料、冰淇淋混料等;液体物料,如各种抽提液、浓缩蛋白液等。

(二)食品物料中水分存在的状态

1. 游离水

游离水又称非结合水,包括覆盖在食品外表面的润湿水分和食品内部毛细管和孔隙中的水分。它有时是以溶液状态存在,其蒸汽压为定值,与水蒸气相差无几,在干燥过程中首先被汽化而除去。但在一定条件下复水,常常较易恢复到原有的状态。

2. 物化结合水

包括细胞结构结合水、吸附结合水以及渗透结合水等,常常处于胶体状态。这部分水分所受到的结构和溶质的束缚力越强,其蒸汽压就越低,水分由物料内部向外扩散就越困难。当要用干燥方法除去这部分水分时,需要提供的热量除水分汽化潜热以外,还需要有相当大的脱吸所需要的热量。在一般条件下,脱去这种水分常会改变物料的物理性质。

3. 化学结合水

化学结合水包括晶体中的结晶水和碳水化合物中的结合水。晶体中的结晶水,如含水葡萄糖中的结晶水,通常在加热到一定温度时就汽化逸出,而物质的化学本性不改变,在一定条件下可以恢复到原来的结合水状态。碳水化合物中的化学结合水,则不能用干燥的方法除去,一旦在高温下脱除这部分水分,化学性质和物理性质就会完全改变,并且不能恢复原状。

二、水分活性与微生物的关系

(一)水分活性的定义

水分活性又叫水分活度(A_W),是指溶液的水蒸气分压(p)与同温度下溶剂(常以纯水)的饱和水蒸气分压(p_0)之比。即

$$A_W=\frac{p}{p_0}$$

在平衡条件下，平衡相对湿度(ERH)$=A_W\times100\%$，这说明水蒸气压并不因为有不溶性物质存在而改变。纯水的水分活性为1.00，即其ERH为100%，食品溶液的水分活性小于1.00。食品的水分活性值一般由水分活度仪测定。水分活性最能反映出食品中水的作用，如微生物、酶的活性及其他化学物理变化都与水分活性密切相关。表8-1反映出水分活性范围与食品变性反应的关系。

表8-1　水分活性范围与食品变性反应

A_W范围	主要变性反应类型	可能引起变性反应的类型
0.8～1	微生物生长	酶的反应
0.91	细菌	—
0.88	酵母	—
0.80	霉菌	—
0.65～0.8	酶的反应	非酶褐变(微生物生长)
0.75	(脂肪分解及褐变反应)	嗜盐细菌生长
0.70	—	耐渗酵母
0.65	—	耐旱霉菌
0.3～0.65	非酶褐变(美拉德反应)	酶的反应、自动氧化
0～0.3	自动氧化，物理变化	非酶褐变与酶的反应

(二)水分活性与微生物的关系

各种微生物生长所需要的最低水分活性值各不相同，表8-2为一般微生物生长发育的最低水分活性值。

表8-2　一般微生物生长发育的最低A_W值

微生物种类	生长繁殖的最低A_W
Cram氏阴性杆菌、一部分细菌的孢子和某些酵母菌	0.95～1.00
大多数球菌、乳杆菌、杆菌科的营养体细胞、某些霉菌	0.91～0.95
大多数酵母	0.87～0.91
大多数霉菌、金黄色葡萄球菌	0.80～0.87
大多数耐盐细菌	0.75～0.80
耐干燥细菌	0.65～0.75
耐高渗透压酵母	0.60～0.65
任何微生物不能生长	<0.60

细菌生长需要较高的水分活性，一般细菌A_W值低于0.9时均不能生长，大部分细菌的最

低生长 A_W 值为 0.94～0.99,而金黄色葡萄球菌在 A_W 值低于 0.86 时和嗜盐菌在 A_W 值低于 0.75 时才被抑制生长。一般酵母菌的最低生长 A_W 值低于细菌而高于霉菌,大多数酵母菌在水分活性低于 0.85 时均不能生长,而耐渗透压酵母在 A_W 值为 0.75 时尚能生长。霉菌耐受干燥的能力较强,A_W 值低于 0.7 时,绝大多数霉菌均不能生长;也有少数在 A_W 值为 0.65 时尚能生长的耐干霉。在水分活性低于 0.65 时,微生物的繁殖完全被抑制;水分活度低于 0.6 时,大部分微生物都不能生存。

微生物产生毒素所需要的最低水分活性比微生物生长所需的最低水分活性高,如金黄色葡萄球菌在水分活性值 0.86 以上才能生长,但其产生毒素需要水分活性值 0.87 以上;黄曲霉菌生长最低水分活性值为 0.78～0.80,而产生黄曲霉素最低水分活性值为 0.86～0.87。因此,通过水分活性的控制来抑制微生物的生长时,虽然食品中可能有微生物生长,但不一定有毒素产生。

大多数新鲜食品的水分活性是很高的,有的高达 0.98～0.99,所以是很容易腐败变质的。如果将食品的水分活性降到 0.75,才可使腐败变质受到明显抑制,这样在贮藏温度较低的条件下,大多数食品贮藏期可长达几个月。如果将水分活性降到 0.70,食品在室温下可较长期的贮存。只有当水分活性低于 0.65 乃至 0.60,方可使食品贮存期长达 1 年以上。

(三)干燥对微生物的影响

在食品干制过程中,食品和微生物同时经干燥处理。干燥可引起微生物细胞内盐类浓度的增高和蛋白质的变性。其结果可使某些微生物迅速死亡,有些微生物随着干燥条件的延续而逐渐死亡,有些微生物则仍可较长期存活着,只是不能进行生长繁殖。总的说来,干燥并不能将微生物全部杀死,而是抑制微生物的生命活动,使其长期处于休眠状态。一旦环境条件改变,如湿度增大,食品物料吸湿,休眠的微生物又会重新恢复活动。因此干燥制品并非绝对无菌,遇到温暖潮湿气候,也会腐败变质。

三、水分活性与酶活性的关系

众所周知,酶是引起食品变质的主要因素之一。酶作用的大小或者说酶活性的高低,与很多条件有关,如温度、水分活性、pH 值、底物浓度等,其中水分活性的影响非常显著,酶的反应速度随水分活性的提高而增大。通常在水分活性为 0.75～0.95 的范围内,酶活性达到最大;超过这个范围,酶促反应速度下降,其原因可能是高水分活性对酶和底物的稀释作用。每种酶都存在一个最小水分活度,比如多酚氧化酶要引起儿茶酚的褐变,反应体系的最小水分活性为 0.25,如果水分活性低于 0.25,褐变反应就不会发生。酶起作用的最低水分活性还与酶的种类有关,比如同是大麦磷脂分解酶,磷脂酶 D 的最低水分活度为 0.45,而磷脂酶 B 则为 0.55。

许多食品物料都有酶存在,干燥过程随着物料水分降低,酶本身也失水,活性下降。但是水分含量下降后,酶和基质(酶的作用底物)的浓度也相应增大了,两者之间的反应速率随浓度的增大而加速。干制品食品中的酶并未完全失活,这也是造成干制食品在储藏过程中质量变化的主要原因。一旦条件适宜,如吸湿等,酶仍可缓慢地活动,从而导致食品品质的变化。只有干制品水分降到 1%以下时,酶活性才会趋于消失。但许多食品的最终水分含量难以达到 1%以下,因此,干燥过程中,必须采取使酶失活的措施,才能确保干制品的品质。

四、水分活性与其他变质因素的关系

（一）水分活性与非酶褐变的关系

非酶褐变是食品物料发生褐变的重要反应，非酶褐变有一适宜的水分活性范围。美拉德反应的最大速度在水分活性为0.6～0.9之间，在水分活性小于0.6或大于0.9时，非酶褐变的速度将减小。当水分活性为0或1时，非酶褐变即停止。果蔬制品发生非酶褐变的水分活性范围是0.65～0.75；肉制品褐变水分活性范围一般在0.30～0.60；干乳制品主要是非脂干燥乳，其褐变水分活性大约在0.70。由于食品成分的差异，即使同一种食品，由于加工工艺的不同，引起褐变的最适水分活性也有差异。

（二）水分活性与氧化作用的关系

很多食品都含有脂肪和色素等性质活泼的成分，它们在干制过程中容易发生氧化作用而变质。脂类的氧化酸败是含脂干燥食品贮藏变质的主要原因。水分活性在很低或很高时，脂肪都容易发生氧化。水分活性小于0.1的干燥食品，因氧气与油脂结合的机会多，氧化速度非常快。随着水分活性增加到0.30～0.50，脂肪自动氧化速度和量却减小，当水分活性大于0.55时，随着水分活性增加，氧化速率也增加，直到中湿食品状态，脂肪氧化反应进入稳定状态（此时水分活性超过0.75）。

类胡萝卜素等色素具有较多的共轭双键，它和不饱和脂肪一样易发生自动氧化；而且当它与不饱和油脂共存时，将会引发两者的共轭氧化，产生β-紫罗酮，从而使制品的色泽变成紫色。鲑、鳟等鱼类干制时就容易出现这种变化。

综上所述，水分活性是影响脱水食品储藏稳定性的重要因素，降低干制品的水分活性，就可抑制微生物的生长发育、酶促反应、非酶褐变、氧化作用等变质现象，从而使脱水食品的储藏稳定性增加。

第二节　食品在干燥过程中发生的变化

食品在干燥过程发生的变化可归纳为物理变化和化学变化。

一、干燥时食品的物理变化

食品干燥常出现的物理变化有干缩、干裂、表面硬化和物料内多孔性形成等。

（一）干缩和干裂

弹性良好并呈饱满状态的新鲜食品物料全面均匀地失水时，物料将随着水分消失均衡地进行线性收缩，即物体大小（长度、面积和容积）均匀地按比例缩小，质量减少。果品干燥后体积约为原料的20％～35％，质量为原料的6％～20％；蔬菜干制后体积为原料的10％左右，质量约为原料的5％～10％。实际上被干燥物料不是完全具有弹性，干制时食品块、片内的水分也难以均匀地排除，故物料干燥时均匀干缩比较少见。食品物料不同，干制过程它们的干缩也各有差异。红萝卜丁脱水干制时的典型变化如图8-1所示。

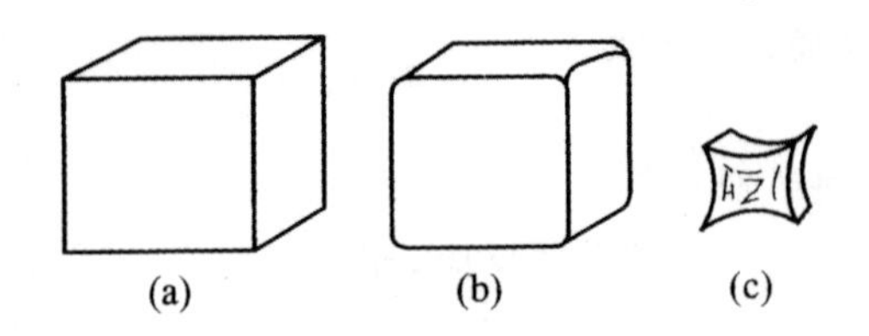

图 8-1 脱水干燥过程中红萝卜丁形态的变化

图 8-1(a)为干制前红萝卜丁的切粒形态;图 8-1(b)为干制初期食品表面的干缩形态,红萝卜丁的边和角渐变圆滑,成圆角形态的物体。继续脱水干制时水分排除愈向深层发展,最后至中心处,干缩也不断向物料中心进展,遂形成凹面状的干红萝卜,如图 8-1(c)所示。

高温快速干燥时食品块(片)表面层远在物料中心干燥前已干硬。其后中心干燥和收缩时就会脱离干硬膜而出现内裂、孔隙和蜂窝状结构,此时,表面干硬膜并不会出现如图 8-1 那样的凹面状态。快速干制的马铃薯丁具有轻度内凹的干硬表面、为数较多的内裂纹和气孔,而缓慢干制的马铃薯丁则有深度内凹的表面层和较高的密度,两种干制品质量虽然相同,但前者容重为后者的一半。

上述两种干制品各有其特点。密度低(即质地疏松)的干制品容易吸水,复原迅速,与物料原状相似,但它的包装材料和贮运费用较大,内部多孔易于氧化,以致贮期较短。高密量度干制品复水缓慢,但包装材料和贮运费用较为节省。

(二)表面硬化

表面硬化实际上是食品物料表面收缩和封闭的一种特殊现象。如物料表面温度很高,就会因为内部水分未能及时转移至物料表面而使表面迅速形成一层干燥薄膜或干硬膜。干硬膜的渗透性极低,以致将大部分残留水分阻隔在食品内,同时还使干燥速率急剧下降。

在某些食品中,尤其是一些含有高浓度糖分和可溶性物质的食品中最易出现表面硬化。食品内部水分在干燥过程中有多种迁移方式:生物组织食品内有些水分常以分子扩散的方式流经细胞膜或细胞壁。食品内水分也可以因受热汽化而以蒸汽分子的形式向外扩散,并让溶质残留下来。块片状和浆质态食品内还常存在有大小不一的气孔、裂缝和微孔,其孔径可细到和毛细管相同,所以食品内的水分也会经微孔、裂缝或毛细管上升,其中有不少能上升到物料表面蒸发掉,以致它所带的溶质(如糖、盐等)残留在表面上。干制过程某些水果表面上积有含糖的黏质渗出物,其原因就在于此。这些物质就会将干制时正在收缩的微孔和裂缝加以封闭。在微孔收缩和被溶质堵塞的双重作用下终于出现了表面硬化。此时若降低食品表面温度使物料缓慢干燥,或适当"回软",再干燥,通常能减少表面硬化的发生。

(三)物料内多孔性的形成

快速干燥时物料表面硬化及其内部蒸气压的迅速建立会促使物料成为多孔性制品。膨化马铃薯正是利用外逸的蒸气促使它膨化。添加稳定性能较好的发泡剂并经搅打发泡可形成稳定泡沫状的液体或浆质体,经干燥后也能成为多孔性制品。真空干燥过程提高真空度也会促使水分迅速蒸发并向外扩散,从而制成多孔性的制品。

干燥前经预处理促使物料能形成多孔性结构,以便有利于水分的传递,加速物料的干燥率。不论采用何种干燥技术，多孔性食品能迅速复水或溶解，提高其食用的方便性，但也带来保藏性的问题。

（四）热塑性的出现

不少食品具有热塑性，即温度升高时会软化甚至有流动性，而冷却时变硬，具有玻璃体的性质。糖分及果肉成分高的果蔬汁就属于这类食品。例如，橙汁或糖浆在输送带上干燥时，水分虽已全部蒸发掉，残留固体物质却仍像保持水分那样呈热塑性黏质状态，黏结在输送带上难以取下，而冷却时它会硬化成结晶体或无定形玻璃状而脆化，此时就便于取下。为此，大多数输送带式干燥设备内常设有冷却区。

（五）溶质迁移现象

食品在干燥过程中，其内部除了水分会向表层迁移外，溶解在水中的溶质也会迁移。溶质的迁移有两种趋势：一种是由于食品干燥时表层收缩使内层收到压缩，导致组织中的溶液穿过空穴、裂缝和毛细管向外流动。迁移到表层的溶液蒸发后，浓度将逐渐增大。另一种是在表层与内层溶液浓度差的作用下出现的溶质由表层向内层迁移。上述两种方向相反的溶质迁移的结果是不同的，前者使食品内部的溶质分布不均匀，后者则使溶质分布均匀化。干制品内部溶质的分布是否均匀，最终取决于干燥的工艺条件，如干燥速度。

二、干燥过程食品的化学变化

食品脱水干燥过程，除物理变化外，同时还会发生一系列化学变化，这些变化对干制品及其复水后的品质（如营养成分、色泽、风味、质地、黏度、复水率和贮藏期）会产生影响。这种变化还因各种食品而异，有它自己的特点，不过其变化的程度却常随食品成分和干燥方法的不同而有差别。

（一）脱水干燥对食品营养成分的影响

脱水干燥后食品失去水分，故每单位质量干制食品中营养成分的含量反而增加。如果将复水干制品和新鲜食品相比较，则和其他食品保藏方法一样，它的品质总是不如新鲜食品。

高温干燥引起蛋白质变性，使干制品复水性较差，颜色变深。脂肪在干燥过程发生的主要变化是氧化问题，含不饱和脂肪酸高的物料，干燥时间长，温度高时氧化变质较严重。通过干燥前添加抗氧化剂可将氧化变质程度明显降低。碳水化合物干燥过程的变化主要是降解和焦化，但主要取决于温度和时间，以及碳水化合物的构成。按照常规食品干燥条件，蛋白质、脂肪和碳水化合物的营养价值下降并不是干燥的主要问题。

水果含有较丰富的碳水化合物，而蛋白质和脂肪的含量却极少。果糖和葡萄糖在高温下易于分解，高温加热碳水化合物含量较高的食品极易焦化；而缓慢晒干过程中初期的呼吸作用也会导致糖分分解。还原糖还会和氨基酸发生美拉德反应而产生褐变等问题。动物组织内碳水化合物含量低，除乳蛋制品外，碳水化合物的变化就不至于成为干燥过程中的主要问题。高温脱水时脂肪氧化就比低温时严重得多。如果事先添加抗氧化剂就能有效地控制脂肪氧化。

干燥过程会造成部分水溶性维生素被氧化。维生素损耗程度取决于干制前物料预处理条件及选用的脱水干燥的方法和条件。维生素C和胡萝卜素易因氧化而遭受损失，核黄素对光极其敏感。硫胺素对热敏感，故干燥处理时常会有所损耗。胡萝卜素在日晒加工时损耗极大，在喷雾干燥时则损耗极少。水果晒干时维生素C损失也很大,但升华干燥却能将维生素C和其他营养素大量地保存下来。

日晒或人工干燥时蔬菜中营养成分损耗程度大致和水果相似。加工时未经钝化酶处理的蔬菜中胡萝卜素损耗量可达80%,用最好的干燥方法它的损耗量可下降到5%。预煮处理时蔬菜中硫胺素的损耗量达15%,而未经预处理其损耗量可达3/4。维生素C在迅速干燥时的保存量则大于缓慢干燥。通常蔬菜中维生素C将在缓慢日晒干燥过程中损耗掉。

乳制品中维生素含量将取决于原乳中的含量及其加工条件。滚筒干燥或喷雾干燥有较好的维生素A保存量。虽然滚筒干燥或喷雾干燥中会出现硫胺素损失,但和一般果蔬干燥相比,它的损失量仍然比较低。核黄素的损失也是这样。牛乳干燥时维生素C也有损耗,如果选用升华干燥和真空干燥,制品内维生素C保留量将和原乳大致相同。

通常干燥肉类中维生素含量略低于鲜肉。加工中硫胺素会有损失,高温干制时损失量就比较大。核黄素和烟酸的损失量则比较少。

(二)脱水干燥对食品色泽的影响

新鲜食品的色泽一般都比较鲜艳。干燥会改变其物理性质和化学性质,使食品反射、散射、吸收和传递可见光的能力发生变化,从而改变了食品的色泽。

高等植物中存在的天然绿色是叶绿素a和叶绿素b的混合物。叶绿素呈现绿色的能力和色素分子中的镁有关。湿热条件下叶绿素将失去镁原子而转化成脱镁叶绿素,呈橄榄绿色,不再呈草绿色。微碱性条件能控制镁的转移,但难以改善食品的其他品质。

干燥过程温度越高,处理时间越长,色素变化量也就越多。类胡萝卜素、花青素也会因干燥处理有所破坏。硫处理会促使花青素褪色,应加以重视。

酶或非酶褐变反应是促使干燥品褐变的原因。植物组织受损伤后,组织内氧化酶活动能将多酚或其他如鞣质、酪氨酸等一类物质氧化成有色色素。这种酶褐变会给干制品品质带来不良后果。为此,干燥前需进行钝化酶处理以防止变色。可用预煮等措施对果蔬进行热处理,用硫处理也能破坏酶的活性。钝化酶处理应在干燥前进行,因为干燥过程物料的受热温度常不足以破坏酶的活性,而且热空气还具有加速褐变的作用。

糖分焦糖化和美拉德反应(Maillard Reaction)是脱水干制过程中常见的非酶褐变反应。前者反应中糖分首先分解成各种羰基中间物,而后再聚合反应生成褐色聚合物。后者为氨基酸和还原糖的相互反应,常出现于水果脱水干制过程。在脱水干制时高温和残余水分中的反应物质的浓度对美拉德反应有促进作用。水果硫熏处理不仅能抑止酶褐变,而且还能延缓美拉德反应。糖分中醛基和二氧化硫反应形成磺酸,能阻止褐色聚合物的形成。美拉德褐变反应在水分下降到20%~25%左右时最迅速,水分继续下降则它的反应速度逐渐减慢,当干制品水分低于1%时,褐变反应可减慢到甚至于长期贮存时也难以觉察的程度;水分在30%以上时褐变反应也随水分增加而减缓,低温贮藏也有利于减缓褐变反应速度。

(三)脱水干燥对食品风味的影响

食品失去挥发性风味成分是脱水干燥常见的一种现象。如果牛乳失去极微量的低级脂肪酸,特别是硫化甲基,虽然它的含量仅亿分之一,但其制品却已失去鲜乳风味。即使低温干燥也会发生化学变化,出现食品变味的问题。例如,奶油中的脂肪有δ-内酯形成时就会产生像太妃糖那样的风味，这种风味物质也存在于乳粉中。通常加工牛乳时所用的温度即使不高，蛋白质仍然会分解并有挥发硫放出。

要完全防止干燥过程风味物质损失是比较难的。解决的有效办法是在干燥过程，通过冷凝外逸的蒸气(含有风味物质)，再回加到干制食品中，尽可能保持制品的原有风味。此外，也可从其他来源取得香精或风味制剂再补充到干制品中；或干燥前在某些液态食品中添加树胶或其他包埋物质将风味物微胶囊化以防止或减少风味损失。

总之，食品脱水干燥设备的设计应当根据前述各种情况加以慎重考虑，尽一切努力在干制速率最高、食品品质损耗最小、干制成本最低的情况下找出最合理的脱水干燥工艺条件。

第三节　食品干燥方法与设备

食品干燥可分为自然干燥法和人工干燥法两大类。自然干燥有晒干与风干。食品干燥更多的是采用人工干燥。人工干燥方法依热交换方式和水分除去方式的不同进行分类，按干燥的连续性分为间歇式和连续式；按操作压力不同可分为常压干燥和真空干燥；按工作原理又可分为对流干燥、接触干燥、辐射干燥和冷冻干燥，其中对流干燥在食品工业中应用最多。

一、对流干燥

对流干燥也叫空气对流干燥，是最常见的食品干燥方法。它是利用空气作为干燥介质，通过对流将热量传递给食品，使食品中水分受热蒸发而除去，从而获得干燥。

对流干燥设备的必要组成部分有风机、空气过滤器、空气加热器和干燥室等。风机用来强制空气流动和输送新鲜空气，空气过滤器用来净化空气，空气加热器的作用是将新鲜空气加热成热风，干燥室则是食品干燥的场所。包括隧道式干燥、带式干燥、泡沫层干燥、气流干燥、流化床干燥和喷雾干燥等。

(一)隧道式干燥

隧道式干燥设备的结构示意图如图 8-2 所示。

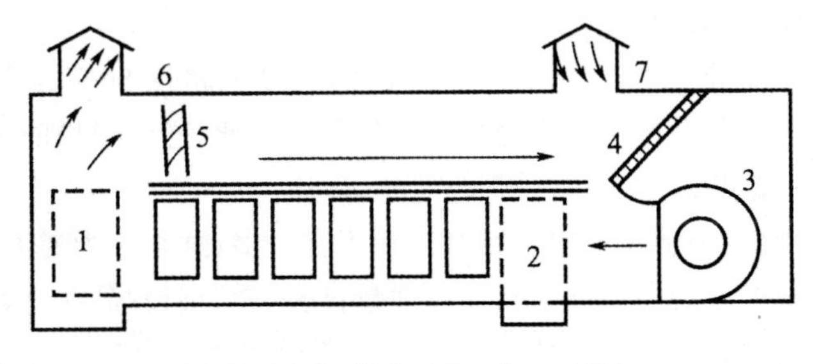

图 8-2　隧道式干燥设备示意图

1—料车入口；2—干制品出口；3—风机；4—加热器；5—循环风门；6 废气出口；7—新鲜空气入口

这种干燥设备大体分成两个部分：沿隧道长度方向设有隔板，隔板以上区域为加热区，其下则为干燥区。食品经预处理后放在小车上，推入干燥区。干燥区可容纳 5～15 辆小车不等。干燥区的截面大小应与小车相匹配，既能容纳小车，又要使小车与壁面及隔板之间的间隙尽量小，以避免热空气的无功流动。小车一般高为1.5～2m，车上分格，其上放料盘。料盘用木料或轻金属制作，盘底有孔缝。料盘放在小车上，应使盘间留出畅通的空气流道。

在干燥操作时，靠近出料口的料车首先完成干燥，然后被推出干燥器，再由入口送入另一辆料车，隧道中每一辆料车的位置都向出料口前移一个料车的距离，构成了半连续的操作方式。该干燥器的效率比较高，一台12车的隧道式干燥器，如果料盘尺寸为1m×2m，叠放层数为25层，每平方米料盘装食品10kg，那么，一次即可容纳5000kg以上的新鲜食品。

隧道式干燥设备的干燥效果受其总体结构和布置的影响，特别是受料车与空气主流的相对运动方向的影响。一般地，料车与空气主流方向的相对运动有两种情形，一种是顺流，即料车运动方向与空气主流方向相同；另一种是逆流，即料车与空气主流呈相反方向运动。

1. 顺流干燥

在顺流干燥时，其热端（即空气温度高的一端）为湿端（即新鲜食品入口端），而冷端（即空气温度低的一端）为干端（即干燥食品出口端）。在湿端处，新鲜食品与温度最高、湿度最低的空气相遇，其表面水分迅速蒸发，使食品表面温度较低，因而可以适当地提高空气的温度，以加快水分蒸发。但是，如果食品表面水分蒸发过于迅速，将使食品表层收缩和硬化。当食品内部继续干燥时，就会出现干裂现象，形成多孔性。

在干端处的情况正好相反，低温高湿的空气与即将干燥好的食品相遇。此时食品水分蒸发速率极其缓慢，甚至可能不蒸发或者反而会从空气中吸湿，使干燥食品的平衡水分增加，导致干制品的最终含水量难以降低到预定值。一般地，顺流干燥很难使干制品含水量降低到10％以下。因此，顺流干燥仅适用于水果的干燥。

2. 逆流干燥

在逆流干燥时，其热端为干端，而冷端则为湿端。潮湿食品首先遇到的是低温高湿的空气，此时食品的水分虽然可以蒸发，但速率较慢，食品中不易出现硬化现象。在食品移向热端的过程中，由于所接触的空气温度逐渐升高而相对湿度逐渐降低，因此水分蒸发强度也不断增加。当食品接近热端时，尽管处于低湿高温的空气中，由于其中大量的水分已蒸发，其水分蒸发速率仍较缓慢。此时食品的温度将逐渐上升至接近热空气的温度，因而应避免干制品在热端长时间的停留，以防干制品焦化。

为了防止焦化，干端处热空气的温度也不宜过高，以不超过80℃为宜。由于干端处的空气相对湿度较低，因而干制品的平衡水分也相应较低。因此，逆流干燥的干制品的水分可以低于5％，很适宜于干燥蔬菜。

此外，还须特别指出，逆流干燥时食品装载量不宜过多，这是因为逆流干燥时，食品前期干燥强度小，甚至会出现增湿现象。如果食品装载量过多，就会使食品在干燥器中停留时间大为延长，有可能引起食品的腐败变质。Van Arsdel研究了逆流干燥时负荷过多对食品干燥的影响。假定料盘总面积为602m^2，料盘正常装载量为7.3kg/m^2。现将装载量增加到14.62kg/m^2，空气流速由5.1m/s下降到2.54m/s，湿球温度从29.4℃提高到37.8℃，则干燥时间将从7h延长22h，冷端处空气相对湿度将达到96％左右。假设进入干燥室的食品温度为26.7℃，那么食品在加热到37.8℃开始干燥之前，将从空气中吸收16kg左右的水分。因此，食品在这种情形下放置过久，就会发生变酸、发臭等腐败变质现象。

(二)带式干燥

带式干燥是将待干燥食品放在输送带上进行干燥。输送带可以是单根,也可以布置成上下多层。输送带最好由钢丝制成以便干燥介质穿流而过。图 8-3 为双段带式干燥设备的示意。

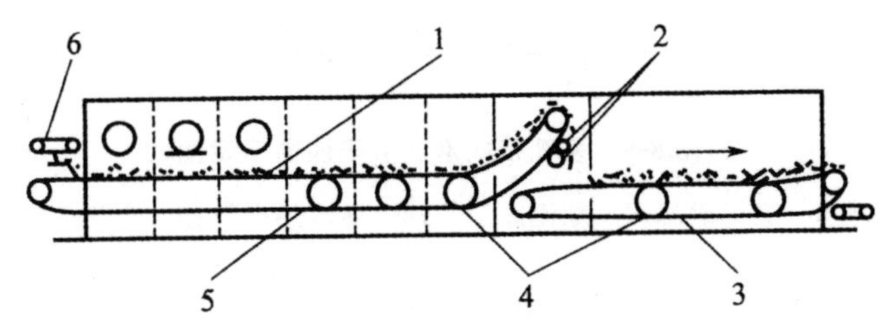

图 8-3　双段带式干燥设备

1—料床;2—卸料辊和轧碎辊;3—第二环带;4—风机;5—第一环带;6—撒料器

湿物料由撒料器散布在缓慢移动的输送带上,料层厚薄应均匀,厚度为 75～180mm。第一段输送带工作面长 9～18m,宽 1.8～3.0m。经过第一段输送带的干燥后,物料散布在第二段输送带上形成 250～300mm 的厚层,进行后期干燥。

为了改善第一段输送带上湿物料干燥的均匀性,可将此段分成几个区域,干燥介质在各个区域中穿流的方向可交叉进行。但最后一个区域的穿流应自上而下,以免气流将干燥的物料吹走。

带式干燥设备是一种特别适合干燥单品种、整季节生产的块片状食品的完全连续化设备。

(三)泡沫层干燥

泡沫层干燥法始创于 1960 年前后,主要用于液体食品如果汁的脱水。其工艺流程如图 8-4 所示。

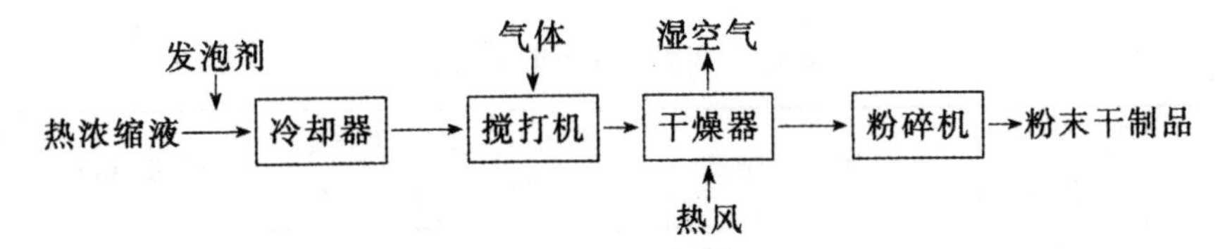

图 8-4　泡沫干燥的工艺流程

这种干燥方法简单地说,就是先将液态或浆质状的物料制成稳定的泡沫状物料,然后将它们铺开在某种支持物上成一薄层,采用常压热风干燥的方法予以干燥。

1. 泡沫干燥设备的简单结构

图 8-5 是多孔带式泡沫层干燥器的示意图。泡沫料分散在宽为 1.2m 的多孔不锈钢带上形成厚度为 3mm 左右的均匀薄层。不锈钢带上孔眼的大小正好使泡沫料停留其上而不致漏下。料层随带的移动,首先经过空气射流区,被空气扩张而膨胀,进一步增大干燥面。随后料层进入干燥区,与顺流及逆流空气充分接触,使料层迅速获得干燥。

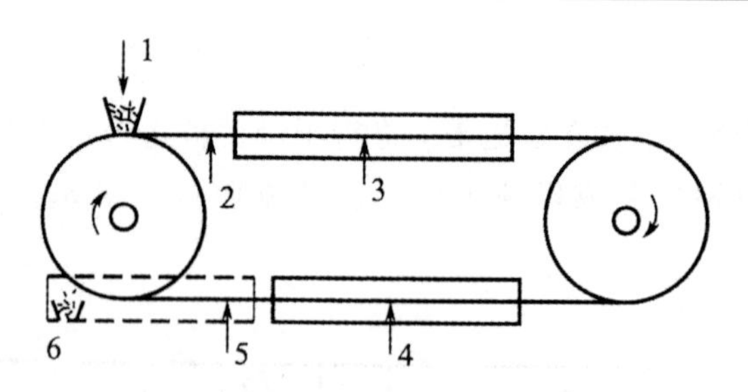

图 8-5　多孔带式泡沫层干燥器示意图

1—泡沫料；2—空气射流；3—顺流热空气；4—逆流热空气；5—冷却空气；6—制品

传送带也有不带孔的，这种传送带上的泡沫料层更薄，在干燥区停留的时间更短。热风被设计成与传送带平行或垂直流动。此外，在传送带下侧设蒸汽箱，通过水蒸气在传送带上凝结而供给热量，以提高干燥速率。

除带式泡沫层干燥设备外，还有一种浅盘式泡沫层干燥器，它是以 4m×4m 的多孔浅盘代替多孔带作泡沫料的支持物而进行干燥的。

2. 泡沫层干燥的工艺条件

为了提高干燥的效率，料液须先行浓缩，制成比较稳定的浓稠泡沫体后，才能进行干燥。但是也应注意预浓缩的适度，否则，如果浓缩过度，得到的浓缩物密度过大，就会影响泡沫干燥的效果，也即最终制品的含水量较高。至于原料浓度多少为宜，因原料的种类而异，一般为30%～60%。

在制造泡沫料时，除少数物料外，大多数物料需加入发泡稳定剂。发泡稳定剂的种类很多，其选择应视原料液的性质而定。当原料的不溶性固体含量少或体积黏度小时，应选择甲基纤维素或瓜尔豆胶，目的是使料液硬化。对于缺乏表面活性物质的料液，可选用硬脂酸甘油酯、可溶性大豆蛋白等，目的是形成薄膜。

泡沫料的性能还与发泡的温度、时间等因素有关。不同料液的发泡条件见表 8-3。

表 8-3　实验条件下的发泡条件

物料	可溶性固形物含量/%	添加剂种类	添加剂用量/%	发泡温度/℃	时间/min	泡沫密度/($g \cdot mL^{-1}$)
苹果汁	47.2	单棕榈酸葡萄糖酯	0.10	38	10	0.15
冻香蕉	21	单硬脂酸甘油酯	1.0	4.4	20	0.4
牛肉抽提物	54	不必添加	—	21	8	0.2
咖啡抽提物	47	单棕榈酸葡萄糖酯	1.0	21	10	0.20
葡萄浓缩汁	46	可溶性大豆蛋白	1.0	21	4	0.25
柠檬浓缩汁	60	单硬脂酸甘油酯	0.2	21	5	0.25
全牛乳	42	不必添加	—	21	10	0.35
橘汁	50	可溶性大豆蛋白	0.8	4.4	20	0.30
土豆泥	30	单硬脂酸甘油酯	1.0	21	4	0.4

连续发泡的方法是:在适当的温度下,用机械连续搅拌原料液,在搅入空气的同时,添加发泡稳定剂,使料液形成稳定的泡沫。最后形成的泡沫密度为0.4～0.6g/mL。

干燥介质的参数对干燥速率起决定性的作用。在刚开始干燥时,空气流速是影响干燥速率的主要因素,在干燥即将完成时,空气的相对湿度则是主要影响因素。为此,泡沫干燥最好采用两段式的干燥方法:第一阶段用顺流空气流,流速为1.5m/s,温度为105℃。第二个阶段用逆流空气流,速率为0.25m/s,温度为60℃,并适当降低空气的相对湿度。在干燥临近结束时,如制品是热塑性的,则须在刮料前以干燥的冷空气冷却泡沫层。

3. 泡沫干制品的特性

泡沫干制品的最大特性是其多孔性结构及极低的含水量,因而吸湿能力强。例如泡沫干燥的柑橘粉的含水量仅为1%。如此低含水量的制品必须保持在相对湿度低于15%的环境中,且温度应较低,以免制品吸湿回潮。此外泡沫干制品的密度很小,一般只有0.3g/mL。为了节省包装容器,有时要进行密质化处理。密质化处理可在加热的轧辊上进行。密质化处理之前,须先将轧辊预热到70℃,调节轧辊间距和转速。经密质化处理后,干制品的密度可以增大2倍以上。

4. 泡沫层干燥的特点

泡沫层干燥除了具有热风干燥法的一般优点外,还具有干燥速率快、干制品质量好等优点。例如2～3mm厚的泡沫层,料温为56℃时,10～20min即可干燥完毕,仅相当于普通干燥法干燥时间的1/3。

不过,泡沫层干燥也存在缺点。泡沫层干燥效果在很大程度上取决于泡沫的结构。只有在泡沫结构均匀一致且在干燥过程中得以保持时,方能获得很好的干燥效果。而这一点实际上是很难做到的。

(四)气流干燥

气流干燥是将粉末状或颗粒状食品悬浮在热空气流中进行干燥的方法。气流干燥设备只适用于在潮湿状态下仍能在气体中自由流动的颗粒食品或粉末食品如面粉、淀粉、葡萄糖、鱼粉等。在用气流干燥法干燥时,一般需用其他干燥方法先将湿物料的水分干燥到35%～40%以下。典型的气流干燥器如图8-6所示。

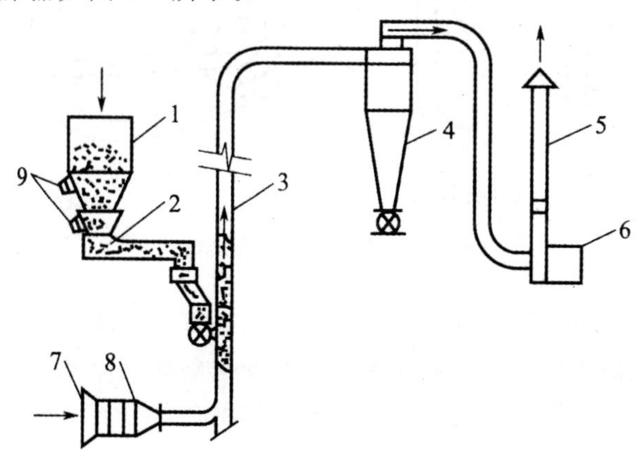

图8-6　气流干燥器示意图

1—料斗;2—电磁给料器;3—干燥管;4—旋风分离器;
5—排气管;6—风机;7—过滤器;8—加热器;9—振动器

颗粒状或粉末状的湿物料通过给料器由干燥器的下端进入干燥管，被由下方进入的热空气向上吹起。在热空气与湿物料一起向上运动的过程中，互相之间充分接触，进行强烈的湿热交换，达到迅速干燥的目的。干燥好的产品由旋风分离器分离出来，废气由排气管排入大气中。

气流干燥的工艺条件是：热风温度 121℃～190℃，空气流速 450～780m/min。干燥时间一般为 2～3s。

气流干燥的特点是：①呈悬浮状态的物料与干燥介质的接触面积大，每个颗粒都被热空气包围，因而干燥速率极快；②物料应具有适宜的粒度范围，粒度最大不超过 10mm。原料水分也应控制在 35％以下，且不具有黏结性；③可与其他设备联合使用，以提高生产效率。气流干燥用于干燥非结合水时，速率极快，效率也较高，可达 60％。而用于干燥结合水时，热效率很低，仅为 20％。因此，后期干燥可由其他干燥方式来完成；④设备结构简单，制造、维修均较容易。

气流干燥的缺点是气流速率高，系统阻力大，动力消耗多，易产生颗粒的磨损。另外直立式干燥管由于太长（10m 或更长）而显得体积较大。为此，可将干燥管改成脉冲式、套管式、旋风式和环式等形式，以减小设备体积，这几种形式的干燥管如图 8-7 所示。这些干燥管尽管形式不同，但有一个共同的目的，就是不断地改变气流方向或速率，从而破坏物料颗粒与气流之间的同步运动，提高两者之间的相对运动速率，以加快干燥过程中的传热和传质。

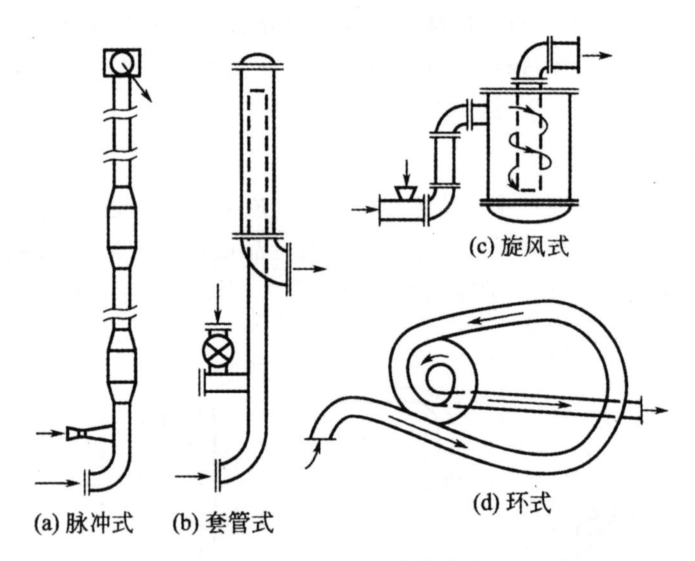

图 8-7　改进型干燥管示意

脉冲式干燥管是通过改变管子的直径来改变气流速率，从而破坏气流和颗粒的同步运动。套管式干燥管是利用气流方向和流通截面大小的改变来破坏气流和颗粒之间运动的同步性。旋风式和环式干燥管则是利用气流方向的不断改变和离心力的作用来破坏气流与颗粒之间运动的同步性。

（五）喷雾干燥

喷雾干燥法就是将液态或浆质态食品喷成雾状液滴，悬浮在热空气流中进行干燥的方法。

喷雾干燥的工艺流程如图 8-8 所示。

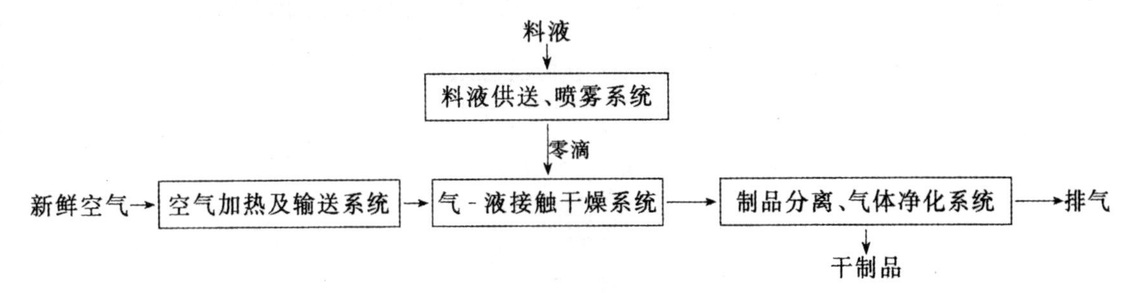

图 8-8　喷雾干燥的工艺流程

①空气加热及输送系统，包括空气过滤器、空气加热器及风机等设备，其作用是提供新鲜、干燥的热空气；②料液供送、喷雾系统，包括高压泵或送料泵、喷雾器等设备，其作用是使料液雾化成极细的液滴；③气一液接触干燥系统，也即干燥室，是料液与热空气接触并干燥的场所；④制品分离、气体净化系统，包括卸料器、粉末回收器、除尘器等设备，其作用是将干粉末与废气分离和收集。

在上述各系统中，喷雾系统和干燥系统是决定喷雾干燥效果的主要组成部分。

1. 喷雾器

喷雾器是用于料液雾化的设备，而料液雾化是喷雾干燥的关键步骤之一。目前常用的喷雾器有压力式、气流式及离心式三种。

压力式喷雾器的工作原理是利用(17～34)×10^5Pa 的高压泵，强制料液通过直径为 0.5～1.5mm 的小孔喷出，从而雾化成约 20～60μm 的液滴。

压力式喷雾器的结构如图 8-9 所示，主要由喷嘴、喷芯及附属件喷嘴套和连接螺母等构成。当喷芯和喷嘴套连接后，芯与喷嘴之间将留下一个空隙，称作旋流室，如图 8-10 所示。从高压泵送来的高压液体，流过喷芯上的导流构槽，进入旋流室作旋转运动。由于旋流室的锥形空间愈来愈小，因而液体旋流速率愈来愈大，压力则愈来愈低。当旋流到达喷孔时，压力已降到接近甚至低于大气压，外界的空气便可从喷孔中心处进入，形成了空气心，而液体旋流则变成围绕空气心的环状薄膜从喷孔喷出，环状薄膜的厚度为 0.5～4μm 左右。当环状液膜从喷孔喷出后，在离心力的作用下，液膜将会继续张开变薄成为锥形薄膜。锥形薄膜在不断前进、扩展和变薄的过程中，先被撕裂成细丝，继而断裂成小液滴。这样就形成了中央雾滴少，四周雾滴密集的空心锥状雾，也称为喷矩，如图 8-9 所示。

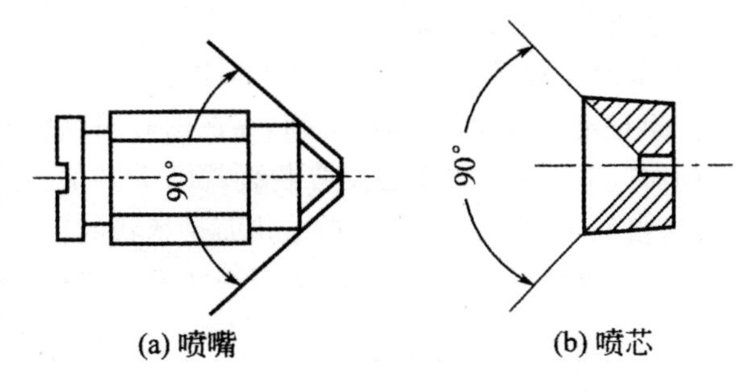

图 8-9　喷嘴和喷芯示意

压力式喷雾器的主要特性参数是其流量、喷雾角和液滴大小。对于某种特定的料液来说，流量取决于喷孔的大小及所用的压力。一般地，操作压力愈高，则流量愈大，喷孔直径越大，流量也越大。喷雾角是指图 8-10 中的 φ，即喷嘴出口附近空心锥状雾所张开的角度。喷雾角的大小主要与喷嘴的结构有关，还与操作压力、料液黏度等有关。喷雾角随料液的黏度升高而减小。如果黏度极高时，喷雾角将收缩到很小，以致空心锥状雾变成实心料液射流而难以雾化。

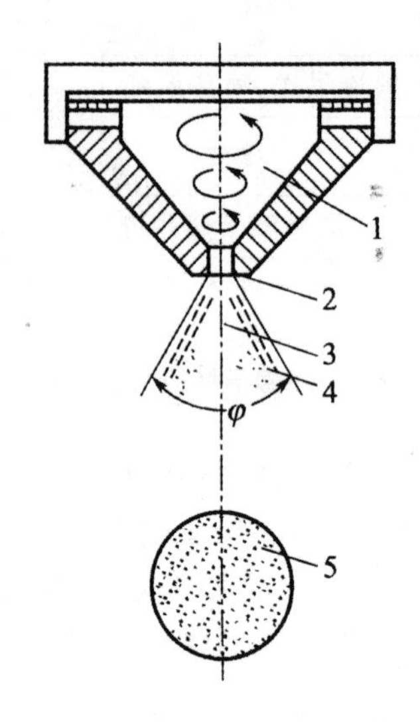

图 8-10　旋流室与空心锥状雾示意

1—旋流室；2—环状液膜；3—空气心；4—锥形薄膜；5—喷矩截面

正常的喷雾不仅要求喷雾角的大小要合适，而且要求喷矩为近似对称的旋转抛物体。如果喷孔不圆或有缺损，喷矩截面就可能成为椭圆形或其他不对称形状，导致雾化不均匀。

喷雾后液滴的大小及均匀度决定了干制后产品的粒度及均匀度。液滴的大小不可能完全一致，总是呈一定的大小分布。为此采用平均滴径概念来衡量液滴的大小。

平均滴径受以下因素的影响：①结构因素。主要是喷孔直径，喷孔直径愈大，滴径也愈大。②物性因素。以黏度的影响最大，平均滴径大约与黏度的 0.17～0.20 次方成正比。此外表面张力和密度也有一定的影响。③操作因素。主要是操作压力，在进料量不变时，压力愈高，则液体获得的能量愈多，故滴径变小，并且趋于均匀。

气流式喷雾的原理是利用高速气流对液膜的摩擦分裂作用来使料液雾化的。高速气流一般采用压缩空气流。气流喷雾器的工作过程是：料液由料泵送入喷雾器的中央喷管，形成喷射速率不太大的射流。压缩空气则从中央喷管周围的环隙中流过，喷出速率很高，可达 200～300m/s，有时甚至超过音速的气流。在中央喷管出口处，压缩空气流与料液射流之间存在很大的相对速率。由此产生两股气流的摩擦，将料液拉成细丝。细丝很快在较细处断裂，形成小液滴。细丝体存在的时间决定于压缩空气流与料液射流的相对速率和液体的黏度。相对速率愈大，细丝就愈细，存在的时间就愈短，所得雾滴就愈细。液体黏度愈高，细丝存在的时间就愈长，往往还没有断裂就已干燥了。因此，用气流喷雾法干燥某些高黏度的溶液时，所得的干制品往往不是粉末状而是絮状的。

气流喷雾器有内混合式、外混合式及三流式三种。它们的结构如图 8-11 所示。

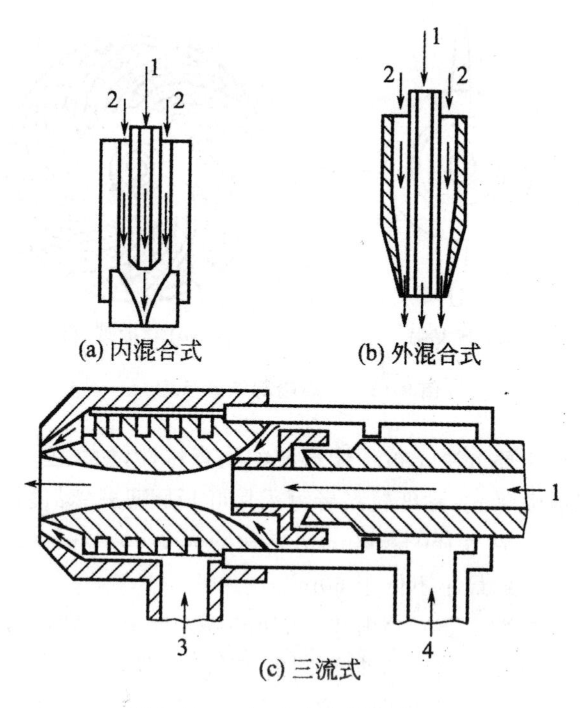

图 8-11　气流式喷嘴的结构示意

1—料液；2—压缩空气；3—主流空气；4—二次空气

上述三种形式的气流喷嘴的工作过程基本相同，差别在于内混合式的高速气流与料液射流的混合与摩擦发生在喷嘴内部，因此它的能量转化率高；外混合式的高速气流与液体的混合与摩擦在喷嘴外部进行，它的能量利用率较低。有人建议，在气流入口处设一个具有 45°气槽的环形通道，使气体以旋流状态喷出，来提高料液雾化效果。三流式是内混合式与外混合式结合起来的一种喷嘴，一般先内混合，然后再外混合。

气流式喷雾器的喷雾效果也可用流量、喷雾角及平均滴径来表示。流量及喷雾角的影响因素与压力式的相同，平均滴径除受结构因素和物性因素（与压力式相似）的影响外，还与气一液流量比及气一液相对速率有很大的关系。通常气一液相对速率愈大，气一液接触的表面摩擦力就愈大，因而滴径就愈小。气液流量比越大时，滴径也将越小。但是，当液体的流量很大时，如果没有流速很大的空气流提供大量的动能，气体很难穿透实心射流的中心，也就不可能得到均匀的料雾。气一液流量比范围一般为 0.1～10，低于 0.1 时，即使容易雾化的液体也很难雾化。而超过 10 以后，能量消耗过大，但滴径不再明显减小。

离心式喷雾的工作原理是将料液送到高速旋转的转盘上，在离心力的作用下，料液沿盘上沟槽被甩出，与空气发生摩擦而碎裂成液滴。

离心式喷雾器转盘的形式很多，常见的有喷枪式和圆盘式两大类，如图 8-12 所示。

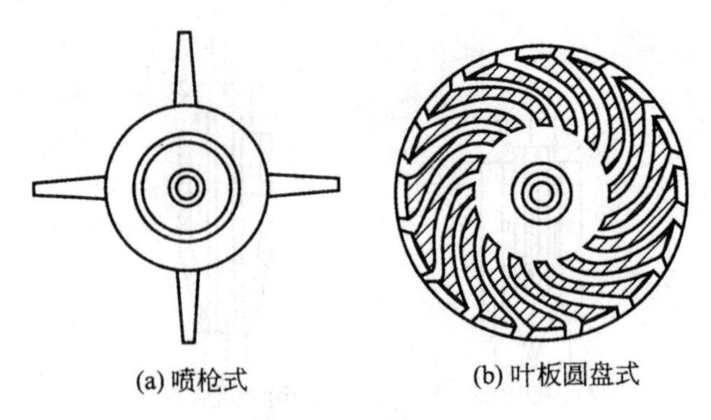

图 8-12　离心喷雾转盘示意

喷雾转盘形式的选择主要取决于被干燥料液的物理特性，如黏度、表面张力和密度等。黏度较低者可采用喷枪式或喷嘴式；黏度较高者可采用叶板圆盘式；黏度极高者可采用碟式圆盘式。工业用离心盘的直径一般为160～500mm，转速约为3000～20000r/min，料液离开转盘外缘的圆周速率为75～170m/s，最小不低于60m/s。

离心式喷雾器的特性参数主要有喷射角、滴径和喷矩半径。喷射角是指料液从离心盘边缘某点离开时其运动方向与该点切线方向之间的夹角，如图 8-13 所示，ψ 即喷射角。由于料液离开盘缘时的线速率 u 可分解成径向速率 u_r 和圆周速率 u_T，因此，喷射角 ψ 可由下式来确定：

$$\tan\psi=\frac{u_r}{u_T}$$

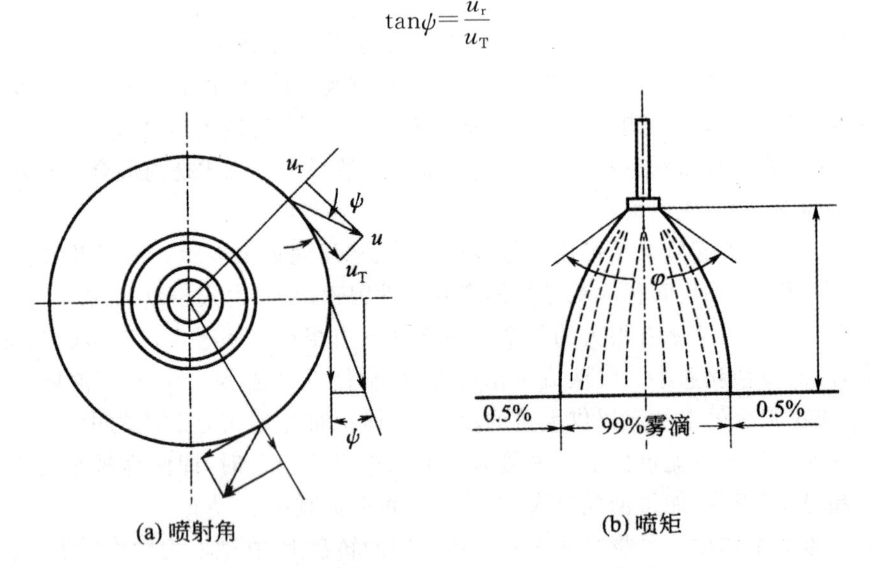

图 8-13　离心喷雾的喷射角和喷矩示意图

由于圆盘的转速一般都很高，料液的切向速率 u_T 比径向速率 u_r 高得多，因此，$\tan\psi$ 很小，即 ψ 很小，约为 5°～6°。

影响离心喷雾液滴大小的因素有盘形、盘径、盘速、进料量、液体密度、黏度和表面张力等。在实际生产中，转速是影响雾滴大小的关键因素，进料量和黏度的影响也很显著。

离心式喷雾的喷矩形状和大小主要取决于转速及离心盘的结构、干燥空气流动的方式和速率等因素。喷矩的形状一般是锥形加圆筒形，如图 8-13(b)所示。

上述三种喷雾器各有优缺点。气流式喷雾器的动力消耗最多，每千克料液约需 0.4～0.8kg 的压缩空气。但其结构简单，容易制造，适用料液的黏度范围较宽。一般在食品工业上用作小型设备。压力式喷雾器的优点是动力消耗最少，每吨料液所需电能约为(4～10)kW·h。缺点是喷孔小，易堵塞和磨损，故不适用于黏度高的液体和带有固体颗粒的液体。离心式喷雾器的优点是适用于高黏度液体和带有固体颗粒的液体，且生产能力的弹性较大，可在额定值的 25%上下调节。离心式喷雾器的动力消耗介于气流式和压力式之间。它的缺点是机械加工要求高，制造费用大，设备体积较大，占地面积较多。

目前，国内喷雾干燥设备中，压力式喷雾器占主要地位，如乳、蛋粉生产上压力式喷雾占 70%以上。在国外，欧洲以离心式喷雾为主，而美国、日本则以压力式喷雾为主。

2. 喷雾干燥室

料液经喷雾器喷雾形成雾滴后，与高温干燥介质接触进行干燥，这个过程是在喷雾干燥室中完成的。喷雾干燥室的基本形式有两种，即卧式喷雾干燥室和立式喷雾干燥室。

卧式喷雾干燥室用于水平方向的压力喷雾干燥，如图 8-14 所示。干燥室可做成平底的，也可做成斜底的。前者用于处理量不大的场合，后者用于处理量较大的场合。干燥室的室底应有良好的保温层，以免干粉结露回潮。干燥室的壳壁也须用绝热材料保温。在这种干燥室中，由于气流方向与重力方向垂直，雾滴在干燥室内行程较短，料液与干燥空气接触时间也较短，且不太均匀，因此，干制品水分含量不均匀。此外，从卧式干燥室底部卸料较困难，故现代喷雾干燥设备均不采用这种形式的干燥室。

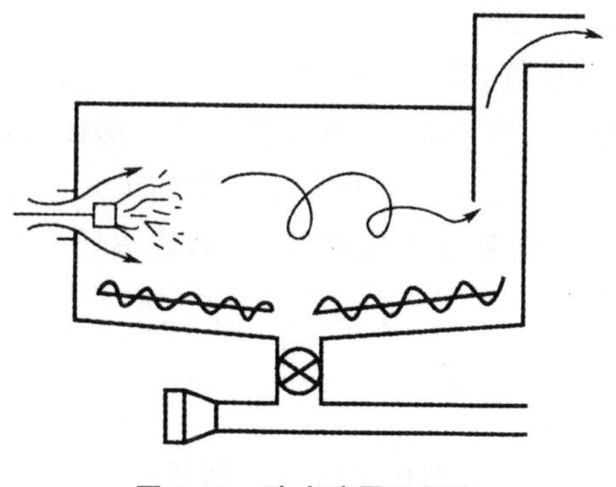

图 8-14　卧式喷雾干燥室

立式喷雾干燥室对三种类型的喷雾器都适用。其结构如图 8-15 所示，顺流式是食品喷雾干燥最为常用的方式。顺流时由于热空气与雾滴以相同方向流动，与干粉接触的介质温度较低，因此，可采用高温干燥介质，以提高干燥的热效率和干燥强度。逆流式则相反，与干粉接触的是高温空气，因此，不适合干燥热敏性食品。但是，逆流式的能量利用率较高。除以上两种方式外，还有旋流式和混流式等。

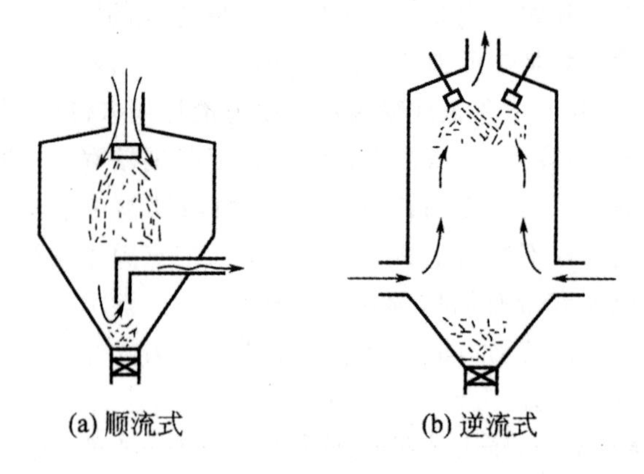

图 8-15　立式喷雾干燥室示意

3. 喷雾干燥的特点

喷雾干燥具有以下优点。

①干燥速率极快。因为料液被雾化成几十微米的微滴，所以液滴的比表面积(单位质量液体的表面积)很大，例如将 1L 牛乳分散成平均直径为 50μm 的液滴，则所有液滴表面积之和可达 $5400m^2$。料液以如此巨大的传热传质面与高温介质相接触，湿热交换过程非常迅速，一般只需几秒到几十秒就可干燥完毕，具有瞬间干燥的特点。

②物料所受热损害小。虽然喷雾干燥所用干燥介质的温度相当高(一般在 200℃以上)，但当液滴含有大量水分时，其温度不会高于空气的湿球温度。当液滴接近干燥时，其固体颗粒的外皮已经形成，且此时所接触的空气是低温高湿的，在较短时间内(几秒钟内)温度不会升到很高，因而非常适合干燥热敏性食品。

③干制品的溶解性及分散性好，具有速溶性。

④生产过程简单，操作控制方便，适合于连续化生产。即使料液含水量高达 90%，也可直接喷雾成干粉，省去或简化了其他干燥方法所必需的附加单元操作，如粉碎、筛分、浓缩等。

喷雾干燥的主要缺点是，单位制品的耗热较多，热效率低，约为 30%～40%，每蒸发 1kg 水分约需 2～3kg 的加热蒸汽。

二、接触干燥

接触干燥与对流干燥法的根本区别在于前者是加热金属壁面，通过导热方式将热量传递给与之接触的食品并使之干燥，而后者则是通过对流方式将热量传递给食品并使之干燥。

接触干燥法按其操作压力可分为常压接触干燥和真空接触干燥。常压接触干燥设备主要是滚筒干燥器，而真空接触干燥设备包括真空干燥箱、真空滚筒干燥器、带式真空干燥器等。

(一)滚筒干燥

这种干燥设备的主要部分是一只或两只中空的金属圆筒。圆筒内部由蒸汽、热水或其他加热剂加热。待干物料预先制成黏稠浆料，采用浸没涂抹或喷洒的方式附着在滚筒表面进行干燥，如图 8-16 所示。

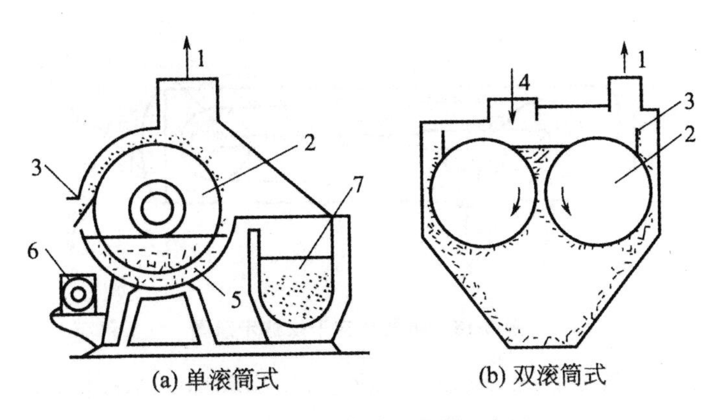

图 8-16　常压滚筒干燥器示意图

1—空气出口；2—滚筒；3—刮刀；4—加料口；5—料槽；6—螺旋输送器；7—贮料槽

滚筒干燥既可在常压下进行，也可在真空中进行。图 8-16 为常压滚筒干燥器示意图。图中(a)为浸没涂抹加料，这种加料方式的缺点是料液会因滚筒的浸没而过热。而采用图中(b)这种喷洒方式加料则可克服上述缺点。

为了加快干燥过程，一般在干燥器上方空气出口处设有吸风罩，用风机强制空气流动以加速水蒸气的排除。滚筒表面温度一般维持在 100℃以上。物料在滚筒表面停留干燥的时间为几秒到几十秒。

常压滚筒干燥器的结构较简单，干燥速率快，热量利用率较高。但可能会引起制品色泽及风味的劣化，因而不适于干燥热敏性食品。为此，可采用真空滚筒干燥法。不过真空滚筒干燥法成本很高，只有在于燥极热敏的食品时才会使用。真空滚筒干燥器如图 8-17 所示。

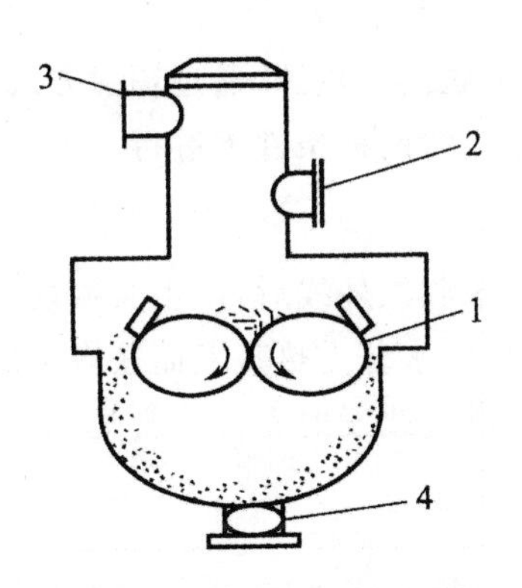

图 8-17　真空滚筒干燥器示意图

1—滚筒；2—加料口；3—接冷凝真空系统；4—卸料阀

滚筒干燥法的使用范围比较窄，目前主要用于干燥土豆泥片、苹果沙司、预煮粮食制品、番茄酱等食品。

(二)带式真空干燥

带式真空干燥器是一种连续式真空干燥设备，其结构如图 8-18 所示。

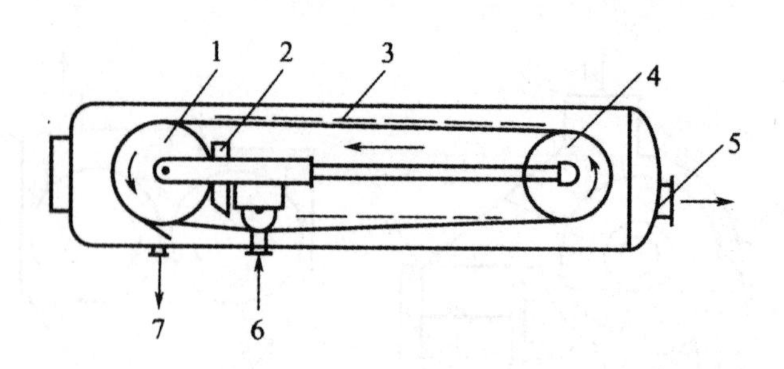

图 8-18　带式真空干燥器示意图

1—冷却滚筒；2—脱气器；3—加料；4—加热滚筒；5—接真空系统；6—加料闭风器；7—卸料闭风器

一条不锈钢传送带绕过分设于两端的加热、冷却滚筒，置于密封的外壳内。物料由供料装置连续地涂布在传送带表面，并随传送带进入下方红外加热区。料层因受内部水蒸气的作用膨化成多孔的状态，在与加热滚筒接触之前形成一个稳定的膨松骨架，装料传送带与加热滚筒接触时，大量的水分被蒸发掉，然后进入上方红外加热区，进行后期水分的干燥，并达到所要求的水分含量，经冷却滚筒冷却变脆后，即可利用刮刀将干料层刮下。

带式真空干燥器适用于干燥果汁、番茄汁、牛奶、速溶茶和速溶咖啡等。如要制取高度膨化的干制品，则可在料液中先加入碳酸铵等膨松剂或在高压下充入氮气，利用分解产生的气体或溶解的气体加热后形成气泡而获得膨松结构。

带式真空干燥法与常压带式干燥相比，设备结构复杂，成本较高。因此，只限于干燥热敏性高和极易氧化的食品。

三、辐射干燥

这是一类以红外线、微波等电磁波为热源，通过辐射方式将热量传递给待干食品进行干燥的方法。辐射干燥也可在常压和真空两种条件下进行。

(一)红外线干燥

红外线干燥的原理是当食品吸收红外线后，产生共振现象，引起原子、分子的振动和转动，从而产生热量使食品温度升高，导致水分受热蒸发而获得干燥。

红外线干燥器的关键部件是红外线发射元件。常见的红外线发射元件有短波灯泡、辐射板或辐射管等，如图 8-19 所示。

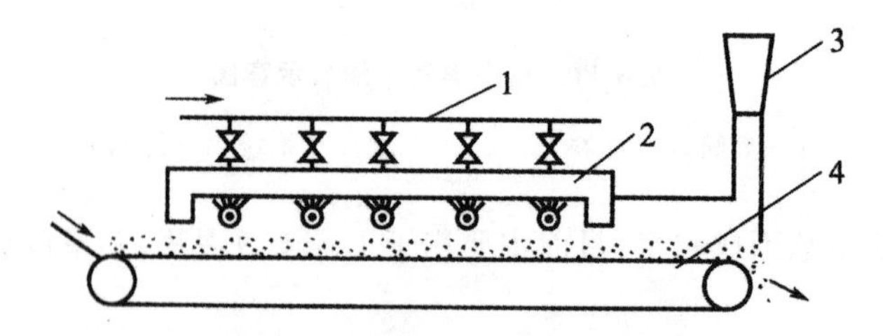

图 8-19　辐射管式红外线干燥器

1—煤气管；2—辐射体；3—吸风装置；4—输送器

这种干燥器的结构简单，能量消耗较少，操作灵活，温度的任何变化可在几分钟之内实现，且对于不同原料制成的不同形状制品的干燥效果相同，因此应用较广泛。

红外线干燥的最大优点是干燥速率快。这是因为红外线干燥时，辐射能的传递不需经过食品表面，且有部分射线可透入食品毛细孔内部达 0.1～2.0mm。这些射线经过孔壁的一系列反射后，几乎全部被吸收。因此，红外线干燥器的传热效率很高，干燥时间与对流干燥、传导式干燥相比，可大为缩短。

当然，干燥速率不仅取决于传热速率，也取决于水分在食品内移动的速率和水分除去的速率。因此，用红外线干燥较薄的食品时，既可以达到快速传热，又可快速除去水分，从而达到迅速干燥。

（二）微波干燥

微波干燥的原理是利用微波照射和穿透食品时所产生的热量，使食品中的水分蒸发而获得干燥，因此，它实际上是微波加热在食品干燥上的应用。

1. 微波加热器的类型

根据结构及发射微波方式的差异，微波加热有四种类型，即微波炉、波导型加热器、辐射型加热器及慢波型加热器等，它们的结构如图 8-20 所示。

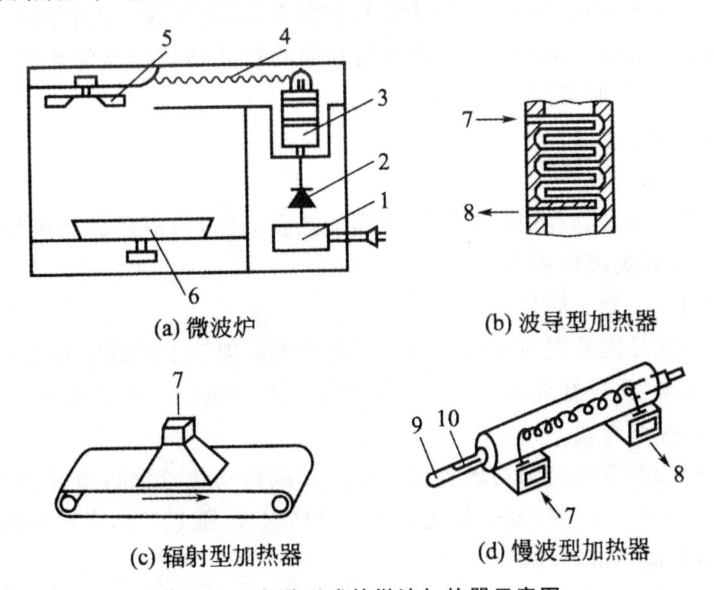

图 8-20　各种形式的微波加热器示意图

1—变压器；2—整流器；3—磁控管；4—波导；5—搅拌器；6—旋转载物台；
7—微波输入；8—输出至水负载；9—传送带；10—食品

2. 微波加热器的选择

微波加热器的选择包括选择工作频率和加热器的形式。工作频率的选择主要依据以下 4 个因素。

（1）被干燥食品的体积、厚度

微波加热食品主要靠微波穿透到食品内部引起偶极子的碰撞、摩擦。因此，微波的穿透深度是值得特别注意的。一般地，穿透深度与微波频率成反比，故 915MHz 微波炉可加工较厚和较大的食品，而2450MHz的微波可加工较薄较小的食品。

(2)食品的含水量和介质损耗

微波照射食品所产生的热量与介质损耗成正比，而介质损耗与食品的含水量有关，含水量越多，介质损耗越大。因此，对于含水量高的食品，宜采用915MHz的微波，而对于含水量低的食品，宜采用2450MHz的微波。

(3)总产量和成本

微波磁控管的功率与微波频率之间有一定的关系。从频率为915MHz磁控单管中可以获得30kW或60kW的功率，而从2450MHz的磁管中只能获得5kW左右的功率。915MHz磁控管的工作效率比2450MHz的高10%～20%。因此，在加工大批量食品时，应选用915MHz频率，或者在开始干燥阶段选用915MHz，而在后期干燥时再用2450MHz的频率。这样就可以降低干燥的总成本。

(4)设备体积

一般地，2450MHz频率的磁控管和波导管都比915MHz的小，因此，2450MHz的加热器比915MHz的小。

选定频率后，还要选择加热器的形式。加热器形式应根据被干燥食品的形状、数量和工艺要求来选择。如果被干燥食品的体积较大或形状复杂，应选择隧道式谐振腔型加热器，以达到均匀加热。如果是薄片状食品的干燥，宜采用开槽的行波场波导型加热器或慢波型加热器。如果小批量生产或实验，则可采用微波炉。

3. 微波干燥的特点

(1)干燥速率非常快

微波主要是靠穿透食品并引起介质损耗而加热食品的，与那些靠热传导加热食品的干燥法相比较，加热和干燥速率快得多。

(2)食品加热均匀，制品质量好

微波加热可在食品内外同时进行，因此，可避免表面加热干燥法中易出现的表面硬化和内外加热不均匀的现象，比较好地保持了被干燥食品原有的色、香、味及营养成分。

(3)调节灵敏，控制方便

微波加热过程的调节和控制均已实现了半自动或自动化，因此，微波加热的功率、温度的控制反应非常灵敏方便。例如，要使加热温度从30℃上升到100℃，大约只需2～3min。

(4)具有自动平衡热量的性能

微波产生的热量与介电损失系数成正比，而介电损失系数与食品含水量有很大的关系，含水量越多时则吸收的微波能也越多，水分蒸发也就越快。这样就可以防止微波能集中在已干燥的食品或食品的局部位置上，避免过热现象。

(5)热效率高，设备占地面积小

微波的加热效率很高，可达80%左右。其原因在于微波加热器本身并不消耗微波能，且周围环境也不消耗微波能，因此，避免了环境温度的升高，改善了劳动条件。

微波干燥的主要缺点是耗电多，因而使干燥成本较高。为此可以采用热风干燥与微波干燥相结合的方法来降低成本。具体做法是：先用热风干燥法将物料的含水量干燥到20%左右，再用微波干燥完成最后的干燥过程。这样既可使干燥时间比单纯用热风干燥缩短3/4，又节约了单纯用微波干燥的能耗的3/4。

四、冷冻干燥

冷冻干燥也叫升华干燥、真空冷冻干燥等，是将食品先冻结然后在较高的真空度下，通过冰晶升华作用将水分除去而获得干燥的方法。

冷冻干燥最初是用于生物材料的脱水，1930年Frosdort首先开始食品冻干的实验。1940年Fikidd提出了用冻干法处理食品的技术。英国食品部在阿伯丁的实验工厂组织了食品冻干的研究，并于1961年公布了试验结果，证明冻干法可以获得优质干制品。随后，美、日、英、法及加拿大等国相继建立起冻干食品加工厂。

我国于20世纪60年代后期在北京、上海等地展开了冻干实验。70年代在上海、广东等地建立了生产能力较大的冻干食品厂。但是，由于冻干设备复杂、能源消耗巨大、产品价格昂贵等原因，致使我国的冻干食品厂相继破产或转产，到1985年我国实际上已无冻干厂从事冻干食品生产。

近年来，随着人民生活水平的提高和科学技术的发展，冻干食品又获得了恢复和发展。目前，国外冻干设备已实现了电脑自动化，冻干生产由间歇式转向连续化；冻干设备的干燥面积从0.1m^{2}到上千平方米不等，已形成了系列化、标准化。统计结果表明，目前日本年产冻干食品约为700万吨，美国为500万吨。冻干制品的品种包括蔬菜、肉类、海产品、饮料及各种调味品等，十分繁多。

(一)冷冻干燥的原理

1. 水的相平衡关系

依赖于温度和压力的改变，水可以在气态、液态及固态三种相态之间相互转变或达到平衡状态。上述变化可用水的相平衡图来表示，如图8-21所示。图中有三条线AB、AC及AD，分别叫作升华曲线、溶解曲线及汽化曲线，它们将整个坐标图分成三个部分，即气态(G)、液态(L)及固态(S)。这三条曲线有一共同点，即A点，称为三相点。在该点所对应的压力和温度条件下，水可以液、固、气三种相态同时存在。三相点因物质种类而异，对于一定的物质，三相点则是固定不变的。例如水的三相点压力为610.5Pa，温度为0.0098℃。

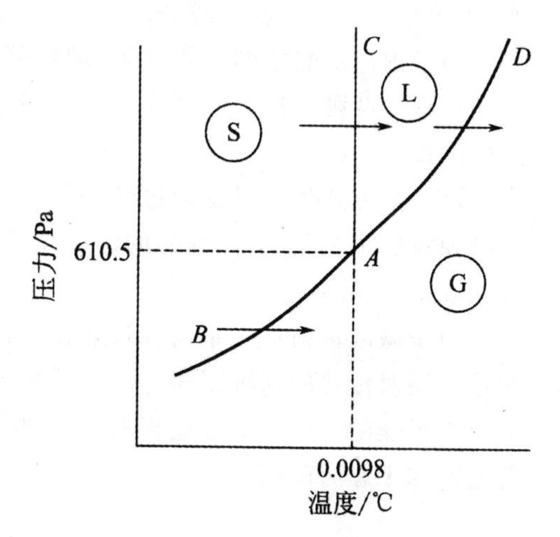

图8-21　水的相平衡图

如果环境压力低于610.5Pa，则温度的改变将导致水在气相和固相之间相互转化，也即当温度升高时，水分将由固相(冰)向气相(水蒸气)转化，这就是升华过程。或者在环境温度低于0.0098℃时，升高压力，也可使水分由固相向气相转化。上述相态之间的变化关系正是冷冻干燥的基础。

2. 食品的冻结

冻结工艺将在以下几个方面影响冷冻干燥的效果。首先，不同的冻结率将影响冻干品的最终含水量，冻结率低或未冻结水分较多者，冻干品的含水量也高；其次，冻结速率将影响冻干速率和冻干质量。

冻结速率慢时,食品中易形成大冰晶,将对细胞组织产生严重的损害,引起细胞膜和蛋白质的变性,从而影响干制品的弹性和复水性。从这方面考虑,缓慢冻结对冷冻干燥有不利的影响。但是,食品中形成大冰晶时,升华产生的水蒸气容易逸出,且传热速率也快,因此干燥速率快,制品多孔性好。由此可见,必定存在一个最适冻结速率,既可使食品组织所受损伤尽可能小,又能保证食品尽可能快地干燥。最后,食品被冻结成什么形状,不仅会影响冻干品的外观形态,而且对食品在干燥时能否有效地吸收热量和排出升华气体起着极为重要的作用。

食品的冻结可分为自冻和预冻两种情形。自冻是利用食品水分在高真空下因瞬间蒸发吸收蒸发潜热而使食品温度降低到冰点以下,获得冻结。由于瞬间蒸发会引起食品变形或发泡等现象,因此不适合外观形态要求高的食品。

预冻即将冻结作为干燥前的加工环节,单独进行,将食品预先冻结成一定的形状。预先冻结时采用的方法有吹风冻结法、盐水浸渍冻结法、平板冻结法以及液氮、液体二氧化碳或液体氟里昂冻结法等。

3. 干燥

干燥包含了两个基本过程,即热量由热源通过适当方式传给冻结体的过程和冻结体冰晶吸热升华变成蒸汽并逸出的过程。

冻结体冰晶的升华总是从表面开始的,这时升华的表面积就是冻品的外表面积,随着升华的进行,水分逐渐逸出,留下不能升华的多孔状固体,升华面也逐渐向内部前进。也可以说,在整个干燥过程中,都存在以升华面为界限的两个区域,在升华面外面的区域称为已干层,而在升华面以内的区域称为冻结层。冻结层中的冰晶在吸收了升华潜热后将继续在升华面上升华。

但是,随着升华面的不断深入,热量由外界靠传导方式传递到升华面的阻力和升华面所产生的水蒸气向外表面传递并进而向空气中逃逸的阻力将会逐渐增大,因此升华速率将不断下降,使整个升华干燥过程十分缓慢,干燥成本很高。

冷冻干燥过程的传热方式除了热传导外,还有辐射。以热传导的方式加热时是通过用载热流体流过加热壁来实现的。常用的热源有电、煤气、石油、天然气和煤等,常用的载热剂有水、水蒸气、矿物油、乙二醇等。

为了提高加热壁的传热效果,加热壁一般都用钢、铝或其合金材料制造,加热壁的形式有管式和板式两种。前者强度高,但传热效果差,后者传热面积大,传热效果好,但强度较差,加工较困难。

以辐射方式加热时是通过红外线、微波等直接照射食品来实现的。辐射加热方式将导致两种独特的工艺效果,即冻品的温度高于周围环境的温度以及冻结体内层温度高于表层温度,如图 8-22 所示。

由于微波辐射加热不需经过热传导而直接在食品内部产生热量,因此,不存在热传导加热中已干层对传热的那种阻碍作用。且由于不出现阻碍水蒸气向外扩散的雷科夫效应,因此,微波冷冻干燥的时间相对要短得多。例如用微波冷冻干燥厚 2.5cm 牛肉馅饼的时间仅相当于普通冷冻干燥时间的 1/9。

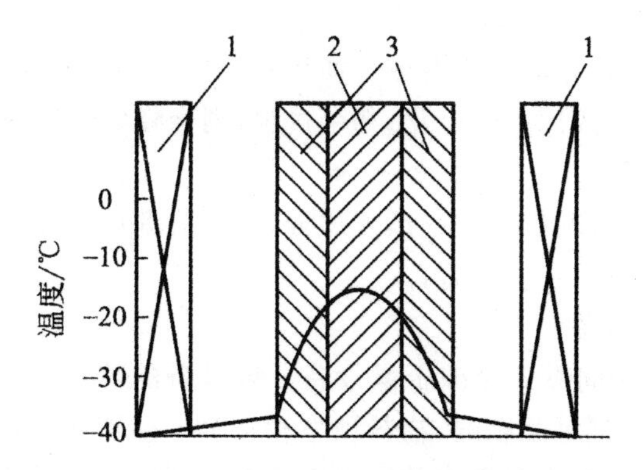

图 8-22　微波冷冻干燥时物料温度与环境温度的关系

1—冷凝器；2—冻结层；3—已干层

当然微波辐射加热也存在一些局限性，主要是电晕放电、加热不均匀及干燥成本较高等。电晕放电主要发生在干燥的末期，由于物料的水分含量已降到相当低的水平，微波能相对残余水分含量而言剩余较多，加上物料周围蒸汽分子密度很高，因而就会发生放电，出现强烈的蓝色气氛，造成食品变色或变味。为此，在干燥后期，必须采用低频率的微波输入，并保持干燥室内较高的真空度。另外 Peltre 指出，避免牛肉在微波冷冻干燥时出现放电的适宜频率为 2450MHz，场强最大值为 225V/cm。

防止加热不均匀可采取以下措施：一是尽量提高食品的冻结率，减小食品残余的水分；二是避免冻结品在冷冻干燥时融化，即控制场强不超过 125V/cm。

如果单独使用微波作为热源来干燥食品，则成本要比普通冷冻干燥法高。因此可以采取初期干燥时用普通热源，而中期、后期干燥时用微波的方法，既能缩短干燥时间，又能降低干燥成本。

(二)食品冷冻干燥设备

1. 冷冻干燥设备的基本组成

无论何种形式的冷冻干燥设备，它们的基本组成都包括干燥室、制冷系统、真空系统、冷凝系统及加热系统等部分。

干燥室有多种形式，如箱式、圆筒式等，大型冷冻干燥设备的干燥室多为圆筒式。干燥室内设有加热板或辐射装置，物料装在料盘中并放置在料盘架或加热板上加热干燥。物料可以在干燥室内冻结，也可先冻结好再放入到干燥室。在干燥室内冻结时，干燥室需与制冷系统相连接。此外，干燥室还必须与低温冷凝系统和真空系统相连接。

制冷系统的作用有两个：一是将物料冻结；二是为低温冷凝器提供足够的冷量；前者的冷负荷较为稳定，后者则变化较大，冷冻干燥初期，由于需要使大量的水蒸气凝固，因此需要很大的冷负荷，而随着升华过程的不断进行，所需冷负荷将不断减少。

真空系统的作用主要是保持干燥室内必要的真空度，以保证升华干燥的正常进行，其次是将干燥室内的不凝性气体抽走，以保证低温冷凝效果。

低温冷凝器是为了迅速排除升华产生的水蒸气而设的，低温冷凝器的温度必须低于待干物料的温度，使物料表面水蒸气压大于低温冷凝器表面的水蒸气分压。通常低温冷凝器的温度为$-50℃\sim-40℃$左右。

加热系统的作用是供给冰晶升华潜热。加热系统所供给的热量应与升华潜热相当，如果过多，就会使食品升温并导致冰晶的融化；如果过少，则会降低升华的速率。

2. 冷冻干燥设备的形式

冷冻干燥设备的形式有间歇式和连续式之分，由于前者具有许多适合食品生产的特点，因此，成为目前冷冻干燥设备的主要形式。

(1)间歇式冷冻干燥设备

图8-23所示是常见的间歇式冷冻干燥设备。该设备的特点是预冻、抽气、加热干燥以及低温冷凝器的融霜等操作都是间歇的；物料预冻和水蒸气凝聚成霜由各自独立的制冷系统完成。在干燥时，将待干物料放在料盘中并放入干燥室，用图中右侧的制冷系统进行预冻。预冻结束后，关闭制冷系统，同时向加热板供热，并与低温冷凝器接通，开启真空泵和左侧制冷系统，进行冷冻干燥操作。有些设备中也将低温冷凝器纳入干燥室做成一套制冷系统，在预冻时充当蒸发器而在干燥时充当低温冷凝器。

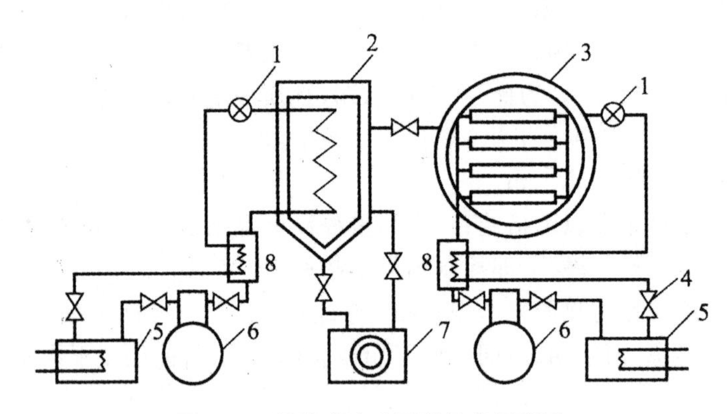

图8-23　间歇式冷冻干燥设备示意图

1—膨胀阀；2—低湿冷凝器；3—干燥室；4—阀门；
5—冷凝器；6—压缩机；7—真空泵；8—热交换器

间歇式设备的优点是：①适合多品种小批量的生产，特别是适合于季节性强的食品的生产；②单机操作，如一台设备发生故障，不会影响其他设备正常运行；③设备制造及维修保养较简便；④易于控制物料干燥时不同阶段的加热温度和真空度。

间歇式设备的缺点主要有：①装料、卸料、启动等操作占用时间较多，设备利用率较低；②要满足较大批量生产的要求，往往需要多台单机，因此，设备的投资费用和操作费用较大。

(2)连续式冷冻干燥设备

对于小批量多品种的食品干燥，间歇式干燥设备很适用，但对于品种单一而产量较大的食品干燥，连续式冷冻干燥设备则更为优越，这是因为连续式干燥设备不仅使整个生产过程连续进行，生产效率较高，而且升华干燥条件较单一，便于调控，降低了劳动强度，简化了管理工作。连续式设备尤其适合浆液状和颗粒状食品的干燥。

图 8-24 是一种旋转式连续干燥设备。它的主要特点是干燥管的断面为多边形，物料经过真空闭风器(也叫作进料闭风器)进入加料斜槽，并进入旋转料筒的底部，加料速率应能使筒内保持一定的料层(料层顶部要高于转筒底部干燥管的下缘)。每当干燥管旋转到圆筒底部时，其上的加料螺旋便埋进料层，并因转动而将物料带进干燥管。通过控制加料螺旋的螺距、转轴转速及进料流量等就可使干燥管内保持一定的物料量。

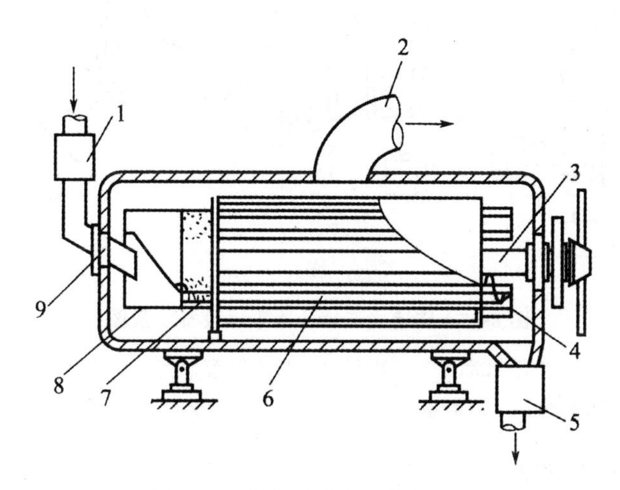

图 8-24 旋转式连续干燥器示意

1—真空闭风器；2—接真空系统；3—转轴；4—卸料管和卸料螺旋；
5—卸料闭风器；6—干燥管；7—加料管和加料螺旋；8—旋转料筒；9—静密封

进入干燥管中的物料随着圆筒的转动，从多边形的一个侧面滚动到另一个侧面，物料本身也不断翻转，使物料的各个表面均有机会与干燥面均匀接触进行升华干燥。为了使物料达到干燥要求，干燥管长度通常要 10～25 倍于它的直径。此外，还需要在干燥管的出口处安装挡料装置，以保持干燥管内 1/3～2/3 高度的料层和防止物料不受限制地排出，影响干燥效果。

图 8-25 所示为隧道式连续冷冻干燥设备。它的干燥室由长圆筒干燥段和扩大室两个部分组成。干燥室与进口、出口及冷凝室的连接均需通过隔离阀门。操作时，先打开左侧端盖，将装好冻结物料的小车推入进口闭风室。关闭端盖，打开进口侧的真空泵抽气。当进口闭风室的压力与干燥室的压力相等时，打开隔离阀，料车即自动沿导轨进入干燥室。关闭隔离阀，并关上真空泵，打开通大气阀，使进口闭风室处于大气压之下。料车在干燥室中逐渐向出口处移动，物料则不断升华干燥。在此过程中右侧的冷凝系统和真空泵均处于工作状态。待靠近出口端的料车上的物料干燥好后，即打开出口处的真空泵，使出口闭风室的压力降到与干燥室压力相等，打开隔离阀，料车自动卸出到出口闭风室，关闭隔离阀，通入大气。然后打开端盖，卸出干燥好的物料。再重复进行上述操作，将新料车装入干燥室和卸出已干燥好的料车。

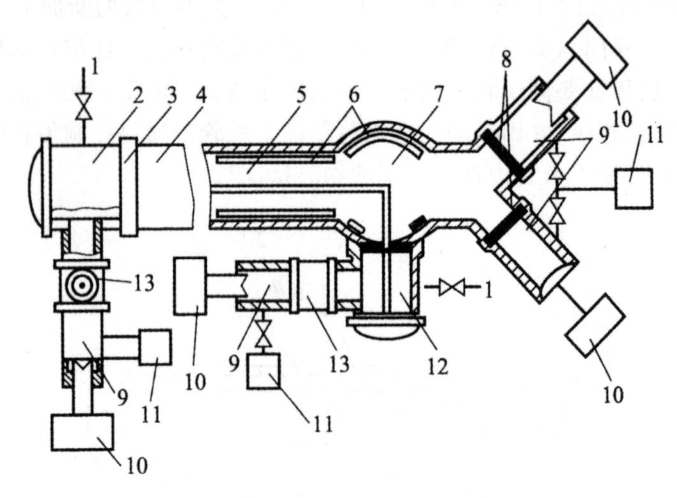

图 8-25　隧道式连续冷冻干燥设备示意图

1—通大气阀;2—进口闭风室;3—隔离阀;4—长圆筒容器;5—中央干燥室;6—辐射板;7—扩大室;8—隔离阀;9—冷凝室;10—真空泵;11—压缩机;12—出口闭风室;13—阀门

(三)加快冷冻干燥的方法

冷冻干燥是在低温下进行的升华过程,它的快慢取决于传热和传质过程的快慢,从传热角度分析,热量以传导方式从外部热源到达升华前沿所遇到的阻力包括对流换热阻力和内部导热阻力,特别是多孔已干层,由于充满导热系数小的低压空气,热阻相当大,是决定传热过程快慢的主要因素。从传质角度分析,水蒸气从升华前沿向冷凝表面迁移时也会遇到内部阻力和外部阻力。内部传质阻力主要是已干层,外部阻力与水蒸气到低温冷凝器的通路的几何条件和除去水蒸气的方法有关。

在冷冻干燥过程的不同阶段,影响干燥速率的主要因素可能有所不同。但是,只要能够加快传热和传质过程,就可以提高冷冻干燥速率。从以上分析可知,加快冷冻干燥过程可以采用的方法包括提高已干层导热性;减小已干层厚度;改变干燥室压力和提高升华温度;改进低温冷凝方法等。

1. 提高已干层导热性

已干层孔隙内所含稀薄气体的导热性是决定已干层导热性的重要因素。通常在常温常压下,气体导热系数与压力的关系很小。但是,在压力低于 26664Pa 的低压下气体导热系数将随压力的增大而提高,所以,在冷冻干燥中,适当提高物料已干层孔隙内稀薄气体的压力是有利于导热的。

此外,气体的导热系数还与气体的扩散能力有关。扩散能力愈强,其导热性也愈好。而扩散能力与气体的分子量有关,分子量愈小,则扩散系数愈大,因而导热系数也愈大。例如氦气的导热系数约 6 倍于空气,因此,用轻质惰性气体置换已干层孔隙内的空气,可以提高已干层的导热性。

在冷冻干燥时,冰晶升华所产生的水蒸气将在水蒸气压差的作用下,透过孔隙内的气体而向外扩散。根据分子扩散理论,水蒸气和气体的相互扩散系数与气体的分子量有关。分子量愈小,则扩散系数愈大。因此,用轻质气体替换已干层孔隙中的空气,还可以提高水蒸气的扩散系数。例如水蒸气对氦气的扩散系数约4倍于对空气的扩散系数。

2. 减小已干层厚度

如果能够始终将升华前沿保持在冻结体的表面,那么传热和传质的阻力可以降低到最小值。这可以通过不断刮除已干层来达到。刮除已于层的方法有两种,即断续刮除法和连续刮除法。断续刮除法是每隔一段时间将已干层刮除,而连续刮除法则是不间断地将已干层刮除。图8-26是连续刮除法的装置示意图。

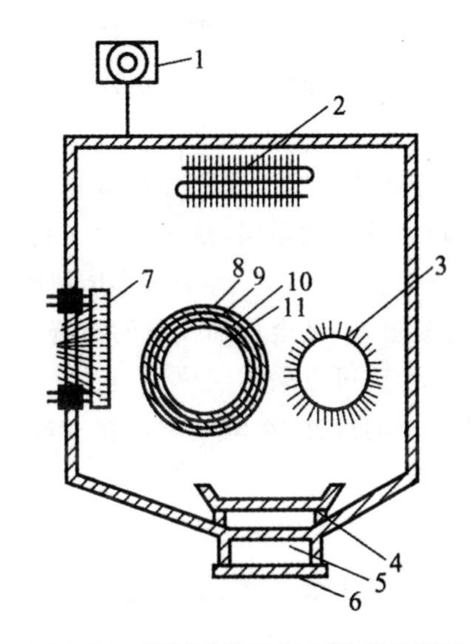

图8-26　连续刮除已干层装置示意图

1—真空泵;2—冷阱;3—刮料装置;4—受料器;5—闭风室;6—阀门;
7—辐射装置;8—已干层;9—冻结层;10—冰层;11—料筒

这种刮除装置实际上是一只装有刮料刷的滚筒。待干物料被冻结在料筒上,为了防止料刷擦伤料筒,在将物料冻结在料筒上之前,应先在料筒上冻结一层冰。料层受热后,表层即开始升华变成已干层。可以水平移动的刮料刷以和料筒旋转方向相反的方向旋转着逐渐靠近料筒,将物料表面已干层连续地刮下,刮料刷水平进给量可以根据物料冷冻干燥的速率加以调节,使料刷能够及时地刮除已干层,但又不触及冻结层。

3. 改变干燥室的压力和温度

实验表明,真空干燥室中的压力与冰晶升华速率之间有密切的关系。以已六醇为例,该关系如图8-27所示。由图可见,随着干燥室压力的升高,升华速率将加快。但当压力升高到某个值 p_0 后,升华速率将不再随压力的升高而增大。这就是说存在一个最佳压力值,它因物料种类而异。

提高物料升华温度,将使升华表面与低温冷凝器表面之间的蒸气压差增大,因而有利于加快升华过程。但是,升华温度的提高必须以不导致冻结层融化及已干层的崩解或内微熔等变化为前提。

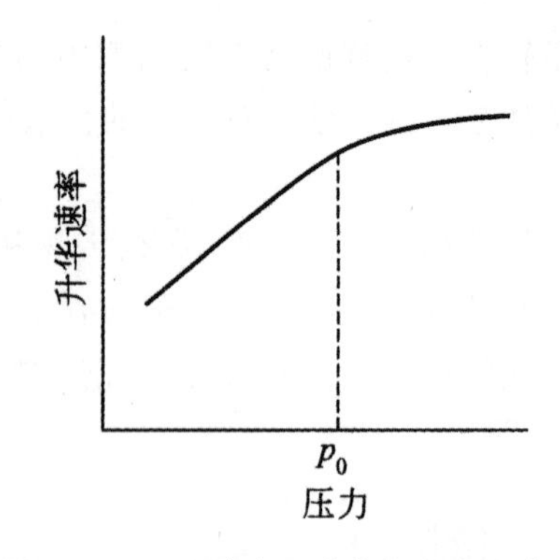

图 8-27　己六醇冻干速率与压力之关系

4. 改进低温冷凝方法

目前的冻干设备中广泛采用管壁式冷凝法来除去水蒸气。这种冷凝法的缺点是随着干燥的进行，水蒸气在管表面凝结成越来越厚的霜层，从而增大了传热阻力，导致低温冷凝室的温度升高和压力增大，这将阻碍升华过程的进行。为了减小传热阻力，就必须经常除霜。这既麻烦又浪费时间。如果采用替换冷凝设备，又会增加设备的投资，提高产品的成本。

为了克服上述低温冷凝法的缺点，可以采用液体冷凝法。它是用真空泵将水蒸气和其他气体抽出，并使之通过低温液体形成的液幕，水蒸气瞬间将被冻结成细小冰粒而除去，不凝性气体则由真空泵抽走。

(四)冷冻干燥法的特点

冷冻干燥法是目前最先进的食品干燥技术之一，它具有许多独特的优点，主要有如下几点。

(1)冷冻干燥法能最好地保存食品原有的色、香、味和营养成分。

冷冻干燥是在低温和高度缺氧的状态下进行的，因而微生物和酶不起作用，食品也不被氧化，食品的色、香、味和营养成分所受损失极小，所以，特别适合极为热敏和极易氧化的食品的干燥。

(2)冷冻干燥法能最好地保持食品原有形态。

食品脱水前先经过冻结，形成稳定的固体骨架。脱水之后固体骨架基本维持不变，且能形成多孔海绵状结构，具有理想的速溶性和快速复水性。表 8-4 列出了热风干燥和冻干蔬菜的复水性。

表 8-4　冻干和热风干燥蔬菜复水性的比较

种类	样品重量/g		复水时间/min		复水后重量/g	
	热风干燥	冻干	热风干燥	冻干	热风干燥	冻干
油菜	12	12	50	30	49.3	169
洋葱	14.2	14.2	41	10	67	81.5
胡萝卜	35	35	110	11	136.3	223

由表可见，冻干蔬菜的复水时间短而且能使水分最大限度恢复。

(3)冻干食品脱水彻底,保存期长。

一般地,冻干食品的残余水分在5%以下,且食品内部残余水分分布均匀,因此在采用真空包装的条件下,可在常温环境中保存数年不变质。

(4)不会导致表面硬化。

由于物料预先被冻结,原来溶解于水中的无机盐之类的溶质被固定,因此,在脱水时不会发生溶质迁移现象而导致表面硬化。

冷冻干燥法的主要缺点是能耗大、成本高。以冻干小葱为例,生产每千克冻干小葱所需能耗大约在20kW·h以上,其中近90%的能量消耗在冻干过程中,冷冻干燥法的成本如表8-5所示。由表可知,相比冷冻及罐藏法而言,冻干法的加工费用高得多,但总的生产流通成本相差并不显著,因而冻干品是一种很具竞争力的产品。

表8-5　每百磅豆类的生产流通相对成本比较　　单位:元

项目	冷冻	冻干	罐头
原料费	6.64	6.64	6.39
工厂劳务费、管理费	3.06	7.72	3.37
包装费	2.15	4.19	5.87
销售费	2.02	0.06	2.82
贮藏6个月费用	1.32	0.70	1.04
总计	15.19	19.31	19.49

注:1磅(b)=0.45千克(kg)。

原则上,只要能够冻结的食品都可以用冷冻干燥法干燥。但是,考虑到制品成本等因素,下列食品采用冷冻干燥法是可行的。

①营养保健食品,如人参、鹿茸、花粉、蜂王浆、鳖粉等。

②土特产风味食品,如黄花菜、芦笋、蕨菜、山药及食用菌类等。

③海产品,如虾仁、贝类、鲍鱼等。

④饮料,如咖啡、茶叶、果珍等。

⑤调味料、汤料,如香料、色素、汤料、姜、葱、蒜等。

⑥特需食品,如用于航天、航海、军用、野外作业及旅游等的食品。

第四节　干制品的包装与贮藏

一、包装前干制品的处理

干制后的产品一般不马上进行包装,根据产品的特性与要求,往往需要经过一些处理才能进行包装。

(一)分级除杂

为了使产品合乎规定标准,贯彻优质优价原则,对干制后的产品要进行分级除杂。干制品常用振动筛等分级设备进行筛分分级，剔除块片和颗粒大小不合标准的产品，以提高产品质量档次，尤其是速溶产品，对颗粒大小有严格的要求。对无法筛分分级的产品还需进行人工挑选，剔除杂质和变色、残缺或不良成品，并经磁铁吸除金属杂质。

（二）均湿处理

无论是自然干燥还是人工干燥方法制得的干制品，其各自所含的水分并不是均匀一致，而且在其内部也不是均匀分布，常需进行均湿处理。目的是使干制品内部水分均匀一致，使干制品变软，便于后续工序的处理，也称回软。回软是将干制品堆积在密闭室内或容器内进行短暂贮藏，以便使水分在干制品间扩散和重新分布，最后达到均匀一致的要求。一般水果干制品常需均湿处理，脱水蔬菜一般不需这种处理。

（三）防虫

干制品尤其是果蔬干制品常有虫卵混杂其间，特别是采用自然干制的产品，虫害可从原材料携入或在干燥过程中混入。一般来说，包装干制品用容器密封后，处在低水分干制品中的虫卵难以生长。但是包装破损、泄漏后，它的孔眼如果有针眼大小，昆虫就能自由地出入，并在适宜条件下（如干制品回潮和温湿度适宜时）成长，侵袭干制品，有时还造成大量损失。为此，防止干制品遭受虫害是不容忽视的重要问题。果蔬干制品和包装材料在包装前都应经过灭虫处理。

烟熏是控制干制品中昆虫和虫卵常用的方法。常用的烟熏剂有甲基溴，一般用量为16～24g/m^3，视烟熏温度而定。在较高温度使用时其效用较大，可降低用量，一般需密闭烟熏24h以上。甲基溴对昆虫极毒，因而对人类也有毒，因此要严格控制无机溴在干制品中的残留量。二氧化硫也常用于果干的熏蒸，也需控制其残留量。氧化乙烯和氧化丙烯，即环氧化合物也是目前常用的烟熏剂，这些烟熏剂被禁止使用于高水分食品，因为在高水分条件下可能会产生有毒物质。

低温杀虫（－10℃以下）能有效推迟虫害的出现，在不损害制品品质原则下也可采用高温热处理数分钟，以控制那些隐藏在干制品中的昆虫和虫卵。根菜和果干等制品可在75℃～80℃温度中热处理10～15min后立即包装，以杀死残留的昆虫和虫卵。耐热性弱的叶菜类脱水制品可用65℃热空气处理1h。

（四）压块

食品干制后重量减少较多，而体积缩小程度小，造成干制品体积膨松，不利于包装和运输，因此在包装前，需经压缩处理，称之为压块。干制品如果在产品不受损伤的情况下压缩成块，大大缩小了体积，有效地节省了包装材料、装运和贮藏容积及搬运费用。另外产品紧密后还可降低包装袋内氧气含量，有利于防止氧化变质。

压块后干制品的最低密度为880～960kg/m^3。干制品复水后应能恢复原来的形状和大小，其中复水后能通过四目筛眼的碎屑应低于5%，否则复水后就会形成糊状，而且色、香、味也不能和未压缩的复水干制品一样。

蔬菜干制品一般可在水压机中用块模压块，蛋粉可用螺旋压榨机装填，流动性好的汤粉可用轧片机轧片。压块时应注意破碎和碎屑的形成，压块大小、形状、密度和内聚力、制品耐藏性、复水性和食用品质等问题。蔬菜干制品水分低，质脆易碎，压块前需经回软处理（如用蒸汽加热 20～30s)，以便压块并减少破碎率。

干制品压块工艺条件及其效果如表 8-6 所示。

表 8-6 干制品压块工艺条件及其效果

干制品	形状	水分/%	温度/℃	最高压力/MPa	加压时间/s	密度/(kg/m³)		体积缩减率/%
						压块前	压块后	
甜菜	丁状	4.6	65.6	8.19	0	400	1041	62
甘蓝	片	3.5	65.6	15.48	3	168	961	83
胡萝卜	丁状	4.5	65.6	27.49	3	300	1041	77
洋葱	薄片	4.0	54.4	4.75	0	131	801	76
马铃薯	丁状	14.0	65.6	5.46	3	368	801	54
甘薯	丁状	6.1	65.6	24.06	10	433	1041	58
苹果	块	1.8	64.4	8.19	0	320	1041	61
杏	半块	13.2	24.0	2.02	15	561	1201	53
桃	半块	10.7	24.0	2.02	30	577	1169	48

(五)速化复水处理

许多干制品一般都要经复水后才能食用，干制品复水后恢复原来新鲜状态的程度是衡量干制品品质的重要指标。为了加速低水分产品复水的速度，可采用速化复水处理，如压片法、辊压法、刺孔法等。

压片法是将水分低于 5%的颗粒状果干经过相距为 0.025mm 的转辊(300r/min)轧制。如果需要较厚的制品，仅需增大轧辊间的间距。薄片只受到挤压，它们的细胞结构未遭破坏，故复水后能迅速恢复原来大小和形状。

另一种方法是将干制到水分为 12%～30%的果块经速度不同和转向相反的转辊轧制后，再将部分细胞结构遭受破碎的半成品进一步干制到水分为 2%～10%。块片中部分未破坏的细胞复水后迅速复原，而部分已被破坏的细胞则有变成软糊的趋势。

刺孔法是将水分为 16%～30%的半干苹果片先行刺孔再干制到最后水分为 5%，这不仅可加速复水的速度，还可加速干制的速度。复水速度以刺孔压片的制品最为迅速。

二、干制品的包装

干制食品的处理和包装需在低温、干燥、清洁和通风良好的环境中进行，最好能进行空气调节并将相对湿度维持在 30%以下。干制品处理和包装部门与工厂其他部门的距离应尽可能远些，门、窗应装有窗纱，以防止室外灰尘和害虫侵入。

干制品的水分含量只有在与环境空气相对湿度平衡时才能稳定，干制品吸湿是引起变质的主要因素。为了维持干制品的干燥品质，需用隔绝材料或容器将其包装以防止外界空气、灰尘、虫、鼠和微生物的污染，也可阻隔光线的透过，减轻食品的变质。经过包装不仅可以延长干制品的保质期,还有利于贮存、销售,提高商品价值。

常用的包装材料和容器有:金属罐、木箱、纸箱、聚乙烯袋、复合薄膜袋等。一般内包装多用有防潮作用的材料:聚乙烯、聚丙烯、复合薄膜、防潮纸等;外包装多用起支撑保护及遮光作用的金属罐、木箱、纸箱等。

有些干制品如豆类对包装的要求并不很高,在空气干燥的地区更是如此,故可用一般的包装材料,但必须能防止生虫。有些干制品的包装,特别是冷冻干制品,常需充满惰性气体以改善它的耐藏性,充满惰性气体后包装内的含氧量一般为1%~2%。

粉末状、颗粒状和压缩的干制品常用真空包装,不过工业生产中的抽空实际上难以使罐内真空度达到足以延长贮存期的要求。

许多干制品特别是粉末状干制品包装时还常附装干燥剂、吸氧剂等。干燥剂一般包装在透湿的纸质包装容器内以免污染干制品,同时能吸收密封容器内的水蒸气,逐渐降低干制品中的水分。

为了确保干制水果粉特别是含糖量高的无花果、枣和苹果粉的流动性,磨粉时常加入抗结块剂和低水分制品拌和在一起。干制品中最常用的抗结块剂为硬脂酸钙,用量为果粉量的0.25%~0.50%。

三、干制品的贮藏

合理包装的干制品受环境因素的影响较小,未经特殊包装或密封包装的干制品在不良环境因素的条件下容易发生变质现象,良好的贮藏环境是保证干制品耐藏性的重要因素。影响干制品贮藏效果的因素很多,如原料的选择与处理、干制品的含水量、包装、贮藏条件及贮藏技术等。

选择新鲜完好、充分成熟的原料,经清洗干净,能提高干制品的保藏效果。经过漂烫处理的比未经漂烫的能更好地保持其色、香、味,并可减轻在贮藏中的吸湿性。经过熏硫处理的制品也比未经熏硫的易于保色和避免微生物或害虫的侵染危害。

干制品的含水量对保藏效果影响很大。一般在不损害干制品质量的条件下,含水量越低保藏效果越好。蔬菜干制品因多数为复水后食用,因此除个别产品外,多数产品应尽量降低其水分含量。当水分含量低于6%时,则可以大大减轻贮藏期的变色和维生素损失。反之,当含水量大于8%时,则大多数脱水蔬菜的保存期将因之而缩短。干制品的水分还将随它所接触的空气温度和相对湿度的变化而异,其中相对湿度则为主要决定因素。干制品水分低于周围空气的温度及相对湿度相应的平衡水分时,它的水分将会增加。干制品水分超过10%时就会促使昆虫卵发育成长,侵害干制品。

贮藏温度为12.8℃和相对湿度为80%~85%时,果干极易长霉;相对湿度低于50%~60%时就不易长霉。水分含量升高时,硫处理干制品中的SO_2含量就会降低,酶就会活化。如SO_2的含量降低到400~500mg/kg时,抗坏血酸含量就会迅速下降。

高温贮藏会加速高水分乳粉中蛋白质和乳糖间的反应,以致产品的颜色、香味和溶解度发生不良变化。温度每增加10℃,蔬菜干制品的褐变速度加速3~7倍。贮藏温度为0℃时,褐变就受到抑制,而且在该温度时所能保持的SO_2、抗坏血酸和胡萝卜素含量也比4℃~5℃时多。

光线也会促使果干变色并失去香味。有人曾发现在透光贮藏过程中和空气接触的乳粉会因脂肪氧化而风味加速恶化，而且它的食用价值下降的程度与物料从光线中所得的总能量有一定的关系。

干制品在包装前的回软处理、防虫处理、压块处理以及采用良好的包装材料和方法都可以大大提高干制品的保藏效果。

上述各种情况充分表明，干制品必须贮藏在光线较暗、干燥和低温的地方。贮藏温度越低，能保持干制品品质的保存期也越长，以 0℃～2℃为最好，但不宜超过 10℃～14℃。空气越干燥越好，它的相对湿度最好应在 65％以下。干制品如用不透光包装材料包装时，光线不再成为重要因素，因而就没有必要贮存在较暗的地方。贮藏干制品的库房要求干燥、通风良好、清洁卫生。此外，贮藏时防止虫鼠，也是保证干制品品质的重要措施。堆码时，应注意留有空隙和走道，以利于通风和管理操作。要根据干制品的特性，经常注意维持库内一定的温度、湿度，检查产品质量。

第九章　食品的辐照保藏技术

第一节　概述

一、食品辐照技术的概念及特点

食品辐照技术是20世纪发展起来的一种新型、有效的食品处理技术，它是利用钴60(^{60}Co)、铯137(^{137}Cs)等放射源产生的γ射线，或是电子加速器产生的低于10MeV的电子束，对食品进行照射处理，抑制食物发芽、推迟新鲜食物生理成熟、杀灭食物中的害虫和食品中的微生物，从而达到改进食品品质，防止食品腐败变质，延长食品保藏期的目的。运用此项技术处理后的食品，称为辐照食品(Irradiated Food)。

食品辐照是一项安全、环保、低能耗、经济有效的食品保藏新技术。长期以来，人们采取加热、冷藏、干燥、浓缩、腌渍、烟熏以及化学防腐等方法来保存食品。采用加热、冷藏及冷冻手段来保藏食品，虽然解决了食品带菌污染或暂时抑制了细菌的繁殖，但会造成食品营养成分被破坏，使食品品质下降、能源消耗严重。而且随着大量使用能源，还会产生诸如环境污染及生态平衡被破坏等问题。而采用食品辐照技术可以克服现有食品保藏技术的一些缺点。

食品辐照技术具有如下一些特点：辐照过程不受温度、物态影响，任何温度、任何状态的物料都可以接受辐照；射线的穿透力强，食品可以在包装及不解冻情况下辐照，杀灭深藏在食品内部的害虫、寄生虫和微生物；辐照处理可以改进某些食品的工艺和质量，如经辐照处理的大豆更易消化，经辐照处理的牛肉更加嫩滑等；食品在受射线照射过程中的温度上升很低，是一种“冷处理”的方法，能够较好地保持食品的色、香、味，保持食品原有的新鲜状态和食用品质；辐照加工不污染食品，无残留，无感生放射性，卫生安全；辐照加工能耗低，节约能源，与传统的冷藏、热处理和干燥脱水相比，辐照处理可以节约70%～90%的能量。

经过杀菌剂量的辐照，一般情况下，酶不能完全被钝化。经辐照处理后，食品所发生的化学变化从量上来讲虽然是微乎其微，但敏感性强的食品和经高剂量辐照的食品可能会发生不愉快的感官性质变化，这些变化是因为游离基的作用而产生的，所以这种保藏方法不适合于所有的食品，要有选择性地应用。能够致死微生物的剂量对人体来说是相当高的，所以必须非常谨慎，应做好运输及处理食品的工作人员的安全防护工作。

二、食品辐照技术发展历史

1895年，伦琴发现X射线后，Mink于1896年就提出X射线的杀菌作用。

第二次世界大战期间，美国麻省理工学院的洛克多尔用射线处理汉堡包，揭开了辐射保藏食品研究的序幕。到1976年，辐射处理食品在18个国家得到无条件批准或暂定批准，允许作为商品供一般使用。

从20世纪50年代开始，美国、前苏联、英国、荷兰、中国、法国、丹麦、加拿大、日本、意大利、印度等国家对食品辐照技术相继进行大规模研究。1953年，美国总统艾森豪威尔(Eisenhower)向联合国大会宣布了“和平利用原子能”的政策，对军用原子能转变为民用服务起了积极的推动作用。作为用放射性物质照射食品的开端，在用低剂量照射抑制马铃薯发芽方面，前苏联(1958年)、加拿大(1960年)、美国(1964年)已获得了法律认可；在防治小麦及面粉中的害虫方面，前苏联(1959年)、美国(1963年)也获得了法律认可。日本从20世纪50年代后期也开始对农副产品、水产品、酿造食品和肉类等进行辐照研究。

国际上，以国际原子能机构(IAEA)为中心，与联合国粮农组织(FAO)和世界卫生组织(WHO)在食品辐照领域共同开展国际性的合作，上述三大组织从全世界的角度对辐照食品的卫生安全性研究进行统筹协调。1980年10月27日举行的第四届专门委员会会议作出结论：“任何食品，当其总体平均吸收剂量不超过10kGy时没有毒理学危险，不再要求做毒理学试验，同时在营养学和微生物学上也是安全的。”此结论推动了世界各国对辐照食品研究的热潮。根据这些研究结论，国际食品法典委员会(CAC)于1983年正式向世界各国发表了“辐照食品通用国际标准”及附属的技术法规，并要求各国参照此标准制定相应的标准规范。1999年世界卫生组织在第890号报告中，公布了FAO/IAEA/WHO高剂量辐照食品研究小组的研究工作，提出超过10kGy以上剂量辐照的食品也不存在卫生安全性的问题。2003年国际食品法典委员会(CAC)在意大利罗马召开了第26届大会，会议通过了修订后的“辐照食品通用国际标准”和“食品辐照加工工艺国际推荐准则”，从而在法规上突破了食品辐照加工中10kGy的最大吸收剂量的限制，允许在不对食品结构的完整性、功能特性和感官品质发生负面作用和不影响消费者的健康安全性的情况下，食品辐照的最大剂量可以高于10kGy，以实现合理的辐照工艺目标。

我国自1958年开始，相继开展了辐照食品的生产工艺、卫生安全、辐照装置、剂量检测及卫生标准等食品辐照技术方面的研究。我国第一所核应用技术研究所于1962年在成都建设，开始了食品辐照研究工作。我国相继出台了关于辐照技术的很多文件，如卫生部1996年4月5日颁布了《辐照食品卫生管理办法》，要求辐照食品在包装上必须贴有卫生部统一制定的辐照食品标识。从事食品辐照加工的单位必须取得食品卫生许可、新研制辐照食品品种的审批等内容。规定辐照食品加工必须严格控制在国家允许的范围和限定的剂量标准内，如超出允许范围，须事先提出申请，待批准后方可进行生产。国家强制性标准《预包装食品标签通则》明确规定，经电离辐射线或电离能量处理过的食品，应在食品名称附近标明“辐照食品”。

截至2005年，我国辐照食品种类已达七大类56个品种，辐照食品产量已达世界辐照食品总量的1/3。辐照食品发展迅速，已进入了工业规模生产和商业化应用的阶段。表9-1列出了我国辐照食品加工的部分应用领域。

表 9-1　我国辐照食品加工应用领域

应用领域	辐照产品
抑制发芽	新鲜根茎蔬菜(如洋葱、大蒜、马铃薯、生姜等)
贮藏保鲜	延长新鲜水果、蔬菜、食用菌鲜品、鲜花的保存期(如苹果、草莓、梨、花菜、白灵菇、秀珍菇、高档鲜花等)
抑制后熟	推迟成熟、降低代谢(如蘑菇、竹荪、番茄、胡萝卜、冬笋、荔枝、葡萄、猕猴桃等)
延长货架期	脱水蔬菜、食用菌干品、营养和功能保健食品、海产品、大米、糖与巧克力类、休闲食品、烘焙食品、方便食品、月饼
灭虫	谷类、豆类及制品;干果、果脯类(如花生仁、桂圆、核桃、生杏仁、红枣、桃脯、杏脯、其他蜜饯食品);香辛料类(如八角、花椒、五香粉等)
灭菌	熟畜、禽肉类及其制品;冷冻包装畜禽、肉类、海鲜、贝类;保健品及其原料

第二节　食品辐照基础

辐照(radiation)是一种能量传输的过程,根据辐照对物质产生的效应,可分为电离辐照(ioning radiation)和非电离辐照(non-ioning radiation)。直接或间接地使物质分子发生电离的辐照称为电离辐照,如食品辐照采用的 γ 射线和高能电子束;不能引起物质分子的电离,只引起分子的振动、转动或电子能级状态改变的辐照称为非电离辐照,如紫外线。

一、放射性衰变及其规律

(一)放射性同位素与放射性衰变

自然界一切物质都是由各种元素组成,元素又是由原子组成,原子是保持物质化学性质的最小粒子。原子由原子核和电子组成,原子核带正电荷,位于原子的中心;电子带负电荷,围绕着原子核在不同的能量轨道上运转。原子中电子所带的负电荷总量与原子核所带的正电荷总量相等,整个原子呈电中性。原子核由质子和中子组成。

核素是指具有特定原子序数、质量数和核能态,且其平均寿命长得足以被观察的一类原子。核素有稳定性核素和放射性核素两种。具有相同原子序数(质子数)但质量数不同的核素,称为同位素。一般来说,每种元素至少有一种放射性同位素。在低质子数的天然同位素中(除正常的 H 以外),中子数和质子数大致相等,往往是稳定的。而有些同位素的质子数和中子数差异较大,其原子核是不稳定的,它们按照一定的规律(指数规律)衰变。自然界中存在着一些天然的不稳定同位素,也有一些不稳定同位素是利用原子反应堆或粒子加速器等人工制造的。

放射性同位素会自发地放射出一种或一种以上的射线,同时自己变成另一种核素,这个变化过程称为放射性衰变。放射性衰变过程中,不稳定的核自发地放出带电或不带电的粒子,也称射线。这一衰变过程不断进行直至核达到稳定状态为止。衰变前的核素称为母体，衰变后的核素称为子体，放射性同位素能放射 α、β(β^- 和 β^+)和 γ 射线。

1. α 射线

放射性原子核自发地放射出 α 粒子的核转变过程称为 α 衰变。α 射线(或称 α 粒子)是从原子核中射出的带正电的高速粒子流，由 2 个质子和 2 个中子组成，带有 2 个单位正电荷，其质量与氦核相等。因此，α 粒子实质上就是氦原子核。α 射线电离本领强，射程短，穿透作用很弱，易为薄层物质(如一片纸)所阻挡，故实际应用中很少使用 α 衰变体。

2. β 射线

β 射线是从原子核中射出的高速电子流(或正电子流)。原子核自发地放射出电子的过程，称为 β^- 衰变，主要发生于中子相对过剩的核素。从原子核中放射出正电子的过程称为 β^+ 衰变，主要发生于中子相对不足的核素。因为电子的质量小、速度大，通过物质时不使其中的原子电离，所以它的电量损失较慢，穿透物质的本领比仅射线强得多，但仍无法穿透铅片。

3. γ 射线

γ 射线是波长非常短(波长 1～0.001nm)的电磁波束，或称光子流。原子核从高能态跃迁至低能态或者基态时放出 γ 射线的过程称为 γ 衰变。γ 衰变通常和 α 衰变、β 衰变一起发生。但与 α 射线和 β 射线不同，γ 射线是一种不带电的电磁波，波长短、能量高，穿透力极强。

如果原子核放射出一个 α 粒子(β 粒子或 γ 光子)，则这一原子核就进行一次 α(β 或 γ)衰变。

（二）放射性衰变的基本规律

原子核的衰变及其衰变的速度由核内部的特性所决定。原子核的衰变并不是同时发生的，而是有先有后，而且衰变的速度也不相同，这种不同与核素本身的化学状态无关，是由核的特性决定的。衰变不受外界条件(如温度、压力、pH 等)影响。衰变后的子体有的稳定，有的不稳定而继续衰变。对于核衰变后即变成稳定的核，称单次衰变；有的子体不稳定，会继续衰变成第二代子体才稳定，称二次衰变；有的还会继续衰变至多代子体，最后才能转变成稳定的核，称为连续衰变。下面介绍单次衰变的规律：

$$N=N_0 e^{-\lambda t}$$

式中，N_0 为 $t=0$ 时原子核数，N 为经过时间 t 后剩下的未衰变的原子核数，λ 为每个原子核在单位时间内的自衰变的概率。该式表明 N 随时间的延长按指数规律衰减。

每种放射性核素的给定衰变过程都有特定的 λ 值。衰变常数 λ 越大，则衰变就越快。原子核数目衰变到原来的一半所需的时间称为该放射性同位素的半衰期，并用 $t_{0.5}$ 表示。当 $t=t_{0.5}$ 时，

$$N=\frac{1}{2}N_0=N_0 e^{-\lambda t_{0.5}}$$

$$t_{0.5}=\frac{\ln 2}{\lambda}=\frac{0.693}{\lambda}$$

由上式可知，$t_{0.5}$ 与 λ 成反比，即 λ 越大，放射性衰变越快，衰减一半所需要的时间就越短。用作食品辐照源的 ^{60}Co 半衰期为 5.27 年，^{137}Cs 半衰期为 30 年。半衰期越短的放射性同位素

衰变得越快，即在单位时间内放射出的射线越多。

二、辐照源

辐照源是食品辐照处理装置的核心部分，用于食品保藏的辐照源有放射性同位素和电子加速器。按照辐照食品通用标准(CDDEX STAN 106－1983，Rev. 1－2003)，可以用于离子辐照的有：来自^{60}Co或^{137}Cs的γ射线、X射线(能级≤5MeV)和电子束(能级≤10MeV)。

目前用于食品的辐照源主要有三种，即γ射线、X射线或电子束射线。γ射线主要由放射性较高、半衰期长的放射性同位素获得，常用的有^{60}Co或^{137}Cs；X射线是X射线发生器在5MeV的最大能量时工作产生的电子束；电子射线由电子加速器获得。它们共同特点是波长很短，一般在10^{-12}～10^{-8}m范围内，具有足够的破坏共价键的能量而对生物体造成影响，并且将高能量转移到靶物时，无明显的升温现象，可保持原有食品的特性，具有较强的穿透力。三种射线穿透力比较，其中γ射线穿透力最强，能穿透较大较厚食品，且辐照剂量各部位均匀，适用于完整食品及各种包装食品的内部处理；X射线与电子射线穿透力较弱，可用于食品表面处理及片状食品的处理，对内部不宜辐照的食品更为适用。

(一)放射性同位素辐照源

1. 钴60(^{60}Co)辐照源

^{60}Co辐照源在自然界中不存在，是人工制备的一种同位素源。全世界80%的^{60}Co辐照源产自加拿大，其他的来自俄罗斯、中国、印度和南非。制备^{60}Co辐照源的方法就是将自然界存在的稳定同位素^{59}Co金属根据使用需要制成不同形状(如棒形、长方形、薄片形、颗粒形、圆筒形)，置于反应堆活性区，经中子一定时间的照射，少量^{59}Co原子吸收一个中子后即生成^{60}Co辐照源，其核反应如下

$$^{59}_{27}Co + \gamma \text{光子} \rightarrow ^{60}_{27}Co$$

^{60}Co的半衰期为5.27年，所以可在较长时间内稳定使用；^{60}Co辐照源可按使用需要制成不同形状，便于生产、操作与维护。在衰变过程中，每个原子核放射出一个β粒子和两个能量不同的γ光子，最后变成稳定的同位素^{60}Ni。由于^{60}Co的β粒子能量较低(0.306MeV)，穿透力弱，对受辐照物质的作用很小，而两个γ光子具有较高的能量，分别为1.17MeV和1.33MeV，穿透力很强，在辐照过程中能引起物质内部物理和化学变化。图9-1为4.44×10^{15}Bq^{60}Co辐照源辐照室示意图。

2. 铯137(^{137}Cs)辐照源

^{137}Cs辐照源由核燃料的渣滓中抽提制得。一般^{137}Cs中都含有一定量的^{134}Cs，并用稳定铯做载体制成硫酸铯137或氯化铯137。为了提高它的放射性比度，往往把粉末状^{137}Cs加压压成小弹丸，再装入不锈钢套管内双层封焊。

^{137}Cs半衰期为30年，经β衰变后放出γ光子，而变为^{137}Ba，其γ射线能量低，仅为0.662MeV，穿透力也弱。同时^{137}Cs分离麻烦，安全防护困难，装置投资费用高，因此^{137}Cs的应用没有^{60}Co广泛。

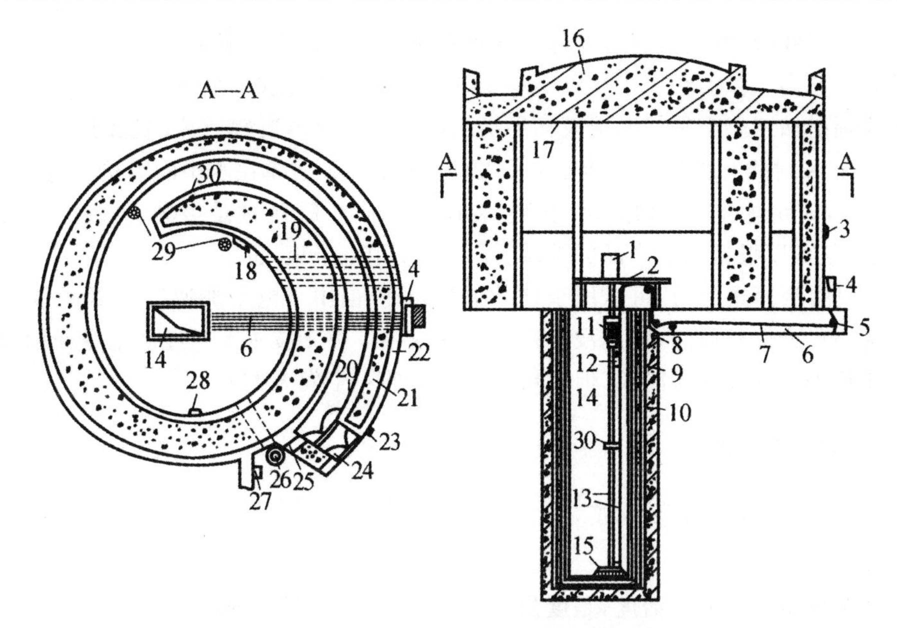

图 9-1　4.44×10^{15} Bq^{60}Co 辐照源辐照室示意图

1—冷却源罩筒；2—照射台；3—钟；4—操纵台；5—滑轮；6—地沟；7—升降源钢丝绳；8—钢筋混凝土；9—钢板；10—白水泥与瓷砖；11—^{60}Co 源储盒；12—上下小车；13—小车轨道；14—水井；15—^{60}Co 源储藏架；16—源室顶；17—工字钢；18—水斗；19—实验管道；20—强迫退源按钮；21—混凝土(防护墙)；22—砖墙(防护墙)；23—源工作指示灯；24—铁门；25—送风口；26—排风口；27—配电箱；28—电源；29—排水孔；30—导轨上抱圈

(二)电子加速器

电子加速器是通过电磁场作用使电子获得较高能量，再将电能转变成辐射能，从而产生高能电子射线或 X 射线的装置。加速器的类型有许多种，各自的加速原理也不尽相同。用于食品辐照处理的加速器主要有静电加速器(电子加速器)、高频高压加速器、微波电子直线加速器、脉冲电子加速器等。不同的电子加速器在产生电子能量方面存在差异，最大能量一般在兆电子伏特级。食品辐照保藏时，为保证食品的安全性，电子加速器能量不能超过 10MeV。

1. 电子射线

电子射线又称电子流、电子束，其能量越高，穿透能力就越强。

加速器产生的是带负电荷的电子流，与放射性同位素中的 β 射线具有相同的性质。因此，电子加速器也称人工 β 射线源。

电子加速器具有以下特点：电子流强度和密度大，聚集性能好。^{60}Co 辐照源的 γ 射线倾向于把它的能量分散地通过一个大的体积，而电子加速器则是将电子束流集中地照射在一个很小的体积中。电子能量的流强可以调节，便于改变穿透距离及剂量率。加速器可随时启动和停机，停机后就不再产生辐射，无放射性污染，便于检修。加速器定向性能好，易于控制，辐射能量利用率高。电子射线射程短，穿透能力弱，一般只适用于食品的表层辐照处理。

2. X 射线

利用高能电子束轰击高质量的金属靶(如金靶)时电子被吸收，其能量的一小部分转变为短波长的电磁射线(X射线),剩余部分的能量在靶内被消耗掉。电子束的能量越高,转换为X射线的效率就越高。食品辐照中允许X射线的最大辐射能量是5MeV。

X射线辐射加工应用是对电子束辐射加工的补充和对^{60}Co辐照源产生的γ射线的一种替代办法。由于X射线有很强的穿透本领,3MeV能量的X射线在水中的穿透深度可与^{60}Co的γ射线相比较,因此适合于厚物品及大型包装物的辐射加工,特别是当电子加速器上装有X射线转换靶时,就可以根据辐照产品的要求,既可以使用电子束,也可以使用X射线进行辐照。

X射线具有高穿透能力,可以用于食品辐照处理,但由于电子加速器作X射线源效率低,难以均匀地照射大体积样品,因此没有得到广泛应用。由于技术上和经济上等原因,X射线辐射加工应用仍处于开发试验阶段,但这可能是今后的一个发展方向。

三、辐照的计量单位

(一)放射性强度与放射性比度

1. 放射性强度

放射性强度也称辐射性活度,是度量放射性强弱的物理量,国际单位为贝可[勒尔](Bq)。曾采用的单位有居里(Ci)和克镭当量。

1Bq表示放射性同位素每秒有一个原子核衰变,即:$1Bq=1s^{-1}=2.073\times10^{-11}Ci$。

如果放射性同位素每秒有3.7×10^{10}次核衰变,则它的放射性强度为1Ci(居里)。

放射γ射线的放射性同位素(即γ辐照源)和1g镭(密封在0.05mm厚铂滤片内)在同样条件下所起的电离作用相等时,其放射性强度就称为1g镭当量(或是1000mg镭当量)。γ辐照源的放射性强度的毫居里数(居里数)与毫克镭当量(克镭当量)之间可通过常数K_γ进行换算。常数K_γ表示每毫居里的任何γ辐照源在1h内给予相距1cm处的空气的剂量伦琴数。知道某一γ辐照源的常数(K_γ)值后,并用1mCi镭辐照源(包有0.5mm铂滤片)在1h中给予相距1cm处的空气的剂量为基准除之,就可求出任何1mCi或1Ci的不同能量的γ辐照源相当于毫克镭当量或克镭当量强度的值。如^{60}Co辐照源的$K_\gamma=13.2$,^{137}Cs的$K_\gamma=3.55$,镭辐照源的$K_\gamma=8.25$。则1mCi(或Ci)^{60}Co的γ辐照源相当于毫克镭当量(或克镭当量)值是:13.2/8.25=1.60。同理,1mCi(或1Ci)^{137}Cs辐照源相当于毫克镭当量(或克雷当量)值是0.43。

2. 放射性比度

一个放射性同位素常附有不同质量数的同一元素的稳定同位素,此稳定同位素称为载体,因此将一个化合物或元素中的放射性同位素的浓度称为"放射性比度",也用以表示单位数量的物质的放射性强度。

(二)照射量

照射量也称辐照量,是用来度量X射线或γ射线在空气中电离能力的物理量,曾使用的单位是伦琴(R),现改为国际单位"库仑/千克"(C/kg),$1R=2.58\times10^{-4}C/kg$。单位时间内的照射量称为照射量率,简称辐照率。在标准状态下(101.325kPa,0℃),1cm^3的干燥空气(0.001293g)在X射线或γ射线照射下,生成正负离子电荷分别为1静电单位(e.s.u)时的照射量,即为1伦琴。一个单一电荷离子的电量为4.80×10^{-10}e.s.u,所以,1伦琴能使1cm^3的

空气产生 2.08×10^{-9}离子对。

（三）吸收剂量

在物质被照射过程中，物料接受的辐照剂量非常重要。即使在同一辐照源辐照下做同样的时间处理，物料不同，其吸收辐照能的程度也不同。因此常用吸收剂量和吸收剂量率来表示物质被照射的程度。

1. 吸收剂量单位

在辐照源的辐照场内单位质量被辐照物质吸收的辐照能量称为吸收剂量 D，其单位为戈[瑞]（Gy），1Gy 是指辐照时，1kg 被辐照物质吸收的辐照能为 1J。曾使用拉德（rad）作为单位，1Gy＝100rad＝1J/kg。吸收剂量率是指吸收剂量随时间（dt）的变化率，$D=\mathrm{d}D/\mathrm{d}t$，单位为 Gy/s。

单位质量被照射物质在单位时间内所吸收的能量称为剂量率。

剂量当量用来衡量不同类型的辐照所引起的不同的生物学效应，其单位为希（沃特）（Sv）。雷姆（rem）是以往的常用单位。lSv＝100rem。剂量当量（H）与吸收剂量（D）的关系为

$$H=DQN$$

式中，Q 为品质因数，不同辐射的 Q 值可能不同。例如，X 射线、γ 射线和高速电子为 1，而 α 射线为 10；N 为修正因子，通常指由于沉积在体内的放射性物质分布不均匀，应在空间和时间上对生物效应进行修正的分布因子。对外源来说，N 目前被定为 1。

当 $QN=1$ 时，1Sv＝1J/kg。

单位时间内的剂量当量称为剂量当量率，以往用 rem/s 或 rem/h 等来表示其单位，现均改为 Sv/s 或 Sv/h。

2. 吸收剂量测量

食品辐照过程物质吸收剂量是将剂量计暴露于辐射线之下而测得的，然后从剂量计所吸收的剂量来计算被食品所吸收的剂量。常用的剂量测量体系有量热计、液体或固体化学剂量计及目视剂量标签。各种剂量计的特性见表 9-2。

表 9-2　剂量计的特性

剂量计材料	分析方法	吸收剂量范围/kGy	精密度/%
石墨量热计	量热	0.1～100	±1
硫酸亚铁	紫外分光光度	0.04～0.4	±1
重铬酸钾（银）	可见分光光度	4～40	±1
重铬酸钾	可见分光光度	0.4～4	±1
硫酸铈-亚铈	紫外分光光度或电位法	4～25	±1
氯苯乙醇	滴定或高频示波	1～100	±3
丙氨酸	电子自旋共振	0.01～100	±3
谷氨酰胺	晶熔发光	0.1～40	±3
红色有机玻璃	可见分光光度	5～40	±3

续表

剂量计材料	分析方法	吸收剂量范围/kGy	精密度/%
无色透明有机玻璃	紫外分光光度	1～50	±5
三乙酸纤维素	紫外分光光度	10～400	±5
辐射显色薄膜	可见分光光度	0.1～100	±5
聚乙烯	紫外分光光度	10～1000	±5
目视计量标签	目视	0.1～50	±40

四、食品辐照装置

食品辐照装置包括辐照源、防护设备、输送与安全系统。辐照源在前面已经介绍过了，在此主要介绍防护设备和输送与安全系统。

(一)防护设备

辐照对人体的危害作用有两种途径：一种是外照射，即辐照源在人体外部照射；另一种是内照射，放射性物质通过呼吸道、食道、皮肤或伤口侵入人体，射线在人体内照射。食品辐照一般使用的是严格密封在不锈钢的^{60}Co辐照源和电子加速器，辐照对人体的危害主要是外辐射造成的。

电离辐射对人体的作用有物理、化学和生物三种效应，在短期内受到很大剂量辐射时，会产生急性放射病；长期受小剂量辐射会产生慢性病。人体对辐射有一定的适应能力和抵御能力，目前一般规定全身每年最大允许剂量值为5×10^{-2}Sv(相当于0.001Sv/周)。

为了防止射线伤害辐照源附近的工作人员和其他生物，必须对辐照源和射线进行严格的屏蔽，各种安全结构中，最常用的屏蔽材料是铅、铁、水和混凝土。

铅的密度较大，屏蔽性能好，铅容器可以用来贮存辐照源。在加工较大的容器和设备中常需用钢材作结构骨架。铁用于制作防护门、铁钩和盖板等。用水屏蔽的优点是具有可见性和可入性，因此常将辐照源(如^{60}Co、^{137}Cs等)储存在深井内。混凝土墙既是建筑结构又是屏蔽物。混凝土中含有水可以较好地屏蔽中子。各种屏蔽材料的厚度必须大于射线所能穿透的厚度，屏蔽材料在施工过程要防止产生空洞及缝隙过大等问题，防止γ射线泄漏。

辐照室(照射样品的场所)防护墙的几何形状和尺寸的设计不仅要满足食品辐照工艺条件的要求，还要有利于射线的散射，使铁门外的剂量达到自然本底。由于辐照室空气的氧经^{60}Coγ射线照射后会产生臭氧，臭氧生成的浓度大小与使用的辐照源强度成正比例关系，为防止其影响照射样品质量及保护工作人员健康，在辐照室内需有送排风设备。

(二)输送与安全系统

工业应用的食品辐照装置是以辐照源为核心，并配有严格的安全防护设施、自动输送和报警系统。图9-2是食品辐照处理装置简图。被辐照的食品靠自动输送系统通过辐照区，输送路径的选择要使射线能穿透产品的所有部分，以确保产品接受均匀的辐照剂量。输送系统可用传送带或单轨系统，在迷宫和辐照室内，放在容器中或运转支架上的产品靠压缩空气推进。

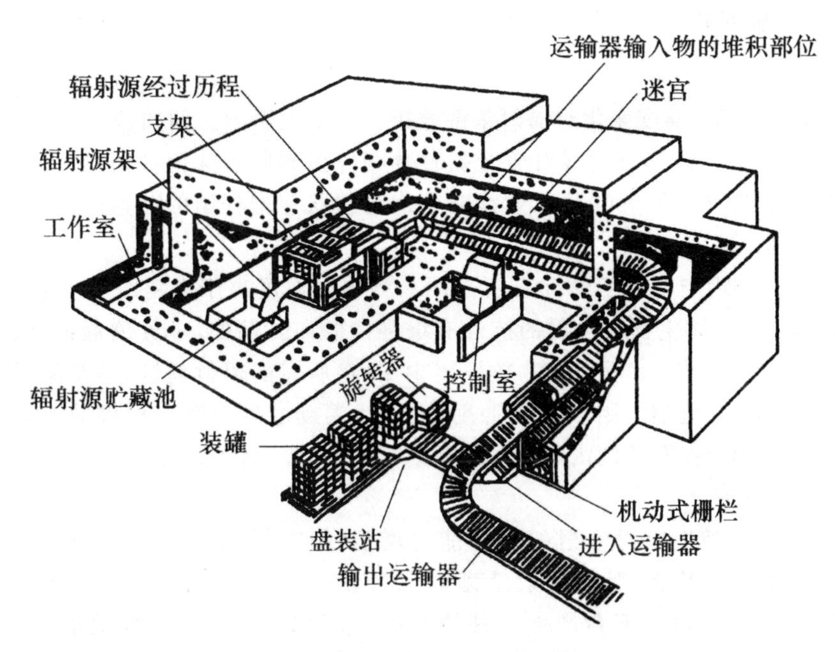

图 9-2　食品的辐照处理装置简图

所有的运转设备、自动控制、报警与安全系统必须组合得极其严密。如在^{60}Co辐照装置中，一旦正常操作中断，必须有相应的机械、电器、自动与手动应急措施，能使辐照源退回到安全贮存位置。只有在完成某些安全操作手续，确保辐照室不再有任何射线，工作人员才能进入辐照室。

第三节　影响辐射效果的因素

食品对放射线的敏感性是辐射处理的一个基础性问题，它受各种因素的影响，所涉及的条件包括放射线的种类、辐射剂量的辐射温度等。

（一）放射线的种类

用于食品辐射的放射线有高速电子流、γ射线及 X 射线。射线种类不同，辐射效果也会发生相应的变化。研究表明，γ射线与电子加速器产生的高速电子流杀菌效果是一样的，但 X 射线则有很大的不同。

（二）辐射剂量

辐射剂量影响微生物、虫害等生物的杀灭程度，也影响食品的辐射化学效应，两者要兼顾考虑。一般来说，剂量越高，食品保藏期越长。

剂量率也是影响辐照效果的重要因素。同等的辐照剂量，高剂量率辐照照射的时间就短；低剂量率辐照照射的时间就长。通常较高的剂量率可获得较好的辐照效果。如对洋葱的辐照，每小时 033kGy 的剂量率比每小时 0.05kGy 的剂量率有更明显的辐照保藏效果。但高剂量率的辐照装置需有高强度辐射源，且要有更严密的安全防护设备。因此，剂量率的选择要根据辐射源的强度、辐照品种和辐照目的而定。

(三)辐射温度

在接近常温条件下,温度变化对辐射杀菌效果没有太大影响。例如,在0℃～30℃X射线对于大肠杆菌,在0℃～50℃ β射线对于金黄色葡萄球菌和肠膜芽孢杆菌,在2.5℃～36℃ α射线对于黏质沙雷菌,在0℃～60℃ γ射线对于肉毒梭状芽孢杆菌的芽孢的杀菌效果均不随温度的变化而改变。

在其他温度范围内与常温下情况有所不同。当辐射温度高于室温时,D_M 值就会出现降低的倾向;在0℃以下,微生物对辐射的抗性有增强的倾向。例如,金黄色葡萄球菌在－78℃下进行辐射杀菌,其 D_M 值(表示微生物数量减少10倍所需的辐射剂量)是常温时的5倍;大肠杆菌在－196℃～0℃范围内用X射线照射,表现为温度越低对辐射抵御能力越强;肉毒梭状芽孢杆菌在－196℃～0℃范围内用 γ 射线照射,表现为温度越低,其 D_M 值越大,－196℃的 D_M 值是25℃时的2倍。

虽然低温会导致微生物对辐射的抵御能力增强,但在低温条件下,射线对食品成分的破坏及品质改变很少。因此,低温辐射杀菌对保持食品原有的品质是十分有益的。例如,肉类食品在高剂量照射情况下会产生一种特殊的“辐射味”。为了减少辐射所引起的物理变化和化学变化,对于肉禽和水产等蛋白质含量较高的动物性食品,辐射处理最好在低温下进行,这样可以有效地保证质量。速冻处理的动物性食品在－40℃～－8℃范围内进行辐射处理效果最好。

(四)食品的化学组成和结构

由于食品种类繁多,即便是同种食品其化学组成及组织结构也有差异。污染的微生物、虫害等种类与数量以及食品生长发育阶段、成熟状况、呼吸代谢的快慢等,对辐照效应也影响很大。如大米的品质、含水量不仅影响剂量要求,也影响辐照效果。同等剂量下,品质好的大米食味变化小,品质差的大米食味变化大;干燥状态下,由于水分含量少,其辐射效应明显减弱。

一般地,微生物的辐射耐受性不会受食品pH值变化的影响。与pH值相比,食品复杂体系中化学物质的存在对辐射杀菌影响较大,其中既有对微生物起保护作用的物质,也有促进微生物死亡的物质。使辐射杀菌效果降低,即对微生物起保护作用的化学物质有醇类、甘油类、硫化氢类、亚硫酸氢盐、硫脲、巯基乙胺,2,3-二巯基乙酸、2-(2-巯基乙氧基)-乙醇,谷胱甘肽、L-半胱氨酸、抗坏血酸钠、乙酰琥珀酸、乳酸盐、葡萄糖、氨基酸以及其他培养基成分和食品成分。这些物质之所以对微生物具有防护作用是因为它们消耗氧气,使氧分子效应消失、活性强的游离基被捕捉的缘故。使辐射杀菌效果升高的物质有维生素 K_5、儿茶酚、氯化钠等。

(五)食品的包装材料

选择高分子材料作为辐射食品的包装时,除了要考虑包装材料的性能和使用效果外,还应考虑到在辐射剂量范围内包装材料本身的化学、物理变化,以及与被包装食品的相互作用,最终是否会对辐射效果产生一定的影响。

某些高分子材料在吸收辐射能量后,会引起电离作用而发生各种化学变化,如降解、交联、不饱和键的活化、析出气体、促使氧化反应等。在辐射剂量超过 50kGy 时，纤维素酯类高分子物质会发生降解，导致包装的冲击强度和抗撕强度等指标明显降低，且气渗性增加；在辐射剂量超过 100～1000kGy 时，聚乙烯、尼龙等易发生交联反应，使包装变得硬且脆；在绝氧下辐射剂量达 1000kGy 时，可使偏二氯乙烯共聚物薄膜游离出氯化物，使 pH 值降低。这些高分子物质的变化，会导致包装透气性增加、容易破损、包装性质发生一些变化等，从而使包装内食品发生一系列的生物化学变化，如发生氧化反应、运输过程中结构被破损、色泽发生变化等。据试验测定，在辐射巴氏杀菌条件下，所有用于包装食品的薄膜性质基本上未受影响，对食品安全也未构成危害。

(六)微生物种类及状态

不同的微生物菌种或菌株对辐射的敏感性有很大差异，即使是同一菌株，辐射前的状态不同，其敏感性也会有所不同。在微生物的增长周期中，处于稳定和衰亡期的细菌有较强的辐射耐受性，而处于对数增长期的细菌则辐射耐受性弱。此外，培养条件也影响微生物对放射线的敏感性。

由此可见，微生物所处状态及其变化会对其辐射耐受性产生影响，而这个因素在一般的杀菌处理中是难以控制的。因此，在杀菌时有必要根据实际情况进行调整。

(七)氧气

辐射时分子状态氧的存在对杀菌效果有明显的影响，一般可使微生物对辐照的敏感性提高 2～3 倍；同时，分子状态氧的存在对辐照化学反应速率也有一定的影响。此外，氧的电离还会产生氧化性很强的臭氧。对于蛋白质和脂肪含量较高的食品，辐射时会因环境中氧分子的存在发生一定的氧化作用，特别是辐射剂量较高时情况更为严重。因此，辐射时是否需氧气的存在，要根据辐射处理对象、性状、处理目的和贮存环境条件等加以综合考虑来选择。

此外，在食品辐射的过程中，辐射装置的类型、辐射剂量分布的均匀性等都会影响辐射食品的质量。

第四节　辐照在食品保藏中的应用

食品辐射处理的目的主要是杀菌、灭虫、抑制生理劣变。辐射剂量的大小取决于食品的种类、辐射的目的和要求的食品保存期。不恰当的辐射剂量会损害食品的品质，因此在使用中要注意用其所长，避其所短。

一、辐照保藏应用概述

根据食品辐照的目的及所需的剂量，FAD/IAEA/WHO 把食品辐照分为下列 3 类。

(一)耐藏辐照(radurization)

这种辐照处理主要目的是降低食品中腐败微生物及其他生物数量，延长新鲜食品的后熟期及保藏期(如抑制发芽等)。一般剂量在 5kCy 以下。

(二)辐照巴氏杀菌(radicidation)

这种辐照处理使食品中检测不出特定的无芽孢的致病菌(如沙门氏菌)。所使用的辐照剂量范围为5～10kGy。

(三)辐照阿氏杀菌(radappertization)

所使用的辐照剂量可以将食品中的微生物减少到零或有限个数。经过这种辐照处理后,食品在无再污染条件下可在正常条件下达到一定的贮存期,剂量范围为大于10kGy。

表9-3是按辐照的目的与效果来分类。主要有用于食品保藏或改良食品品质为主要目的的辐照,它们各有其相对应的辐照效应和适用的剂量范围。

表 9-3 辐照在食品上的应用

辐照的目的与效果	采用剂量/kGy	被辐照食品
抑制发芽、生根	0.05～0.15	马铃薯、大葱、蒜
延缓成熟	0.2～0.8	香蕉、木瓜、番茄
促进成熟	0～1	桃子、柿子
防止开伞	0.2～0.5	蘑菇、松蘑
特定成分的积累	0～5	辣椒的类胡萝卜素
杀灭贮藏谷物中害虫	0.1～0.3	大米、麦、杂粮
水果虫害的驱除	0～0.25	橘、橙、芒果
干制食品的杀螨	0.5～0.7	香辛料、脱水蔬菜
杀灭寄生虫	0.5	猪肉(旋毛虫)
耐藏辐照杀菌	1～3	禽肉、畜肉及制品、鱼贝类、果蔬
辐照巴氏杀菌	5～8	畜肉及蛋中沙门氏菌
辐照阿氏杀菌	30～50	肉制品、发酵原料、饲料、病人食品
高分子物质变性	0～100	淀粉、蛋白质、果胶
食品组织的改良	0～10	脱水食品复水性
食品品质的改善	0～50	酒类的熟化
提高加工适应性	0～50	面粉制面包的工艺性

二、辐照在食品上的应用

食品受到射线的照射,食品中的营养成分、微生物和昆虫、寄生虫等,都会产生能量和电荷,使其构成原子、分子发生一系列的变化。这些变化对食品中有生命的生物物质的影响较大。水、蛋白质、核酸、脂肪、碳水化合物等分子的微小变化,都可能导致生物酶的失活,生理生化反应的延缓或停止，新陈代谢的中断，生长发育停顿、生命受到威胁，甚至死亡。而且食品辐照时，微生物或昆虫一般多集中在食品的表层，故它们和食品表层最先接受射线的作用。从食品整体来说，在正常的辐照条件下发生变化的食品成分较少，而对生命活动影响较大。所以食品辐照应用于保藏有着重要的意义和实用价值。

（一）果蔬类

果蔬含水量大，富含营养物质，容易遭受微生物污染和昆虫寄生，在流通中容易腐烂变质。果蔬辐照的目的是为了防止微生物的腐败作用，控制害虫的感染及蔓延，以及延缓后熟和衰老。

辐照延迟水果的后熟期，对香蕉等热带水果十分有效，对绿色香蕉辐照剂量常低于0.5kGy，但对有机械伤的香蕉一般无效。用2kGy剂量即可延迟木瓜的成熟。对芒果用0.4kGy剂量辐照可延长保藏期8d，用1.5kGy可完全杀死果实中的害虫。葡萄经4～5kGy辐照可提高出汁率10%～12%；水果的辐照处理，除可延长保藏期外，还可促进水果中色素的合成。

通常引起水果腐败的微生物主要是霉菌，但由于水果蔬菜是有生命的活体，辐照的剂量控制尤为重要，一般杀死霉菌的剂量依水果种类及贮藏期而定。生命活动期较短的水果，如草莓，用较小的剂量即可停止其生理作用；储藏期较长的水果如柑橘要完全控制霉菌的危害，剂量一般为0.3～0.5kGy，但如果剂量高达2.8kGy时，皮上会产生锈斑。为了获得较好的保藏效果，水果的辐照常与其他方法结合，如将柑橘加热至53℃保持5min，与辐照同时处理，剂量可降至1kGy，同时也可以控制住霉菌及防止皮上锈斑的形成。广柑在0℃条件下用1kGy剂量照射处理，当库温为0℃时即使储藏3个月也与新鲜广柑难以区分，未经辐照处理的腐烂率达到60%，经辐照处理的仅为2%。对表皮黄色，成熟度25%的木瓜，用50℃～60℃水洗20s，凉20min，干后包装，用0.75kGyγ射线照射，显著延长保藏期。再如，桃是一种很难保存的鲜果，如果用2～3kGy剂量进行辐照杀菌，就可以防止棕色溃烂和酒曲活动。未经辐照处理的桃在冷藏温度下保存，经两个星期就开始软化，而经辐照处理的桃在室温下可保存14d，在4.4℃条件下可保存30～45d。我国上海采用辐照与冷藏相结合的方法有效控制苹果和草莓的采后腐败。化学防腐和辐照相结合也可有效延长水果贮藏期。复合处理的协同效应可以降低化学处理的药剂量和辐照剂量，把药物残留量和辐照损伤率降到最低程度，既可延长保藏期，又保证食品的质量和卫生安全。

经辐照后的水果组织有时会变软，这主要是由于果胶质的降解，可通过$CaCl_2$水溶液的浸渍来抑制组织硬度的下降。

蔬菜的辐照处理主要是抑制发芽、杀死寄生虫。低剂量0.05～0.15kGy对控制根茎作物如马铃薯、洋葱、大蒜的发芽是有效的。辐照后，在常温下储藏时，储藏期可延长至1年以上。为了获得更好的贮藏效果，蔬菜的辐照处理常结合一定的低温贮藏或其他有效的贮藏方式。如收获的洋葱在3℃暂存，并在3℃低温下辐照，照射后可在室温下贮藏较长时间，又可以避免内芽枯死、变褐发黑。蘑菇经辐照后延长期限较短，一般十几天，目的是防止其开伞。土豆使用量在80kGy即可，洋葱可用40～50kGy，随蔬菜的种类和品种而异。干制品经辐照后则可以提高其复水的速度和复水后的品质。脱水蔬菜如芹菜，用10～30kGy处理，可使复水时间大大缩短，仅为原来的1/5。

（二）肉禽类

畜禽被屠宰后，如果不及时加工处理，它会发生一系列的物理化学变化，最终导致腐败变质。我国对肉禽产品的辐照保藏进行了大量的研究。

用高剂量辐照处理肉类产品之后不需要冷冻保藏。所用辐照剂量能破坏抗辐照性强的肉毒梭状芽孢杆菌菌株，对低盐、无酸的肉类需用剂量约45kGy。产品必须密封包装（金属罐最好）防止辐照后再受微生物的污染。因为在通常的辐照量下不能使肉的酶失活（酶失活的剂量高达100kGy），所以用辐照方法保藏鲜肉，可结合加热方法。如在辐照处理之前，先加热至70℃，并保持30min，使其蛋白分解酶完全钝化后再进行照射，其效果最好。否则辐照虽杀死了有害微生物，但酶的活动仍然可使食品质量不断下降。高剂量辐照处理会使产品产生异味，此异味随肉类的品种不同而异，牛肉产生的异味最强。对牛肉异味中化合物的鉴定已有研究，其辐照分解的产物以蛋氨醛：1-壬醛及苯己醛为主。因为肉的组成是蛋白质、脂肪等，所以它的辐照分解的产物也有正烷类、正烯类、异烷类、硫化物、硫醇等。对异味的抑制，还没有彻底的解决方法。目前防止异味的最好方法是在冷冻温度－80℃～－30℃辐照，因为异味的形成大多是间接的化学效应，在冰冻时水中的自由基流动性减少了，这样就防止或减少了自由基与肉类成分的相互反应。另外，辐射能引起肉类颜色的变化，在有氧存在下更为显著。

使用低剂量辐照处理肉类，只杀灭其中的腐败微生物，保持短期运输中的产品质量，并且延长其货架期。如果要进行更长期的储藏，则应存放在低温条件下。

目前用辐照处理冷藏或冷冻的家禽以杀灭沙门氏菌和弯曲杆菌，处理猪肉使旋毛虫幼虫失活所带来的卫生效益最为明显，剂量2～7kGy被认为足以杀死上述病原微生物和寄生虫，对大部分食品不会造成感官特性不利的影响。

（三）水产类

高剂量辐照处理工艺与肉禽类相似，但产品产生的异味不如肉类明显。使用的最高剂量为3kGy左右。低剂量辐照的目的是为了延长新鲜品的储藏期，与3℃左右的冷藏相结合效果更好。在3℃左右可以防止带芽孢的菌株产生毒素。对水产品进行低剂量辐照处理可达到两个目的。第一，在储藏和市场出售期间防止干鱼被昆虫侵害。第二，减少包装的和未包装的鱼类和鱼类产品的微生物及某些致病微生物的数量。

FAO，IAEA和WHO联合批准用于第一个目的时辐照剂量需在1kGy以下；用于第二个目的时辐照剂量需在2.2kGy以下，并且辐照时和储藏期间的温度应保持在融冰的温度下。当平均辐照剂量低于2.2kGy时，预期由存活的肉毒梭状芽孢杆菌产生足量的毒素危害食品之前，食品早已腐败而不能食用。产品被指定在融冰的温度下储藏，是防止肉毒梭状芽孢杆菌产毒的附加措施。如果不能维持这一低温的话，就必须采用其他有效的措施来代替，如干燥或盐腌等储藏方法。但是，不同鱼类有不同的剂量要求，如淡水鲈鱼在1～2kGy剂量下，延长贮藏期5～25d；大洋鲈鱼2.5kGy延长保存期18～20d；牡蛎在20kGy剂量下，延长保藏期达几个月。加拿大批准商业辐照鳕鱼和黑线鳕鱼片，以延长保质期的剂量为1.5kGy。

（四）蛋类

蛋类辐照主要采用辐照巴氏杀菌剂量，以杀灭沙门氏菌为对象。一般蛋液及冰蛋液辐照灭菌效果较好。带壳鲜蛋可用β射线辐照，剂量10kGy，高剂量会使蛋白质降解而使蛋液黏度降低或产生H_2S等异味。

（五）粮食及其制品

造成粮食耗损的一个重要原因是粮食中昆虫的危害和霉菌生长导致的霉烂变质。对谷类辐照应以控制害虫蔓延为主。昆虫分为蛾、螨及甲虫等。如立即致死需3～5kGy；如果几天内死亡需1kGy；如果使之不育用0.1～0.2kGy即可。

用辐照抑制谷类的霉菌的剂量需2～4kGy。如黄豆发芽24h后，用2.5kGy剂量辐照，可减少黄豆中棉子糖和水苏糖（肠内胀气因子）等低聚糖的含量；空气干燥过的黄豆辐照后，煮熟时间仅为未处理过的66%；小麦经杀虫剂量辐照，其面粉制成面包体积增大，柔软性好和组织均匀，口感提高；用1.75kGy剂量辐照面粉，能在24℃保存一年以上，而且质量很好。可用5kGy辐照大米灭霉。高于此剂量时，大米的颜色会变暗，煮沸时黏性增加。对焙烤的食物如面包、点心、饼干及通心粉等，使用剂量为1kGy左右即可防虫并延长储存期。密封容器内的食物，对于热敏而不受辐照影响的食品，采用高剂量辐照的方法可以生产能在室温下长期保藏的食品，辐照剂量一般在20～60kGy。

（六）香辛料和调味品

天然香辛料容易生虫长霉，未经处理的香辛料，霉菌污染的数量平均10^4/g以上。传统的加热或熏蒸消毒法不但有药物残留，且易导致香味挥发，甚至产生有害物质。例如环氧乙烷和环氧丙烷熏蒸香辛料能生成有毒的氧乙醇盐或多氧乙醇盐化合物。而辐照处理可避免引起上述的不良效果，既能控制昆虫的侵害，又能减少微生物的数量，保证原料的质量。全世界至少已有15个国家在批准对80多种香辛料和调味品进行辐照。

辐照剂量与原始微生物数量有关，一般剂量为4～5kGy就能使细菌总数减少到10^4/g以下，剂量为15～20kGy时就可达到商业上灭菌的要求。

为了防止香料和调味品辐照处理后产生变味现象，某些国家进行了许多研究工作，初步确定了辐照引起调味品味道变化的剂量阈值。芫荽为7.5kGy；黑胡椒为12.5kGy；白胡椒为12.5kGy；桂皮为8.0kGy；丁香为7.0kGy；辣椒粉为8.0kGy；辣椒为4.5～5.0kGy。

（七）酒类

辐照能够促进酒类的陈化。我国在白酒的辐照方面已取得显著成绩。辐照处理薯干酒，使酒中酯、酸、醛有所增加，酮类化合物减少，甲醇、杂醇含量降低，酒的口味醇和、苦涩辛辣味减少、酒质提高。对白兰地新酒进行1.33kGy剂量的辐照，可以得到3年老酒的效果，经过气相色谱分析，没有新物质的产生或某种组成的消失，但是色谱峰高度有所变化，辛酸乙酯、正乙酸乙酯、正丁酸丁酯等成分有不同程度的提高。辐照黄酒可以使氨基酸的含量有所增加，相应地改善了黄酒的风味和营养，香气浓郁、醇厚、爽口。对曲酒的辐照结果同样使其质量明显改善。

第五节　食品辐照的安全卫生与法规

一、食品辐照的安全卫生

（一）食品辐照的安全性

安全性试验是整个辐照保藏食品研究得最早且研究最深入的问题。因为它关系到消费者的健康和辐照食品的前途，为此，这个问题受到许多国家的学者和专家的重视。我国在辐照食品的研究与开发方面起步比较晚，但发展比较快，其原因也是因为研究食品辐照加工工艺的同时，在安全性方面做了大量研究，包括：①有无残留放射性和感生放射性；②辐射食品的营养卫生；③辐射食品有无毒性；④有无致畸、致癌和致突变效应等；⑤有无病原微生物的危害。所涉及的毒理学、营养学、微生物学和辐照分解许多学科领域的研究广度和深度是任何其他食品加工方法所没有的。总之，几十年来各国科学家在食品的辐射化学、辐照食品的营养学、微生物学与毒理学方面进行了大量细致的研究，积累了很多数据。研究结果已确认，只要用合理要求的剂量和在确能实现预期技术效果的条件下对食品进行辐照的辐照食品是安全的食品。

（二）食品辐照有关残留放射性和感生放射性问题

1. 会不会沾染放射性物质

食品辐照处理一般使用的辐射源是密封型$^{60}Co\gamma$或^{137}Cs的γ射线或电子加速器产生的电子射线。在进行辐射处理时，被辐照食品从未直接接触放射性核素（放射性同位素）。这种放射性核素是装在至少两个不锈钢容器中。食品只是在放射源前通过而不直接接触放射源。所以食品仅仅受到射线的外照射，而不会沾染上放射性物质，这同核爆炸的沾染是全然不相同的。核爆炸沾染是指落下灰（核裂变的放射性核素）混入了食品，因而食品被沾染上放射性物质。

2. 在食品中是否有感生放射性核素及其化合物产生

食品经电离辐射处理后，能否产生感生放射性核素取决于：辐照的类型，所用的射线能量，核素的反应截面，引起放射性的食品核素的丰度及产生的放射性核素的半衰期。

就食品加工而言，所使用的辐射类型是能否引起感生放射性以及引起感生放射性程度大小的决定性因素。例如，在核反应堆中，由^{59}Co产生^{60}Co的研究证明，要使组成食品的基本元素，碳、氧、氮、磷、硫等变成放射性核素，需要10MeV以上的高能射线照射（表9-4），而且它们所产生的放射性核素的寿命（半衰期）多数都是非常短暂的，故辐照一天后在食品中的剂量已可忽略不计。虽然中子或高能电子射线照射食品可感生放射性化合物，但食品的辐照保藏不用中子进行照射，目前中国辐照食品一般采用^{60}Co-γ射线（能量为1.33MeV和1.17MeV）和$^{137}Cs\gamma$射线（能量0.66MeV），最大能量水平为10MeV的电子加速器或最大能量水平为5MeV的X射线机，来自这些辐射源的电离能用于食品辐照，都不可能在食品中感生放射性。另外，辐照食品时，都是在原包装的情况下进行，仅仅是外照射，并没有和放射源直接接触，因此，食品经过辐照后，也不存在放射性污染问题。

表 9-4　食品基本元素感生核反应和所需的临界能

元素种类	核反应	临界能/MeV	生成物的半衰期
^{12}C(碳 12)	γ·n	18.8	20.39min
^{160}O(氧 16)	γ·n	15.5	2.1min
^{14}N(氮 14)	γ·n	10.5	9.961min
^{31}P(磷 31)	γ·n	12.35	2.5min
^{32}S(硫 32)	γ·n	14.8	2.61s
^{9}Be(铍 9)	γ·n	1.67	极短
^{2}H(氢 2)	γ·n	2.2	—
^{7}Li(锂 7)	γ·n	9.8	0.85min
^{39}K(钾 39)	γ·n	13.2	7.636min
^{40}Ca(钙 40)	γ·n	15.9	0.88s
^{54}Fe(铁 54)	γ·n	13.9	8.53min
^{23}Na(钠 23)	γ·n	2.6	2.6y
^{127}I(碘 127)	γ·n	9.3	13d
^{53}Cu(铜 53)	γ·n	10.9	10min
^{24}Mg(镁 24)	γ·n	16.2	11.26s
^{25}Mg(镁 25)	γ·n	11.5	14.8h
^{26}Mg(镁 26)	γ·n	14.0	62s

食品中含有可能或“容易”生成放射性核素的其他微量元素，如锶(Sr)、锡(Sn)、钡(Ba)、镉(Cr)和银(Ag)等，在受到照射后，有可能产生寿命极短的放射性核素，但是只要控制射线的能量，就能做到绝对不引起感生放射性。根据最近的报告，使用核素放射源，甚至能量在16MeV以下的射线所诱导的感生放射性都是可以忽略的。

为了确保辐照食品的品质，人们一直研究探讨辐照食品的检测方法。2001年，CAC第24届会议上批准了国际标准“辐照食品鉴定方法”。该标准提出了五种辐照食品的鉴定方法，利用脂质和DNA对电离辐射特别敏感的特性，对于含脂肪的辐照食品，可采用气相色谱测定碳水化合物或用气质联用检测2-烷基－环丁酮(是一种成环化合物，蒸煮条件下难形成)，其检测率达93%。DNA碱基破坏、单链或双链DNA破坏及碱基间的交联是辐照的主要效应，可检测并量化这些DNA变化；对于含有骨头以及含纤维素的食品，采用电子自旋共振仪(ESR)分析方法；对于可分离出硅酸盐矿物质的食品，采用热释光方法。

20世纪90年代中期，世界卫生组织(WHO)回顾了辐照食品的安全与营养平衡的研究，并得出如下结论。

①辐照不会导致对人类健康有不利影响的食品成分的毒性变化。

②辐照食品不会增加微生物学的危害。

③辐照食品不会导致人们营养供给的损失。

1997年,联合国粮农组织、国际原子能机构与世界卫生组织在五十多年的研究基础上也得出结论:在正常的辐照剂量下进行辐照的食品是安全的。2003年,CAC在辐照处理的安全剂量修订稿中规定,在能解释说明10kGy以上的辐照是安全而且合理的情况下,可以使用10kGy以上的辐照剂量进行食品辐照处理。我国赞同此意见,但欧盟、日、韩等国不同意去掉10kGy辐照剂量上限。

综上,使用^{60}Co或^{137}Cs的γ射线,或低能的电子射线照射食品,不会产生感生放射性核素及其化合物,或者说所产生的感生放射活性的水平是完全可以忽略的。

(三)食品辐照的营养卫生

射线处理也同其他食品加工技术一样,将使产品发生理化性质的变化。不仅有感官性状的变化,也涉及营养成分的变化。因为不同食品的化学成分有很大的差别,所以发生变化的程度和性质取决于接受照射的食品种类和照射剂量。

色、香、味、形是食品及其制品的指标,也是顾客选择和食用食品的依据。为此,食品经辐照处理后,会引起什么样的变化,是人们十分关心的事。蛋白质经辐照处理后发生的变化对食品及其制品的色、香、味及物质性质有较大的影响。例如,瘦肉和某些鱼的颜色主要取决于结合蛋白(即肌红蛋白)。如果肉中存在一定数量的红蛋白,辐照可引起这两种色素发生氧化还原反应,并改变其颜色。在真空包装情况下,辐照处理鸡肉和猪肉可以看到颜色不变。在有氧情况下辐照处理肉,会产生似醛的气味;在氮气中则产生硫醇样的气味。总之,食品及其制品,经辐照处理后,产生的气味与蛋白质有关。

脂肪和油容易自动氧化而腐败产生臭味,通过辐照处理和热处理,可以加速食品及其制品中脂肪的自氧化过程,尤其在有氧情况下更是如此。当肉的脂肪被单独辐照处理后,会产生一种典型的"辐射脂肪"气味。鱼经过辐照处理后,产生的臭气,主要是由于不饱和脂肪酸的氧化形成的。对多糖类物质,在固态和水溶液中辐照处理后,对其理化性质的变化没有什么区别,除熔点和旋光度的降低外,辐照处理主要引起光谱和多糖结构的变化。在直链淀粉、支链淀粉中观察到有棕色生成,而颜色的强度随剂量升高而增加。然而,葡萄糖的颜色则没有变化。糖类和氨基酸混合物的辐照导致聚合作用,随之产生棕黄色。这种效应与辐照剂量和糖及氨基酸类型有关,这种现象比在热处理中看到的更为普遍。

辐照处理后食品及其制品会产生辐照异味,而且随辐照量的增大而增强。低温辐照是克服辐照异味的一种好途径,这可能是由于低温条件限制了辐照使介质产生自由基的过程,减轻辐照的次级作用,从而减少了组成辐照异味的低分子挥发性物质,因此异味就减轻。

(四)食品辐照的毒理学研究

食品经过辐照处理后,必须通过毒理试验,证明是安全的,这样辐照保藏技术才具有实用价值。所谓有害物质或是有毒物质,指的是对人和实验动物具有诱发致癌、致畸、致突变,将这些有害特征能持久地传递给人或实验动物的后代产生遗传变异。在进行动物实验时,通过呼吸道、皮肤、眼、口腔或其他途径引入机体后,发生过敏反应,削弱精神警觉,减少运动,胚胎发育中产生缺陷，甚至导致死亡。总之，所谓“毒性”可以看作是一种物质所具有的损伤能力。“危害”可以看作是一种特定数量和方式使用一种物质时，产生损伤的能力。

食品经辐照后的安全性检验，一般是通过动物饲喂试验进行研究。试验动物饲喂一定数量的辐照食品或其制品后，并经过几代之久，如果发现没有引起慢性或急性疾病和致癌、致畸、致突变，就可以作为预测人类消费时安全评价的有力依据。

在这个问题上，国内外科学家通过大量长期与短期动物饲喂试验，观察临床症状、血液学、病理学、繁殖及致畸等项目，没有发现辐照食品及其制品致突变现象的出现，将辐照的饲料用于家畜饲养以及免疫缺陷的动物长期食用辐照的食品及其制品，也未发现有任何病理变化。

辐照食品及其制品，在进行动物实验中均未发现有异常现象，即便有些变化，但都不至于产生危害和损伤，也没有观察到发生致癌、致畸、致突变以及遗传性的改变。对实验动物无害，但对人体又是如何反应呢？某单位选择了 70 名健康男性青年，以随机抽样方法，分试验组和对照组，每组 35 人，试验组食用^{60}Co-γ 射线 5～8kGy 辐照的肉制品，试食 3 个月，分试食前、试食 7 周、试食 13 周测定各项指标。测定结果表明，食用辐照肉制品，主观感觉良好，食欲正常。临床检查，试验组未发现与试食有关的症状、体征。在试食 3 个月内，身高、体重无明显变化。对人体的肝功、肾功、血脂、血浆总蛋白、肾上腺皮质功能、血相均未观察到不良影响，外周血淋巴细胞染色体未发现畸变。对试食组人员，在食后 2 年对其中 42 人进行相同指标的追踪观察，受试者一般情况良好，未发现任何食用辐照肉制品引起的不良反应，体重稳定，身体健康，血相指标、生化指标、染色体检查均无异常发现。他们认为，较大量、较长时间地食用辐照肉制品不会对人体产生不良影响。

（五）辐照食品的致癌、致畸变、致突变研究

为了确保辐照食品供人食用的安全，需要通过化学分析和动物毒性试验对食品辐照可能产生的有毒物质进行测定。辐照食品在大规模推广应用之前，动物毒性试验除考虑急性、亚急性和慢性毒性试验，以及生殖功能的检查外，还必须重视“三致”（致癌、致畸变和致突变）试验的远期效应观察。

1. 辐照食品的致癌试验

致癌试验是检验受试物或其代谢产物是否具有致癌或诱发肿瘤作用的慢性毒性试验方法。放射线处理食品会不会生成致癌物质，这是一个极为严肃的问题，为了检查辐照食品对动物有无致癌或诱发肿瘤的作用，在慢性毒性试验中对动物进行观察和病理学检查时，有无肿瘤出现也是重要观察指标之一。

2. 辐照食品的致畸变试验

致畸变试验是检查受试物是否具有引起胚胎畸变现象的试验方法。所谓致畸变是指环境中某些因素作用于胚胎，影响胚胎的正常发育，造成胎体的形态畸形或功能异常。致畸变作用是化学物质毒性的一种表现。据统计，大约有 80％的人类先天性畸形和自发流产，都是属于原因不明的。粗略统计，约有 12％可追溯为遗传的原因外，环境有害因素的影响是值得重视的原因。某些有毒物质也可通过遗传过程，引起生殖细胞中遗传物质的突变，从而造成胚胎的畸形，这是有毒物质致突变的表现。在致畸试验中，只考虑受试物质在胚胎发育期器官分化过程中对动物胚胎正常发育的影响，故一般认为此种致畸变与动物的遗传过程和遗传因素无关，与致突变性也有区别。这一类畸形是不会遗传的。

致畸变试验也作为辐照食品卫生安全性评价的一个方面。一般在做致畸变试验时常与慢性毒性试验或繁殖试验结合进行。文献所报道的许多辐照食品的动物毒性试验中，都进行过致畸变试验的观察。迄今，从各国所做的大量动物试验中，我们还未见到辐照食品的致畸作用。

1980 年，联合国粮农组织（FAO）、国际原子能机构（IAEA）、世界卫生组织（WHO）召开辐照食品卫生安全性联合专家委员会。根据各国专家 20 多年的研究结果，得出“剂量低于10kGy，辐照任何食品不存在毒理学的危害，因此不需要进行食品毒理学试验”的结论。

二、食品辐照的法规

尽管目前有许多国家在其法规中有条款允许一些特定的产品在无条件或有条件的基础上采用辐照技术，然而这一些条款在不同国家是有差异的，这使得辐照食品的国际贸易遇到困难。1983 年，FAO/WHO 国际食品法规委员会采纳了“辐照食品的规范通用标准（世界范围标准）”和“食品处理辐照装置运行经验推荐规范”。许多国家都将上述标准作为本国辐照食品立法的一种模式，将其条款纳入国家法规之中，既可以保护消费者的权益，又有利于促进国际贸易的发展。

1984 年 5 月，为了继续加强国际开发合作和使食品辐照商业化，在 FAO/WHO 资助下成立了食品辐照国际咨询小组（ICGFI）（原 IFIP 于 1981 年停止其职能），其职能为评价全球食品辐照领域的发展；为成员国和上述国际组织提供食品辐照的建议要点；在需要时，通过上述国际组织向 FAO/IAEA/WHO 辐照食品安全卫生联合专家委员会以及国际食品法规委员会提供信息。

根据 FAO/IAEA 与荷兰农业与渔业部达成的协议，自 1979 年以来，国际食品辐照工艺装置（IFFIT）一直致力于为 FAO 和 IAEA 成员国的科学家提供培训和技术经济可行性研究，IFFIT 与 ICGFI 已成为目前为各国食品辐照提供技术咨询的国际性机构。

CAC 在“预包装食品标签通用标准”中规定，经电离辐照处理食品的标签上，必须在紧靠食品名称处用文字指明食品经辐照处理；配料中有辐照食品也必须在配料表中指明。

2001 年，ICGFI 制定了“世界贸易中食品和农产品认证导则”，以检疫为目的的辐照食品的认证将纳入国际植物保护协定（IPPC）认证系列。

CAC、欧盟对食品辐照的批准条件和要求是：有合理的工艺需要；能够提出无健康危害证明；对消费者有益；不是以替代卫生健康规范或者良好生产规范为目的使用。欧盟、美国规定所有食品辐照必须在经过认证的辐照设施上进行，进口的辐照食品，其国家的辐照设施必须经过欧盟和美国认证。

我国为了加强对辐照加工业的监督管理，先后发布了有关法规和标准，使辐照加工业逐步走向法制化和国际化。

卫生部负责放射卫生的监管。凡从事放射工作的单位都应当经卫生许可，放射源退役时，放射工作单位应当及时送交放射性废物管理机构处置或者交原供货单位回收，对闲置的放射源，也要建立档案，严格管理。对已处置或回收的放射源，卫生部门应当办理注销手续，并及时通报同级环保、公安部门。凡购买放射性同位素及含放射性同位素设备的单位，应当按规定向当地省级卫生行政部门申请办理准购批件。

按照《放射事故管理规定》的要求，当地卫生行政部门在接到严重和重大放射事故报告后，应当在24h内逐级上报卫生部；放射事故调查结束后，结案报告应逐级上报卫生部。

对放射防护器材和含放射性产品的监督管理应当按照《放射防护器材与含放射性产品卫生管理办法》（卫生部第18号令）执行，检测机构的资质认证工作由中国疾病预防控制中心辐射防护与核安全医学所承担。我国发布的食品辐照法规有：《放射卫生防护基本标准》（GB 4792）、《辐射防护规定》（GB 8703）、《辐射源和实践的豁免管理原则》（GB 13367）、《辐射加工用^{60}Co装置的辐射防护规定》（GB 10252）、《辐照食品标准》（GB 14891，1～GB14891，10）等。辐照食品在包装上必须有统一制定的辐照食品标识。

第十章 食品的发酵、腌渍和烟熏保藏技术

第一节 食品的发酵

食品发酵技术是生物技术中最早应用于食品工业的一种加工处理技术，并已成为现代食品工业不可缺少的一部分。

一、食品发酵的概念与其对食品品质的影响

(一)发酵与发酵工业的概念

人类利用微生物进行自然发酵来酿酒、制醋等可追溯到数千年以前。后来，经过多少代科学家和劳动人民的辛勤劳动，发现了各种微生物的形态、特征，“发酵”一词才逐渐有了其科学内涵。微生物学先驱巴斯德(Louis Pasteur)创立的微生物的发酵理论和后来柯赫(Robert Koch)创造的纯种分离，为发酵技术的进步奠定了理论基础，从自然发酵步入纯种液体深层发酵技术新阶段。目前人们把借助微生物在有氧或无氧条件下的生命活动来制备微生物菌体本身，或其直接代谢产物或次级代谢产物的过程统称为发酵。发酵工业就是利用微生物的生命活动产生的酶，对无机或有机原料进行酶加工(生物化学反应过程)，获得产品的工业。它包括传统发酵，如某些酒类等的生产，也包括近代的发酵工业，如酒精、乳酸的生产等，还包括目前新兴的如抗生素、有机酸、氨基酸、酶制剂、核苷酸、生理活性物质、单细胞蛋白等的生产。

从发酵和发酵工业的概念可知，要实现发酵过程并得到发酵产品，必须具备以下几个条件。

①要有某种适宜的微生物。

②要保证或控制微生物进行代谢的各种条件(培养基组成、温度、溶氧浓度、酸碱度等)。

③要有进行微生物发酵的设备。

④要有将菌体或代谢产物提取出来，精制成产品的方法和设备。

发酵技术与微生物的遗传育种、发酵罐的设计、放大、发酵参数的优化控制以及产品的分离纯化等密切相关。现代发酵技术是将传统发酵技术和DNA重组、细胞融合等新技术相结合并发展起来的现代生物技术。现代发酵技术处于生物技术的中心地位，绝大多数生物技术的目标都是通过发酵工程来实现。发酵技术由两个核心部分组成：第一是涉及获得特殊反应或过程所需的最良好的生物细胞(或酶)；第二是选择最精良设备，开发最优技术操作，创造充分发挥生物细胞(或酶)作用的最佳环境。

(二)发酵对食品品质的影响

发酵不仅为人类提供花色品种繁多的食品，赋予食品营养和风味，还提高了食品的耐藏性。不少食品的最终发酵产物，特别是酸和酒精有利于阻止腐败变质菌的生长，同时还能抑制混杂在食品中的一般病原菌的生长活动，如肉毒杆菌在pH值为4.6以下就难以生长和产生

毒素，因此，控制发酵食品的酸度就能达到抑制肉毒杆菌生长的目的。

和未发酵食品相比，某些发酵食品还提高了它原有的营养价值。微生物分解食品中大分子（如蛋白质、多糖）的同时，微生物的新陈代谢也会产生一些代谢产物，这些代谢产物有许多是营养性的物质，如氨基酸、有机酸等。有些人体不易消化的纤维素、半纤维素和类似的聚合物，在发酵时也被适当地分解而变为人类能够消化吸收的成分。此外，发酵菌特别是霉菌，能将食品组织细胞壁分解，从而使得细胞内的营养物质更容易直接地被人体吸收。

在发酵后，食品原来的质地和外形也同时发生变化，因而发酵食品的状态和发酵前相比有显著不同，而且是按着人们的意愿去改变的。生活实践说明，在那些利用植物作为主要营养来源的大多数地区，发酵食品丰富了日常膳食中的花色品种。

二、食品发酵中微生物的利用

（一）发酵食品中细菌的利用

1. 乳酸菌发酵

乳酸是细菌发酵最常见的最终产物，一些能够产生大量乳酸的细菌称为乳酸菌。乳酸菌广泛分布于空气中，肉、乳、果蔬等食品的表面，水以及器具等的表面。乳酸菌种类很多，有球状、杆状等，一般生长发育的最适温度为26℃～30℃。

乳酸菌发酵按对糖发酵特性的不同，可分为同型乳酸发酵和异型乳酸发酵。同型乳酸发酵是指乳酸菌在发酵过程中，能使80%～90%的糖转化为乳酸，仅有少量的其他产物，引起这种发酵的乳酸菌称为同型乳酸菌。异型乳酸发酵是指一些乳酸菌在发酵过程中使发酵液中大约50%的糖转化为乳酸，另外的糖转变为其他有机酸、醇、二氧化碳、氢等，引起这种发酵的乳酸菌称为异型乳酸菌。

酸奶是一种具有较高营养价值和特殊风味的乳制品，并可作为具有一定疗效的食品。它是由优质鲜乳经消毒后，加入乳酸菌，经过发酵而制成的。可供酸乳发酵用的菌种有多种，如保加利亚乳杆菌、嗜酸乳杆菌、乳链球菌、嗜热链球菌等。一般采用两种以上的混合菌种，在一定的温度下经过12～48h的发酵过程后，乳液即形成均匀糊状液体，酸度可达1%左右，并具有特殊的风味。在这种已发酵完毕的酸奶中，根据不同的口味和要求，还可加入食糖、柠檬酸、果汁及香料等物质配成各种酸乳，这种含有活的乳酸菌的酸乳，在保证卫生的条件下就不需要再经消毒处理，可以直接供人们饮用。

泡菜亦称酸菜，主要是利用乳酸菌在低浓度食盐溶液中进行乳酸发酵制成。只要乳酸含量达到一定的浓度并使产品与空气隔离就可以久贮不坏，达到长期保存的目的。凡是组织紧密、质地脆嫩、肉质肥厚而不易软化的新鲜蔬菜均可作为泡菜的原料。蔬菜的乳酸发酵过程大致分为三个阶段：首先是初期发酵。新鲜蔬菜原料浸没于盐水（一般为6%～8%的浓度）中后，在渗透压的作用下，蔬菜中的水分不断向外渗出，原料中的可溶性营养物质如糖分也会扩散至盐水中，同时食盐也扩散到原料组织中。泡菜盐水的含盐量下降，变成了含有糖及其他营养物质的盐水（为2%～4%）。在此过程中抗盐性较弱的和抗盐性较强的微生物都同时活动，其中除乳酸菌外，还有酵母菌和大肠杆菌。发酵初期，占优势的还是大肠杆菌。大肠杆菌将糖分解成乳酸、醋酸、琥珀酸、乙醇、二氧化碳和氢等，因此在初期会有大量的气体不断地由坛内向外逸出。这些气体有一部分是蔬菜在浸泡于盐水后其细胞间隙内的空气因盐水渗入而逸散出来的。发酵初期乳酸的生成量不高，大致在0.3%～0.4%。之后是中期发酵阶段。当乳酸的含量达到0.3%以上时，因大肠杆菌群对酸性物质最为敏感，所以不能适应这种环境，取而代之占优势的是乳酸菌群，它能将糖分分解成乳酸但不产生气体，因此中期的气体数量已大为减少。中期所生成的乳酸含量在0.4%～0.8%，此时抗酸性弱的微生物被抑制甚至死亡。大肠杆菌、丁酸菌以及其他腐败细菌均不能够生存。霉菌虽然抗酸性很强，但因坛内缺氧也无法活动。此时只有乳酸菌继续生长。在发酵末期，泡菜的酸度继续升高，甚至乳酸含量达到1.2%以上，乳酸菌群也逐渐不能适应，发酵活动也就停止了。根据经验，泡菜在中期发酵阶段的品质为最佳，其乳酸含量大致在0.6%时风味最好。如果乳酸含量超过1%，泡菜便失去了应有的良好风味。

2. 醋酸菌发酵

参与醋酸发酵的微生物主要是细菌，统称为醋酸菌。它们之中既有好氧性的醋酸菌，例如纹膜醋酸杆菌、氧化醋酸杆菌、巴氏醋酸杆菌、氧化醋酸单胞菌等，也有厌氧性的醋酸菌，例如热醋酸梭菌、胶醋酸杆菌等。好氧性的醋酸发酵是制醋工业的基础。制醋原料或酒精接种醋酸菌后，经发酵生成醋酸，醋酸发酵液还可以经提纯制成一种重要的化工原料——冰醋酸。厌氧性的醋酸发酵是我国糖醋酿造的主要途径。

食醋是一种酸性调味品，它能增进食欲、帮助消化。目前我国食醋生产工艺有固态发酵法、液体深层发酵法和酶法液化通风回流法等，不同工艺从原料利用率、产酸速度、产品风味、生产效率和成本等方面各有差异。食醋按产品特征可分为合成醋、酿造醋、再制醋三大类，其中产量最大且与人们日常生活关系最为密切的是酿造醋，它是用含淀粉质的粮食等为原料，经微生物制曲、糖化、酒精发酵、醋酸发酵等阶段酿制而成，其主要成分除醋酸(3%～5%)外，还含有各种氨基酸、有机酸、糖类、维生素、醇和酯等营养成分及风味成分，具有独特的色、香、味。

3. 谷氨酸发酵

通常谷氨酸发酵用于生产味精，即谷氨酸钠。谷氨酸棒杆菌、乳糖发酵短杆菌、黄色短杆菌是主要的谷氨酸生产菌。味精的生产工艺包括淀粉制糖、接种发酵、谷氨酸提取、中和反应、产品精制。过去生产味精曾使用粮食中的蛋白质(面筋)为原料，用加酸水解方法制取，采用这种方法需要大量的蛋白质。如果从粮食中获得蛋白质，则所需要的粮食量较大，因此成本较高。现在所采用的微生物发酵方法既可以节约粮食，又可大大降低成本。在制取L-谷氨酸的微生物发酵过程中，利用的原料主要是淀粉，但是大部分谷氨酸发酵的菌种不具有糖化能力，因而需要将淀粉转变为糖之后才能进行谷氨酸发酵。

(二)发酵食品中酵母菌的利用

1. 酒的生产

酵母是生产酒类的重要微生物。不同的酒用不同的酵母，甚至同种但不同品牌的酒要用不同的酵母，这也是为什么酒的种类繁多、风味各异的主要原因。

酿酒的原料一般都是含淀粉较多的谷物，如大麦、大米、高粱；植物块根，如甘薯、木薯；含糖分较多的水果，如葡萄、山楂、橘子等；某些含淀粉的野生植物等。酿酒原料的不同和对酿造的质量要求不同，酿造的工艺也不尽相同。但凡是供酿酒用的淀粉原料，一般都要先经过糊化及糖化，然后再加入一定的酵母菌种进行酒精发酵。

葡萄酒是用葡萄汁经酵母发酵而制成的一种低酒精含量的饮料。葡萄酒质量的好坏和葡萄品种、葡萄质量及酒母有着密切的关系，因此在葡萄酒生产中葡萄的品质、酵母菌种的选择是相当重要的。

啤酒是以大麦为主要原料，经发芽、糖化、啤酒酵母发酵制成。在酿造啤酒时，通常要加入酒花。

2. 面包的生产

面包是以面粉为主要原料，以酵母菌、糖、油脂和鸡蛋为辅料生产的发酵食品，经发酵好的面团还需经焙烤等熟化过程。应用于发酵面包的酵母菌种应当是发酵力强并能产生香味的，活性干酵母的使用已较普遍。活性干酵母是由酵母在低温真空条件下脱水而制成，使用前需经活化。在处理和使用各种酵母时，注意切勿使酵母同油脂和浓度高的食盐溶液或砂糖溶液直接混合，以免影响酵母的正常发酵。发酵温度在30℃左右。有时，面包中心可产生酸败臭味，这是酪酸梭状芽孢杆菌所引起。面包在贮存中容易发生霉变，如好食链孢酶可引起红色霉变等，所以面包必须经过高温充分烘烤，以使面团充分杀菌。

（三）发酵食品中霉菌的利用

1. 腐乳制造中霉菌的利用

腐乳又名豆腐乳，是我国著名的一种发酵食品，早在1500多年前就有历史记载。按色泽，腐乳又分为红腐乳（俗称红方）、白腐乳（俗称糟方）和青腐乳（俗称青方或臭豆腐）。此外，在腐乳的制造中，添加其他辅料就可制成别具风味的各式腐乳。

腐乳的生产原料是大豆，有黄豆、青豆和黑豆，以黄豆为优也最普遍。经选料后，大豆要经浸泡、制浆、煮浆、点浆、养浆、成型和发酵才能制成腐乳。发酵腐乳的菌主要是毛霉，如腐乳毛霉、鲁氏毛霉、总状毛霉，还有红曲霉、溶胶根霉、青霉以及少量的酵母和细菌等微生物。

2. 酱油制造中霉菌的利用

酱油生产的原料有蛋白质原料，如豆饼、葵花子饼；淀粉质原料，如麸皮、小麦。原料经过润水、蒸煮，接种米曲霉制成曲，然后发酵。酱醅制成后进行过滤，滤液即为酱油。

三、控制食品发酵的因素

食品会自然地遭受各种微生物污染，如果不加以控制，极易导致腐败变质，变化的类型则随所处的环境条件而完全不同。能影响微生物生长和新陈代谢的因素很多，控制食品发酵过程中的主要因素有酸度、温度、菌种、食盐、氧和乙醇。这些因素还决定着发酵食品后期贮藏中微生物生长的类型。

（一）酸度

不论是食品原有成分，还是外加的或发酵后生成的，酸都有抑制微生物生长的作用。这是由于高浓度的氢离子会影响微生物正常的呼吸作用，抑制微生物体内酶系统的活性，因此控制酸度可以控制发酵作用。

（二）温度

各种微生物都有其适宜生长的温度，因而发酵食品中不同类型的发酵作用可以通过温度来控制。温度为0℃时，牛乳中很少有乳酸菌活动。4.4℃时，微生物稍有生长即可使乳变味。21.1℃时，乳酸链球菌生长比较突出。37.8℃时，保加利亚乳杆菌迅速生长。温度升至

65.6℃时,嗜热乳杆菌生长而其他微生物则死亡。

混合发酵中各种不同类型的微生物也可以通过发酵温度的控制,促使它们各自分别突出生长。卷心菜的腌制对温度比较敏感,在其腌制过程中有三种主要菌种参与将糖分转化成乳酸、醋酸和其他产物。参与发酵的细菌有肠膜状明串珠菌、黄瓜发酵乳杆菌和短乳杆菌。肠膜状明串珠菌产生醋酸以及一些乳酸、酒精和二氧化碳。当肠膜状明串珠菌消失后,黄瓜发酵乳杆菌继续产生乳酸,黄瓜发酵乳杆菌消失后,则由短乳杆菌继续产生乳酸。在发酵时产生的一些产物之间也可发生反应,生成腌制品特有的风味。如乙醇和酸合成酯类。这些菌的生长与温度关系密切。如果在发酵初期温度较高(超过21℃),则乳杆菌生长很快,同时抑制了能产生醋酸、酒精和其他预期产物的适宜较低温度的肠膜状明串珠菌的生长。因此,卷心菜在腌制初期发酵温度应低些,有利于风味物质的产生,而在发酵后期温度可增高,以利于乳杆菌的生长。

(三)菌种

发酵生产对所用菌种有一定的要求,这对发酵产物高产、稳产和提高产品品质至关重要。发酵开始时如有大量预期菌种存在,即能迅速繁殖并抑制其他杂菌生长,促使发酵向着预定的方向发展。馒头发酵、酿酒以及酸乳发酵都应用了这种原理。例如,在和面时加入酵头(俗称面肥),在葡萄汁中放入先前发酵时残余的酒液,在鲜乳中放入酸奶。这种使用酵种的方法一直沿用至今,世界各地仍在使用。不过,发酵技术的发展已改为使用预先培养的菌种,这种培养菌种称为发酵剂或酵种。它可以是纯菌种,也可以是混合菌种。如在葡萄酒生产中国内外已使用葡萄酒活性干酵母。目前德国、法国、美国及我国均已有优良的葡萄酒活性干酵母商品生产,产品除基本的酿酒酵母外,还有二次发酵用酵母、增果香酵母、耐高酒精含量酵母等许多品种。现在,除葡萄酒外,许多发酵食品,如啤酒、醋、腌制品、肠制品、面包、馒头等的生产,都常用专门培养的菌种制成的酵种进行发酵,以便获得品质良好的发酵食品。这些酵种一般是特定条件下培养,然后在保护剂共存下,低温真空脱水干燥,在惰性气体保护下贮存备用。

(四)食盐

食盐一般用于食品调味和腌制,食盐中常含有一些其他盐类,如钙、镁、铁的氯化物等。从食品质量方面考虑,这些杂质应越少越好。不同浓度的盐溶液对微生物有不同的影响。在高浓度时,所有的阳离子都会对微生物产生毒害作用,但不同的阳离子的毒性不一样。低浓度的阳离子对微生物的代谢活动有刺激作用,当盐溶液浓度在1%以下时,微生物的生长活动一般不会受到影响。因此,在其他因素相同的情况下,控制加盐量就能控制微生物生长及它们在食品中的发酵活动。

黄瓜、包心菜等蔬菜,某些肉类、肠制品和类似的产品在发酵过程中,常见的乳酸菌一般都能耐受10%~18%的盐液浓度,而蔬菜腌制中出现的许多朊解菌和其它类型的腐败菌都不能忍耐2.5%以上的盐液浓度,酸、盐结合时其影响更大。因此,蔬菜腌制时加食盐将有利于促进乳酸菌生长,即使有朊解菌存在,发酵也不至于会受到影响,何况乳酸菌一旦生长后并产生乳酸,在酸和盐结合下朊解菌和脂解菌受到更强有力的抑制。腌菜时添加食盐还会使蔬菜渗出糖分和水分,这样,盐液中就增加了糖分,从而为继续发酵提供了营养料,有利于向细胞内扩散乳酸菌并进行发酵。从蔬菜内浸出的水分降低了盐液的浓度,这就需要经常添加食盐进行调整，以保持防腐必需的盐液浓度。腌制包心菜时其用盐量为2.0%～2.5%，低盐度有利于迅速产酸，而它的主要防腐作用主要依靠酸的影响，不过也有人使用5%～6%的盐液浓度。黄瓜腌制时需要的盐液浓度高达15%～18%。

许多发酵食品常利用盐、醋和香料的互补作用以加强对细菌的抑制作用。其中不同种类的香料防腐力相差很大，如芥子油抗菌力极强，而另外如胡椒的抗菌力则很差。

(五)氧

霉菌是完全需氧性的，在缺氧条件下不能存活，控制缺氧条件则可控制霉菌的生长。酵母是兼性厌氧菌，氧气充足时，酵母会大量繁殖，缺氧条件下，酵母则进行乙醇发酵，将糖分转化成乙醇。葡萄酒酵母、啤酒酵母和面团酵母在通气条件下就会产生大量生长细胞，但在缺氧条件下它们能将糖分迅速发酵：葡萄酒酵母可将果汁酿成果酒，而啤酒酵母在制面包时用于面团发酵，产生大量二氧化碳，促使面团松软。细菌中既有需氧的，也有兼性厌氧的和专性厌氧的品种。例如，醋酸菌是需氧的，它们在缺氧条件下由醋酸菌将酒精氧化生成醋酸。但通气量过大，醋酸就会进一步氧化成水和氧气，此时如有霉菌也能生长，就会将醋酸消耗尽。因而制醋时通气量应当适当，同时制醋容器应加以密闭，以减少霉菌生长的可能性；乳酸菌则为兼性厌氧，它在缺氧条件下才能将糖分转化成乳酸；肉毒杆菌为专性厌氧，它只有在完全缺氧的条件下才能良好地生长。

因此供氧或断氧可以促进或抑制某种菌的生长活动，同时可以引导发酵向预期的方向进行。

(六)乙醇

乙醇具有刺激的辛辣滋味。与酸一样，乙醇同样具有防腐作用，但与其浓度关系很大。酵母不能忍受它自己所产生的超过一定浓度的酒精及其他发酵产物，按容积计12%～15%发酵酒精就能抑制酵母的生长。

四、食品发酵保藏的应用

(一)酒精发酵

酒精发酵常作为蔬菜水果等食品的重要保藏措施，葡萄酒、果酒、啤酒等都是利用酒精发酵制成的产品。葡萄酒酵母和啤酒酵母都是最重要的工业用酵母，它能使糖类最有效地转化成酒精，并达到能回收的程度。其他菌种也能产生酒精，同时还形成醛类、酸类、酯类等组成混合物，以致难以回收。实际上，糖须经过不少裂解阶段，形成各种中间产物后，最后才能形成酒精。蔬菜腌制过程中也存在着酒精发酵，产量可达0.5%～0.7%，其量对乳酸发酵并无影响。

(二)乳酸发酵

乳酸发酵常被作为保藏食品的重要措施。乳酸发酵微生物广泛分布在自然界中，也存在于果、蔬、乳、肉类的食品中，能在不宜于其它微生物的生长条件下生存。乳酸发酵在缺氧条件下进行。乳酸发酵时食品中糖分几乎全部形成乳酸。乳酸的聚积量可以达到足以控制其它微生物生长活动的程度。乳酸发酵是蔬菜腌制过程中的主要发酵过程。乳酸菌也常常因酸度过高而死亡，乳酸发酵也因而自动停止。因此，乳酸发酵时常会有糖分残留下来。腌制过程中，乳酸累积量一般可达0.79%～1.40%，决定于糖分、盐液浓度、温度和菌种。有些乳酸菌不仅形成乳酸，也同时能形成其它最终产物。

(三)醋酸发酵

醋酸菌为需氧菌，因而醋酸发酵一般都是在液体表面上进行。大肠杆菌类细菌也同样能产生醋酸。在腌菜制品中常含有醋酸、丙酸和甲酸等挥发酸，它的含量可高达0.20%～0.40%(按醋酸计)。对含酒精食品来说，醋酸菌常成为促使酒精消失和酸化的变质菌。

第二节　食品的腌渍

将食盐或糖渗入食品组织内，降低其水分活度，提高其渗透压，或通过微生物的正常发酵降低食品的pH，从而抑制腐败菌的生长，防止食品的腐败变质，获得更好的感官品质，并延长保质期的贮藏方法称为腌渍保藏。这是人类最早采用的一种行之有效的食品保藏方法。用该法加工的制品统称为腌渍食品，其中加盐腌制的过程称为腌制，加糖腌制的过程称为糖渍。

盐腌的制品有腌菜、腌肉、腌禽蛋等，可分为发酵性和非发酵性腌制品。发酵性腌制品的特点是腌制时食品盐用量较少，腌制过程中有显著的乳酸发酵，并用醋液或糖醋香料液浸渍，如四川泡菜、酸黄瓜等。非发酵性腌制品的特点是腌制时食盐用量较高，乳酸发酵几乎停止，如榨菜、咸猪肉等。

糖制品也称蜜饯，是指以干鲜果品、瓜蔬等为主要原料，经糖渍蜜制或盐制加工而成的制品，可分为糖制蜜饯、返砂蜜饯、果脯、凉果、甘草制品和果糕等类型。

一、腌渍保藏原理

(一)溶液浓度与微生物的关系

溶液的浓度就是单位体积的溶液中溶解的物质(溶质)质量，可以用体积、质量或摩尔浓度来表示。在一般工业生产中常用体积分数(%)或质量分数(%)表示。溶液的浓度也可以用密度来表示，即用密度计测定。工业生产中盐水的浓度常采用波美密度计测定；糖水的浓度则用糖度计、波林糖度计或白利糖度计测定。现在也常用折光仪测定糖液可溶性固形物的含量。纯糖溶液内可溶性固形物全为糖类，故能测定糖液浓度。使用折光仪和密度计时，需注意温度的校正。

微生物细胞实际上是有细胞壁保护及原生质膜包围的胶体状原生浆质体。细胞壁是全透性的，原生质膜则为半透性的，它们的渗透性随微生物的种类、菌龄、细胞内组成成分、温度、pH、表面张力的性质和大小等因素的变化而变化。根据微生物细胞所处的溶液浓度的不同，可把环境溶液分成三种类型，即等渗溶液、低渗溶液和高渗溶液。

微生物细胞所处溶液的渗透压与微生物细胞液的渗透压相等，这种溶液即等渗溶液。例如，0.9%的食盐溶液就是等渗溶液(习惯上称为生理盐水)。在等渗溶液中，微生物细胞保持原形，如果其他条件适宜，微生物就能迅速生长繁殖。

微生物所处溶液的渗透压低于微生物细胞的渗透压，这种溶液即低渗溶液。在低渗溶液中，外界溶液的水分会穿过微生物的细胞壁并通过细胞膜向细胞内渗透，渗透的结果使微生物的细胞呈膨胀状态，如果内压过大，就会导致原生质胀裂，微生物无法生长繁殖。

微生物所处溶液的渗透压大于微生物细胞的渗透压，这种溶液即高渗溶液。处于高渗溶液中的微生物，细胞内的水分会透过原生质膜向外界溶液渗透，其结果是细胞的原生质脱水而与细胞壁分离，这种现象称为质壁分离。质壁分离的结果使细胞变形，微生物的生长活动受到抑制，脱水严重时还会造成微生物死亡。如高浓度的食盐对微生物有明显的抑制作用。这种抑制作用表现为降低水分活度，提高渗透压。腌渍就是利用这种原理来达到保藏食品的目的。在用糖、盐等腌渍时，当它们的浓度达到足够高时，就可抑制微生物的正常生理活动，并且还可赋予制品特殊风味及口感。

在高渗透压下，微生物的稳定性决定于它们的种类，其质壁分离的程度决定于原生质的渗透性。如果溶质极易通过原生质膜，即原生质的通透性较高，细胞内外的渗透压就会迅速达到平衡，不再存在质壁分离的现象。因此微生物的种类不同时，由于其原生质膜也不同，对溶液浓度反应也就不同。

（二）扩散

腌渍时，盐或糖等腌渍剂溶于水中形成腌渍液。高浓度的腌渍液与食品之间存在着浓度差，盐或糖等溶质在腌渍过程中逐渐扩散到食品内部。扩散是分子或微粒在不规则热运动下浓度均匀化的过程，一般发生在溶液浓度不平衡的情况下，扩散的推动力就是浓度差，因此扩散的方向总是由浓度高朝着浓度低的方向进行，并持续到各处浓度平衡时才停止。扩散的过程通常比较缓慢。

腌渍剂的扩散速度与其种类有关，溶质分子越大，扩散越慢，如不同糖类在糖液中的扩散速度由大到小的顺序是葡萄糖＞蔗糖＞饴糖中的糊精；温度越高，扩散越快，一般来说温度每增加1℃，各种物质在水溶液中的扩散系数平均增加2.6％（2％～3.5％）；溶液黏度越大，扩散速度越慢。

（三）渗透

渗透是溶剂从低浓度溶液经过半透膜向高浓度溶液扩散的过程，也可理解为水分从高浓度区域向低浓度区域转移。半渗透膜只允许溶剂或一些物质通过，而不允许另一些物质通过。细胞膜就属于一种半透膜。

食品腌渍时，腌渍的速度取决于渗透压，而渗透压与溶液的温度和浓度有关，与溶液的数量无关。因此要提高腌渍速度，就要尽可能提高腌渍温度和腌渍液浓度。溶质相对分子质量对腌渍过程有一定影响，溶质的相对分子质量越大，需用的溶质重量也就越大。如在同样百分浓度下，葡萄糖、果糖溶液的抑菌效果要比乳糖、蔗糖好，这是因为葡萄糖和果糖是单糖，相对分子质量为180，蔗糖和乳糖是双糖，相对分子质量为342，所以在同样的百分浓度时，葡萄糖和果糖溶液的质量摩尔浓度就要比蔗糖和乳糖的高，故渗透压也高，对细菌的抑制作用也相应加强。如果溶质能解离为离子，则用量显然可以减少些，如用食盐和糖腌渍食品时，为了达到同样的渗透压，食盐的浓度比糖的浓度要小得多。

（四）腌渍原理

食品腌渍过程实际上是扩散和渗透相结合的过程。这是一个动态平衡过程，其根本推动力就在于浓度差的存在，当浓度差逐渐降低直至消失时，扩散和渗透过程就达到平衡。

有害微生物在食品中大量生长繁殖，是造成食品腐败变质的主要原因。腌渍之所以能抑制有害微生物的活动,延长食品的保质期,是因为食品在腌渍过程中,无论是采用食盐还是糖进行腌渍,食盐或糖都会使食品组织内部的水渗出,而自身扩散到食品组织内,从而降低了食品组织内的水分活度,提高了结合水含量和渗透压。正是在高渗透压的影响下,加上辅料中酸及其他组分的杀(抑)菌作用,微生物的生理活动受到抑制,起到抑制腐败变质的作用。由此可见,盐和糖在食品中的扩散和食品组织内水分的渗透作用是腌渍过程的重要因素。

二、食品的腌制处理

(一)盐在腌制中的作用

无论是蔬菜还是肉、禽、鱼在腌制时,食盐是很重要的一种成分,它不仅起着调味的作用,而且还发挥着重要的防腐功能。

1. 降低微生物环境的水分活度

食盐溶于水后,离解出来的 Na^+ 和 Cl^- 与极性的水分子通过静电引力的作用,在每个 Na^+ 和 Cl^- 周围都聚集了一群水分子,形成水化离子$[Na(CH_2O)_n]^+$和$[Cl(H_2O)_m]^-$。食盐浓度越高,所吸收的水分子就越多,这些水分子因此由自由状态转变为结合状态,导致了水分活度的降低。

溶液的水分活度与渗透压是相关的,水分活度越低,其渗透压必然越高。随着食盐溶液浓度的增加,水分活度逐渐降低。表 10-1 为食盐溶液的水分活度与渗透压的关系,在 20℃时,浓度为 26.5%的食盐溶液水分活度约 0.85。在这种条件下细菌、酵母等微生物都难以生长。

表 10-1　食盐溶液的水分活度和渗透压的关系

食盐溶液浓度/%	0	0.857	1.75	3.11	3.50	6.05	6.92	10.0	13.0	15.6	21.3
水分活度/A_W	1.000	0.995	0.990	0.982	0.980	0.965	0.960	0.940	0.920	0.900	0.850
渗透压/MPa	0	0.64	1.30	2.29	2.58	4.57	5.29	8.09	11.04	14.11	22.40

2. 对微生物细胞的脱水作用

食盐在溶液中完全解离为 Na^+ 和 Cl^-,以致食盐溶液具有很高的渗透压。例如,10%食盐溶液就可产生 8.09MPa 的渗透压,而通常大多数微生物细胞的渗透压只有 30.7～61.5kPa,因此食盐溶液会对微生物细胞产生强烈的脱水作用,使微生物生长受到抑制而死亡。

关于食盐防腐作用的原理一般都用"细胞皱缩",即渗透压作用下微生物细胞脱水的现象来解释。实际上,食盐的防腐作用不仅是脱水影响的结果。如果说食盐的防腐作用可单纯地归结于脱水的影响,那么具有更大的脱水能力的 Na_2SO_4 的防腐作用就要比食盐强,但事实并非如此。

3. 对微生物的生理毒害作用

食盐溶液中含有 Na^+ 和 Cl^- 等,在高浓度时能对微生物产生毒害作用。钠离子能和细胞原生质的阴离子结合,这种作用随着溶液 pH 的下降而加强。例如酵母在中性食盐溶液中,盐液的浓度要达到 20%时才会受到抑制;但在酸性溶液中时,浓度为 14%就能抑制酵母的活动。另外食盐对微生物的毒害作用还来自氯离子,因为食盐溶液中的氯离子也会和微生物细胞原生质结合，从而促使微生物死亡。

4. 对酶活力的影响

食品中溶于水的大分子营养物质，微生物难以直接吸收，必须先在微生物分泌的酶作用下，降解成小分子物质之后才能利用。但是微生物分泌出来的酶的活性常在低浓度的盐溶液中就遭到破坏，有人认为这是由于 Na^+ 和 Cl^- 可分别与酶蛋白的肽键和—NH^{3+} 相结合，从而使酶失去其催化活力。例如，变形菌处在浓度为 3％的盐溶液时就会失去分解血清的能力。斯莫洛洁采夫认为这是由于食盐离子在肽键处与蛋白质结合，从而防止微生物分泌的蛋白质分解酶对蛋白质的分解作用。

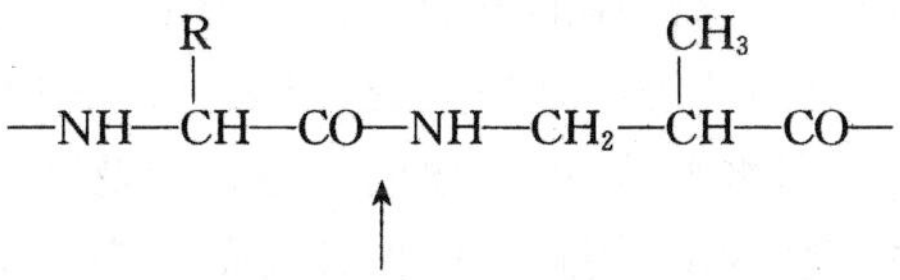

```
       R                     CH3
       |                     |
—NH—CH—CO—NH—CH2—CH—CO—
              ↑
   可被蛋白质分解酶分解的肽键

  Cl⁻  R   O⁻ Na⁺ CH3
  |    |   |      |
—NH—CH—C═N—CH—CO—
           ↑
  不能被蛋白质分解酶分解的肽键
```

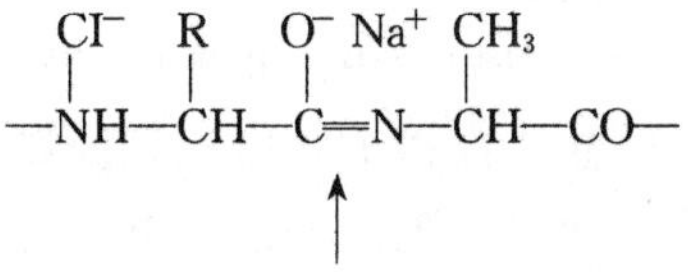

5. 降低溶液中氧的浓度

食品腌制使用的盐水或由食盐渗入食品组织中形成的盐液浓度很大，使氧气溶解度下降，形成了缺氧的环境。缺氧环境不仅能抑制需氧菌生长，还能防止维生素 C 等物质的氧化。

以上 5 个因素共同作用的结果，是使食盐具有防腐作用，但是，食盐溶液仅仅能抑制微生物的活动而不能杀死微生物，不能消除微生物污染腌制食品的危害，有些嗜盐菌在高浓度盐溶液中仍然生长，因此在食品腌制过程时要注意腌制液的卫生，使用清洁没有污染细菌的盐和水，控制腌制室温度（低温）。

（二）不同微生物对食盐溶液的耐受力

微生物不同，其细胞液的渗透压也不一样，因此它们所要求的最适渗透压即等渗溶液也不同，而且不同微生物对外界高渗透压溶液的适应能力也不一样。微生物等渗溶液的渗透压越高，它所能忍耐的盐液浓度就越大；反之就越小。

一般来说，盐液浓度在 1％以下时，微生物的生理活动不会受到任何影响。当浓度为 1％～3％时，大多数微生物就会受到暂时性抑制。当浓度达到 6％～8％时，大肠杆菌、沙门氏菌、肉毒杆菌停止生长。当浓度超过 10％时，大多数杆菌不再生长。球菌在盐液浓度达到 15％时被抑制，其中葡萄球菌则要在浓度达到 20％时才能被杀死。酵母在 10％的盐液中仍能生长，霉菌必须在盐液浓度达到 20％～25％时才能被抑制。所以腌制食品易受到酵母和霉菌的污染而变质。

腌制食品时，微生物虽不能在浓度较高的盐溶液中生长，但如果只是经过短时间的盐液处理，那么当微生物再次遇到适宜环境时，仍能恢复正常的生理活动。

（三）食品的腌制方法

食品腌制时常用的腌制剂是食盐。腌肉时则还加糖、硝酸盐或亚硝酸盐、磷酸盐及抗坏血酸盐等，以改善肉类色泽、持水性及风味。其中亚硝酸盐不但可改善肉的色泽，还可抑制肉毒杆菌，但由于其致癌作用，因此要严格控制其用量。腌制的方法有多种，按用盐的方式不同分为干腌、湿腌、混合腌及动脉或肌肉注射腌制等，其中干腌和湿腌为基本方法。

1. 干腌法

干腌法又称撒盐腌制法，是利用干盐或混合盐，先在食品表面擦透，使之有汁液外渗现象（腌鱼时不需擦透），然后层堆在腌制架上或层装在腌制容器内，各层间还均匀撒上食盐，用外力或不加外力下依次压实，依靠外渗汁液形成盐液进行腌制的方法。由于开始腌制时仅加食盐不加盐水，因此称干腌法。我国传统的金华火腿、咸肉、风干肉等多采用这种方法腌制。

干腌法的腌制设备一般采用水泥地、陶瓷罐或坛等容器及腌制架。腌制时，采取分次加盐法，并对腌制原料进行定期翻倒（倒池、倒缸），以保证食品腌制均匀和促进产品风味品质的形成。翻倒的方式因腌制品种种类不同而异，例如，腌肉采取上下层依次翻倒；腌菜则采用机械抓斗倒池，工作效率高，节省大量劳动力和费用。我国的名特产品云南火腿则是采用腌架层堆方法进行干腌的，并须翻倒 7 次、覆盐 4 次以上才能达到腌制要求。

干腌法的用盐量因食品和季节而异。腌肉一般食盐用量为 0.17～0.20kg/kg 肉，冬季用量为 0.14～0.15kg/kg 肉，夏季还需加硝酸钠。以亚硝酸钠计其含量不得超过 30mg/kg。生产西式火腿、肠制品及午餐肉时，常采用混合盐，并要求在冷藏条件下进行，以防止微生物的污染。混合盐由数种辅料组成，其配方一般为每 1kg 原料包括食盐 0.06kg、食糖 0.025kg、硝酸盐 1.56g、亚硝酸盐 0.16g。

干腌蔬菜时，一般冬季用盐量为 7%～10%，夏季 14%～15%，需乳酸发酵的，用盐量减至 2.0%～3.5%。为了利于乳酸菌繁殖，需将蔬菜原料以干盐揉搓，然后装坛、捣实和封坛，防止好气性微生物繁殖造成的产品劣变。这种干腌法（如冬菜）一般不需倒菜，除非腌制 2～3d 后无卤水时才必须翻倒。

干腌法的优点是设备简单、操作方便、用盐量少、易于脱除原料中的水分，腌制品含水量低、利于贮藏、营养成分流失少（腌肉时蛋白质流失量为 0.3%～0.5%），同时食盐溶解而吸热可降低腌制过程中制品的温度，这对于防止变质具有重要的意义，特别是气候炎热的季节更为重要。缺点是盐水不能很快形成，加之食盐撒布难以均匀，吸热不均匀，使腌制效果不一致，且制品失重大、味太咸、色泽较差（加硝酸盐可改善），盐卤不能完全浸没原料，使得肉、禽、鱼暴露在空气中的部分引起“油烧”现象，蔬菜则会出现生醭和发酵等劣变，使制品的质量降低。

2. 湿腌法

湿腌法又称盐水腌制法，是将原料浸没在盛有一定浓度食盐溶液的容器中，利用溶液的扩散和渗透作用使腌制剂均匀地渗入到原料组织内部，直至原料组织内外溶液浓度达到动态平衡的腌制方法。分割肉、鱼类和蔬菜均可采用湿腌法进行腌制。此外，果品中的甘蓝、栗子、梅子等加工凉果所采用的胚料也是采用湿腌法来保藏的。

湿腌法的腌制操作因食品原料而异。肉类多采用混合盐液腌制，盐液中食盐含量与砂糖量的比值（盐糖比）对腌制品的风味影响很大。盐腌液按人们的嗜好不同可分为甜和咸味两类，甜味式的盐糖比为 2.8～7.5，咸味式的盐糖比为 25～42。相应的盐水浓度则分别为

12.9%～15.6%和17.2%～19.6%。

湿腌法腌肉一般在冷库(2～3℃)中进行。腌制时肉要先将血水洗去，再堆积在腌渍池中，注入约肉重量1/2的盐腌液，盐液温度2～3℃，在最上层放置格行木框，再压重石，防止肉上浮。一般每1kg肉块腌制4～5d即可。大块肉在腌制中要翻倒，以保证腌肉质量。

鱼腌制时一般用饱和食盐水。因为鱼体内水的渗出使食盐水浓度下降，所以需经常翻动并补充食盐以加快盐液渗入鱼肉的速度。水产品的湿腌方法按腌制时的用料可分为：食盐腌制法，盐醋腌制法，盐糖腌制法，盐糟腌制法，盐酒腌制法，酱油腌制法，多重复合腌制法。

果蔬湿腌时，盐液浓度一般在5%～15%，以10%～15%为宜。果蔬湿腌的方法有多种。

①浮腌法。即将果蔬和盐水按比例放入，腌制成深褐色产品，菜卤越老品质越佳。

②泡腌法。即利用盐水循环浇淋腌池中的果蔬，能将果蔬快速腌成。

③低盐发酵法。即以低于10%的食盐水腌制果蔬，该方法乳酸生成明显，腌制品咸酸可口，除直接食用外还可作为果蔬保藏的一种手段。

湿腌法的优点是食品原料完全浸没在浓度一致的盐溶液中，既能保证原料组织中的盐分分布均匀，又能避免原料接触空气而出现油烧现象。其缺点是制品色泽和风味不及干腌法，用盐多、营养成分流失较多(腌肉时蛋白质流失量为0.8%～1.0%)，制品含水量高，不利于贮藏。

3. 混合腌制法

混合腌制法是采用干腌法和湿腌法相结合的一种腌制方法，常用于鱼类(特别适用于多脂鱼)。例如，先经湿腌后，再进行干腌；或者加压干腌后，再进行湿腌；或者以磷酸调节鱼肉的pH至3.5～4.0，再湿腌；或者采用减压湿腌及盐腌液注射法等。海蜇的加工(盐矾腌制法)即属于此法。此法如果用于肉类，可先干腌，然后放入容器内堆放3d，再加15～18°Be′的盐水(硝酸钠用量1%)湿腌半个月。

混合腌制的优点对肉制品来说，色泽好、营养成分流失少(蛋白质流失0.6%)、咸度适中，并且因为干盐及时溶解于外渗水内，可避免因湿腌时食品水分外渗而降低盐水的浓度，对果蔬制品来说，咸酸甜味俱有，制品风味独特，同时腌制时不像干腌那样会使食品表面发生脱水现象。该法的缺点是生产工艺复杂、生产周期长。

无论采用哪种腌制法，为使制品盐分均匀，都应在一定时间间隔内将制品上下翻转一次，将上层的移到下层，下层的移到上层。

4. 动脉或肌肉注射腌制法

注射腌制法是仅在肉制品加工中使用的一种方法。为了加速腌制时的扩散过程，缩短腌制时间，最先出现了动脉注射腌制法，其后又发展了注射腌制法。注射法目前在生产西式火腿、腌制分割肉时使用较广。

(1)动脉注射腌制法

动脉注射腌制法是用泵及注射器将腌制液经动脉系统送入分割肉及腿肉的腌制方法。因为胴体分割时没有考虑原来动脉系统的完整性，所以此法仅适用于前后腿肉。

动脉注射腌制法在腌制肉时先将注射用的单一针头插入前后腿的动脉切口内，然后将盐水或腌制液用注射泵压入腿内各部位上。由于实际上腌制液是同时通过动脉和静脉向各处分布的，因此它的确切名称应为“脉管注射”。

一般用16.5～20°Bé的盐液进行注射，盐液中按照配方要求还会加入一定量糖和亚硝酸钠。动脉注射法的优点是腌制速度快、产品得率高。缺点是只能用于腌制前后腿，胴体分割时要注意保证动脉的完整性，并且腌制品易腐败变质，需冷藏。

(2)肌肉注射腌制法

肌肉注射腌制法是将腌制液直接注射到肌肉中的腌制方法，可采取单针头和多针头两种方式，其中多针头应用较广，主要用于生产西式火腿和分割肉。

肌肉注射法与动脉注射法基本相似，主要区别在于，肌肉注射法不需要经过动脉而是直接将腌制液或盐水通过注射针头注入肌肉中。

注射的腌制液一般会过多地聚集在注射部位的四周，因此，还需要较长时间的腌制。为了使腌制液快速均匀地分散到肉块的每一部分，开发出了一种加快肉类腌制的专用设备(滚揉机)。将注射腌制液后的原料肉，放入滚揉机内连续或间歇地滚揉，滚揉机转速4～8r/min，罐内温度保持5℃～8℃，滚揉时间5～24h。肉块在滚揉机中被带到一定高度然后下跌，产生了机械摔打作用，促使肉中被注入的盐水沿着肌纤维迅速向细胞内渗透和扩散，同时使肌纤维内盐溶性蛋白质溶出，从而增加了肉块的黏着性和保水性，不仅使产品在蒸煮时减少损失，出品率高，而且产品的切片性好。另外通过机械的滚揉作用使肌肉组织松软，结缔组织的韧性降低，肉松软膨胀，从而提高了制品的嫩度。

滚揉机转动采用间歇式效果较好，一般在滚揉过程中要适当“休息”，这样不仅可以提高出品率，增加保水性，而且有利于肌肉纤维膨胀，又能使细胞膜易于破裂。滚揉过程中，还要注意罐内温度，如果温度过高，将导致细菌繁殖，造成肉的腐败变质。

滚揉机的结构虽并不复杂，但有多种形式。按肉块在滚揉过程中运动方式可分按摩机和翻滚机；按肉块所处的气压状态，可分常压滚揉和真空滚揉；按其结构可分立式滚揉机、卧式滚揉机和肉车分离型滚揉机三种类型。目前在国内使用较多的、效果较好的是卧式真空滚揉机。

5. 高温腌制法

为了加快腌制剂的渗透扩散速度，缩短整个腌制时间，还可采用高温腌制法。高温腌制法是将原料肉浸泡在50℃的腌制液中进行腌制，既可缩短腌制时间，又可促进肉的成熟和鲜化，使产品嫩且风味好，但该方法操作时要注意防止微生物污染造成肉料的变质。

三、食品的糖渍处理

(一)糖在腌渍中的作用

1. 产生高渗透压

蔗糖在水中的溶解度很大，25℃时饱和溶液的浓度可达67.5%，该溶液的渗透压很高(表10-2)，足以使微生物脱水，严重地抑制微生物的生长繁殖，这是蔗糖溶液能够防腐的主要原因。

表 10-2　20℃时蔗糖溶液的渗透压

蔗糖溶液的浓度		渗透压/MPa	
摩尔浓度/mol/L	质量浓度/g/L	理论计算值	实验测定值
0.1	34.2	0.245	0.249
0.5	171.0	1.235	1.235
0.8	273.6	1.969	1.982
1.0	342.0	2.483	2.496
2.2	752.4	5.029	13.64
2.5	855.0	6.129	—

2. 降低水分活度

蔗糖作为砂糖中主要成分(含量在99%以上),是一种亲水性化合物。蔗糖分子中含有许多羟基和氧桥,它们都可以和水分子形成氢键,从而降低溶液中自由水的量,水分活度也因此降低。例如浓度为67.5%的饱和蔗糖溶液,水分活度可降到0.85以下,因此微生物的正常生理活动受到抑制。

3. 降低溶液中氧气浓度

与盐溶液类似,氧气同样难溶于糖溶液中,故高浓度的糖溶液有利于防止氧的作用。这不仅可防止维生素C的氧化,还可抑制有害的好气性微生物的活动,对腌制品的防腐有一定的辅助作用。

(二)微生物对糖溶液的耐受力

糖的浓度决定其促进或抑制微生物生长的作用,糖的浓度越高,抑制作用越强。浓度为1%～10%的蔗糖溶液会促进某些微生物的生长,浓度达到50%时则阻止大多数细菌的生长,而要抑制酵母和霉菌的生长,则其浓度需达到65%～85%。一般为了达到保藏食品的目的,糖液的浓度至少要达到65%～75%,以72%～75%为最适宜。

(三)食品的糖渍方法

食品的糖渍是用配制出的糖溶液对食品原料进行处理,以达到贮藏、改善风味、增加新品种的目的。用于糖渍的果蔬原料应具备适宜的成熟度,为了便于糖渍和造型,通常需将原料进行漂洗、去皮、整形、热烫、硬化等处理。食品糖渍法按照产品的形态不同可分为两类。

1. 保持原料组织形态的糖渍法

采用这种方法糖渍的食品原料虽然经过洗涤、去皮、去核、去芯、切分、烫漂、浸硫或熏硫盐腌和保脆等预处理,但在加工中仍在一定程度上保持着原料的组织结构和形态。用这种方法生产的产品主要包括果脯和蜜饯两种,它们的主要生产工艺均相同,主要区别在于糖渍方法与工艺条件。果脯类采取糖煮,而蜜饯采取蜜制。

(1)蜜制

蜜制是将果品原料先以30%左右的糖液浸泡8～10h,然后逐渐提高糖液浓度10%,分

3～4 次浸泡，直到糖液浓度达 60%～65%为止。整个糖渍过程不需对果坯加热，适用于肉质柔软而不耐加热的果品，如我国南方地区的糖渍青梅、杨梅、枇杷、樱桃等均采用此操作进行腌制。为缩短蜜制时间，可对糖液进行加热处理。蜜制由于不加热，能较好地保持果品原有的色、香、味及完整的果形，产品中的维生素 C 损失较少。其缺点是时间长，产品含水量较高，不利于保藏。

(2)糖煮

糖煮是将原料用热糖液煮制和浸泡的操作方法，适用于肉质致密的果品。其优点是生产周期短、应用范围广。缺点是热处理使果品色、香、味损失较大，特别是维生素 C 损失较多。糖煮分常压糖煮和减压糖煮，常压糖煮又分为一次煮制、多次煮制和快速煮制三种，减压煮制分减压煮制和扩散法煮制两种。

一次煮制法是将预处理后的原料放入锅内，加糖液一次煮成。该方法适用于我国南方地区的蜜桃片、蜜李片以及我国北方地区的蜜枣、苹果脯等产品。操作时先配好 40%的糖液入锅，倒入处理好的果实。加热使糖液沸腾，果实内的水分外渗，糖进入果肉组织，糖液浓度渐稀，然后分次加糖使糖浓度逐渐增高至 65%以上停火。分次加糖的目的是保持果实内外糖液浓度差异不致过大，以使糖逐渐均匀地渗透到果肉中去，这样煮成的果脯才显得透明饱满。一次煮制的优点是加工迅速、生产效率高。缺点是加热时间长、原料易煮烂，产品的色、香、味及维生素 C 损失较多，如果原料中的糖液渗透不均匀还会造成产品收缩。

多次煮制法是煮制和浸渍交替进行逐步提高糖浓度的糖煮方法。一般加热糖煮的时间短，浸渍的时间长。该方法适用于果肉柔软细嫩易煮烂和含水分高的果品，如桃脯、杏脯、梨脯等。有的产品须经 3 次糖煮和 2 次浸泡，糖液浓度由 30%～40%逐渐增至 65%～70%而制成。多次煮制法的优点是糖液渗透均匀、产品质量好，缺点是生产周期长。

快速煮制法是在糖液中交替进行加热糖煮和冷却浸渍，使果蔬内部水气压迅速消除，糖分快速渗入而达到平衡的煮制方法。此方法先将原料在 30%的热糖液中煮 4～8min，取出立即浸入等浓度的 15℃冷糖液中冷却。如此交替进行 4～5 次，每次提高糖浓度 10%，最后完成煮制过程。此法可连续进行，煮制时间短，产品质量高，但糖液需求量大。

减压煮制法又称真空煮制法。原料在真空和较低温度下煮沸，因组织中不存在大量空气，糖分能迅速渗入果蔬组织内部而达到平衡。这种方法温度低、时间短，制品色、香、味、形都比常压煮制好。

扩散煮制法是在真空煮制的基础上进行的一种连续化糖渍方法，机械化程度高，糖渍效果好。煮制时先将原料密闭在真空扩散器内，排除原料组织中的空气，然后加入 95℃热糖液，待糖分扩散渗透后，将糖液顺序转入另一扩散器内，再在原来的扩散器内加入较高浓度的热糖液，如此连续进行 3～4 次，制品即达到要求的浓度。

(3)凉果类糖渍法

凉果又称为香料果干或香果，它是以梅、橄榄、李等果品为原料，先用盐腌制果胚贮藏，再将果胚脱盐，添加多种辅料，如甘草、精盐、食用有机酸及天然香料(如丁香、肉桂、豆蔻、茴香、陈皮、檀香、蜜桂花和蜜玫瑰花)等，采用拌砂糖或糖液蜜制而成的半干态产品。主要产地在我国广东、广西和福建等地。凉果类的产品种类繁多，具有甜、咸、酸、香兼有的特殊风味，代表性产品有话梅、橄榄等。

2. 破碎原料组织形态的糖制法

这种方法是破碎食品原料组织形态，再利用果胶质的凝胶性质，加糖熬煮浓缩，使之形成黏稠状或胶冻状的高糖高酸食品。采用这种糖制方法的产品主要有果酱、果泥、果冻等，统称为果酱类食品。

果酱是果肉加糖煮制成的产品，可溶性固形物含量为65%～70%，其中糖分占85%左右。果冻是将果汁加糖浓缩至可溶性固形物含量为65%～70%，再经冷却凝结成的胶冻产品。果泥是采用打碎的果肉，经筛滤取其浆液，再加糖、果汁或香料，熬煮成的可溶性固形物含量为65%～68%的半固态产品。

加糖煮制浓缩是果酱类产品加工的关键工序，其目的在于通过加热，排除果肉中大部分水分，使砂糖、酸、果胶等配料与果肉煮至渗透均匀，提高浓度，改善酱体的组织形态及风味。

要求果品原料含有1%以上的果酸，糖煮时还要根据产品种类，掌握原料与砂糖用量比例，通常果酱的原料与砂糖的比例为1∶1，果泥为1∶0.5，果冻中果汁与砂糖的比例则要以果汁中果胶含量及其凝胶能力而定，一般为1∶(0.8～1)。另外，果酱类制品加热浓缩时要求达到产品的可溶性固形物含量规定，浓缩时间可用折光仪实测可溶性固形物含量或采用测定终点浓度法来确定。

由于越来越多的研究表明高糖食品对人类的健康有一定的危害，因此蜜饯食品正面临着如何降低成品糖量的问题。

第三节　食品的烟熏

食品的烟熏处理技术有着悠久的历史，常用于鱼类、肉制品的加工中。随着冷藏技术的发展，防腐已不再成为烟熏技术的主要目的，它使产品具有轻淡的烟熏味而变得风味独特，为消费者提供了更多的选择。

一、烟熏的作用

(一)赋予制品独特的烟熏风味

香气和滋味是评定烟熏制品的重要指标。肉类食品烟熏时由于加热和烧烤而散发出美好的香气，这是由多种化合物混合组成的复合香味，其中主要有醛、酮、内酯、呋喃、吡嗪及含硫化合物等风味物质。其中酚类化合物是使制品形成烟熏味的主要成分，特别是其中的愈创木酚和4-甲基愈创木酚是最重要的风味物质。烟熏制品的熏香味是多种化合物综合形成的，这些物质不仅自身显示出烟熏味，还能与肉的成分反应生成新的呈味物质，共同构成肉的烟熏风味。

(二)防腐作用

食品在烟熏时由于和加热相辅并进，当温度达到40℃以上时就能杀死细菌，降低微生物的数量。

由于烟熏及热处理，食品表面的蛋白质与熏烟成分作用，凝固形成一层蛋白质变性膜，这层膜既可防止内部水分及风味物质的逸散，又可防止微生物入侵。此外，在烟熏过程中，食品表层往往产生脱水及水溶性成分的转移，使表面层食盐浓度大大升高，再加上熏烟中的有机酸、醛和酚类物质杀菌作用较强，可有效地杀死或抑制微生物生长。

烟熏的杀菌作用较为明显的是在表层，大肠杆菌、变形杆菌、葡萄球菌对烟最敏感，3h 即死亡。只有霉菌和细菌芽孢对烟的作用较稳定。烟熏本身产生的杀菌防腐作用是很有限的，而通过烟熏前的腌制、烟熏中和烟熏后的脱水干制才能赋予烟熏制品良好的贮藏性能。

（三）发色作用

熏烟成分中的羰基化合物，可以和肉蛋白质或其他含氮物中的游离氨基酸发生美拉德反应，使其外表形成独特的金黄色或棕褐色。制品的色泽与木材的种类、烟气的浓度、树脂的含量、熏制的温度及肉品表面的水分含量等因素有关。如以山毛榉为原料，肉呈金黄色；以赤杨、栎树为原料，肉呈深黄色或褐色。如果肠制品先用高温加热再进行烟熏，则表面色彩均匀而鲜明，更因脂肪外渗使制品带有光泽。

肉制品的烟熏是以腌制为基础的，肉在腌制时往往要加入发色剂硝酸盐和亚硝酸盐，其目的是产生一氧化氮，使之与肌红蛋白或高铁肌红蛋白发生反应，生成鲜红色的亚硝基肌红蛋白，亚硝基肌红蛋白很不稳定，必须经过加热或烟熏，并在盐的作用下，转变成一氧化氮肌血原，才能成为稳定的粉红色。

（四）抗氧化作用

烟熏的抗氧化作用主要在于烟气成分中的酚类化合物，其中以邻苯二酚和邻苯三酚及其衍生物作用尤为显著。烟熏的抗氧化作用可以较好地保护脂溶性维生素不被破坏。此外，腌制与脱水作用提高了制品表层的氨基酸与糖的浓度，在醛的作用下，发生羰氨反应，结果生成具有抗氧化作用的还原酮类。

二、熏烟的主要成分及其作用

木材的主要成分是纤维素、半纤维素、木质素，它们大约在 200℃下氧化，在 400℃下进行分解。其燃烧后烟气的主要成分是空气、水蒸气及一些有机化合物等组成的气溶胶。目前从木材烟雾中已经分离出了 300 多种化合物，当然，这并不意味着这些成分都能在某一种烟熏食品中检测出来。由于烟熏成分根据烟熏材料的种类以及燃烧情况等不同，所产生的烟的化学成分不尽相同，会给烟熏产品的味道带来不同影响，并随着烟熏的进行不断发生变化。一般认为烟熏中对制品风味形成和防腐有重要作用的成分有酚类物质、有机酸、羟基化合物、醇类物质和烃类。

（一）酚类物质

从木材熏烟中分离并鉴定出的酚类物质有 20 多种，如愈创木酚、4-甲基愈创木酚、4-乙基愈创木酚、邻位甲酚、间位甲酚、对位甲酚、4-丙基愈创木酚、香兰素、2,6-二甲氧基-4-甲基酚，2,6-二甲氧基-4-乙基酚及 2,6-二甲氧基-4-丙基酚等。在鱼肉类烟熏制品中，酚的主要作用：抗氧化作用，抑菌防腐作用，形成特有的烟熏味和色泽。

（二）有机酸

熏烟中还含有碳数小于 10 的简单有机酸，其中含 1～4 个碳的有机酸主要存在于蒸汽相内，含 5～10 个碳的有机酸则附着在固体载体微粒上。有机酸对制品的风味影响极小。当有机酸积聚在制品表面，以及酸度有所增加时，杀菌防腐作用增强。在烟熏加工时，有机酸最重要的作用是促使肉制品表面蛋白质凝固，形成良好的外皮。

（三）羰基化合物

羰基化合物有20多种，包括戊酮、戊醛、丁醛、丁酮等，一些短链的羰基化合物存在于气相内，有非常典型的烟熏风味和芳香味。羰基化合物与肉中的蛋白质、氨基酸发生美拉德反应，产生烟熏色泽。

（四）醇类物质

木材熏烟中醇的种类很多，有甲醇、乙醇及多碳醇等。在烟熏过程中，醇主要起到为其他有机物挥发创造条件的作用，即挥发性物质的载体，对风味的形成并不起任何作用，杀菌作用极弱。

（五）烃类

在烟熏过程中还会产生多苯环烃类物质，该类物质与防腐和风味无关，一般附着在熏烟的固相上，可以被清除掉。其中的二苯并[a,h]蒽和苯并[a]芘，已被证实是致癌物质。通过控制生烟温度、过滤、使用烟熏液等方法可以减少烃类物质的摄入。

三、熏烟的产生

（一）熏烟材料的选择与处理

用于烟熏的木材即熏材，种类很多，但一般使用来源于阔叶树的硬质木料，如山毛榉、青岗栎、小橡子、槲树、核桃树、白桦、白杨、榆树等都常用作熏材，而不采取针叶树木材如松、杉、柏等。因为前者树脂少，后者树脂多，含树脂多的木材发烟时容易产生大量的炭化颗粒，影响色泽，产生苦味。稻壳有时也用作熏材。熏材的形态有木片、木块、小木粒、刨花、木屑等，含水量以20%～30%为宜。新鲜的木材有机酸含量多使制品香味降低，通常用木屑供燃烧发热，木片和木块供发烟。一般来说，硬木、竹类风味较佳，软木、松叶类风味较次，胡桃木为优质烟熏肉的标准燃料。因来源问题，一般使用的是混合硬木。

（二）熏烟的产生

熏烟是植物性材料缓慢燃烧或不完全氧化时产生的水蒸气、气体、树脂和微粒固体的混合体。较低的燃烧温度和适当的空气供给是熏烟产生的必要条件。木料加热至内部水分接近零时，温度便迅速上升到300℃～400℃，在这样高的温度下，就会因热分解而产生熏烟。实际上大多数木材在200℃～260℃的温度范围内已有熏烟发生，温度达到260℃～310℃时，产生焦木液和一些焦油，温度再上升到310℃以上时，则木质素裂解产生酚和它的衍生物，而苯并芘和苯并蒽等致癌物质多在400℃～10000℃时产生。考虑到烟气中的有益成分如酚类、羰基化合物和有机酸等在600℃时形成最多，所以将熏烟产生温度一般控制在400℃～600℃，再结合过滤、冷水淋洗等处理方法排除致癌物，从而产生高质量的熏烟。

（三）熏烟的沉积

熏制过程中，熏烟中各种化合物如醇、醛、酮、酚、酸类等凝结沉积在制品表面和渗入表面的内层，从而使熏制品形成特有的色泽、香味和具有一定保藏性。影响熏烟沉积量和速度的因素有熏烟的密度、烟熏室内的空气流速和相对湿度以及烟熏时食品表面状态。

熏烟密度和它沉积速度间的关系非常明显,密度越大,熏烟吸收量越大。烟熏室内的空气流动也有利于吸收,空气流动越迅速,和食品表面接触的熏烟也越多,然而在高速流动的空气条件下难以形成高浓度的熏烟。相对湿度不仅对沉积速度而且对沉积的性质都有影响,相对湿度高有利于加速沉积,但不利于色泽的形成。食品表面的水分也会影响熏烟的吸收,潮湿有利于吸收,而干表面则延缓吸收。烟熏往往和熟制结合在一起,烟熏常降为次要任务,而熟制则成为主要目的。

四、烟熏的方法

(一)按制品的加工过程分类

烟熏方法很多,以制品的加工过程分为熟熏与生熏。烟熏前已经熟制的产品称为熟熏,如酱卤类、烧鸡等的熏制都是熟熏,熏制温度高,时间短。生熏是指熏制前只对原料进行整理、腌制等处理,没有经过热加工。这类产品有西式火腿、培根、灌肠等,一般熏制温度低、时间长。

(二)按熏烟的生成方法分类

根据熏烟的生成方法不同,分为直接火烟熏和间接发烟法。直接火烟熏不需要复杂的设备,在烟熏室直接燃烧木材进行熏制。烟熏的密度、温度、湿度均分布不均匀,熏制后的产品质量不高。间接发烟法是用发烟装置将燃烧好的一定温度和湿度的熏烟送入烟熏室与产品接触后进行熏制。这种方法可以通过调节熏材燃烧的温度和湿度以及接触氧气的量来控制烟气的成分,因此熏制的产品质量好。

(三)按熏制过程的温度分类

根据熏烟室的温度不同,可分为冷熏法、温熏法、热熏法等。

1. 冷熏法

冷熏法是熏室的温度控制在蛋白质不产生热凝固的温度区(15℃～22℃)以下,进行连续长时间(1～3 周)熏干的方法。冷熏所需时间长,水分损失量大,其成品的水分含量通常为40%左右,可贮藏 1 个月以上,但风味不及温熏法。冷熏法主要用于干制的香肠,如色拉米香肠、风干香肠等。

2. 温熏法

温熏法是制品周围熏烟和空气混合气体的温度在 30℃～50℃的烟熏方法。因为熏烟温度范围超过了脂肪的熔点,所以脂肪很容易游离出来,而且部分蛋白质开始凝固,因此制品质地会稍硬。由于温熏法的温度条件有利于微生物的生长,因此烟熏时间不能太长,一般在 1～2d,熏制后或食用前食品需要经过水煮。这种产品水分含量较高,风味好,但贮藏性差。温熏法常用于熏制脱骨火腿、培根等产品。

3. 热熏法

热熏法是制品周围熏烟和空气混合的温度在 50℃～80℃的烟熏方法,实际操作中一般控制在 60℃左右。在此温度范围内,蛋白质几乎全部凝固,以致制品的表面很快形成干膜,阻碍了制品内的水分外渗,使干燥过程增长。同时也阻碍了熏烟成分向制品内部渗透,故使制品水分含量高(50%～60%)。

由于热熏法温度较高，食品烟熏时间较短，一般为2～12h。制品在短时间内就能形成较好的熏烟色泽，但是熏制的温度必须缓慢上升，不能升温过快，否则会产生发色不均匀现象。培根、西式灌肠类产品常采用此法。

(四)液熏法

液熏法又称湿熏法或无烟熏法，是利用木材干馏生成的木醋液或用其他方法制成的与烟气成分相同的无毒液体，浸泡食品或喷涂食品表面，以代替传统的烟熏方法。

液熏法的优点是不需熏烟发生装置，节省场地和设备费用；由于烟熏剂成分比较稳定，便于实现熏制过程的机械化和连续化，可以大大缩短熏制时间；用于熏制食品的液态烟熏制剂已除去固相物质及其吸附的烃类，致癌危险性较低；工艺简单，操作方便，熏制时间短，劳动强度降低，不污染环境；通过后道加工使产品具有不同风味和控制烟熏成品的色泽，这在常规的气态烟熏方法中是无法实现的；能够在加工的不同步骤中、在各种配方中加烟熏调味料，使产品的使用范围大大增加。

液态烟熏剂(简称液熏剂)一般由硬木屑热解制成。将产生的烟雾引入吸收塔的水中，熏烟不断产生并反复循环被水吸收，直到达到理想的浓度。经过一段时间后，溶液中有关成分相互反应、聚合，焦油沉淀，过滤除去溶液中不溶性的烃类物质后，液态烟熏剂就基本制成了。这种液熏剂主要含有熏烟中的蒸气相成分，包括酚、有机酸、醇和羰基化合物。利用上述原始的烟熏剂，又可调节其中的酸浓度或者调节其中的成分，生产出各种不同的产品。如以植物油为原料萃取上述液态烟熏剂，可以提取出酚类，这种产品不具备形成颜色的性质，该产品已经被广泛应用于肉的加工。另外也可采用在表面活性剂溶液萃取液态烟熏剂，得到能水溶的烟熏香味料。比如在美国，培根肉就用这种产品作为添加剂。

液态烟熏剂以及衍生产物在使用时可以采用直接混合法和表面添加法两种。

(1)直接混合法

将熏液按配方直接与食品混合均匀即成。适用于肉(鱼)糜型、液体型、粉末型或尺寸较小的食品的熏制。对大尺寸的食品，可通过成排的针，将熏液或稀释液注入食品，再经按摩，使熏液分散均匀。

(2)表面添加法

将熏液或稀释液施于食品的表面而实现熏制目的。本法适用于尺寸较大的食品的熏制，基本原理类似于烟作用于食品的表面。熏液或稀释液的浓度、作用时间，食品表面的湿度和温度等，对最终熏制结果都有重要影响。例如，浓度高作用时间少；反之，浓度低作用时间要长。表面添加法又可分为浸渍法、喷淋法、涂抹法和雾化法等。

①浸渍法。将食品浸泡于熏液或稀释液中，经一定时间后取出，沥干或风干而成。浸渍液可重复使用。

②喷淋法。将熏液或稀释液喷淋于食品表面，经一定时间后停止喷淋，风干或烘干即成。

③涂抹法。将熏液或稀释液涂抹于食品表面，多次涂抹可获得更好的效果。

④雾化法。将熏液或稀释液用高压喷嘴喷成雾状，在熏房中完成熏制。

⑤汽化法。将熏液滴在高热的金属板上汽化成烟雾，熏制在熏房中完成。

目前世界上一些国家已配制成烟熏液的系列产品，用于腊肉、火腿、家禽肉制品、鱼类制品、干酪及点心类食品的熏制。不过由于采用液熏法的食品，其风味、色泽和保藏性能尚不及传统的烟熏法制品，因此仍有待于进一步探索和改进。如果采用液熏和蒸煮加热相结合的方法就可以获得较好的烟熏色泽及风味，保藏性能也有所提高。但总的来说液熏法是食品烟熏方法的发展趋势，液态烟熏剂的使用有着光明的前途。

（五）电熏法

电熏法是利用静电进行烟熏的一种方法。将导线装设于烟熏室中，施以 10～20kV 高电压，将食品以 2 个组成一对，通过高压电流，食品成为电极进行放电。这样烟的粒子就会急速吸附于制品表面并渗入到制品内部，烟的吸附速度大大加快，烟熏时间仅需以往的 1/20。电熏法有助于提高制品风味，延长贮藏期。但制品甲醛含量相对高一些，烟熏不均匀，产品尖端部分沉积物较多。

五、烟熏设备

烟熏设备分为简单烟熏炉、强制通风式烟熏房、连续式烟熏房、液态烟熏剂式烟熏炉等。

早期的烟熏炉是用砖砌的，有底面积数平方米，高 2～3m 的炉体。从炉高 1.5～2m 处将盐腌过的火腿、香肠吊下。燃料可用木块、木屑或两者都用。在需要冷熏时可把发烟装置和烟熏室分开，使熏烟经自然冷却后再进入烟熏室。这种设备属于自然空气循环式。

空气调节或强制通风式烟熏装置可以调节烟熏室的温度和相对湿度以及熏烟流速快，从而能更准确地控制烟熏过程，尤其是控制烟熏时的蒸煮温度和成品的干缩度。图 10-1 为空气调节式烟熏室示意图。

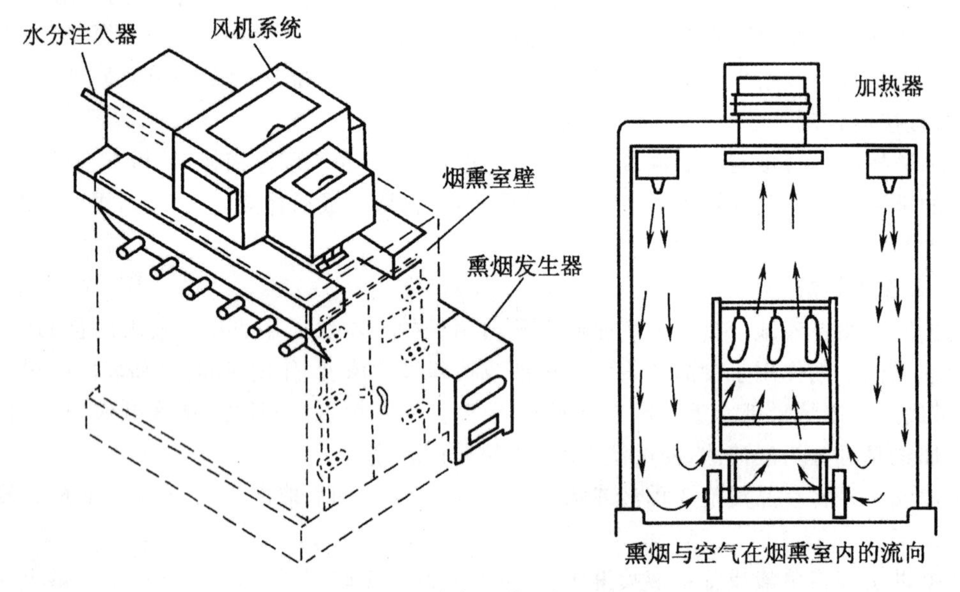

图 10-1　空气调节式烟熏室

现在已有专供生产火腿、香肠制品的连续自动烟熏装置。其优点在于占地面积小，加工迅速，节省劳动力，并且可以对加工时间、温度和相对湿度进行专门控制。这种自动烟熏设备采用烟雾发生器和烟熏室管道连接，一台烟雾发生器可把一个至几个烟熏室串连起来。送入烟熏室的熏烟可按要求对其温度、湿度及风量进行调整和程序组合，并按步骤自动控制烟熏时间，烟熏可以和蒸煮同时进行，成品连续出炉。

第十一章　食品的化学保藏技术

第一节　概述

食品化学保藏是食品保藏的重要组成部分，也是食品科学研究的一个重要领域。随着化学工业和食品科学的发展，天然提取和化学合成的食品保藏剂逐渐增多，食品化学保藏技术也获得新的发展，成为食品保藏不可缺少的技术。

一、食品化学保藏的定义

食品化学保藏就是在食品生产和贮运过程中使用化学物质（食品添加剂）来延长食品的贮藏期、保持食品原有品质的措施。与其他食品保藏方法，如干藏、低温保藏和罐藏相比，食品化学保藏具有简便、经济的特点。不过它只能是在有限时间内保持食品原来的品质状态，属于一种暂时性或辅助性的食品保藏方法。

二、食品化学保藏的分类

食品化学保藏剂种类繁多，它们的理化性质和保藏的机理也各不相同。有的化学保藏剂作为食品添加剂直接加入食品中构成食品的组成成分，有的则是以改变或控制环境因素（如氧）对食品起保藏作用。按照化学保藏剂保藏机理的不同，可将其分为防腐剂、杀菌剂、抗氧化剂和脱氧剂等，与之对应的就有食品防腐保藏、食品杀菌保藏、食品抗氧化保藏以及食品保鲜剂保藏等。

第二节　食品防腐保藏

食品防腐保藏是使用化学药剂抑制微生物生长繁殖的保藏方法，所使用的化学药剂称为食品防腐剂。从广义上讲，凡是能抑制微生物的生长、延缓食品腐败变质或食品内各成分新陈代谢活动的物质都可称为防腐剂，包括在食品加工中经常添加的食盐、食醋、蔗糖和其它调味料物质。

食品防腐剂的种类很多，它们的防腐机理各不相同，但一般认为食品防腐剂对微生物的抑制作用是通过影响细胞亚结构而实现的，这些亚结构包括细胞壁、细胞膜、与代谢有关的酶、蛋白质合成系统及遗传物质等。由于每个亚结构对菌体而言都是必需的，因此食品防腐剂只要作用于其中的一个亚结构就能达到杀菌或抑菌的目的。

食品防腐剂作为一类以保持食品原有性质和营养价值为目的的食品添加剂，其必须具备的条件是：①经过毒理学鉴定程序，证明在适用限量范围内对人体无害；②防腐效果好，在低浓度下仍有抑菌作用；③化学性质稳定，对食品的营养成分不应有破坏作用，也不会影响食品的质量及风味；④使用方便，经济实惠。食品防腐剂的种类很多，主要包括化学防腐剂和生物（天然)防腐剂两大类。

一、化学防腐剂

目前世界上用于食品保藏的化学防腐剂有30～40种。常用的化学合成防腐剂有苯甲酸及其钠盐、山梨酸及其钾盐、对羟基苯甲酸酯类和丙酸盐等,其抑菌效果主要取决于它们未解离的酸分子的数量,pH值对其影响较大。一般而言,酸性越大,防腐效果越好,而在碱性环境下几乎无效,表11-1列出了不同pH值对几种常见酸型防腐剂解离的影响。

表11-1　pH值对几种常见酸型防腐剂解离的影响

pH值	山梨酸未解离质量分数/%	苯甲酸未解离质量分数/%	丙酸未解离质量分数/%
3	98	94	99
4	86	60	88
5	37	1.3	42
6	6	1.5	6.7
7	0.6	0.15	0.7

(一)苯甲酸及其钠盐

苯甲酸和苯甲酸钠又称为安息香酸和安息香酸钠,是使用历史较为悠久的食品防腐剂。二者的分子式和结构式如下。

苯甲酸为白色鳞片状或针状结晶,无臭或微带安息香气味,味微甜,有收敛性。在常温下难溶于水,在空气(特别是热空气)中微挥发,有吸湿性,易溶于热水,也溶于乙醇、氯仿和非挥发性油。苯甲酸、苯甲酸钠的性状和防腐性能相差不大,但因苯甲酸钠在空气中稳定且易溶于水,因而在生产上使用更为广泛。

苯甲酸及其钠盐是广谱性抑菌剂,其抑菌机理是使微生物细胞的呼吸系统发生障碍,使三羧酸循环(TCA循环)中"乙酰辅酶A→乙酰乙酸及乙酰草酸→柠檬酸"之间的循环过程难以进行,并阻碍细胞膜的正常生理作用。苯甲酸的抑菌作用主要针对酵母菌和霉菌,细菌只能部分被抑制,对乳酸菌和梭状芽孢杆菌的抑制效果很弱。苯甲酸及其钠盐的防腐效果视pH值不同而异,一般pH<5时抑菌效果较好,pH2.5～4.0时抑菌效果最好。例如,当pH值由7降至3.5时,其防腐效力可提高约10倍。它们在碱性介质中则无杀菌、抑菌作用。

苯甲酸及其钠盐作为食用防腐剂比较安全,摄入人体内后经过肝脏作用,大部分能在9～15h内与体内甘氨酸反应生成马尿酸排出体外,剩余的部分可与体内葡萄糖酸反应生成葡萄糖苷酸而解毒,全部进入肾脏,经尿液排出。所以每日摄入少量的苯甲酸不会对人体产生危害。

苯甲酸类在我国可以用于面酱类、果酱类、酱菜类、罐头类和一些酒类等食品中，但国家明确规定苯甲酸类不能用于果冻类食品中。由于苯甲酸类防腐剂有一定的毒性，我国对其使用范围作了一定的限制。目前世界上许多国家已用山梨酸钾代替苯甲酸及其盐类在食品中的使用。

在使用苯甲酸及其钠盐时应注意以下问题：①因为苯甲酸加热至 100℃时能够升华，在酸性环境中容易随水蒸气蒸发，所以操作人员需要采取一些防护措施，如戴口罩、手套等；②苯甲酸及其钠盐在酸性条件下防腐性能良好，但对产酸菌的抑制作用比较弱，所以使用该防腐剂时应将食品的 pH 调节到 2.5～4.0，以充分发挥防腐剂的作用；③苯甲酸溶解度低，使用时需加入适量碳酸氢钠或碳酸钠，并以 50℃以上的热水溶解以促使其转化为苯甲酸钠，再加入食品；④严格控制使用量，保证食品的卫生安全性。联合国粮农组织和世界卫生组织规定苯甲酸或苯甲酸钠的摄入量为 0～5mg/(kg 体重・天)。我国对苯甲酸及其钠盐的用量规定和应用的食品种类范围见表 11-2。苯甲酸的 ADI 值为 0～5mg/kg。

表 11-2 苯甲酸与苯甲酸钠的使用标准

名称	适用范围	最大使用/$(g \cdot kg^{-1})$	备注
苯甲酸	酱油、醋、果汁、果酱、果子露、罐头、果肉饮料	1.0	浓缩果汁不得超过 2g/kg；苯甲酸钠和苯甲酸同时使用时，以苯甲酸计，不得超过最大使用量
苯甲酸钠	葡萄酒、果酒	0.8	
	碳酸饮料、配制酒	0.2	
	蜜饯凉果、腌制蔬菜	0.5	
	复合调味料	0.6	

(二)山梨酸及其钾盐

山梨酸和山梨酸钾的结构式如下。

山梨酸　　山梨酸钾

该防腐剂为无色针状结晶体粉末，无臭或略带刺激性气味，对光、热稳定，因为山梨酸是不饱和脂肪酸，久置空气中易氧化变色，防腐效果也有所降低。山梨酸难溶于水，微溶于乙醇等有机溶剂。使用时须先将其溶于乙醇或碳酸氢钾中；山梨酸钾则易溶于水，也易溶于乙醇等有机溶剂，在一定浓度的蔗糖和食盐溶液中，也有较高的溶解度，因此使用范围广，常用于饮料、果脯、罐头等食品中。

山梨酸及其钾盐的抗菌机理主要是山梨酸分子能与微生物细胞酶系统中的巯基(—SH)结合，从而达到抑制微生物生长和防止食品腐败的目的。山梨酸和山梨酸钾对细菌、酵母和霉菌均有抑制作用，但对厌气性微生物和嗜酸乳酸杆菌几乎无效。其防腐范围高于丙酸和苯甲酸，效果随 pH 值的下降而增加，pH 值为 5～6 以下使用较为适宜，在 pH 值为 3 时抑菌效果最好，见表 11-3。

表 11-3　山梨酸在不同 pH 下的解离度

pH 值	未解离的酸/%
7.0	0.6
6.0	6.0
5.8	7.0
5.0	37.0
4.4	70.0
4.0	86.0
3.7	93.0
3.0	98.0

山梨酸是不饱和的六碳酸，能参与体内的正常代谢活动，最终被氧化成二氧化碳和水，属于较安全的食品防腐剂。我国对山梨酸及其钾盐的用量和范围规定如表 11-4 所示。为提高防腐效果，山梨酸可与苯甲酸、丙酸、丙酸钙等防腐剂结合使用，但与其中任何一种制剂并用时，其使用量按山梨酸和另一防腐剂的总量计，应低于山梨酸的最大量。

表 11-4　山梨酸及其钾盐的使用标准

<table>
<tr><th>名称</th><th>使用范围</th><th>最大使用量/(g·kg⁻¹)</th><th>备注</th></tr>
<tr><td rowspan="5">山梨酸及其山梨酸钾盐</td><td>酱油、醋、果酱、调味糖浆低盐酱菜、面酱类、面包、糕点</td><td>1.0</td><td rowspan="5">浓缩果汁不超过 3g/kg，山梨酸和山梨酸钾同时使用时，以山梨酸计，不得超过最大使用量</td></tr>
<tr><td>蜜饯凉果、果冻、盐渍的蔬菜、饮料类、加工食用菌类和藻类、酱及酱制品、风味冰</td><td>0.5</td></tr>
<tr><td>熟肉制品、预制水产品、蛋制品（改变其物理性状）</td><td>0.075</td></tr>
<tr><td>葡萄酒、果酒</td><td>0.6</td></tr>
<tr><td>浓缩果蔬汁</td><td>2.0</td></tr>
</table>

根据山梨酸及其钾盐的理化性质，在食品中使用时应注意下列事项：①山梨酸容易随着加热的水蒸气挥发，所以在使用该防腐剂时，应该先将食品加热后冷却到一定温度，再按规定的用量添加，以减少其挥发损失；②山梨酸及其钾盐对人体皮肤和黏膜有一定的刺激性，这就要求操作人员注意采取防护措施；③对于微生物污染严重的食品其防腐效果不明显，因为微生物可利用山梨酸作为营养物质，不仅起不到防腐作用，反而会促进食品的腐败变质；④为防止氧

化，溶解山梨酸时不得使用铜、铁等容器，因为这些离子的溶出会催化山梨酸的氧化过程；⑤山梨酸不易长期与乙醇共存，因为乙醇与山梨酸作用形成2-乙氧基-3，5-己二烯，从而影响食品原有的风味。

（三）对羟基苯甲酸酯类

对羟基苯甲酸酯类又称尼泊金酯类，包括甲、乙、丙、异丙、丁、异丁等酯，它们的结构式如下。

$$HO-C_6H_4-COOR$$

对羟基苯甲酸酯

式中R分别为：

$-CH_2CH_3$ 乙基（乙酯）

$-CH_2CH_2CH_3$ 丙基（丙酯）

$-CH(CH_3)CH_3$ 异丙基（异丙酯）

$-CH_2CH_2CH_2CH_3$ 丁基（丁酯）

$-CH_2CH(CH_3)CH_3$ 异丁基（异丁乙酯）

对羟基苯甲酸酯类多呈白色晶体，稍有涩味，几乎无臭，无吸湿性，对光和热稳定，微溶于水，易溶于乙醇和丙二醇。其在pH4～8范围内均有较好防腐效果，其抑菌效果受pH值的影响较小，故可用来替代酸型防腐剂。其抑菌机理与苯甲酸相同，主要是抑制微生物细胞的呼吸酶系与电子传递酶系的活性，破坏微生物的细胞膜结构，从而起到防腐作用。

对羟基苯甲酸酯类属于广谱防腐剂，对霉菌、酵母有较强的抑制作用，对细菌尤其是革兰氏阴性杆菌和乳酸菌作用较弱。其结构式R上的碳链越长，其抑菌效果也越强。动物毒理学实验证明，对羟基苯甲酸酯类的毒性低于苯甲酸，但高于山梨酸，是较为安全的防腐剂。几种主要对羟基苯甲酸酯类防腐剂的抑菌能力见表11-5。

表11-5 对羟基苯甲酸酯类防腐剂的抑菌能力

单位：%

被检微生物	对羟基苯甲酸酯类		
	乙酯	丙酯	丁酯
黑曲霉	0.05	0.025	0.013
苹果青酶	0.025	0.013	0.006
黑根酶	0.05	0.013	0.006
啤酒酵母	0.05	0.013	0.006
耐渗透压酵母	0.05	0.013	0.006
异形汉逊氏酵母	0.05	0.025	0.013
毕氏皮膜酵母	0.05	0.025	0.013

续表

被检微生物	对羟基苯甲酸酯类		
	乙酯	丙酯	丁酯
乳酸链球菌	0.1	0.025	0.013
嗜酸乳杆菌	0.1	0.05	0.05
纹膜醋酸杆菌	0.05	0.025	0.013
枯草芽孢杆菌	0.05	0.013	0.006
凝结芽孢杆菌	0.1	0.025	0.013
巨大芽孢杆菌	0.05	0.013	0.006
金黄色葡萄球菌	0.05	0.025	0.013
假单胞菌属	0.1	0.1	0.1
普通变形杆菌	0.1	0.05	0.05
大肠杆菌	0.05	0.05	0.05
生芽孢梭状芽孢杆菌	0.1	0.1	0.025

该防腐剂可用于酱油、醋等食品的防腐，其最大用量以对羟基苯甲酸计，不超过0.25g/kg。其使用标准见表11-6。

表11-6　对羟基苯甲酸酯类及其钠盐防腐剂使用标准

食品名称	最大用量/(g/kg)
酱油	0.25
醋	0.1
碳酸饮料	0.2
酱及酱制品	0.25
焙烤食品馅料	0.5
经表面处理的新鲜蔬菜	0.012

酯型防腐剂最大的缺点是有特殊味道，水溶性差，酯基碳链长度与水溶性成反相关。在使用时，通常是将它们先溶于氢氧化钠、乙醇或乙酸中，再分散到食品中。

(四)丙酸盐

丙酸盐是脂肪酸盐类防腐剂，常用的有丙酸钙和丙酸钠，它们的分子式如下。

$$(CH_3CH_2COO)_2Ca \qquad CH_3CH_2COONa$$

丙酸钙　　　　　　丙酸钠

丙酸为无色液体，有与乙醇类似的刺激味，能与水、醇、醚等有机溶剂混溶。丙酸钠为白色颗粒或粉末，无臭或微带特殊臭味，易溶于水，溶于乙醇。丙酸钙溶于水，不溶于乙醇，其它与丙酸钠相似。

丙酸($CH_3—CH_2—COOH$)是一元羧酸，属酸性防腐剂，pH越小抑菌效果越好，一般pH＜5.5。丙酸盐的抑菌谱较窄，主要作用于霉菌，对细菌作用有限，对酵母无作用。所以丙酸盐常作为霉菌抑制剂使用，一般用于面包、糕点、豆制食品和生面湿制品的防腐。在同一剂量下丙酸钙抑制霉菌的效果比丙酸钠好，但会影响面包的膨松性，实际常用钠盐。另外，丙酸可认为是食品的正常成分，也是人体代谢的正常中间产物，故基本无毒。丙酸钙用于糕点、卷饼、乳酪和面包等食品，可补充食品中的钙质，日本规定最大用量为3.15g/kg以下。

我国食品添加剂使用卫生标准规定，丙酸钙可用于面包、醋、酱油、糕点，最大使用量为2.5g/kg；丙酸钠可用于糕点，最大使用量为2.5g/kg。

（五）脱氢醋酸及其钠盐

脱氢醋酸及其钠盐为白色、无味、无臭化合物。脱氢醋酸熔点109℃～112℃，沸点270℃，易溶于酒精，难溶于水(700：1)，但在碳酸氢钠水溶液中易溶(3：1)，遇光渐变黄色，有吸湿性，水溶液加入醋酸和醋酸铜则产生沉淀。脱氢醋酸钠由脱氢醋酸和氢氧化钠反应制成，易溶于水、甘油、丙二醇，微溶于乙醇，对光、热较稳定。脱氢醋酸钠用量按脱氢醋酸量计算，为其1.24倍。两者的结构式如下。

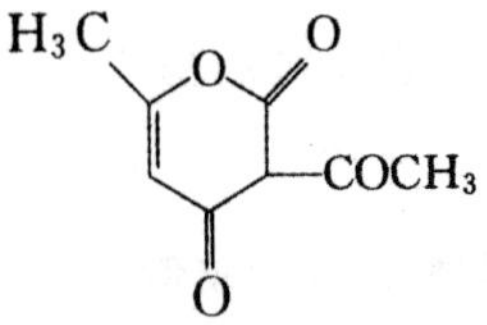

脱氢醋酸 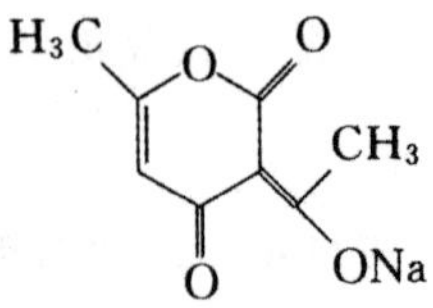　　　　脱氢醋酸钠

脱氢醋酸及其钠盐的防腐效果主要是由三羰基甲烷结构与金属离子发生螯合作用，从而损害微生物的酶系。两者均有较强的抗菌力，对霉菌、酵母的抗菌力尤强，0.1%的浓度可有效地抑制霉菌，而抑制细菌的浓度为0.4%。

脱氢醋酸及其钠盐是一种安全性高、抗菌范围广、抗菌能力强、对热较稳定的防腐剂。它们的抗菌作用受pH值的影响小，受热的影响也较小，120℃、20min不影响其抗菌效力。在酸性或微碱性的条件下，均能保持高效抗菌效力。其抗菌能力优于苯甲酸钠、山梨酸钾和丙酸钙等。

允许用量以脱氢醋酸计为0.3g/kg，如腐乳、酱菜、果脯可用0.03%；酱油0.01%；蛋糕、面包、豆沙馅0.075%；橘子汽水0.005%。由于脱氢醋酸水溶性较差，因此常用脱氢醋酸钠。

（六）双乙酸钠(SDA)

双乙酸钠相对分子质量为142，白色结晶，略有醋酸气味，极易溶于水(1g/ml)；10%的水溶液pH为4.5～5.0，150℃可分解。

$$C_4H_7O_4Na \cdot H_2O$$

双乙酸钠

双乙酸钠成本低，性质稳定，防霉防腐作用显著。可用于粮食、食品、饲料等防霉防腐，最大使用量为 1g/kg,还可作为酸味剂和品质改良剂。

(七)联苯

联苯又称联二苯,相对分子质量为 154.21,为无色或白色结晶或晶体粉末,有特殊臭味,熔点 69℃～71℃,沸点 254℃～255℃,相对密度 1.04,不溶于水,溶于乙醇和乙醚。结构式如下。

联苯

联苯对柠檬、葡萄、柑橘类果皮上的霉菌有很强的杀灭效果,尤其对指状青霉和意大利青霉的防治效果更强。一般不直接使用于果皮,而是利用其升华性(25℃下蒸气压为 1.3Pa),将该药浸透于纸中,再将浸有此药液的纸放置于贮藏和运输的包装容器中,让其慢慢挥发,待果皮吸附后,即可产生防腐效果。果实所允许的药剂残留量应在 0.07g/kg 以下。

(八)噻苯咪唑(TBZ)

噻苯咪唑相对分子质量为 201.25,为白色晶体粉末,无臭,无味,熔点 304℃～305℃,难溶于水(30mg/L),它在水中的 pH 为 2.2 时,溶解度为 3.84%,微溶于乙醇。结构式如下。

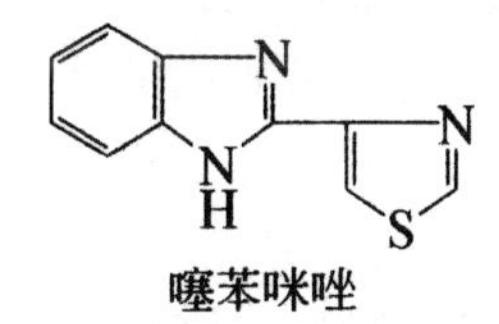

噻苯咪唑

噻苯咪唑是一种毒性小、稳定性高、效力持续时间长的防腐剂。它既对植物杀菌有效,也对动物驱虫有效。实际使用时,常制成胶悬剂或液剂浸果,也可制成果蜡和烟熏剂,用于柑橘、香蕉、蒜薹、青椒等食品的防腐。使用后允许残留量,柑橘类 0.01g/kg 以下,香蕉为 0.0038g/kg 以下,香蕉果肉为 0.0004g/kg 以下。

以上防腐剂在我国生产实际中已广泛用于各类食品的保藏,并取得较好的效果。此外,在肉制品中添加适量的硝酸盐或亚硝酸盐,不仅能保持食品的鲜红色,而且还起着抑制肉毒梭菌的繁殖,使肉制品免受微生物污染的作用。

二、生物(天然)防腐剂

生物防腐剂是指从植物、动物组织内或微生物代谢产物中提取出来的具有防腐作用的一类物质,又称为天然防腐剂。生物防腐剂具有抗菌性强、安全无毒、水溶性好、热稳定性好、作用范围广等优点,是食品防腐剂的主要发展方向。现已开发了多种生物防腐剂,如溶菌酶、蛋白质类、乳酸链球菌素和纳他霉素等。

(一)溶菌酶

溶菌酶又称为胞壁质酶或 N-乙酰胞壁质聚糖水解酶。属于碱性蛋白酶,为白色结晶,含 129 个氨基酸,相对分子质量为 14380,等电点为 10.5～11.0(鸡卵溶菌酶),最适 pH 值为 5～9。溶菌酶化学性质非常稳定,pH 在 1.2～11.3 的范围内剧烈变化时,其结构几乎不变。酸性条件下，溶菌酶遇热较稳定，pH4～7、100℃处理1min仍保持原酶活；但是在碱性条件下，溶菌酶对热稳定性差，用高温处理时酶的活性会降低，不过其溶菌酶的热变性是可逆的。

溶菌酶能溶解许多细菌的细胞膜，使细胞膜的糖蛋白发生分解，而导致细菌不能正常生长。溶菌酶对革兰氏阳性菌、好气性孢子形成菌、枯草杆菌、地衣型芽孢菌等均有良好的抗菌能力。

溶菌酶是无毒、无害、安全性很高的蛋白质，且具有一定的保健作用。目前已广泛地应用于肉制品、乳制品、方便食品、水产品、熟食及冰淇淋等食品的防腐。由于溶菌酶对多种微生物有很好地抑菌作用，它在食品保藏中的作用越来越引起人们的重视。

（二）蛋白质类

这类抑菌蛋白属碱性蛋白，主要包括精蛋白和组蛋白。精蛋白能溶于水和氨水，和强酸反应生成稳定的盐。精蛋白是高度碱性的蛋白质，分子中碱性氨基酸的比例可达氨基酸总量的70%～80%。精蛋白加热不凝结，相对分子质量小于组蛋白，属动物性蛋白质。例如存在于鱼精、鱼卵和胸腺等组织中的精蛋白。组蛋白能溶于水、稀酸和稀碱，不溶于稀的氨水，分子中含有大量的碱性氨基酸。组蛋白也是动物性蛋白质。例如从小牛胸腺和胰腺中可分离得到组蛋白。

该类蛋白质产品呈白色至淡黄色粉末，有特殊味道；耐热，在210℃下90min仍具有抑菌作用，适宜配合热处理，可达到延长食品保藏期的作用。在碱性条件下，最小抑菌浓度为70～400mg/L。在中性和碱性条件下，对耐热芽孢菌、乳酸菌、金黄色葡萄球菌和革兰氏阴性菌均有抑制作用，pH7～9时最强，并且对热（120℃，30min）稳定。与甘氨酸、醋酸、盐、酿造醋等合用，再配合碱性盐类，可使抑菌作用增强。对鱼糜类制品有增强弹性的效果，如与调味料合用，还有增鲜作用，但能与某些蛋白质、盐和酸性多糖等结合而呈不溶性，抑菌效率下降。

由于这类蛋白是完全的天然成分，具有很高的安全性，将它作为食品防腐剂具有明显的优越性。

（三）乳酸链球菌素

乳酸链球菌素是从乳酸链球菌发酵产物中提取的一种多肽物质，由34个氨基酸组成。肽链中含有5个硫醚键形成的分子内环。氨基末端为异亮氨酸，羧基末端为赖氨酸。活性分子常为二聚体、四聚体等，是一种世界公认的安全性很强的天然生物食品防腐剂。

商品乳酸链球菌素为白色粉末，略带咸味，其溶解度随着pH值的升高而下降。pH值为2.5时的溶解度为120g/L，pH值为5.0时则下降为40g/L，在中性和碱性条件下，几乎不溶解。在pH值小于2时，可经115.6℃杀菌不失活。当pH值超过4时，特别是在加热条件下，它在水溶液中分解加速。乳酸链球菌素抗菌效果最佳的pH值是6.5～6.8，然而在这个范围内，经过灭菌后丧失90%活力。在实际应用中，由于受到牛奶、肉汤等食品原料中的大分子物质的保护，其稳定性可大大提高。

乳酸链球菌素能有效抑制革兰氏阳性菌，如肉毒杆菌、金黄素葡萄球菌、溶血链球菌及李斯特杆菌的生长繁殖，尤其对产生孢子的革兰氏阳性菌和枯草芽孢杆菌及嗜热脂肪芽孢杆菌等有很强的抑制作用，但对革兰氏阴性菌、霉菌和酵母的影响则很弱。

我国国家标准规定，乳酸链球菌素可用于罐头、植物蛋白饮料以及乳、肉制品，最大使用量分别为：罐头、植物蛋白饮料 0.2g/kg，乳、肉制品 0.5g/kg。ADI 值为：33000IU/kg。

（四）纳他霉素

纳他霉素是由一种链霉菌经生物技术精炼而成的具有活性的环状四烯化合物。它呈白色或奶油黄色结晶性粉末，几乎无臭无味，熔点 280℃，几乎不溶于水、高级醇、醚和酯等物质，微溶于甲醇，溶于冰醋酸和二甲基亚砜。相对分子质量为 665.75，其分子式为 $C_{33}H_{47}NO_{13}$。

纳他霉素对所有的霉菌和酵母都具有较强的抑制作用，但对细菌和病毒等其它微生物则无效。它能有效地抑制酵母菌和霉菌的生长，阻止丝状真菌中黄曲霉毒素的形成。喷淋在霉菌容易增殖、暴露于空气中的食品表面时，有良好的抗霉效果。除此之外，由于纳他霉素的溶解度低，可用其对食品表面进行处理以增加食品的保质期，不影响食品的风味和口感。

我国《食品添加剂使用卫生标准》(GB 2760—2007)规定：干酪、糕点、酱卤肉制品类、西式火腿、肉肠类、发酵肉制品类、果蔬汁（浆）、蛋黄酱、沙拉酱、发酵酒表面用 0.3g/kg 悬液喷雾或浸泡，残留量应小于 10mg/kg。

（五）植物抽提物

植物中具有抗菌活性的物质大致可以分为 4 类：植物抗毒素类、酚类、有机酸类和精油类。

植物抗毒素是植物为了防御微生物的侵入和危害而产生的，因此，植物抗毒素的杀菌作用具有高度专一性。从刚被破碎和磨碎的植物中取得的植物抗毒素具有最强的杀菌作用。

植物中的酚类化合物分为 3 类：简单酚类和酚酸类、羟基肉桂酸衍生物类、类黄酮类。从香辛料中提取出来的一些酚类化合物，如辣椒素，已证明可以抑制细菌芽孢的萌发。天然植物中的酚类化合物是食品防腐的主要因子，有广谱抗菌能力。

水果和蔬菜中普遍存在柠檬酸、琥珀酸、苹果酸和酒石酸等有机酸。这些有机酸除了作为酸味剂、抗氧化剂和增效剂外，还具有抗菌能力。许多有机酸及其衍生物已作为食品防腐剂应用于实际生产中。

此外，还可从香辛料、中草药或是水果、蔬菜中分离出精油，其成分现已知道的有香辛料中的羟基化合物和萜类，葱、蒜、韭菜中的含硫化合物等。精油对细菌的影响是很有意义的。比如，从鼠尾草、迷迭香、枯茗、藏茴香、丁香和普通麝香草提取出的精油，对大肠杆菌、荧光极毛杆菌或黏质赛氏杆菌等的生长具有一定的抑制作用。

由于我国动植物和微生物自然资源丰富，开发天然提取物用于制备防腐剂，与欧美国家相比具有明显优势。并且随着大多数化学类防腐剂应用越来越受到限制，我国的天然动植物和微生物源防腐剂产品定会受到食品工业市场的青睐。但同时我们也看到，目前使用的天然防腐剂大部分都是粗制品，其有效成分含量常随季节和地理环境而改变，有些天然防腐剂到底是何种物质起作用还不甚清楚，更不用说分离出纯品进行毒理学评价，这还有待于食品科学工作者的进一步细分和研究。

第三节　食品杀菌保藏

食品杀菌保藏就是用杀菌剂对食品进行处理，达到杀死病菌、延长保藏期的目的。杀菌剂从广义上讲包括在上述防腐剂之中，但又不同于一般防腐剂以及抑菌剂。杀菌剂对微生物的作用主要表现为影响菌体的生长、孢子的萌发、各种子实体的形成、细胞膜的通透性、有丝分裂、呼吸作用、细胞膨胀、细胞原生质体的解体和细胞壁的受损等，实质上与微生物细胞相关的生理、生化反应和代谢活动均受到了干扰和破坏，导致微生物的生长繁殖被抑制，最终死亡。

一、氧化型杀菌剂

（一）氧化型杀菌剂的作用机理

过氧化物和氯制剂是在食品贮藏中常用的氧化型杀菌剂。这两种杀菌剂都具有很强的氧化能力，可以有效地杀灭食品中的微生物。过氧化物主要是通过氧化剂分解时释放强氧化能力的新生态氧使微生物氧化致死的，而氯制剂则是利用其有效氯成分的强氧化作用杀灭微生物。有效氯渗入微生物细胞后，破坏酶蛋白及核蛋白的巯基或者抑制对氧化作用敏感的酶类，使微生物死亡。

（二）氧化型杀菌剂的种类和特性

氧化型杀菌剂主要包括过氧化物和氯制剂两类。在食品贮藏中常用的有过氧醋酸、过氧化氢、氯、次氯酸钠、漂白粉、漂白精以及其它的氧化型杀菌剂。

1. 过氧醋酸

过氧醋酸又称为过氧乙酸，相对分子质量为76.05，过氧醋酸为无色液体，有强烈刺鼻气味，熔点－0.2℃，沸点110℃，易溶于水，性质极不稳定，尤其是低浓度溶液更易分解释放出氧，但在2℃～6℃的低温条件下分解速度缓慢。结构式为：

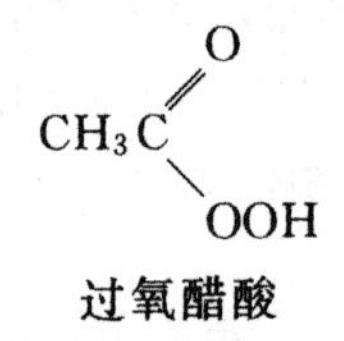

过氧醋酸

过氧醋酸是一种广谱、速效、无毒害的强力杀菌剂，对细菌及其芽孢、真菌和病毒均有较高的杀灭效果。特别是在低温下仍能灭菌，这对保护食品营养成分有积极的作用。一般使用0.2%浓度的过氧醋酸便能杀灭霉菌、酵母及细菌，用0.3%浓度的过氧醋酸溶液可以在3min内杀死蜡状芽孢杆菌。

过氧醋酸在我国多作为杀菌消毒剂，用于食品加工车间、工具及容器的消毒。例如，使用的浓度为0.2g/m^{3}的过氧醋酸喷雾消毒车间，0.2%浓度的溶液浸泡消毒工具和容器。

由于过氧醋酸的稀溶液分解很快，通常是使用时现配，也可暂存于冰箱内以减少分解。40%以上浓度的溶液易爆炸、燃烧，使用时要注意；还要注意不得与其它药品混合。

2. 过氧化氢

过氧化氢又称双氧水，分子式为H_2O_2，相对分子质量为34.01，为无色透明液体，无臭，微有刺激性味，熔点－0.89℃，沸点151.4℃。过氧化氢非常活泼，遇有机物会分解，光、热能促进其分解，并产生氧；接触皮肤能致皮肤水肿，高浓度溶液能引起化学烧伤。过氧化氢分解生成的氧具有很强的氧化作用和杀菌作用，在碱性条件下作用力较强。浓度为3%的过氧化氢只需几分钟就能杀死一般细菌，0.1%的浓度在60min内可杀死大肠杆菌、伤寒杆菌，1%的浓度需数小时能杀死细菌芽孢。有机物存在时会降低其杀菌作用。过氧化氢是低毒的杀菌消毒剂，还可适用于器皿和某些食品的消毒。

在食品生产中残留在食品中的过氧化氢，经加热很容易分解除去。另外，过氧化氢与淀粉能形成环氧化物，因此对其使用范围和用量都应加以限制。

3. 氯

氯又称液氯、分子氯，分子式 Cl_2，相对分子质量 70.91，常温常压下为黄绿色气体，相对密度约为 2.5，有特殊气味；沸点 －34.6℃，熔点 －100.98℃，0℃常压下的密度为 3.214g/L；在水中的溶解度为 0℃时 4.61g/L，20℃时 2.31g/L。氯在空气中不燃烧，但一般的可燃物大都可在氯气中燃烧，就像在氧气中燃烧一样。

氯和能释放次氯酸（HClO）的含氯化合物（又统称为氯剂）的杀菌机理基本相同，即其在水中能释放次氯酸并由次氯酸电离产生次氯酸根离子（ClO^-），次氯酸是一种很强的氧化剂，它通过扩散作用穿透微生物的细胞壁（膜），与细胞内的原生质反应，使微生物死亡。氯对细菌营养细胞、芽孢、真菌和病毒均有杀灭作用，但对芽孢的杀灭能力相对较弱。氯的杀菌效果受 pH 等因素影响，这是由于次氯酸的杀菌效率远比次氯酸根离子的高，而次氯酸电离产生次氯酸根离子的反应受 pH 的影响，在 pH＞7.5 时，产生的次氯酸根离子增多，使杀菌效果降低。

氯是使用最早的水处理剂，具有杀菌谱广、杀菌能力强、效率高、价格低廉和残余氯有持续杀菌的效果等特点。主要用于饮用水生产和水处理中对水的消毒，能消除水中的致病菌。如处理饮用水常用的剂量为 1～4mg/L，也可用于食品的杀菌，目前我国的自来水厂几乎仍全部采用液氯进行水的消毒。

4. 次氯酸钠

次氯酸钠又名次氯酸苏打、次亚氯酸钠、漂白水，分子式为 NaClO，相对分子质量 74.44。次氯酸钠溶液为浅黄色透明液体，具有与氯相似的刺激性臭味。

次氯酸钠具广谱杀菌特性，对细菌繁殖体、芽孢、病毒、藻类和原虫类均有杀灭作用。有机物的存在可消耗有效氯，降低杀菌效果。杀菌效果还受温度和 pH 影响，5℃～50℃范围内，温度每上升 10℃，杀菌效果可提高一倍以上，pH 越低，杀菌能力越强。

次氯酸钠常用作水处理杀菌剂，用于生活用水、饮料、泳池用水、冷却水和废水等的杀菌处理，其作为消毒剂还用于果蔬、餐具、医疗器械和设备的消毒。消毒用的次氯酸钠溶液中有效氯的浓度一般为 0.1％左右。

5. 漂白粉和漂白精

漂白粉是一种混合物杀菌剂，其组成包括次氯酸钙、氯化钙和氢氧化钙等。杀菌的有效成分为次氯酸钙等复合物分解产生的有效氯。

漂白精又称为高度漂白粉，化学组成与漂白粉基本相同，但纯度高，一般有效氯含量为 60％～70％，主要成分仍为次氯酸钙复合物。通常为白色至灰白色粉末或颗粒，性质较稳定，吸湿性弱。但是，遇水和潮湿空气或经阳光曝晒和升温至 150℃以上，会发生燃烧或爆炸。

漂白精在酸性条件下分解，其消毒作用同漂白粉，但消毒效果比漂白粉高一倍。一般餐具消毒，每千克水加一片漂白精片（或 0.3～0.4g 漂白精粉），即相当于有效氯 200mg/L 以上。使用前将其溶于水，取上部澄清液。由于漂白精不溶性残渣少，稳定性和有效氯含量高，有取代漂白粉的趋势。

(三)氧化型杀菌剂使用注意事项

①过氧化物和氯制剂都是以分解产生的新生态氧或游离氯进行杀菌消毒的。这两种气体对人体的皮肤、呼吸道黏膜和眼睛有强烈的刺激作用和氧化腐蚀性,要求操作人员加强劳动保护,佩戴口罩、手套和防护眼镜,以保障人体健康与安全。

②根据杀菌消毒的具体要求,配制适宜浓度,并保证杀菌剂足够的作用时间,以达到杀菌消毒的最佳效果。

③根据杀菌剂的理化性质,控制杀菌剂的贮存条件,防止因水分、湿度、高温和光线等因素使杀菌剂分解失效,并避免发生燃烧、爆炸事故。

二、还原型杀菌剂

(一)还原型杀菌剂的作用机理

在食品贮藏中,常用的还原型杀菌剂主要是亚硫酸及其盐类,它们包括在食品添加剂的漂白剂之中。其杀菌机理是利用亚硫酸的还原性消耗食品中的氧,使好气性微生物缺氧致死。同时,还能阻碍微生物生理活动中酶的活性,从而抑制微生物的生长繁殖。亚硫酸对细菌杀灭作用强,对酵母杀灭作用弱。

亚硫酸属于酸性杀菌剂,其杀菌作用除与药剂浓度、温度和微生物种类等有关以外,pH的影响尤为显著。因为此类杀菌剂的杀菌作用是由未电离的亚硫酸分子来实现的,如果发生电离则丧失杀菌作用。而亚硫酸的电离度与食品 pH 密切相关,只有食品的 pH 低于 3.5 时,亚硫酸分子才不发生电离。因此,在较强的酸性条件下,亚硫酸的杀菌效果最好。

虽然亚硫酸的杀菌作用随着浓度增大和温度升高而增强。但是,因为升温会加速食品质量变化和促使二氧化硫挥发损失,所以在生产实际中多在低温条件下使用还原性杀菌剂。此外,还原型杀菌剂还具有漂白和抗氧化作用,这能够引起某些食品褪色,同时也能阻止食品颜色的褐变。

(二)还原型杀菌剂的种类和特性

目前,在国内外食品贮藏中常用的亚硫酸及其盐类有二氧化硫、无水亚硫酸钠、结晶亚硫酸钠、保险粉和焦亚硫酸钠等。

1. 二氧化硫

二氧化硫又称为亚硫酸酐,分子式为 SO_2,在常温下是一种无色而具有强烈刺激臭味的气体,对人体有害。熔点−76.1℃,沸点−10℃。易溶于水与乙醇,0℃时的溶解度为 22.8%,在水中形成亚硫酸。

在生产实际中,多采用硫黄燃烧法产生二氧化硫,此操作称为熏硫。在果蔬制品加工中,熏硫时由于二氧化硫的还原作用,可起到对酶氧化系统的破坏,阻止氧化,使果实中单宁类物质不致氧化而变色。此外,它还可以改变细胞膜的透性,在脱水蔬菜的干制过程中,可明显促进干燥,提高干燥率。另外,二氧化硫在溶于水后形成亚硫酸,对微生物的生长具有强烈的抑制作用。

当空气中含二氧化硫浓度超过 $20mg/m^3$ 时,对眼睛和呼吸道黏膜有强烈刺激,如果含量过高则会使人窒息死亡。因此,在进行熏硫时要注意工人的防护和工作场所的通风。

2. 无水亚硫酸钠

无水亚硫酸钠的分子式为 Na_2SO_3。该杀菌剂为白色粉末或结晶，易溶于水，0℃时在水中的溶解度为 13.9%，微溶于乙醇，比含结晶水的亚硫酸钠性质稳定，在空气中能缓慢氧化成硫酸盐，而丧失杀菌效果。与酸反应产生二氧化硫，所以需要在酸性条件下使用。

3. 结晶亚硫酸钠

分子式为 $Na_2SO_3 \cdot 7H_2O$。该杀菌剂为无色至白色结晶，易溶于水，微溶于乙醇。在水中溶解度，0℃时为 32.8%，遇空气中氧则慢慢氧化成硫酸盐，丧失杀菌作用。在酸性条件下使用，产生二氧化硫。

4. 保险粉

保险粉为杀菌剂的商品名称，其学名为低亚硫酸钠或称连二亚硫酸钠，分子式为 $Na_2S_2O_4$。该杀菌剂为白色粉末状结晶，有二氧化硫浓臭，易溶于水，久置空气中则氧化分解，潮解后能析出硫黄。加热至 75℃～82℃以上发生分解，至 190℃能爆炸。相对密度约 1.3。该物质易溶于水，不溶于乙醇。应用于食品贮藏时，具有强烈的还原性和杀菌作用。

5. 焦亚硫酸钠

焦亚硫酸钠又称为偏重亚硫酸钠，分子式为 $Na_2S_2O_5$，相对分子质量为 190.10。该杀菌剂为白色结晶或粉末，有二氧化硫浓臭，易溶于水与甘油，微溶于乙醇，常温条件下在水中的溶解度为 30%。焦亚硫酸钠与亚硫酸氢钠呈现可逆反应，目前生产的焦亚硫酸钠为前两者的混合物，在空气中吸湿后能缓慢放出二氧化硫，具有强烈的杀菌作用，可在新鲜葡萄、脱水马铃薯、黄花菜和果脯蜜饯等的防霉保鲜中应用，效果良好。

我国《食品添加剂使用卫生标准》(GB 2760—2007)对焦亚硫酸钠的使用标准规定：葡萄酒、果酒、蔬菜罐头为 0.05g/kg；食糖类、饼干、为 0.1g/kg；蜜饯为 0.35g/kg。

(三)还原型杀菌剂使用注意事项

①亚硫酸及其盐类的水溶液在放置过程中容易分解逸散二氧化硫而失效，所以应现用现配制。

②在实际应用中，需根据不同食品的杀菌要求和各亚硫酸杀菌剂的有效二氧化硫含量确定杀菌剂用量及溶液浓度，并严格控制食品中的二氧化硫残留量标准，以保证食品的卫生安全性。

③亚硫酸分解或硫黄燃烧产生的二氧化硫是一种对人体有害的气体，具有强烈的刺激性和对金属设备的腐蚀作用，所以在使用时应做好操作人员和库房金属设备的防护管理工作，以确保人身和设备的安全。

④由于使用亚硫酸盐后残存的二氧化硫能引起人体严重的过敏反应，尤其对哮喘病患者，因此 FAD 于 1986 年禁止在新鲜果蔬中使用这类防腐剂。

三、醇类杀菌剂

醇类杀菌剂包括乙醇、乙二醇、丙二醇等。下面以乙醇为例来说明杀菌作用。

乙醇又叫酒精。纯的乙醇不是杀菌剂，只有稀释到一定浓度(60%～95%)后的乙醇溶液才有杀菌作用，其中，最有效的杀菌浓度为 70%～80%。

乙醇具有脱水能力，是蛋白质的变性剂，能使菌体蛋白质脱水而变性，从而达到杀灭微生物的目的。因此，使用纯的或高浓度的乙醇，则易使菌体表面凝固形成保护膜，使乙醇不易进入细胞里去，导致杀菌能力极小。含有乙醇成分30%以上的溶液，可以抑制一切微生物的繁殖。当食品中含酒精浓度达1%～2%时，便可对葡萄球菌、大肠杆菌、假单胞菌属等具有杀死作用。

四、其他

（一）三氯异氰尿酸

三氯异氰尿酸又名强氯精、氯化三聚异氰尿酸等，化学名为2,4,6-三氯-1,3,5-三氮杂苯，简称TCCA，分子式$C_3N_3O_3Cl_3$，相对分子质量232.47。三氯异氰尿酸为白色结晶物质，具有较强的氯臭味；熔点225℃～230℃，熔点以上分解；25℃时，水中溶解度为1.2g/100g；1%溶液的pH为2.5～3.7；能在水中水解生成次氯酸和氰尿酸，具有杀菌、氧化和漂白的作用。三氯异氰尿酸的贮存稳定性好，使用方便，遇酸碱会分解，与还原剂及部分有机物反应激烈，可发生爆炸。

三氯异氰尿酸是一种高效、低毒、广谱、快速的杀菌消毒剂，能有效快速地杀灭各种细菌、芽孢、真菌和病毒等，对杀灭甲肝、乙肝病毒具有特效，对性病毒和艾滋病毒也具有良好的消毒效果。其杀菌的效果约为氯气的100倍，有效氯含量在1mg/kg以上时即可显示出明显的杀菌效果。三氯异氰尿酸还具有灭藻、除臭、净水和漂白之功效，对人、畜无害，无二次污染。

（二）二氯异氰尿酸钠

二氯异氰尿酸钠又称优氯净，简称DCCA，分子式$C_3N_3O_3Cl_2Na$，相对分子质量219.96。二氯异氰尿酸钠为白色结晶粉末，有氯臭，有效氯含量62.5%～64.4%，熔点240℃～250℃，熔点以上分解；易溶于水，25℃时的溶解度为25g/100g；水溶液呈弱酸性，1%溶液的pH为5.5～7.0，其水溶液稳定性差，温度升高和紫外线照射都会加速有效氯的损失。

二氯异氰尿酸钠具广谱杀菌特性，对细菌营养细胞、芽孢、病毒和真菌均有杀灭作用，杀菌能力较大多数其它氯胺类强，与次氯酸盐类消毒剂相比，低浓度下其作用较慢，但在高浓度下因其溶液可保持弱酸性，所以杀菌效果有时甚至优于次氯酸盐类；其杀菌效果还受温度、有机物和pH等的影响。用于物品消毒的浓度一般在0.1%～0.5%。

（三）二氯磺氨基对苯甲酸

二氯磺氨基对苯甲酸又名哈拉宗、清水龙等，分子式$C_7H_5Cl_2NO_4S$，相对分子质量270.09，为白色结晶粉末，有氯臭，195℃熔化并伴有分解，有效氯含量48%～52.8%，微溶于水（1∶1000）、乙醚（1∶2000），可溶于乙醇（1∶140）。使用氯化钠、碳酸氢钠或硼酸能增加其溶解度。

其杀菌作用与次氯酸盐相似，没有次氯酸盐强，但作用持久，且较稳定。有机物能显著抑制其杀菌作用。用于饮水消毒时，一片（4mg）在30～60min内可消毒1000ml水。

（四）对甲苯磺代酰胺钠

对甲苯磺代酰胺钠又名氯亚明、氯胺等，化学名为N-氯-4-甲基苯磺酰钠。该杀菌剂为白色或微黄色结晶粉末，有轻微氯臭，有效氯含量24%～26%，熔点174℃，闪点192℃，相对密度1.43。60℃以下性质稳定，加热到130℃以上可剧烈分解。其在空气中会缓慢分解，渐渐失去氯而由白色变成黄色。可溶于水、乙醇，不溶于氯仿、乙醚或苯。25℃水中溶解度为12g/100g，其水溶液稳定性较差，70℃以上时会缓慢降解。溶液呈碱性，0.25%的水溶液pH7～9(典型为8.5)，可形成次氯酸。

对甲苯磺代酰胺钠具广谱抗菌特性，对细菌营养细胞、芽孢、病毒和真菌均有杀灭作用。其作用原理是溶液产生次氯酸并放出氯，可缓慢而持久地杀菌。受pH影响较大，pH7～10时，其杀菌能力与次氯酸盐大致相同。常用于水处理中水的消毒，食品、器械的消毒和水果蔬菜养殖业的消毒。饮用水消毒常用的剂量为0.0004%。

第四节　食品抗氧化保藏

食品的变质除了因微生物的生长繁殖外，食品的氧化也是一个重要的原因。比如油脂或含油脂的食品在贮藏、运输过程中由于氧化发生酸败，切开的苹果、土豆表面发生褐变等，这些变化不仅降低食品的营养价值，使食品的风味和颜色发生变化，而且还会产生有害物质危及人体健康。为防止这种现象的发生，在食品保藏中常添加抗氧化剂或脱氧剂以延缓或阻止食品的氧化。

一、食品抗氧化剂

抗氧化剂是指能够阻止或延缓食品氧化、提高食品稳定性和延长贮存期的一类物质。

食品抗氧化剂的种类繁多，抗氧化的作用机理各不相同，有的是借助还原反应，本身被氧化，降低食品内部或环境中氧的含量，从而达到保护食品品质的目的；有的可以放出氢离子将氧化过程中产生的过氧化物破坏分解，使油脂不能产生醛或酮酸等产物；还有些抗氧化剂是自由基吸收剂(游离基清除剂)，可能与氧化过程中的氧化中间产物结合，从而阻止氧化反应的进行(如BHA、PG等的抗氧化)等。

食品抗氧化剂按其来源分为合成和天然两类，按其溶解性又可分为脂溶性和水溶性两类。目前各国使用的抗氧化剂大多是合成的，使用较广泛的有丁基羟基茴香醚、二丁基羟基甲苯、没食子酸丙酯、叔丁基对苯二酚等。

(一)脂溶性抗氧化剂

脂溶性抗氧化剂易溶于油脂，主要用于防止食品油脂的氧化酸败及油烧现象，常用的种类有丁基羟基茴香醚、二丁基羟基甲苯、没食子酸及其酯类(丙酯、十二酯、辛酯、异戊酯)、叔丁基对苯二酚及生育酚混合浓缩物等。

1. 丁基羟基茴香醚

丁基羟基茴香醚又称叔丁基-4-羟基茴香醚、丁基大茴香醚(简称BHA)。BHA由3-BHA和2-BHA两种异构体混合组成，分子式$C_{11}H_{16}O_2$，相对分子质量180.25；沸点264℃～270℃，熔点48℃～65℃，为无色至微黄色的结晶或白色结晶性粉末。具有特异的酚类的臭气及刺激性味道，不溶于水，可溶于猪脂和植物油等油脂及丙二醇、丙酮和乙醇等溶剂；对热稳定，可作为焙烤食品的抗氧化剂使用，在弱碱性条件下不容易破坏。在直接光线长期照射下，色泽会变深。与其它抗氧化剂相比，它不像没食子酸丙酯那样会与金属离子作用而着色。BHA 易溶于丙二醇，易成为乳化状态，有使用方便的特点，缺点是成本较高。结构式如下。

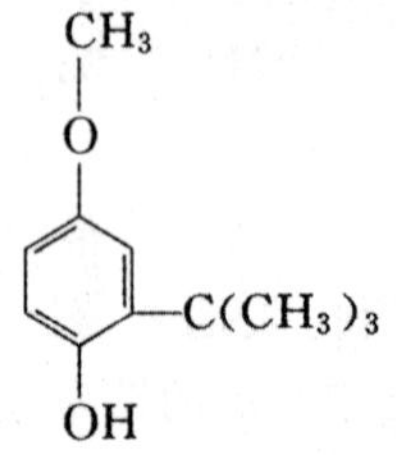

3-BHA 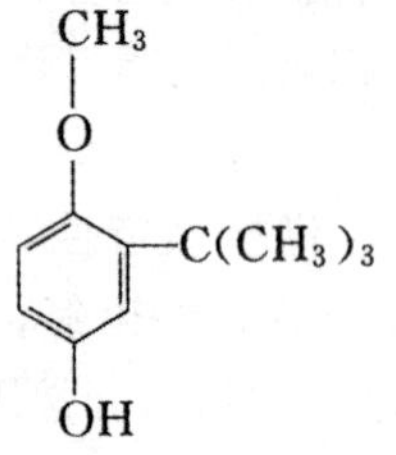　　2-BHA

BHA 的最重要的性质是它能够在焙烤和油炸后的食品中保持活性。pH 大于 7 时，BHA 是稳定的，这就是它在焙烤食品中的稳定性的原因。在低脂肪食品(如谷物食品)，特别是早餐谷物面包、豆浆和速煮饼中，广泛使用 BHA。BHA 和二丁基对甲苯酚、没食子酸丙酯的混合物可增强含胚小麦粉、棕色米、米糠和干制的早餐速煮饼的稳定性。在低脂肪食品中 BHA 的挥发性是一种有益的性质，在焙烤和油炸之前将少量的 BHA 或 BHT 加入到马铃薯泥或豆浆中，通过挥发可以使其分散，在加工过程中和贮藏期间可保护食品。将适当高浓度的抗氧化剂加入到包装材料中也可稳定这些食品。另一种施加抗氧化剂的途径是将抗氧化剂的乳浊液喷洒到食品包装上也可有效延缓食品的氧化腐败。

此外，BHA 还被广泛用于稳定香精油，例如橘油、柠檬油、酸橙油和香叶烯等；在油炸食品、干鱼制品、饼干、速煮面、速煮米、干制食品、罐头、腌腊制食品中也经常被使用，最大使用量为 0.2g/kg。

2. 二丁基羟基甲苯

二丁基羟基甲苯又称 2,6-二叔丁基对甲酚，简称 BHT，分子式 $C_{15}H_{24}O$，相对分子质量 220.36，为无色结晶或白色结晶性粉末，无臭、无味、不溶于水，熔点 69.5℃～71.5℃，沸点 265℃，相对密度为 1.084，可溶于乙醇或油脂中，对热稳定，与金属离子反应不着色，具单酚型油脂的升华性，加热时随水蒸气挥发。结构式如下。

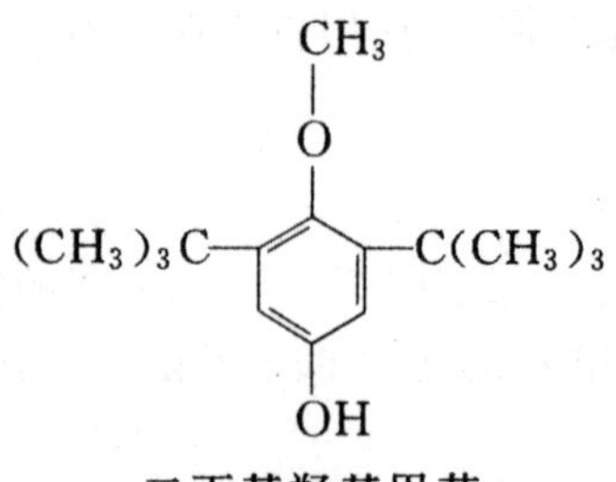

二丁基羟基甲苯

二丁基羟基甲苯同其它抑制酸败抗氧化剂相比，稳定性高，抗氧化效果好，在猪油中加入 0.01%的 BHT，能使其氧化诱导期延长 2 倍。它没有没食子酸丙酯与金属离子反应着色的缺点，也没有 BHA 的异臭，而且价格便宜，但其急性毒性相对较高。它是目前水产加工方面广泛应用的廉价抗氧化剂。BHT 与柠檬酸、抗坏血酸或 BHA 复配使用，能显著提高抗氧化效果。BHT 的抗氧化作用是由其自身发生自动氧化而实现的。BHT 价格低廉，可用做主要抗氧化剂。目前它是我国生产量最大的抗氧化剂之一。

BHT 的急性毒性虽然比 BHA 大一些，但其无致癌性。二丁基羟基甲苯的使用范围及最大使用量与 BHA 相同，两者混合使用时，总量不得超过 0.02g/kg。以柠檬酸为增效剂与 BHA 复配使用时，复配比例为 BHT：BHA：柠檬酸＝2：2：1。BHT 也可用在包装材料，用量为 0.2～1g/kg（包装材料）。

3. 没食子酸酯类

用于食品抗氧化剂的没食子酸酯包括：没食子酸丙酯（PG）、辛酯（OG）、十二酯（DG），其中使用较普遍的是没食子酸丙酯。结构式如下。

HO
HO—⟨苯环⟩—COOH
HO

没食子酸

HO
HO—⟨苯环⟩—COOR
HO

没食子酸酯

式中，R 分别为：—C_3H_7，PG—C_8H_{17}，OG—$C_{12}H_{25}$，DG。

PG 为白色至淡褐色结晶，无臭，略带苦味，易溶乙醇、丙酮、乙醚，而在脂肪和水中较难溶解。熔点 146～150℃，但易与铜、铁离子反应生成紫色或暗紫色物质，有一定的吸湿性，遇光则能分解。PG 与其它抗氧化剂或增效剂并用可增强效果。没食子酸丙酯的使用范围较广泛，它是许多商品混合抗氧化剂的组成成分。

与 BHA 和 BHT 相比，没食子酸丙酯在油脂中溶解度较小，在水中有较高的溶解性。与增效剂并用效果更好，但不如 PG 与 BHA 和 BHT 混用的抗氧化效果好。对于含油的面制品如奶油饼干的抗氧化，不及 BHA 和 BHT。没食子酸丙酯的缺点是易着色，在油脂中溶解度小。另外，没食子酸酯的抗氧化活性有一个最适宜的浓度，当用量超过这个浓度时，则成为氧化强化剂。它与 BHA、维生素 E 和 TBHQ 可协同起作用，也可与软脂酸抗坏血酸酯、抗坏血酸和柠檬酸协同作用。

PG 摄入人体可随尿排出，比较安全，其 ADI 值为 0～0.2mg/kg。

按我国《食品添加剂使用卫生标准》（GB 2760—2007），没食子酸丙酯的使用范围与 BHA、DHT 相同，最大使用量为 0.4g/kg。PG 与 BHA、BHT 混合使用时。BHT、BHA 的最大使用总量不得超过 0.2g/kg，PG 的使用量不得越过 0.05g/kg。没食子酸丙酯使用量达 0.1%时即能自动氧化着色。故一般不单独使用，而与 BHA 复配使用，或与柠檬酸、异抗坏血酸等增效剂复配使用。与其它抗氧化剂复配使用时，没食子酸丙酯的用量为 0.005%时，即具有良好的抗氧化效果。

表 11-7 没食子酸丙酯在各种食品中的用量

食品	脂肪、油和乳化脂肪制品	坚果与籽类罐头	胶基糖果	方便米面制品	饼干	腌腊肉制品类	风干、压干等水产品
最大用量/($g \cdot kg^{-1}$)	0.1	0.1	0.4	0.1	0.1	0.1	0.1

4．叔丁基对苯二酚

叔丁基对苯二酚又称为叔丁基氢醌，简称 TBHQ。分子式为 $C_{10}H_{14}O_2$，结构式如下。

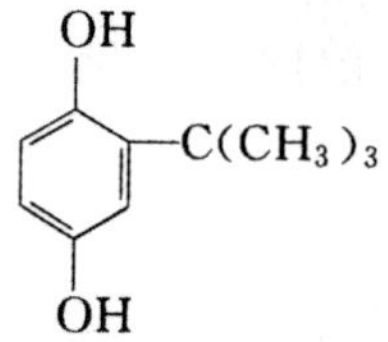

叔丁基对苯二酚

TBHQ 为白色至淡灰色结晶或结晶性粉末；有轻微的特殊气味；微溶于水，在水中的溶解度随着温度的增高而增大；易溶于乙醇、乙酸、乙酯、异丙醇、乙醚及植物油、猪油等。TBHQ 是一种酚类抗氧化剂，在许多情况下，TBHQ 对大多数油脂，尤其是对植物油的抗氧化性能稍优于其他抗氧化剂。此外，它不会因遇到铜、铁之类而发生颜色和风味方面的变化，只有在有碱存在时才会转变成粉红色。对炸煮食品具有良好的、持久的抗氧化能力。因此，适用于炸薯片之类的生产，但它在焙烤食品中的持久力不强，除非与 BHA 合用。在植物油或动物油中，常与柠檬酸结合使用。其 ADI 值为 0～0.2mg/kg。

5．生育酚混合浓缩物

生育酚又称为维生素 E，广泛分布于动植物体内，它具有防止动、植物组织内脂溶性成分氧化变质的功能。已知天然生育酚有 α、β、γ 等 7 种同分异构体。经人工提取后，浓缩后成为生育酚混合浓缩物。结构式如下。

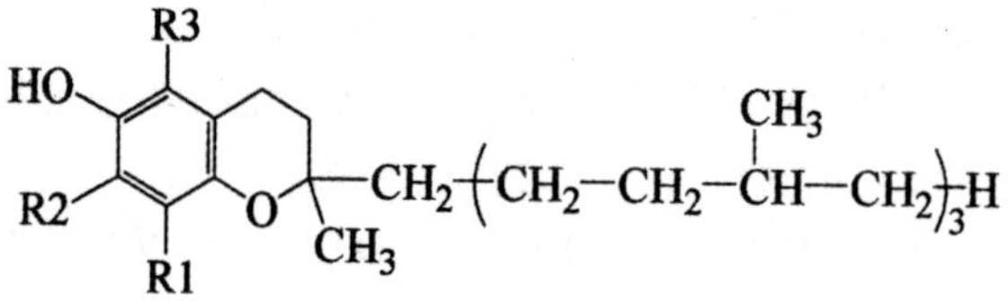

生育酚

生育酚混合浓缩物为黄色至褐黄色透明黏稠液体，可有少量晶体蜡状物，几乎无臭。它不溶于水，溶于乙醇，可与丙醇、三氯甲烷、乙醚、植物油混合，对热稳定。生育酚的混合浓缩物在空气及光照下，会缓慢变黑。在较高的温度下，生育酚有较好的抗氧化性能，生育酚的耐光照、耐紫外线、耐放射线的性能也较 BHA 和 BHT 强。生育酚还能防止维生素 A 在 γ 射线照射下的分解作用，以及防止 β-胡萝卜素在紫外线照射下的分解作用。此外，它还能防止甜饼干和速食面条在日光照射下的氧化作用。近年来的研究结果表明，生育酚还有阻止咸肉中产生致癌物亚硝胺的作用。

目前许多国家除使用天然生育酚浓缩物外，还使用人工合成的 α-生育酚，后者的抗氧化效果基本与天然生育酚浓缩物相同，主要用于保健食品和婴儿食品等。与其它抗氧化剂不同，使用时不用担心它们本身会产生异味。另外，维生素 E 对其他抗氧化剂如 BHA、TBHQ、抗坏血酸棕榈酸酯、卵磷脂等有增效作用。

（二）水溶性抗氧化剂

水溶性抗氧化剂的主要功能是防止食品的氧化变质以及保持食品的风味和质量的稳定。常用的是抗坏血酸类抗氧化剂。此外，还包括异抗坏血酸及其钠盐、植酸、乙二胺四乙酸二钠、和氨基酸等。

1. 抗坏血酸和异抗坏血酸及其钠盐

（1）抗坏血酸

抗坏血酸又称维生素 C，可由葡萄糖合成，分子式为 $C_6H_8O_6$，相对分子质量为 176.13，熔点 190℃～192℃（分解）。结构式如下。

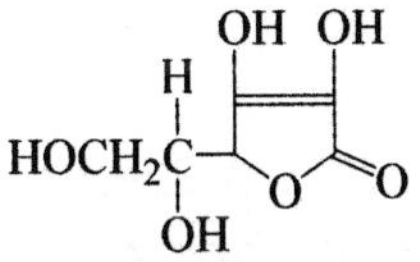

抗坏血酸

抗坏血酸及其钠盐为白色至浅黄色晶体或结晶性粉末，无臭，有酸味，其钠盐有咸味，干燥品性质稳定，但热稳定性差，在空气中已被氧化变黄；在 pH3.4～4.5 时稳定；易溶于水，溶于乙醇，不溶于三氯甲烷、乙醚和苯。L-抗坏血酸呈强还原性。由于分子中有乙二醇结构，性质极活泼，易受空气、水分、光线、温度的作用而氧化、分解。特别是在碱性介质中或存在微量金属离子时，分解更快。

维生素 C 作为抗氧化剂，可用于啤酒、果汁、水果罐头、饮料、果酱、硬糖和粉末果汁、乳制品等，在肉制品中起助色剂的作用，并能阻止亚硝胺的生成，添加量约为 0.5%左右。同时还可用作食品的营养强化剂使用。

（2）异抗坏血酸及其钠盐

异抗坏血酸是抗坏血酸的异构体，化学性质类似于抗坏血酸，但几乎没有抗坏血酸的生理活性。抗氧化性较抗坏血酸强，价格较低廉，有强还原性，但耐光性差，遇光缓慢着色并分解，重金属离子会促进其分解。极易溶于水（40g/100ml）、乙醇（5g/100ml），难溶于甘油，不溶于乙醚和苯。异抗坏血酸可用于一般的抗氧化、防腐，也可作为食品的发色助剂。应根据食品的种类，选用异抗坏血酸或其钠盐来防止肉类制品、鱼类制品、鲸油制品、鱼贝腌制品、鱼贝冷冻品等的变质，或与亚硝酸盐、硝酸盐合用提高肉类制品的发色效果。

2. 植酸

植酸别名肌醇六磷酸，分子式为 $C_6H_{18}O_{24}P_6$，相对分子量 660.08，结构式如下。

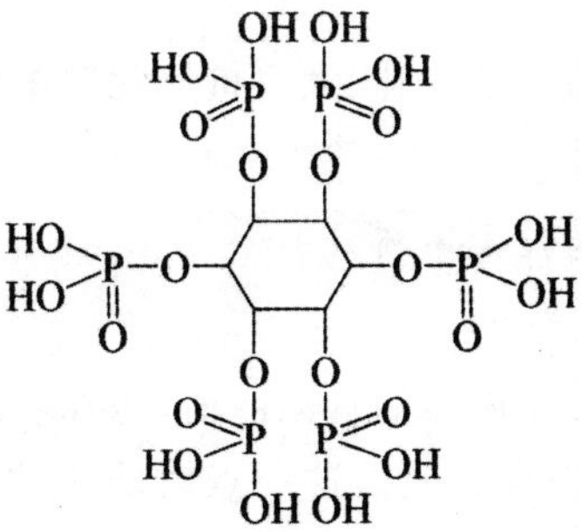

植酸

植酸为淡黄色或淡褐色的黏稠液体,无臭,有强酸味,易溶于水,对热比较稳定。植酸有较强的金属螯合作用,因此具有抗氧化增效能力。虽然 pH 值、金属离子的类型、阳离子的浓度等因素对其溶解度有较大的影响,但在 pH 为 6～7 的情况下,它几乎可与所有的多价阳离子形成稳定的螯合物。植酸螯合能力的强弱与金属离子的类型有关,在常见金属中螯合能力的强弱依次为 Zn、Cu、Fe、Mg、Ca 等。植酸的螯合能力与 EDTA 相似,但比 EDTA 有更宽的 pH 范围,在中性和高 pH 值下,也能与各种多价阳离子形成难溶的络合物。植酸具有能防止罐头特别是水产罐头结晶与变黑等作用。植酸及其钠盐可用于对虾保鲜、食用油脂、果蔬制品、果蔬汁饮料及肉制品的抗氧化,还可用于清洗果蔬原材料表面农药残留,具有防止罐头,特别是水产罐头产生鸟粪石与变黑等作用。

3. 乙二胺四乙酸二钠

乙二胺四乙酸二钠简称为 EDTA-2Na,为白色结晶颗粒或粉末,无臭,无味易溶于水,2%水溶液的 pH 为 4.7,微溶于乙醇,不溶于乙醚。分子式 $C_{10}H_{14}N_2Na_2O_8 \cdot 2H_2O$,相对分子质量 372.24。结构式如下。

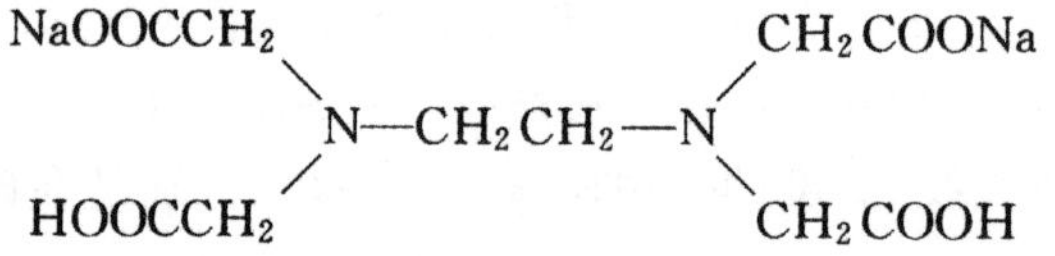

$$
\begin{array}{ccccc}
NaOOCCH_2 & & & & CH_2COONa \\
& \diagdown & & \diagup & \\
& N & —CH_2CH_2— & N & \\
& \diagup & & \diagdown & \\
HOOCCH_2 & & & & CH_2COOH
\end{array}
$$

乙二胺四乙酸二钠

EDTA-2Na 对重金属离子有很强的络合能力,形成稳定的水溶性络合物,消除重金属离子或由其引起的有害作用,保持食品的色、香、味,防止食品氧化变质,提高食品的质量。EDTA-2Na 进入体液后主要是与体内的钙离子络合,最后由尿排出,大部分在 6h 内排出。口服后,体内有重金属离子时形成络合物,由粪便排出,无毒性。

EDTA-2Na 作为抗氧化剂,用于罐装和瓶装清凉饮料,用量为 0.035g/kg(以 EDTA-2Na 钙计),其他罐头和瓶装罐头食品用量为 0.25g/kg(以 EDTA-2Na 计)。

4. 氨基酸

一般认为氨基酸既可以作为抗氧化剂,也可以作为抗氧化剂的增效剂使用。如蛋氨酸、色氨酸、苯丙氨酸、丙氨酸等,均为良好的抗氧化增效剂。主要是由于它们能整合促进氧化作用的微量金属。色氨酸,半胱氨酸、酪氨酸等有 π 电子的氨基酸,对食品的抗氧化效果较大。如鲜乳、全脂乳粉中,加入上述的氨基酸时,有显著的抗氧化效果。

5. 其他水溶性抗氧化剂

除了上述抗氧化剂外,还原糖、柚皮苷、大豆抗氧化肽等都具有抗氧化效果,它们的使用正处在试验和研究之中。

(三)使用食品抗氧化剂时的注意事项

(1)添加时间机要恰当

食品抗氧化剂不能改变已发生腐败的食品品质,应在食品没有发生氧化变质之前添加,否则,抗氧化效果显著下降,甚至完全无效。这一点对防止油脂及含油脂食品的氧化酸败尤为重要。

(2)对影响抗氧化剂性能因素的控制

光、温度、氧、金属离子及物质的均匀分散状态等都影响抗氧化剂的效果。光中的紫外线及高温能促进抗氧化剂的分解和失效。例如,BHT在70℃以上,BHA高于100℃的加热条件时很容易升华而失效,所以在避光和较低温度下抗氧化剂抗氧化效果较好。氧是影响抗氧化剂的最为敏感因素,如果食品内部及其周围的氧浓度高则会使抗氧化剂迅速失效。因此,在添加抗氧化剂时如果能配合真空和充氮包装,则会取得更好的抗氧化效果。铜、铁等金属离子能促进抗氧化剂的分解,因此,使用抗氧化剂时,应尽量避免混入金属离子,或者添加某些增效剂螯合金属离子。另外,在添加抗氧化剂时应采取机械搅拌或添加乳化剂的措施,增加其在食品原料中分布的均匀性,提高抗氧化效果。

(3)抗氧化剂与增效剂结合使用

增效剂是能增加抗氧化效果的物质。例如,在含油脂的食品中添加酚类抗氧化剂的同时添加一些酸性物质,如柠檬酸、磷酸、抗坏血酸等,则有明显的增效作用。此外,抗氧化剂与食品稳定剂并用或两种抗氧化剂结合使用都可以起到增效作用。

二、食品脱氧剂

脱氧剂是一类能够吸除氧的物质,又称为游离氧吸收剂(FOA)或游离氧驱除剂(FOS)。当脱氧剂随食品密封在同一包装容器中时,能通过化学反应吸除容器内的游离氧及溶存于食品中的氧,并生成稳定的化合物,从而防止食品氧化变质,同时利用所形成的缺氧条件也能有效地防止食品的霉变和虫害。脱氧剂不同于抗氧化剂,它不直接加入到食品中,而是在密封容器中与外界呈隔离状态下吸除氧和防止食品氧化变质的,因而是一种对食品无污染、简便易行、效果显著的保藏辅助措施。

脱氧剂种类很多,按脱氧速度可分为速效型、一般型和缓效型;按原材料可分为无机类和有机类,其中无机系列脱氧剂包括铁系脱氧剂、亚硫酸盐系脱氧剂、加氢催化剂型脱氧剂等,有机系列脱氧剂包括抗坏血酸类、儿茶酚类、葡萄糖氧化酶和维生素E类等。脱氧剂除氧反应的机理因脱氧剂的不同而不同,下面简单介绍几种主要脱氧剂的脱氧机理。

(一)特制铁粉

特制铁粉由特殊处理的铸铁粉及结晶碳酸钠、金属卤化物和填充剂混合组成。铁粉为主要成分,粉粒径在300nm以下,比表面积为$0.5m^2/g$以上,呈褐色粉末状。

脱氧作用机理是特制铁粉先与水反应,再与氧结合,最终生成稳定的氧化铁。这种脱氧剂的原料易得、成本较低、使用效果良、安全性高。在生产实际中得到广泛应用。特制铁粉的脱氧量由其反应的最终产物而定。在一般条件下,1g铁完全被氧化需要300ml(体积)或者0.43g的氧。因此,1g铁大约可处理1500ml空气的氧。这是十分有效而经济的脱氧剂。在使用时对其反应中产生的氢应该注意,可在铁粉的配制当中增添抑制氢的物质,或者将已产生的氢加以处理。特制铁粉与使用环境的温度有关,如果用于含水分高的食品则脱氧效果发挥得快,反之,在干燥食品中则脱氧缓慢。

(二)亚硫酸盐系脱氧剂

这种脱氧剂以连二亚硫酸盐为主剂,以氢氧化钙和活性炭为辅剂,在有水的环境中进行反应，反应原理如下。

$$Na_2S_2O_4+O_2+Ca(OH)_2 \xrightarrow{\text{水、活性炭}} Na_2SO_4+CaSO_3+H_2O$$

其中，$Ca(OH)_2$ 主要用来吸 SO_2。根据理论计算，1g 连二亚硫酸钠消耗 0.184g 氧气，相当于 130ml 氧气，即 650ml 空气中的氧气。活性炭和水是反应的催化剂，因此活性炭的用量及包装空间的相对湿度对脱氧速度均会产生不同程度的影响。

目前，还有使用这类脱氧剂的另一种方法，那就是在该类脱氧剂中加入 $NaHCO_3$ 来制备复合型脱氧保鲜剂：

$$Na_2S_2O_4+O_2 \rightarrow Na_2SO_4+SO_2$$

$$SO_2+2NaHCO_3 \rightarrow Na_2SO_3+H_2O+2CO_2$$

反应中生成的二氧化碳具有抑制某些细菌生长的作用。产生的二氧化碳还会吸附在油脂及碳水化合物周围，起到保护食品，减少食品与氧气接触的作用，从而达到脱氧保鲜的目的。

（三）葡萄糖氧化酶脱氧剂

这是由葡萄糖和葡萄糖氧化酶组成的脱氧剂。葡萄糖氧化酶通常采用固定化技术与包装材料结合，在一定的温度、湿度条件下，利用葡萄糖氧化成葡萄糖酸时消耗氧来达到脱氧目的。因为这一过程是酶促反应，所以脱氧效果受到食品的温度、pH、含水量、盐种类及浓度、溶剂等各种因素的影响，且存在酶易失活等特点，故制备不易、成本较高，适用于液态食品。

葡萄糖氧化酶在食品工业上有广泛的用途，但归纳起来它的作用有两个：除氧保鲜和去葡萄糖。适用于食品工业中许多的产品，例如啤酒、果汁、油脂、奶制品、蛋黄酱、食品罐头和饮料的除氧；鱼、虾、蟹、肉等的保鲜；蛋品加工、炸制食品的脱糖；面食品的增筋等。

总之，脱氧剂的种类繁多，其脱氧能力受温度、湿度和包装内食品种类等因素的影响。所以，必须根据食品的形态、水分和种类等来选择合适的脱氧剂；再者，使用时应根据包装容器的大小和内容物的相对量来确定脱氧剂用量，以免造成脱氧剂的浪费或起不到脱氧的效果。

第五节　食品保鲜剂保藏

食品保鲜剂是能够防止新鲜食品脱水、氧化、变色、腐败的物质。它可通过喷涂、喷淋、浸泡或涂膜于食品的表面或利用其吸附食品保藏环境中的有害物质而对食品保鲜。

一、保鲜剂的作用

一般来讲，在食品上使用的保鲜剂有如下用途。

①减少食品的水分散失。

②防止食品氧化。

③防止食品变色。

④抑制生鲜食品表面微生物的生长。

⑤保持食品的风味不散失。

⑥增加食品特别是水果的硬度和脆度。

⑦提高食品的外观可接受性。

⑧减少食品在贮运过程中的机械损伤等。

表面涂层的果蔬，不仅可以形成保护膜，起到阻隔的作用，还可以减少擦伤，并且可以减少有害病菌的入侵。如涂蜡柑橘要比没有涂蜡的保藏期长；用蜡包裹奶酪可防止奶酪在成熟过程中长霉。另外，在产品表面喷涂保鲜剂如树脂、蜡等，还可使产品表面带有光泽，提高产品的商品价值。

二、保鲜剂的种类

(一)类脂

类脂是一类疏水性化合物，包括石蜡、蜂蜡、矿物油、蓖麻籽油、菜籽油、花生油乙酰单甘酯及其乳胶体等，可以单独或与其它成分混合在一起用于食品涂膜保鲜。当然，这些物质的使用必须符合相关的食品卫生标准。一般来讲，这类化合物做成的薄膜易碎，因此常与多糖类物质混合使用。

(二)蛋白质

植物蛋白来源的成膜蛋白质包括玉米醇溶蛋白、小麦谷蛋白、大豆蛋白、花生蛋白和棉子蛋白等，动物蛋白来源的成膜蛋白质包括胶原蛋白、角蛋白、明胶、酪蛋白和乳清蛋白等。调整蛋白质溶液的 pH 值会影响其成膜性和渗透性。由于大多数蛋白质膜都是亲水的，因此对水的阻隔性差。干燥的蛋白质膜，如玉米醇溶蛋白、小麦谷蛋白、胶原蛋白对氧有阻隔作用。

(三)树脂

天然树脂来源于树或灌木的细胞中，而合成的树脂一般是石油产物。紫胶由紫胶桐酸和紫胶酸组成，与蜡共生，可赋予涂膜食品以明亮的光泽。紫胶和其它树脂对气体的阻隔性较好，但对水蒸气一般，其广泛应用于果蔬和糖果中。树脂可用于柑橘类水果的涂膜剂。苯并呋喃一茚树脂是从石油或煤焦油中提炼的物质，有不同的质量等级，常作为“溶剂蜡”用于柑橘产品的表面喷涂。

(四)碳水化合物

由多糖形成的亲水性膜有不同的黏度规格，对气体的阻隔性好，但隔水能力差。其用于增稠剂、稳定剂、凝胶剂和乳化剂已有多年的历史。用于涂膜的多糖类包括纤维素、淀粉类、果胶、海藻酸钠和琼脂等。

1. 纤维素

纤维素是 D-葡萄糖以 β-1，4-糖苷键相连的高分子物质。天然的纤维素不溶于水，但其衍生物如羧甲基纤维素(CMC)及其钠盐(CMC-Na)可溶于水。这些衍生物对水蒸气和其它气体有不同的渗透性，可作为成膜材料。

2. 淀粉类(直链淀粉、支链淀粉以及它们的衍生物)

淀粉类可用于制造可食性涂膜。有报道称这些膜对 O_2 和 CO_2 有一定阻隔作用。直链淀粉的成膜性优于支链淀粉，支链淀粉常用作增稠剂。淀粉的部分水解产物——糊精也可作为成膜材料。

3. 果胶

果胶为内部细胞的支撑物质，存在于植物的细胞壁和细胞内层。柑橘、柠檬、柚子等果皮中约含30%果胶，是果胶最丰富的来源。按果胶的组成可分为两种类型：同质多糖型果胶，如D-半乳聚糖、L-阿拉伯聚糖和D-半乳糖醛酸聚糖等；杂多糖果胶，是由半乳糖醛酸聚糖、半乳聚糖和阿拉伯聚糖以不同比例组成，通常称为果胶酸。由果胶制成的薄膜由于其亲水性，因此水蒸气渗透性高。

4. 海藻制品

海藻制品的角叉菜胶、海藻酸钠和琼脂都是良好成膜材料。日本有一种用角叉菜胶制成的涂膜剂，商品名叫沙其那。阿拉伯胶是阿拉伯树等金合欢属植物树皮的分泌物，多产于阿拉伯国家的干旱高地，因而得名。阿拉伯胶在糖果工业中可作为稳定剂、乳化剂等，也可作为涂膜剂用于果蔬保鲜。

(五)甲壳素类

甲壳素又名甲壳质、几丁质、壳蛋白，生物界广泛存在的一种天然高分子化合物，属多糖衍生物，主要从节肢动物如虾、蟹壳中提取，是仅次于纤维素的第二大可再生资源。甲壳素化学名称为无水*N*-乙酰基-D-氨基葡萄糖，分子式为$(C_8H_{13}NO_5)_n$。

甲壳素经脱钙、脱蛋白质和脱乙酰基可制取用途广泛的壳聚糖。壳聚糖及其衍生物用作保鲜剂主要是利用其成膜性和抑菌作用。壳聚糖或轻度水解的壳聚糖是很好的保鲜剂，0.2%左右就能抑制多种细菌的生长。以甲壳素/壳聚糖为主要成分配制成果蔬被膜剂，涂于苹果、柑橘、青椒、草莓、猕猴桃等果蔬的表面，可以形成致密均匀的膜保护层，此膜具有防止果蔬失水、保持果蔬原色、抑制果蔬呼吸强度、阻止微生物侵袭和降低果蔬腐烂率的作用。

壳聚糖还可用作肉、蛋类的保鲜剂。实验证明，用2%壳聚糖对猪肉进行涂膜处理，在20℃和40℃贮藏条件下，猪肉的一级鲜度货架期分别延长2天和5天。用于保鲜牛肉，3天后微生物比参照组少。壳聚糖保鲜剂对鲜鲅鱼、小黄鱼、鸡蛋等均有较好的保鲜作用。另外，壳聚糖可用作腌菜、果冻、面条、米饭等的保鲜剂。

参考文献

[1]翟玮玮.食品加工原理.北京:中国轻工业出版社,2011.

[2]隋继学.制冷与食品保藏技术.北京:中国农业大学出版社,2005.

[3]李秀娟.食品加工技术.北京:化学工业出版社,2008.

[4]张根生,韩冰.食品加工单元操作原理.北京:科学出版社,2013.

[5]初峰,黄莉.食品保藏技术.北京:化学工业出版社,2010.

[6]张孔海.食品加工技术概论.北京:中国轻工业出版社,2012.

[7]曾名湧.食品保藏原理与技术.北京:化学工业出版社,2007.

[8]曾庆孝.食品加工与保藏原理.北京:化学工业出版社,2008.

[9]刘建学.食品保藏学.北京:中国轻工业出版社,2011.

[10]黄琼.食品加工技术.厦门:厦门大学出版社,2012.

[11]钟秋平,周文化,傅力.食品保藏原理.北京:中国计量出版社,2010.

[12]朱维军.食品加工技术概论.北京:中国农业出版社,2011.

[13]李少华.食品加工技术.武汉:华中师范大学出版社,2010.

[14]赵晨霞.食品加工技术概论.北京:中国农业出版社,2007.

[15]陈月英,佘远国.食品加工技术.北京:中国农业大学出版社,2009.

[16]王娜.食品加工及保藏技术.北京:中国轻工业出版社,2012.

[17]余善鸣.果蔬保鲜与冷冻干燥技术.哈尔滨:黑龙江科学技术出版社,1999.

[18]袁惠新,陆振曦,季章.食品加工与保藏技术.北京:化学工业出版社,2000.

[19]王娜.食品加工及保藏技术.北京:中国轻工业出版社,2012.

[20]潘永康.现代干燥技术.北京:化学工业出版社,1998.

[21]刘相东.常用工业干燥设备及应用.北京:化学工业出版社,2004.

[22]刘建学,纵伟.食品保藏原理.南京:东南大学出版社,2006.

[23]杨瑞.食品保藏原理.北京:化学工业出版社,2006.

[24]哈益明.食品辐照加工技术.北京:化学工业出版社,2005.